불가능은 없다

PHYSICS OF THE IMPOSSIBLE
Copyright ⓒ 2008 by Michio Kaku
All rights reserved

Korean translation copyright ⓒ 2010 by Gimm Young Publishers, Inc.
Korean translation rights arranged with Stuart Krichevsky Literary Agency,
through EYA(Eric. Yang Agency)

불가능은 없다

PHYSICS OF THE IMPOSSIBLE

미치오 카쿠

박병철 옮김

MICHIO KAKU

김영사

불가능은 없다

지은이 미치오 카쿠
옮긴이 박병철

1판 1쇄 발행 2010. 4. 26.
1판 14쇄 발행 2022. 9. 12.

발행인 고세규
발행처 김영사
등록 1979년 5월 17일(제406-2003-036호)
주소 경기도 파주시 문발로 197(문발동) 우편번호 10881
전화 마케팅부 031)955-3100, 편집부 031)955-3200 | 팩스 031)955-3111

이 책의 한국어판 저작권은 에릭양 에이전시를 통한 Stuart Krichevsky Literary Agency, Inc.사와의
독점계약으로 김영사가 소유합니다. 저작권법에 의해 한국 내에서 보호를 받는
저작물이므로 무단전재와 복제를 금합니다.

값은 뒤표지에 있습니다.
ISBN 978-89-349-3848-4 03400

홈페이지 www.gimmyoung.com   블로그 blog.naver.com/gybook
인스타그램 instagram.com/gimmyoung   이메일 bestbook@gimmyoung.com

좋은 독자가 좋은 책을 만듭니다.
김영사는 독자 여러분의 의견에 항상 귀 기울이고 있습니다.

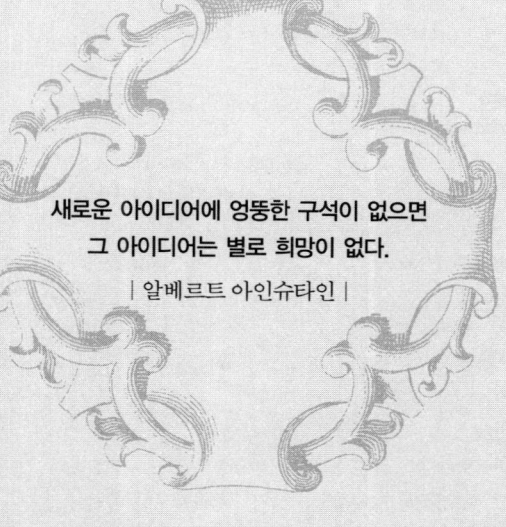

새로운 아이디어에 엉뚱한 구석이 없으면
그 아이디어는 별로 희망이 없다.
| 알베르트 아인슈타인 |

이 책에 도움을 주신 분들

이 책은 다양한 분야에서 저명한 과학자들의 도움을 받아 완성되었다. 나를 위해 귀중한 시간을 할애하여 인터뷰에 응해주고 값진 조언을 해준 사람들에게 진심으로 깊은 감사를 드린다. 이들의 명단은 다음과 같다.

- 레온 레더만 / Leon Lederman — 노벨상 수상자, 일리노이 과학원
- 머리 겔만 / Murray Gell-Mann — 노벨상 수상자, 산타페 연구소/칼텍 (캘리포니아 공과대학, Cal Tech)
- (고)헨리 켄들 / Henry Kendall — 노벨상 수상자, MIT
- 스티븐 와인버그 / Steven Weinberg — 노벨상 수상자, 텍사스 오스틴 대학교
- 데이비드 그로스 / David Gross — 노벨상 수상자, 카블리Kavli 이론물리 연구소
- 프랑크 윌첵 / Frank Wilczek — 노벨상 수상자, MIT
- (고)조지프 로트블랫 / Joseph Rotblat — 노벨상 수상자, 성 바톨로뮤 병원
- 월터 길버트 / Walter Gilbert — 노벨상 수상자, 하버드대학교
- 제럴드 에델만 / Gerald Edelman — 노벨상 수상자, 스크립스 연구소
- 피터 도허티 / Peter Doherty — 노벨상 수상자, 성 유다 아동병원 연구소
- 제레드 다이아몬드 / Jared Diamond — 퓰리처상 수상자, UCLA
- 스탠 리 / Stan Lee — 마블 코믹스/스파이더맨 작가
- 브라이언 그린 / Brian Greene — 콜럼비아대학교, 《엘러건트 유니버스Elegant Universe》 저자

- **리사 랜들** 하버드대학교, 《숨겨진 우주 Warped Passage》 저자
  Lisa Landall

- **로렌스 크라우스** 케이스 웨스턴대학,
  Lawrence Krauss 《스타트렉의 물리학 The Physics of Star Trek》 저자

- **리처드 고트 3세** 프린스턴대학교, 《아인슈타인의 우주에서의 시간여행
  J. Richard Gott III Time Travel in Einstein's Universe》 저자

- **앨런 구스** 물리학자, MIT, 《팽창하는 우주 The Inflationary
  Alan Guth Universe》 저자

- **존 바로우** 물리학자, 케임브리지대학교, 《불가능성 Impossibility》 저자
  John Barrow

- **폴 데이비스** 물리학자, 《초힘 Superforce》 저자
  Paul Davis

- **레너드 서스킨트** 물리학자, 스탠퍼드대학교
  Leonard Susskind

- **조지프 릭켄** 물리학자, 페르미연구소
  Joseph Lykken

- **마빈 민스키** MIT, 《마음의 사회 Society of Mind》 저자
  Marvin Minsky

- **레이 커즈와일** 발명가, 《정신기계의 시대 The Age of Spiritual
  Ray Kurzweil Machines》 저자

- **로드니 브룩스** MIT 인공지능연구소 소장
  Rodney Brooks

- **한스 모라벡** 《로봇 Robot》 저자
  Hans Morevec

- **켄 코즈웰** 천문학자, 《장엄한 우주 Magnificent Universe》 저자
  Ken Coswell

- **돈 골드스미스** 천문학자, 《달아나는 우주 Runaway Universe》 저자
  Don Goldsmith

- **닐 디 그레이스 타이슨** 뉴욕 하이든 천문관 관장
  Niel de Grasse Tyson

- **로버트 커쉬너** 천문학자, 하버드대학교
  Robert Kirshner

- **펄비아 멜리아** 천문학자, 애리조나대학교
  Fulvia Melia

- **마틴 리즈 경** 케임브리지대학교, 《태초 그 이전 Before the Beginn-
  Sir Martin Rees ing》 저자

- **마이클 브라운** 천문학자, 칼텍
  Michael Brown
- **폴 길스터** 《센타우루스의 꿈Centauri Dreams》 저자
  Paul Gilster
- **마이클 레모닉** 〈타임Time〉지 과학주간
  Michael Lemonick
- **티모시 페리스** 캘리포니아대학교, 《은하수의 새로운 세대
  Timothy Ferris Coming of Age in the Milky Way》 저자
- **(고)테드 테일러** 미국 핵탄두 설계 전문가
  Ted Taylor
- **프리먼 다이슨** 프린스턴 고등 과학원
  Freeman Dyson
- **존 호건** 스티븐스 연구소, 《과학의 종말The End of Science》 저자
  John Horgan
- **(고)칼 세이건** 코넬대학교, 《코스모스Cosmos》 저자
  Carl Sagan
- **앤 드루얀** 칼 세이건의 미망인, 코스모스 스튜디오
  Ann Druyan
- **피터 슈바르츠** 미래학자, 글로벌 비즈니스 네트워크 설립자
  Peter Schwartz
- **앨빈 토플러** 미래학자, 《제3의 물결The Third Wave》 저자
  Alvin Toffler
- **데이비드 굿스타인** 칼텍 부학장
  David Goodstein
- **세스 로이드** MIT, 《우주 프로그램Programming the Universe》 저자
  Seth Lloyd
- **프레드 왓슨** 천문학자, 《별 관측자Star Gazer》 저자
  Fred Watson
- **사이먼 싱** 《빅뱅Big Bang》 저자
  Simon Sing
- **세스 쇼스탁** SETI 연구소
  Seth Shostak
- **조지 존슨** 〈뉴욕타임즈〉 과학 저널리스트
  George Johnson
- **제프리 호프만** MIT, NASA 우주인
  Jeffery Hoffman

- 탐 존스
  Tom Johns
  NASA 우주인

- 앨런 라이트맨
  Alan Lightman
  MIT, 《아인슈타인의 꿈Einstein's Dream》 저자

- 로버트 주브린
  Robert Zubrin
  화성협회Mars Society 설립자

- 도나 셜리
  Donna Shirley
  NASA 화성 프로그램

- 존 파이크
  John Pike
  GlobalSecurity.org

- 폴 사포
  Paul Saffo
  미래학자, 미래연구소Institute of the Future

- 루이스 프리드만
  Louis Friedman
  행성협회Planetary Society 공동설립자

- 다니엘 베르트하이머
  Daniel Werthheimer
  SETI@home, 버클리 캘리포니아대학교

- 로버트 짐머만
  Robert Zimmerman
  《지구탈출Leaving Earth》 저자

- 마르시아 바르투지악
  Marcia Bartusiak
  《아인슈타인의 미완성 교향곡 Einstein's Unfinished Symphony》 저자

- 마이클 H. 살라몬
  Michael H. Salamon
  NASA '아인슈타인 뛰어넘기Beyond Einstein' 프로젝트 책임자

- 조프 앤더슨
  Geoff Anderson
  미 공군사관학교, 《천체망원경The Telescope》 저자

나의 출판대리인인 스튜어트 크리체프스키Stuart Krichevsky에게도 감사한다. 그는 최근 몇 년 동안 항상 나와 함께하면서 내가 쓴 모든 책들의 방향을 잡아주었다. 더불어 그 동안 풍부한 경험과 명석한 판단으로 내가 쓴 책 대부분의 편집을 맡아준 로저 스콜Roger Scholl에게도 고마운 마음을 전한다. 그리고 뉴욕 시립대학교 및 대학원의 연구동료들, 특히 바쁜 와중에도 나와의 토론을 위해 귀중한 시간을 할애해준 V.P. 네어V.P. Nair와 댄 그린버거Dan Greenberger에게 깊은 감사를 전한다.

서문

과학으로 불가능한 것은 없다

 사람이 벽을 뚫고 지나갈 수 있을까? 빛보다 빠른 우주선을 만들 수 있을까? 다른 사람의 마음을 읽을 수 있을까? 염력으로 사물을 이동시킬 수 있을까? 우리의 몸을 순식간에 우주 저편으로 이동시키는 공간이동은 과연 가능할까?
 나는 어린 시절부터 줄곧 이런 질문에 매달려 왔다. 그리고 어른이 된 후로는 다른 물리학자들과 마찬가지로 시간여행과 광선총, 역장力場, 평행우주 등의 가능성을 수시로 머릿속에 그려보곤 했다. 마술과 판타지, 공상과학은 항상 나의 상상력을 자극해왔고, 결국 나는 '불가능한 것들'과 평생 헤어질 수 없는 사랑에 빠지고 말았다.
 그 옛날, TV에서 〈플래시 고든Flash Gordon〉(미국 Scifi 방송에서 연재했던 공상과학 드라마)의 재방송을 보던 기억이 지금도 생생하다. 플래시와 자코프 박사Dr. Zarkov, 데일 아든Dale Arden의 모험담도 흥미로웠지만, 거기 등장하는 로켓함선, 투명방패, 광선총, 하늘 위의 도시 등 미래 세계의 과학기술은 정말로 환상적이었다. 나는 매주 이 프로가 방영될 때마다 TV 앞에 꼼짝 않고 앉아 그 환상의 세계 속으로 빠져들곤 했다. 〈플래시 고든〉은 나에게 완전히 새로운 세계였다. 미래의 어느 날 로켓 우주선을 타고 신비의 외계행성을 탐사한다…. 생각만 해도 머리카락이 곤두설 정도로 짜릿하지 않은가. 나는 이 환상적인 발명품들에 완전히 매료되면서, 나의 미래가 TV 속 환상의 세계와 어떻게든 연결될 것만 같았다. 지금 생각해보면 그것은 어쩔 수 없는 '운명'이었던 것 같다.

물론, 불가능의 과학에 매료된 사람은 나뿐만이 아니었다. 과학 전반에 걸쳐 훌륭한 업적을 남긴 학자들 중 대다수는 어린 시절 공상과학을 접하면서 과학에 끌린 사람들이다. 위대한 천문학자 에드윈 허블Edwin Hubble은 쥘 베른Jules Verne의 소설을 읽고 너무나 감명을 받은 나머지 공부 중이던 법학을 때려치우고 과학자의 길을 걷기 시작했다고 한다. 당시 부친의 반대가 극렬했지만, 어느 누구도 과학을 향한 허블의 열정을 막을 수는 없었다. 결국 그는 우주의 비밀을 집요하게 파고든 끝에 20세기 최고의 천문학자가 되었다. 저명한 천문학자이자 베스트셀러 작가였던 칼 세이건Carl Sagan도 에드가 라이스 버로스Edgar Rice Burroughs의 공상과학소설 《화성의 존 카터John Carter of Mars》를 읽고 상상의 나래를 자유롭게 펼칠 수 있었다. 그는 존 카터처럼 미래의 어느 날 화성표면을 탐사하는 꿈을 오랜 세월 동안 간직해왔다.

아인슈타인의 사망 소식이 전 세계에 전해졌을 때 나는 불과 일곱 살의 어린아이였지만, 사람들이 아인슈타인의 삶과 죽음에 대해 이야기하며 그의 죽음을 애도하던 기억이 아직도 생생하다. 그 다음날 아침, 나는 아인슈타인이 마지막으로 사용했던 연구 노트의 사진이 크게 실린 신문을 보면서 생각했다. "이 시대에 가장 뛰어난 물리학자조차 풀지 못한 문제란 대체 어떤 문제일까? 얼마나 어려운 문제이기에, 아인슈타인조차 풀지 못했을까?" 신문기사를 읽어보니, "아인슈타인은 인간의 능력으로 풀 수 없는 어려운 문제를 해결하겠다는 불가능한 꿈을 꾸었다"고 적혀 있었다. 그로부터 몇 년이 지난 후 나는 그 문제라는 것이 모든 물리법칙을 하나로 통일하는 '만물의 이론theory of everything'이었음을 알게 되었다. 아인슈타인이 생의 마지막 30년 동안 추구했던 그 '불가능한 꿈'에 커다란 자극을 받은 나는 물리학자가 되어 만물의 이론을 찾아내는 데 조금이라도 기여하고 싶었다.

그 후 학년이 올라가면서 또 하나의 중요한 사실을 깨달았다. 플래시 고든은 우리의 영웅이고 항상 아름다운 여인을 차지하지만, TV 시리즈를 가능케 하는 것은 영웅이 아니라 그 뒤에 숨어 있는 과학자였던 것이다. 영웅들이 제아무리 기를 써도 자코프 박사가 없다면 우주로켓은 존재하지 않으며, 위기에 빠진 지구를 구할 수도 없다. 과학이 없으면 공상과학 자체가 불가능해진다.

나는 점차 나이를 먹으면서 순수하게 과학적 관점에서 볼 때, 공상과학은 실현 불가능한 상상 속의 이야기라는 것을 사실로 인정하지 않을 수 없었다. 정상적인 어른이 되려면 비현실적인 환상을 포기해야 했다. 주변사람들은 나에게 불가능한 것들을 깨끗이 포기하고 현실을 받아들이라고 충고했다.

그러나 나의 생각은 조금 달랐다. 물리학적 지식이 뒷받침된다면 어린 시절의 환상을 계속 갖고 있어도 길을 잃지 않을 수 있을 것 같았다. 기본적인 지식 없이 공상과학물에 빠져들면 거기 나오는 첨단 기술의 실현 가능성을 알지도 못한 채 꿈속을 헤매게 되겠지만, 고등수학과 이론물리학으로 무장한다면 논리에 입각하여 가능한 것과 불가능한 것을 구별할 수 있을 것이다. 그래서 물리학을 열심히 파고들었다.

고등학교 시절, 어머니의 차고에서 원자충돌기 atomic smasher를 조립하여 물리학 공모전에 출품한 적이 있다. 이 프로젝트는 웨스팅하우스사로부터 무게가 180kg이나 되는 고장난 변압기를 얻어 오면서 시작되었다. 크리스마스 방학 내내 학교 운동장에서 총 22마일에 달하는 구리선을 감으며 씨름을 한 끝에, 결국 230만 전자볼트 eV짜리 입자가속기를 완성할 수 있었다. 이 장치는 6kw의 전력을 소모하면서(당시 우리 집의 전체 전력 소모량과 비슷했다) 지구자기장보다 20,000배 강한 자기장을 만들어냈다. 당시 나의 목적은 반물질이 생성될 정도로 충분한 에너지를 갖는 감마선을 만들어내는 것이었다.

나의 작품은 전미 과학공모전에서 좋은 평가를 받았고, 그 덕분에 오래된 꿈을 실현할 수 있었다. 하버드대학에 장학금을 받고 입학하게 된 것이다. 그곳에서 이론물리학을 공부하여 물리학자가 되었다. 어린 시절 나의 역할 모델이었던 알베르트 아인슈타인과 같은 길을 가게 된 것이다.

요즘은 공상과학소설 작가나 영화 시나리오 작가들로부터 "내가 쓴 글을 과학적으로 검증하고 아이디어를 다듬어 달라"는 내용의 이메일이 수시로 배달되고 있다.

불가능은 상대적이다

나는 물리학을 연구하면서 '불가능'이라는 단어가 다분히 상대적 개념임을 깨닫게 되었다. 어린 시절에 나를 가르치던 한 여 선생님은 교실 벽에 세계지도를 걸어놓고 남아메리카와 아프리카의 해안선을 가리키며 이런 말을 한 적이 있다. "자, 보다시피 남미 대륙의 동쪽 해안선과 아프리카 대륙의 서쪽 해안선이 아주 비슷하게 생겼지요? 가위로 오려서 서로 갖다 대면 퍼즐조각처럼 비슷하게 맞아 들어가요. 그래서 어떤 과학자들은 아프리카와 남미대륙이 과거에 하나의 거대한 대륙이었다고 주장하는데, 그건 아주 바보 같은 생각이에요. 그렇게 큰 땅덩어리를 밀쳐낼 만한 힘이 이 세상에 존재하지 않기 때문이죠."

얼마 후 그 선생님은 공룡에 대해 설명하면서 이런 이야기도 했다. "여러분, 수백 만년 동안 지구에서 잘 살아오던 공룡이 어느 날 갑자기 몽땅 사라졌다는 게 이상하지 않나요? 공룡이 왜 멸종했는지는 아직도 알려지지 않았어요. 어떤 고생물학자들은 우주 공간을 떠돌던 운석이 지구로 떨어져서 공룡이 모두 죽었다고 하는데, 이건 공상과학소설보다 훨씬 황당한 주장이죠."

지금 우리는 대륙이 이동한다는 것과, 6,500만 년 전에 직경

10km짜리 운석이 지구에 떨어져서 공룡을 비롯한 대부분의 생명체가 멸종되었다는 것을 당연한 사실로 받아들이고 있다. 이뿐만이 아니다. 나는 50년도 안 되는 짧은 시간 사이에 '불가능'이 '가능'으로 돌변하는 극적인 반전을 여러 차례 겪어왔다. 현실이 이러한데, 우리의 몸을 순식간에 우주 반대편으로 전송하는 공간이동이나 빛의 속도로 움직이는 우주선을 제작하는 일이 불가능하다고 단정지을 이유가 어디 있겠는가?

물론 현대의 과학으로는 이와 같은 것들을 만들 수 없다. 지금의 기술로는 명백하게 불가능하다. 그렇다고 해서, 앞으로 몇백 년 후나 몇천 년 후, 또는 수백만 년 후에도 여전히 불가능한 채로 남아 있을까? 다시 말해서, 우리보다 수백만 년 앞선 문명을 가진 외계인과 조우했을 때, 그들이 사용하는 일상적인 기술이 우리의 눈에 '마술'처럼 보일 것인가? 이것은 이 책을 통해 시종일관 제기되는 핵심적인 질문이기도 하다. 지금 당장 불가능하다는 이유만으로 "수백, 수천, 수백만 년 후에도 불가능하다"고 단언할 수 있을까?

지난 세기에 이루어진 과학적 발견들, 특히 양자이론과 일반상대성이론을 이용하면, 공상과학물에 등장하는 마술 같은 장비들의 실현 가능성을 대충 짐작해볼 수 있다. 요즘 물리학자들은 최첨단의 끈이론을 이용하여 시간여행이나 다중우주 등 공상과학적 개념들을 순수과학적 관점에서 새롭게 재평가하고 있다. 150년 전의 과학자들이 "절대 불가능하다"고 생각했던 기술들 중 상당수는 지금 우리 생활의 일부가 되어 있다. 쥘 베른이 1863년에 쓴 소설 《20세기의 파리Paris in the Twentieth Century》는 탈고 후 서류함 속에 봉인된 채 100년이 넘도록 사장되었다가, 어느 날 그의 증손자에게 우연히 발견되어 1994년에 처음으로 출판되었다. 쥘 베른은 이 소설에서 1960년의 파리 시 모습을 예견하고 있는데(약 100년 후의 미래도시를 예견한 셈이다), 그 내용이 너무도 정확하여 읽는 사람으로 하여금 경탄을 자아내게 한다. 전 세계를 연결하는 통신망(지금의 인터넷), 팩스, 유리로 된 초고층 건물, 가스로 가는 자동차, 초고속 열차 등 1860년대 당시로서는 당연히 불가능할 것으로 여겨졌을 과학기술들이 일목요연하게 예견되어 있는 것이다.

쥘 베른이 이처럼 100년 후의 미래를 정확하게 예견할 수 있었던 것은 당대의 과학자들과 끊임없이 교류하면서 기초과학의 특성과 한계를 깊이 이해하고 있었기 때문이다.

그러나 19세기 과학자들 중에는 미래(20세기)에 개발될 기술을 "불가능하다"고 주장한 사람도 있었다. 빅토리아시대에 최고의 명성을 누렸던 켈빈 경(Lord Kelvin, 켈빈의 묘비는 웨스트민스터 수도원에 있는데, 바로 옆에 아이작 뉴턴 경의 묘비가 있다)은 "비행기와 같이 공기보다 무거운 물체는 절대로 하늘을 날 수 없다"고 단언했다. 뿐만 아니라 그는 X-선이 일종의 속임수이며, 라디오는 전혀 실용성이 없다고 깎아내렸다. 그런가 하면 원자핵을 최초로 발견했던 러더퍼드 경 Lord Rutherford은 원자폭탄을 '허튼소리'라며 강하게 부정했으며, 19세기의 화학자들은 납을 금으로 변형시키는 연금술을 사이비과학쯤으로 취급했다. 19세기 화학은 '근본적인 단계에서 물질은 변하지 않는다'는 것을 기본원리로 삼고 있었다. 그러나 오늘날 입자가속기를 이용하면 (적어도 원리적으로는) 납을 금으로 바꿀 수 있다. 지금 우리는 텔레비전이나 컴퓨터, 인터넷 등 20세기에 탄생한 문명의 이기를 덤덤한 마음으로 사용하고 있지만, 100년 전 사람들에게는 거의 거짓말이나 다름없는 '환상적 발명품'이었을 것이다.

블랙홀도 한때는 공상과학으로 간주된 적이 있었다. 아인슈타인은 1939년에 발표된 그의 논문에서 블랙홀이 절대로 생성될 수 없다고 주장하면서, 그것을 이론적으로 증명하기까지 했다. 그러나 그 후 천문학자들은 허블망원경과 찬드라 X-선 망원경을 통해 우주 곳곳에서 수천 개의 블랙홀을 발견하였다.

이러한 과학기술들이 19~20세기 초의 과학자들에게 불가능한 것처럼 보였던 이유는 그들이 물리학을 비롯한 과학의 근본법칙을 모르고 있었기 때문이다. 당시의 과학 수준, 특히 원자물리학의 미천했던 수준을 생각해보면, 그들이 원자폭탄을 '불가능한 과학'으로 판단했던 것도 무리는 아니었다.

불가능에 대한 도전

역설적으로 들리겠지만, 근대의 과학자들은 불가능을 집요하게 파고들면서 새로운 영역을 개척해왔다. 예를 들어, 지난 수백 년 동안 물리학자들은 '영구기관'을 끈질기게 연구해온 끝에 열물리학 thermodynamics이라는 새로운 분야를 완성할 수 있었다. 열물리학의 기본법칙에 의하면 영구기관은 절대로 실현될 수 없다. 원리적으로 불가능한 장치를 만들기 위해 긴 세월을 보내긴 했지만, 그 덕분에 증기기관의 기본원리를 터득할 수 있었고, 산업혁명을 거쳐 오늘날의 기계문명으로 발전할 수 있었다.

19세기 말엽에 대부분의 과학자들은 지구의 나이가 수십억 년이라는 가설을 거들떠보지도 않았다. 당대의 석학이었던 캘빈 경은 "지구가 생성초기에 액체였다고 해도 2~4천만 년이 지나면 충분히 식기 때문에, 지구의 나이가 이보다 많다고 주장할 근거는 없다"고 단호하게 말했다. 이것은 지구의 생명체가 수십억 년에 걸쳐 진화해왔다는 다윈의 진화론과 정면으로 대치되는 주장이었다. 그러나 후에 퀴리부인을 비롯한 몇 사람의 물리학자들이 '핵력'이라는 새로운 힘을 발견하였고, 이로부터 지구의 중심부가 방사능 붕괴로 열을 발산하면서 수십억 년 동안 액체상태로 유지될 수 있음이 밝혀졌다.

모두가 불가능하다고 주장하는 것을 파고들려면 어느 정도의 위험을 감수해야 한다. 1920~30년대에 현대 로켓역학의 기초를 완성했던 로버트 고다드Robert Godard는 반대론자들의 혹독한 비난을 한 몸에 받아야 했다. 그들은 "로켓으로는 절대로 우주공간을 여행할 수 없다"고 주장하면서, 고다드의 로켓을 '멍청한 발명품'이라고 비아냥거렸다. 심지어 1921년에 〈뉴욕타임즈〉의 편집자는 다음과 같은 기사로 고다드에게 독설을 퍼부었다. "고다드 교수는 물리학의 생기초인 작용-반작용법칙조차 모르는 사람이다. 진공에 가까운 우주공간에서 무엇으로 반작용을 얻는다는 말인가? 아무래도 그는 고등학교 물리 과정을 다시 이수해야 할 것 같다." 이 편집자는 우주공간에 로켓을 밀어줄 공기가 없기 때문에 우주로켓이 불가능하다고 믿은 것이다. 그런데 위험천만하게도, 그 무렵에 고다드의 로켓이론을 긍정적으로 수용한 사람은 아돌프 히틀러였다. 2차 세계 대전이 진행되는 동안 독일은 군사용 V-2 로켓을 개발하여 런던에 집중 포화를 퍼부음으로써 영국을 거의 항복 직전까지 몰아넣었다.

불가능에 대한 도전은 인류의 역사까지 바꿔놓았다. 1930년대에 아인슈타인은 원자폭탄의 제작이 불가능하다고 믿었다. 원자핵 속에 다량의 에너지가 함유되어 있다는 것은 아인슈타인의 그 유명한 $E=mc^2$을 통해 널리 알려진 사실이었지만, 하나의 원자핵에서 얻을 수 있는 에너지는 (인간의 스케일에서 볼 때) 너무 작은 양이어서 현실성이 없는 것처럼 보였다. 그러나 원자물리학자 레오 실라르드 Leo Szilard는 1914년에 발표된 조지 웰즈 George Wells의 소설《해방된 세계 The World Set Free》를 읽고 긍정적인 생각을 품게 되었다. 이 책에서 웰즈는 원자폭탄의 비밀이 1933년에 한 물리학자에 의해 풀린다고 적어놓았는데, 놀랍게도 그의 예견은 정확하게 맞아떨어졌다. 이 책이 출간되고 19년이 지난 1933년에 레오 실라르드가 원자폭탄의 구현방법을 알아낸 것이다. 하나의 원자핵이 붕괴되면서 인근의 다른 원자핵을 순차적으로 붕괴시키는 연쇄반응 chain reaction을 이용하면, 우라늄 원자핵 하나가 갖고 있는 에너지를 수조 배(10^{12}배)까지 증폭시킬 수 있다. 실라르드는 일련의 실험으로 이 사실을 입증한 뒤 비밀리에 아인슈타인과 루즈벨트 대통령을 만나 원자폭탄의 가능성을 설득했고, 결국 이들의 만남은 원자폭탄을 제조하는 맨해튼 프로젝트 Manhattan Project로 이어졌다.

과학의 선각자들은 끊임없이 불가능에 도전해오면서 물리학과 화학의 영역을 넓혀 왔으며, 그럴 때마다 과학자들은 '불가능'이라는 단어의 의미를 다시 정의해야 했다. 윌리엄 오슬러William Osler 경은 이런 세태를 다음과 같이 표현했다. "한 세대에 통용되던 철학은 다음 세대에서 불합리해질 수 있고, 과거의 바보 같은 생각은 내일의 지혜가 될 수 있다."

T.H. 화이트T.H. White의 소설 《과거와 미래의 왕The Once and Future King》에는 "금지되지 않은 일은 반드시 일어난다!"는 구절이 등장하는데, 많은 물리학자들은 이것을 하나의 격언처럼 마음속에 새기고 있다. 이와 같은 사례가 물리학에서 빈번하게 나타났기 때문이다. 어떤 현상의 발생을 금지하는 물리법칙이 존재하지 않는 한, 그 현상은 반드시 일어난다(입자물리학에서는 이런 일이 여러 번 일어났다. 물리학자들은 금지된 법칙의 극한을 추적하다가 종종 새로운 법칙을 발견하곤 했다[1]). 화이트의 주장을 조금 다른 말로 표현하면 다음과 같을 것이다. "완전히 불가능하다고 판명되지 않은 것들은 언제든지 가능해질 수 있다!"

한 가지 예를 들어보자. 우주물리학자 스티븐 호킹Stephen Hawking은 "한 번 이루어진 역사는 바뀔 수 없으므로, 역사학자들을 위해서라도 타임머신은 발명될 수 없다"는 '역사보호추론chronology protection conjecture'을 주장하면서, 몇 년 동안 이를 증명하려고 시도했지만 결국은 실패하고 말았다. 요즘 물리학자들은 "지금의 수학수준으로는 시간여행을 금지하는 물리법칙을 발견할 수 없다"고 믿고 있다. 시간여행을 금지하는 물리법칙이 존재하지 않으므로, 시간여행의 가능성은 아직 열려 있는 셈이다.

지금 당장 불가능하다고 여겨지는 과학기술들이 수십, 수백 년 후에도 여전히 불가능한 과제로 남아 있을까? 이 질문에 대답하는 것이 이 책의 주된 목적이다.

얼마 전까지만 해도 불가능하다고 생각됐던 기술이 최근 들어 실현된 대표적인 사례로 공간이동teleportation을 들 수 있다(물론 아직은 원자 몇 개를 이동시키는 수준에 불과하다). 몇 년 전만 해도 물리학자들은 물체를 한 지점에서 다른 지점으로 전송하는 것이 양자역학의 법칙에 위배된다고 생각했다. 그래서 TV 시리즈 〈스타트렉Star Trek〉의 작가들은 드라마 속에서 물체를 공간이동시킬 때 '하이젠베르크 보정기Heisenberg compensator'라는 다소 궁색해 보이는 장치를 도입하여 과학자들의 빈축을 샀다. 그러나 최근 들어 물리학자들은 원자를 실험실 벽 너머로 이동시키거나 광자를 다뉴브강 너머로 이동시킬 수 있게 되었다.

미래 예견하기

미래를 예견한다는 것은 항상 조심스러운 일이다. 특히 수백, 수천 년 후의 일을 예견할 때에는 더욱 조심스러워진다. 물리학자 닐스 보어Niels Bohr는 생전에 이런 말을 자주 했다. "일반적으로 예측이란 어려운 일이다. 특히 미래를 예측하는 것은 더욱 어렵다." 그러나 쥘 베른이 활동하던 시대와 지금의 시대 사이에는 근본적인 차이가 있다. 지금은 물리학의 기본법칙들이 대부분 알려져 있다. 오늘날의 물리학자들은 양성자의 내부에서 시작하여 팽창하는 우주에 이르기까지, 거의 모든 스케일에서 물리학의 기본법칙을 이해하고 있다. 그들이 이해하는 가장 작은 자연(소립자)과 가장 큰 자연(우주)의 크기 비율은 무려 10^{43}이나 된다! 그래서 지금의 물리학자들은 미래의 과학기술이 어떤 식으로 전개되어갈지 어느 정도 자신감을 가지고 말할 수 있으며, '지금 당장 불가능한 것'과 '완전히 불가능한 것'을 구별할 수 있게 되었다.

이 책에서는 '불가능한 정도'를 세 가지 부류로 나누어 생각해보기로 한다.

첫 번째는 〈제1부류 불가능〉으로서, 지금 당장은 불가능하지만 물리학의 법칙에 위배되지는 않는 것들이다. 이런 종류의 불가능은 21~22세기 안에 어떻게든 실현될 가능성이 높다. 공간이동이나 반물질 엔진, 텔레파시, 염력, 투명한 물질(투명인간) 등이 여기 속한다.

두 번째 〈제2부류 불가능〉은 물리법칙의 위배 여부가 아직 분명치 않은 것들로서, 만일 위배되지 않는다면 수천, 또는 수백만 년 후에나 실현될 수 있는 기술을 말한다. 시간여행, 초공간 여행, 웜홀 타임머신 등이 여기 속한다고 할 수 있다.

세 번째 〈제3부류 불가능〉은 현재 알려진 물리학 법칙에 위배되는 것들인데, 놀랍게도 여기 속하는 항목은 그리 많지 않다. 먼 훗날 이들이 가능한 것으로 판명된다면, 물리학의 근본도 크게 달라질 것이다.

이와 같은 분류법이 중요한 이유는 과학자들이 공상과학에 등장하는 다양한 기술을 "지금의 문명 수준에서는 불가능하다"는 이유로 부정하고 있기 때문이다. 지구인에게는 불가능하다고 해도, 다른 곳에서는 얼마든지 가능할 수 있지 않은가? 외계인의 침공(또는 방문)을 예로 들어보자. 과학자들은 별들 사이의 거리가 너무 멀어서 지구인이 외계인과 조우하는 일은 불가능하다고 말한다. 물론 현재 지구의 문명 수준으로는 당연히 불가능하지만, 우리보다 수천, 수만 년 또는 수백 만 년 앞선 문명을 가진 외계인이라면 가능할 수도 있다. 그러므로 불가능성을 획일화하는 것보다, 위와 같이 분류하여 생각하는 것이 훨씬 논리적이다. 어떤 과학기술이 지금 우리의 문명 수준에서 불가능하다고 해서, 외계의 다른 문명권에서도 불가능하다고 단정지을 수는 없다. 공상과학의 '가능'과 '불가능'을 논할 때에는 우리보다 월등하게 앞선 문명까지 고려해야 한다.

칼 세이건은 이런 말을 한 적이 있다. "우리보다 백만 년 앞선 문명이라는 것이 대체 어느 정도로 발달한 문명인지 감이 잡히는가? 지구에서 라디오망원경은 불과 수십 년 전에 처음으로 만들어졌으며, 지구에 기술문명이 싹튼 것도 기껏해야 수백 년밖에 되지 않았다. 따라서 지구보다 수백만 년 앞선 문명인이 우리와 마주친다면, 그들은 마치 우리가 원숭이를 대하듯이 바라볼 것이다."

나는 그동안 아인슈타인의 꿈이었던 '만물의 이론'을 주로 연구해왔다. 만물의 이론이란 이론물리학자들이 추구하는 궁극의 이론으로서, "시간여행은 가능한가?", "블랙홀의 중심부는 무엇으로 이루어져 있는가?", "빅뱅이 일어나기 전에는 무엇이 있었는가?"라는 등 현재로선 답을 제시할 수 없는 '해결 불가능한' 문제를 풀어줄 유일한 후보이기도 하다. 나는 지금도 불가능한 것들에 깊은 애정을 느끼며, 이들이 일상적인 기술로 통용되는 세상을 머릿속에 그려보곤 한다.

차례

이 책에 도움을 주신 분들 6
서문 과학으로 불가능한 것은 없다 10

PART 1_ 제1부류 불가능

① 역장 31
보호막 작동 31 마이클 패러데이 33 네 가지 힘 36
플라즈마 창豂 39 자기부양 42

② 투명체 49
투명체의 역사 50 맥스웰 방정식과 빛의 비밀 52 준물질과 투명성 56
가시광선에서 작동하는 준물질 투명체 61 플라즈마를 이용한 투명체 64
준물질의 미래 65 투명체와 나노기술 68 홀로그램과 투명체 71
4차원 공간을 이용한 투명인간 73

③ 페이저와 데스스타 75
4-3-2-1, 발사! 75 에너지빔 무기의 역사 77 양자혁명 78
메이저와 레이저 81 레이저의 종류 83 레이저와 광선총? 85
데스스타의 에너지 88 관성밀폐 핵융합 89 자기구속 핵융합 91
핵점화 X-선 레이저 94 데스스타의 물리학 97 감마선 폭발 99

④ 공간이동 102
공간이동과 공상과학 104 공간이동과 양자이론 107 EPR 실험 113
양자적 공간이동 117 양자적 얽힘이 없는 공간이동 119 양자컴퓨터 122

5 텔레파시 127

심령현상 연구 131　텔레파시와 스타게이트 133　두뇌스캔 136
MRI 거짓말탐지기 138　만능번역기 142　휴대용 MRI 스캐너 144
신경망(뉴럴 네트워크) 두뇌 146　생각 투영하기 148　두뇌지도 149

6 염력 152

염력과 현실 세계 155　염력과 과학 156　염력과 두뇌 160　나노봇 165

7 로봇 172

인공지능의 역사 174　하향식 접근법 182　상향식 접근법 191
로봇이 감정을 느낄 수 있을까? 194　로봇은 의식이 있는가? 198
로봇이 사람에게 위험할 수도 있을까? 200

8 외계인과 UFO 206

외계생명체의 과학적 탐사 209　소리로 외계인 찾기 213
외계인은 어디에 있는가? 217　지구와 닮은 행성을 찾아서 222
외계인은 어떻게 생겼을까? 227　괴물과 스케일법칙 231
발달된 문명의 물리학 235　UFO 238

9 우주선 248

다가올 재앙 249　이온 플라즈마엔진 252　태양항해 254　램제트 융합 256
핵분열 추진로켓 258　핵추진 펄스로켓 260　비추력과 엔진효율 263
우주 엘리베이터 264　슬링샷 효과 270　하늘로 쏘는 레일건 272
우주여행의 위험요소들 274　가사상태 276　나노우주선 278

⑩ 반물질과 반우주 284

반원자와 반화학물질 285　반물질 로켓 289　천연 반물질 290
반물질의 기원 294　디락과 뉴턴 298　반중력과 반우주 299

PART 2_ 제2부류 불가능

⑪ 빛보다 빠르게! 309

삶의 낙오자였던 아인슈타인 310　아인슈타인과 상대성이론 312
아인슈타인 이론의 허점 316　알큐비어 드라이브와 음에너지 319
웜홀과 블랙홀 325　플랑크에너지와 입자가속기 332

⑫ 시간여행 336

과거 바꾸기 337　시간여행 : 물리학자의 놀이터 342　시간역설 349

⑬ 평행우주 355

초공간 357　끈이론 363　다중우주 368　양자이론 373　양자적 우주 379
우주들 사이의 접촉? 383　실험실에서 탄생한 아기우주? 386
우주의 진화? 389

PART 3_ 제3부류 불가능

⑭ 영구기관 393

에너지를 통해 바라본 인류의 역사 396   영구기관의 역사 397
장난과 사기극 399   루드비히 볼츠만과 엔트로피 403
총 엔트로피는 항상 증가한다 406   세 가지 법칙과 대칭 408
진공에서 에너지를 얻다? 411

⑮ 예지력 415

미래를 볼 수 있을까? 420   과거로 흐르는 시간 422
미래에서 온 타키온 427

에필로그 불가능의 미래 433
역자의 글 미래를 사는 영원한 청년, 미치오 카쿠 462
후주 466
참고문헌 476
찾아보기 478

PART 1

제1부류_불가능

PHYSICS OF THE IMPOSSIBLE

역장力場, force field

> I. 저명한 노과학자가 무언가를 두고 '가능하다'고 말한다면, 그것은 맞을 가능성이 높다. 그러나 그가 '불가능하다'고 말한다면 틀렸을 가능성이 높다.
> II. 가능성의 극한을 발견하는 유일한 방법은 그것을 잠시 '불가능의 세계'로 던져놓고 모험을 벌이는 것이다.
> III. 고도로 발달한 과학은 대체로 마술과 비슷하다.
> —아서 클라크ARTHUR C. CLARK의 세 가지 법칙

"보호막 작동Shields up!"

이것은 TV 공상과학시리즈 〈스타트렉〉의 수많은 에피소드에 걸쳐 커크Kirk 선장이 승무원들에게 가장 자주 내리는 명령이다. 이 명령이 떨어지면 적의 공격을 방어하는 일종의 역장力場이 엔터프라이즈호를 에워싸게 된다.

역장은 〈스타트렉〉에서 없어서는 안 될 존재이다. 영화 속에서 벌어지는 전투의 치열한 정도는 역장이 지속되는 시간으로 가늠할 수 있다. 적의 공격이 워낙 강력하여 역장의 파워가 외부로 새어나가면 엔터프라이즈호의 선체에 점차 강한 충격이 전달되고, 최악의 경우에는 항복할 수밖에 없다.

그런데, 역장이란 대체 무엇인가? 공상과학영화에서는 그 설명이 허무할 정도로 간단하다. "얇고 투명하면서 레이저 광선이나 로켓포를 막아주는 만능 보호장벽"이다. 언뜻 보기에는 원리가 너무도 단순하여, 현실세계에서도 곧 실현될 것 같다. 어느 날, 진취적인 발명가가 득의양양한 목소리로 "드디어 역장 보호막 개발에 성공했다!"고 외친다면 얼마나 좋을까? 하지만 현실은 그리 녹록치 않다.

에디슨이 전구를 발명하여 현대인의 삶에 일대 혁명을 일으켰던 것처럼, 역장이 발명된다면 우리의 일상사는 엄청난 변화를 겪게 될 것이다. 우선, 새 발명품에 가장 민감하게 반응하는 군대에서 이 기술을 제일 먼저 도입하여 적의 미사일이나 총탄을 막아주는 방어막을 구축할 것이고, 대형교량이나 고속도로 등도 이론적으로는 단추 하나만 눌러서 건설할 수 있게 된다. 역장을 잘 이용하면 아무것도 없는 사막에 초고층 건물이 잔뜩 들어선 대도시를 순식간에 건설할 수도 있다. 뿐만 아니라, 그곳에 사는 사람들은 역장을 이용하여 태풍이나 눈보라, 토네이도 등 기상과 관련된 위험요소들을 제어할 수 있다. 역장을 이용한 보호막을 바다 밑에 설치하면 수중도시도 가능하다. 유리와 강철, 모르타르 등 환경에 영향을 주는 건축자재들도 역장으로 대치될 것이다.

그러나 안타깝게도 이와 같은 역장을 실험실에서 만들어내기란 보통 어려운 일이 아니다. 그래서 일부 물리학자들은 (특성을 개선하지 않는 한) 역장을 실생활에 응용하는 것이 아예 불가능하다고 주장하고 있다.

마이클 패러데이

역장의 개념을 처음 도입한 사람은 19세기 영국의 위대한 과학자 마이클 패러데이Michael Faraday였다.

패러데이는 1791년에 노동자 계층의 집안에서 태어나(그의 부친은 대장장이였다) 1800년대 초부터 제본소의 견습공으로 일하며 어려운 살림을 꾸려나갔다. 당시 물리학자들은 그동안 신비에 둘러 싸여 있던 전기력과 자기력의 특성을 상당 부분 밝혀내면서 커다란 진전을 이루어냈는데, 패러데이는 정규교육을 받지 못했음에도 불구하고 이 분야에 각별한 관심을 갖고 있었다. 그는 전기와 자기에 관련된 지식을 닥치는 대로 수집했고, 영국 왕립학회의 석학이었던 험프리 데이비Humphrey Davy 교수가 런던에서 일반인들을 대상으로 베풀었던 강연도 열심히 들었다.

그러던 어느 날, 데이비 교수가 화학실험을 하다가 한쪽 눈을 크게 다치는 바람에 실험을 도와줄 조수가 필요하게 되었고, 우여곡절 끝에 그 일을 패러데이가 맡게 되었다. 그때부터 패러데이는 천재성을 유감없이 발휘하면서 왕립학회 회원들의 신임을 얻어나갔으며 (간간이 논쟁을 불러일으키긴 했지만), 혼자서 실험을 계획하고 실행할 수 있는 권한도 주어졌다. 데이비 교수는 패러데이의 천재성에 강한 시기심을 느껴 한때 그의 출세 길을 가로막기도 했으나, 뛰어난 젊은이의 열정을 막기에는 역부족이었다. 결국 페러데이는 실험계에서 떠오르는 스타로 인정받았고, 언제부턴가는 스승의 명성을 능가하게 되었다. 1829년에 데이비 교수가 죽은 후 패러데이는 일련의 획기적인 실험을 통해 발전기의 기초를 닦아놓았으며, 그의 연구 덕분에 탄생한 발전기는 전 세계 도시의 밤을 밝히면서 현대인의 삶을 송두리째 바꿔놓았다.

그러나 뭐니 뭐니 해도 패러데이의 가장 큰 업적은 물리학에 '역장'이라는 개념을 도입한 것이다. 쇳가루가 뿌려진 곳에 자석을 갖다놓으면 쇳가루는 거미줄과 비슷한 모양을 그리며 재배열된다. 이것이 바로 패러데이의 역선力線, lines of force으로서, 전기와 자기의 역장이 공간에 퍼져나가는 형태를 도식적으로 보여준다. 지구도 하나의 거대한 자석에 비유될 수 있는데, 이 경우 역선(자기력선)은 남극에서 출발하여 북극으로 들어가는 방향으로 형성된다. 또한 번개가 치는 날 피뢰침 주변에 형성되는 역선(전기력선)은 피뢰침의 끝부분에 집중된다. 패러데이는 텅 빈 공간이 완전히 비어 있지 않고 멀리 있는 물체를 움직일 수 있는 역장으로 가득 차 있다고 생각했다(패러데이는 정규교육을 받지 못했다. 그래서 그의 연구노트는 수식이 아닌 그림으로 가득 차 있으며, 역장을 분석할 때에도 오직 그림만을 사용했다. 그러나 패러데이가 수학을 몰랐던 것은 오히려 다행이었다. 그 덕분에 역장을 아름다운 그림으로 표현하는 기법이 개발되었고, 이 그림은 오늘날 전 세계 학교의 과학 교과서에 단골메뉴로 등장하고 있다. 수학이 순수과학의 기본 언어인 것은 분명한 사실이지만, 수학적 분석보다 그림이 더 효율적인 경우도 종종 있다).

역사학자들은 과학역사상 가장 중요한 개념 중 하나인 역장을 패러데이가 어떻게 생각해낼 수 있었는지 줄곧 연구해왔다. 사실, 현대물리학 전체가 패러데이의 장으로 서술된다고 해도 과언이 아니다. 패러데이는 1831년에 인류의 문명을 송두리째 바꿔놓을 위대한 발견을 하게 된다. 어느 날 그는 전선 근처에서 자석을 이리저리 움직이다가 전선에 전류가 유도된다는 놀라운 사실을 발견했다. 전선을 전혀 건드리지 않았는데도, 전류가 생성된 것이다! 이것은 눈에 보이지 않는 자기장에 의해 전선 속의 전자가 움직였음을 의미한다. 전류란 전자가 이동하면서 나타나는 현상이기 때문이다.

패러데이가 '역장'의 개념을 처음 제안했을 때, 물리학자들은 별다른 관심을 보이지 않았다. 그러나 역장이야말로 물체를 움직이게 하고 에너지를 생산하는 '실질적인' 힘이다. 오늘날 우리가 사용하고 있는 모든 조명 불빛은 패러데이가 발견한 전자기적 개념에서 비롯된 것이다. 전선 근처에서 자석이 회전하면 역장이 생성되고, 이 역장은 전선 속의 전자를 움직이게 한다. 전자의 이동은 곧 전류라는 현상으로 나타나며, 그 덕분에 우리는 전구를 밝힐 수 있다. 전 세계의 모든 도시에 공급되는 전력은 이와 동일한 과정을 거쳐 생성된다. 예를 들어, 높은 댐에서 방류된 물이 거대한 자석을 돌리면 전류가 생성되고, 이것이 고압선을 타고 각 가정에 배달되는 식이다.

다시 말해서, 마이클 패러데이가 창안했던 역장의 개념은 전기로 움직이는 불도저에서부터 컴퓨터와 인터넷, 그리고 깜찍한 아이팟 iPod에 이르기까지, 현대 전기문명의 대부분을 창조했다고 할 수 있다.

패러데이의 역장은 지난 150년 동안 수많은 물리학자들에게 번뜩이는 영감을 불러일으켰다. 그 유명한 아인슈타인의 일반상대성이론도 역장의 개념으로 중력을 재해석한 이론이며, 나 역시 패러데이의 덕을 많이 보고 있다. 몇 해 전에 나는 패러데이의 역장에 기초한 끈이론 관련 논문을 발표하여 이론의 기초를 세우는데 약간의 공헌을 할 수 있었다. 어떤 물리학자는 나를 가리켜 "그는 마치 전기력선line of force처럼 생각하는 것 같다"고 했는데, 나에게는 분에 넘치는 칭찬처럼 들렸다.

네 가지 힘

지난 2천 년 동안 물리학이 이룬 최고의 업적 중 하나는 우주에 존재하는 수많은 힘들을 단 네 가지로 통폐합시키는데 성공한 것이다. 이들은 모두 패러데이가 창안한 역장의 개념으로 서술되는데, 안타깝게도 여기 등장하는 역장은 공상과학에서 말하는 역장과 다소 거리가 있다.

1. 중력Gravity: 우리의 발이 땅바닥에 붙어 있게 해주고, 지구와 별이 붕괴되는 것을 막아주며, 태양계와 은하계를 하나의 집단으로 묶어주는 조용한 힘이다. 만일 중력이 없다면 우리는 시속 1,600km로 지구에서 이탈하여 (지구가 자전하기 때문!) 우주공간으로 날아갈 것이다. 그런데 문제는 중력이라는 것이 공상과학물에 등장하는 역장과 완전히 반대 성질을 갖고 있다는 점이다. 중력은 상대방을 잡아당기는 쪽으로만 작용할 뿐, 결코 밀어내는 법이 없다. 뿐만 아니라 중력은 다른 힘과 비교할 때 지극히 약한 힘이며, 엄청나게 먼 곳까지 작용하는 힘이다. 다

시 말해서, 공상과학소설이나 영화에 등장하는 '평평하고 얇은 보호막'과는 완전히 정반대의 특성을 갖고 있다는 뜻이다. 예를 들어, 지구 전체가 깃털 하나를 잡아당기는 힘, 즉 깃털의 무게는 손가락 하나로 가볍게 이겨낼 수 있다. 질량이 6조×1조kg이나 되는 지구가 행사하는 힘을 손가락 근육 하나로 극복할 수 있으니, 중력이라는 것이 얼마나 약한 힘인지 상상이 갈 것이다.

2. 전자기력Electromagnetism, EM: 도시의 밤을 밝혀주는 힘이다. 레이저와 라디오, TV, 현대 전자공학, 컴퓨터, 인터넷, 전기, 자력 등 이들 모두는 전자기력이라는 힘을 통해 작동된다. 전자기력은 역사 이래로 인간이 활용해온 자연력 중 가장 유용한 힘으로써, 인력으로만 작용하는 중력과 달리 인력과 척력이 모두 존재한다. 그러나 전자기력도 몇 가지 이유 때문에 보호막으로 사용하기에는 부적절하다. 첫째, 전자기력은 아주 쉽게 무력화될 수 있다. 예를 들어 플라스틱을 비롯한 여러 가지 절연체들은 전기장이나 자기장을 쉽게 통과할 수 있다. 플라스틱으로 만든 무기를 던지면 전기장(또는 자기장) 보호막은 무용지물인 셈이다. 둘째, 전자기력은 중력과 마찬가지로 '아주 먼 곳까지 작용하는 힘'이기 때문에, 그 효과를 얇은 평면 안에 집중시킬 수가 없다. 전자기력과 관련된 법칙들은 맥스웰James Clerk Maxwell의 방정식에 축약되어 있는데, '방어막 역할을 하는 역장'은 이 방정식의 해가 되지 못한다.

3&4. 약한 핵력Weak nuclear force과 강한 핵력Strong nuclear force: 약한 핵력(또는 약력)은 방사성 붕괴를 일으키는 힘으로써, 지구의 중심부에 열을 공급하는 원천이기도 하다. 화산과 지진, 그리고 대륙이동도 그 근원을 따지고 들어가면 결국 약력으로 귀결된다. 강한 핵력(또는 강력)은 원자핵의 구성입자인 양성자와 중성자를 강하게 결합시키는 힘이다. 태양을 비롯한 모든 별의 에너지는 강력에서 비롯된 것이며, 이들이 방출하는 빛도 마찬가지다. 그런데 약력과 강력은 원자핵 크기 정도의 초단거리에서 발휘되는 힘이기 때문에, 현실세계에서 보호막으로 활용하기에는 무리가 있다. 뿐만 아니라 작용하는 거리가 너무 짧아서 다루기도 매우 까다롭다. 현재 약력과 강력을 제어할 수 있는 분야는 입자가속기로 소립자를 충돌시키는 입자물리학 실험이나 원자폭탄의 제조 정도이다.

공상과학물에 등장하는 역장이 기존의 물리법칙과 다소 상충되긴 하지만, 그렇다고 보호막을 절대 만들 수 없다는 뜻은 아니다. 실험실에서 아직 발견되지 않은 제5의 힘이 존재할 수도 있다. 이 힘이 천문학적 스케일에서 작용하지 않고 수cm~수십cm 범위에서 작용한다면 얼마든지 가능하다(그러나 안타깝게도 제5의 힘을 찾으려는 초기 시도는 실패로 끝나고 말았다).

또 한 가지 가능성은 플라즈마plasma를 이용하여 역장의 특성을 흉내내는 것이다. 플라즈마는 고체, 액체, 기체 이외에 물질이 취할 수 있는 '제4의 상태(원자가 전자를 잃어버린 상태)'로서, 우리는 주로 앞의 세 가지 상태에 익숙하지만 우주적인 스케일에서 보면 가장 흔한 것이 바로 플라즈마 상태이다. 플라즈마 속의 원자들은 (전자가 제거되어) 전기전하를 띠고 있으므로, 전기장이나 자기장을 통해 쉽게 제어될 수 있다.

플라즈마는 지구에서 거의 찾아볼 수 없지만 태양과 별, 행성간 기체interstellar gas 등 눈에 보이는 우주의 거의 대부분은 플라즈마로 이루어져 있다. 우리의 눈에 보이는 플라즈마는 전구와 태양, 그리고 플라즈마 TV 정도이다.

플라즈마 창窓

위에서 말한 바와 같이 기체의 온도가 충분히 높아지면 플라즈마 상태가 되고, 여기에 전기장이나 자기장을 가해주면 특정한 모양으로 만들 수 있다. 예를 들어, 플라즈마로 창을 만들면 일상적인 공기와 진공을 분리하는 벽으로 사용할 수 있다. 따라서 플라즈마 창을 잘 이용하면, 공기가 밖으로 새나가지 않으면서 밖을 훤히 내다볼 수 있는 유인 우주탐사선을 만들 수도 있을 것이다.

TV 시리즈 〈스타트렉〉에도 이와 비슷한 도구가 등장한다. 모선인 엔타프라이즈호의 격납고에는 여러 척의 소형 우주선이 보관되어 있는데, 이들과 바깥 우주를 격리하기 위해 플라즈마 창이 설치되어 있다. 이렇게 설정하면 투명한 유리를 따로 만들 필요가 없으므로 세트 제작비가 크게 절약된다. 게다가 플라즈마 창은 원리적으로 제작 가능한 도구이기 때문에 무리한 설정을 피해갈 수 있다.

플라즈마 창을 최초로 발명한 사람은 1995년에 뉴욕 롱아일랜드에 있는 브룩헤이븐 연구소의 물리학자 애디 허쉬코비치Ady Herschcovitch였다. 그는 전자빔으로 금속을 용접하는 기술을 연구하다가 이 장치를 개발했다고 한다. 용접램프에서 초고온의 아세틸렌가스를 분사하여 금속의 접합부를 녹이는 식으로 진행되는 전자빔 용접은 기존의 용접보다 금속을 녹이는 속도가 빠르고 접합부도 깨끗할 뿐만 아니라 비용까지 절감되는 등 장점이 많았다. 그러나 전자빔 용접은 진공 중에서 이루어져야 하기 때문에, 작업실 전체를 진공상태로 만들어야 한다는 심각한 문제를 안고 있었다.

허쉬코비치 박사는 이 문제를 해결하기 위해 플라즈마 창을 발명했다. 전기장과 자기장을 이용하여 높이 1m, 반지름 30㎝ 플라즈마 창을 만들고, 그 안에서 기체를 섭씨 6,700도까지 가열하면 보통의 기체와 마찬가지로 플라즈마 입자들이 벽에 압력을 행사하여 외부의 공기가 진공챔버 안으로 유입되는 것을 막아준다(아르곤 가스로 플라즈마 창을 만들면 스타트렉에 나오는 역장처럼 푸른빛을 띠게 된다).

플라즈마 창은 우주여행뿐만 아니라 산업 전반에 걸쳐 다양하게 응용될 수 있다. 특히 집적회로와 같이 미세한 부품을 제작할 때에는 진공상태를 유지하는 것이 중요한데, 작업실 전체를 진공으로 만들려면 막대한 비용이 지출된다. 이럴 때 플라즈마 창을 적용하면 비용을 크게 절감할 수 있다.

그런데, 플라즈마 창으로 적의 포화를 막아주는 보호막을 치는 것이 과연 가능할까? 먼 훗날 지금보다 훨씬 강력하고 온도도 높은 플라즈마 창이 발명된다면, 적진으로부터 날아온 포탄이 창에 닿는 순간 곧바로 증발해버리도록 만들 수도 있을 것이다. 그러나 공상과학에 등장하는 보호막처럼 좀 더 실용적인 도구가 되려면 다양한 기능을 가진 역장을 여러 층으로 겹겹이 쌓는 것이 바람직하다. 하나의 층은 포탄을 막지 못한다 해도, 이런 층을 여러 겹으로 쌓으면 막강한 기능을 발휘할 수 있다.

제일 바깥에 있는 층은 다량의 전하가 충전된 플라즈마 창으로서, 금속을 증발시킬 수 있을 정도로 고온상태를 유지하고, 두 번째 층에는 고-에너지 레이저빔으로 만든 커튼을 설치해둔다. 이 커튼은 수천 개의 레이저빔이 그물을 이루고 있어서, 이곳을 통과하는 모든 물질을 기화시킬 정도로 높은 온도를 유지하고 있다. 레이저에 관해서는 다음 장에서 자세히 다룰 예정이다.

레이저 커튼 뒤에는 '탄소나노튜브'로 이루어진 격자층을 설치해둔다. 튜브 하나의 굵기는 탄소원자의 크기와 비슷할 정도로 가늘지만, 강도는 철선보다 강하다. 지금의 기술로는 이와 같은 튜브를 길이 15mm까지밖에 만들 수 없지만, 언젠가는 원하는 길이로 만들 수 있게 될 것이다. 일단 탄소나노튜브로 그물을 만들기만 하면 그 강도가 가히 환상적이어서, 거의 대부분의 물질을 차단할 수 있다. 게다가 튜브가 워낙 가늘기 때문에 육안으로는 그 존재를 확인할 수 없다. '막강한 차단력을 발휘하면서 눈에는 보이지 않는' 보호막인 셈이다.

이와 같이 플라즈마 창과 레이저 커튼, 그리고 탄소나노튜브로 된 그물망을 차례로 쌓아서 투명 보호막을 만들면 적의 어떠한 공격도 막아낼 수 있다.

그러나 이렇게 제작된 보호막도 공상과학물에 등장하는 역장의 조건을 모두 만족하지는 못한다. 막 자체가 투명하여, 외부에서 발사된 레이저빔을 막을 수 없기 때문이다. 이런 보호막으로는 레이저광선이 난무하는 전쟁에서 살아남기 어렵다.

레이저빔을 막으려면 형태가 한층 더 개선된 장치인 '포토크로마틱스photochromatics'가 필요하다. 이것은 자외선UV을 흡수하여 유리알이 검게 보이는 선글라스에서 일어나는 현상으로, 그 원리는 '최소한 두 가지 상태에 존재할 수 있는' 분자에 기초하고 있다. 분자가 둘 중 하나의 상태에 있으면 전체적으로 투명하게 보이지만, 적외선에 노출되면 즉시 다른 상태로 전이되면서 불투명해진다.

앞으로 나노기술이 더욱 발달하면 탄소나노튜브만큼 강력하면서 레이저에 노출되면 광학적 성질이 변하는 물질을 만들 수도 있을 것이다. 이런 재료로 보호막을 만들면 입자빔이나 대포는 물론 레이저 광선도 막아낼 수 있다. 세월이 흐르면 포토크로마틱스는 분명히 만들어질 것이다. 다만, 현재는 이런 장비가 존재하지 않는다.

자기부양

공상과학물에서 역장은 적의 레이저공격을 막아내는 수단임과 동시에, 중력을 극복하는 수단이기도 하다. 영화 〈백 투터 퓨처Back to the Future〉에서 주인공 마이클 J. 폭스Machael J. Fox는 스케이트보

드와 비슷하게 생긴 '후버보드'를 타고 땅바닥에서 20cm쯤 뜬 채 도로를 질주한다. 현재 알려진 물리학 법칙에 의하면 이런 식으로 중력을 극복하는 장치를 만들 수는 없지만 (이 문제는 10장에서 다시 언급될 것이다), 자기력을 이용한 후버보드나 후버카는 멀지 않은 미래에 실현될 가능성이 높다. 이 정도의 기술이면 무거운 물체를 허공에 띄우는 것도 얼마든지 가능하다. '상온에서 작동하는 초전도체'가 발견된다면(또는 발명된다면), 자기장을 이용하여 물체를 공중에 띄울 수 있다.

다들 알다시피, 두 막대자석의 북극(N극)을 서로 가까이 가져가면 밀어내는 힘이 작용하고, 다른 극끼리 접근시키면 제법 강한 힘으로 들러붙는다. 이 성질을 잘 이용하면 엄청나게 무거운 물체를 땅 위로 부양시킬 수 있다. 몇몇 나라에서는 이미 자기부양열차를 운행하고 있는데, 이 열차는 일상적인 자석의 원리에 따라 레일과 접촉하지 않고 공중에 뜬 채 달리기 때문에 유리한 점이 많다. 무엇보다도, 일반 열차와 달리 레일과 바퀴 사이의 마찰이 없으므로 매우 빠른 속도로 달릴 수 있다.

1984년에 영국은 버밍엄 국제공항과 버밍엄 기차역을 연결하는 상업용 자기부양열차를 개통하여 이 분야에서 첫 테이프를 끊었다. 그 후 독일과 일본에도 자기부양열차가 건설되었지만, 기존의 열차와 비교할 때 그다지 고속은 아니었다. 상업용 자기부양열차로서 최초로 고속운행을 실현한 것은 상하이에 건설된 IOS Initial Operating Demonstration로서 속도는 약 428km/h였으며, 그 후 일본의 야마나시현에 건설된 자기부양열차는 무려 578km/h의 속도로 달렸다.

그러나 자기부양열차는 건설비가 너무 비싸다는 단점이 있다. 비용을 절감하는 한 가지 방법은 초전도체를 사용하는 것이다. 초전도체는 절대온도 0K(영하 273도) 근처에서 전기저항이 거의 0으로 사라진다. 초전도현상은 1911년에 네덜란드의 물리학자 하이케 오네스Heike Onnes에 의해 처음으로 발견되었다. 어떤 특정한 물질을 20K(영하 253도)까지 냉각시키면 전기저항이 사라진다. 대부분의 금속은 온도가 낮을수록 전기저항이 서서히 감소하는데(전기저항이란 원자의 무작위 진동이 전자의 흐름을 방해하기 때문에 나타나는 현상이다. 따라서 온도를 낮추면 원자의 무작위 진동이 잦아들면서 전기저항이 작아진다), 오네스는 온도가 어느 임계값 이하로 내려갔을 때 전기저항이 갑자기 0으로 사라지는 신기한 현상을 발견한 것이다.

물리학자들은 이것이 얼마나 중요한 발견인지 곧 알아차렸다. 예를 들어, 발전소에서 열심히 전력을 생산해도 전선의 저항 때문에 송전과정에서 에너지의 상당 부분이 손실된다. 그러나 저항을 없앨 수만 있다면 전기배달료는 거의 공짜나 다름없다. 사실, 원형 코일에 전류를 흘려보내면 에너지 손실 없이 수백만 년 동안 흐르게 할 수 있다. 뿐만 아니라, 이 전류를 이용하면 엄청난 세기의 자력을 생성하여 무거운 물체를 허공으로 들어올릴 수 있다.

그러나 여기에도 문제점은 있다. 강력한 자력을 만들어내려면 엄청난 양의 액체를 초저온상태로 보관해야 하는데, 이 과정에서 엄청난 비용이 소모되는 것이다. 그러므로 액체를 냉각시켜서 초전도자석을 만든다는 것은 그다지 현실적인 생각이 아니다.

그렇다고 해서 포기할 필요는 없다. 미래의 어느 날, 고체물리학의 성배聖杯라 할 수 있는 '상온 초전도체(초저온이 아닌 상온에서 초전도성을 나타내는 물질)'가 발견된다면 사정은 크게 달라진다. 이런 날이 온다면 전 세계는 두 번째 산업혁명을 겪게 될 것이다. 승용차와 기차 등 그동안 땅 위를 달리면서 막대한 비용을 잡아먹었던 운송수단들은 강력한 자기장을 이용하여 하늘을 날아다니게 될 것이다. 상온 초전도체가 발견되면 〈백 투 더 퓨처〉나 〈마이너리티 리포트〉, 〈스타트렉〉 등에서 선보였던 '날아다니는 자동차'는 현실로 다가올 것이다.

초전도 자석으로 만든 허리띠를 착용하면 (원리적으로) 공중에 뜬 채 이동할 수 있다. 이런 허리띠만 있다면 슈퍼맨도 부럽지 않다. 상온 초전도체는 그 존재만으로도 워낙 신비하고 환상적이어서, 수많은 공상과학소설에 단골 소재로 등장해왔다[1970년에 발표된 래리 니븐Larry Niven의 〈링월드Ringworld〉 시리즈 등].

물리학자들은 수십 년 동안 상온 초전도체를 찾기 위해 온갖 노력을 기울여 왔으나, 이렇다 할 성과를 거두지 못했다. 한동안 온갖 물질들을 닥치는 대로 테스트해보는 주먹구구식 실험이 진행되다가, 1986년에 드디어 절대온도 90K(영하 183도)에서 초전도현상을 보이는 '고온 초전도체'가 발견되면서 초전도연구는 커다란 전기를 맞이하게 된다. 그 후로 물리학자들은 거의 매달마다 온도 기록을 갱신하면서 사람들을 흥분시켰고, 조금만 있으면 공상과학의 전유물이었던 상온 초전도체도 실현될 수 있을 것 같았다. 그러나 몇 년이 지나면서 연구는 다시 지지부진해졌고, 사람들의 기대도 수그러들었다.

현재는 수은-탈륨-바륨-칼슘-구리-산소의 화합물인 $Hg_{0.8}Tl_{0.2}Ba_2Ca_2Cu_3O_{8.33}$이 138K(영하 135도)에서 초전도 현상을 보인 것이 최고 온도 기록으로 남아 있다. 초전도에서 이 정도면 꽤 고온이지만 상온까지 올라가려면 아직 한참 멀었다. 그러나 138K라는 기록은 그 나름대로 의미가 있다. 질소는 77K(영하 196도)에서 액화되는데, 액체질소의 값은 동일한 양의 우유 값과 비슷하다. 그러므로 위에서 언급한 초전도체는 액체 질소를 이용하여 비교적 싼값에 저온상태를 유지할 수 있다(상온 초전도체가 개발되면 냉각에 들어가는 비용을 통째로 절약할 수 있다!).

안타깝게도, 현재로서는 고온 초전도체의 특성을 설명하는 이론이 전무한 상태이다. 만일 누군가가 고온 초전도체의 특성을 이론적으로 설명한다면, 노벨상은 따놓은 당상이나 다름없다(원리적으로 고온 초전도체는 원자를 여러 개의 층으로 쌓아서 구현할 수 있다. 많은 물리학자들은 세라믹 물질로 원자단위의 층을 쌓으면 전자가 층 사이로 자유롭게 이동할 수 있다고 믿고 있지만, 구체적인 작동원리는 아직 알려지지 않았다).

물리학자들이 주먹구구식 실험을 남발하는 것은 그들이 바보여서가 아니라, 고온 초전도체에 대하여 알려진 내용이 거의 없기 때문이다. 따라서 고체물리학의 성배라 할 수 있는 고온 초전도체는 당장 내일 발견될 수도 있고, 내달이나 내년에 발견될 수도 있으며, 영원히 발견되지 않을 수도 있다. 지금과 같은 상황에서는 한 치 앞도 내다볼 수 없다.

그러나 상온에서 작동하는 초전도체가 발견되기만 하면, 그 여파는 전 세계를 뒤흔들고도 남는다. 일상적인 생활용품이 지구의 자기장(약 0.5가우스)보다 수백만 배나 강한 자기장을 발휘하는 등, 이전과는 완전히 다른 삶이 우리 앞에 펼쳐질 것이다.

초전도체 위에 자석을 가만히 놓으면 허공에 뜬 상태를 유지하면서 미세하게 흔들린다. 이것을 '마이스너효과Meissner effect'라고 하는데, 초전도체가 갖는 대표적 특성 중 하나이다. 언뜻 보기에는 마치 미지의 힘이나 역장이 자석을 떠받치고 있는 것처럼 보인다(이것은 자석이 초전도체의 내부에 '거울영상'을 만드는 것과 같은 효과를 나타내기 때문이다. 원래의 자석과 거울에 비친 자석은 같은 극끼리 마주보고 있으므로 서로 밀쳐내는 힘이 작용하여 허공에 뜨는 것이다. 또는 다음과 같이 이해할 수도 있다. 자기장은 자석의 내부를 통과하지만 초전도체의 내부는 통과하지 못한다. 다시 말해서, 초전도체는 자기장을 밀어내는 경향이 있다. 따라서 초전도체 위에 자석을 갖다놓으면 변형된 자기장에 의한 척력이 작용하여 자석이 허공에 뜨게 된다).

미래에는 마이스너효과를 이용하여 모든 도로가 세라믹 재질로 건설될지도 모른다. 그리고 운전자의 벨트나 자동차 타이어를 자석으로 만들면 허공에 뜬 채 초고속으로 달릴 수 있을 것이다. 이렇게 되면 도로와의 마찰이 없으므로 에너지도 크게 절감되고, 도로망이 2차원에서 3차원으로 확장될 것이므로 교통체증도 크게 줄어들 것이다.

마이스너효과는 금속과 같은 자성체에서만 나타나는 현상이다. 그러나 초전도 자석을 이용하여 상자성체paramagnet나 반자성체diamagnet와 같은 비자성체를 허공에 띄울 수도 있다. 이런 물질은 자체적으로 자성을 띠고 있지 않지만, 외부에서 자기장을 걸어주면 자석과 같은 성질을 갖게 된다. 상자성체는 외부 자석에 끌리고, 반자성체는 외부 자석에 의해 밀려난다.

물은 일종의 반자성체이다. 모든 생명체는 상당 부분이 물로 이루어져 있으므로, 강한 자기장이 걸려 있는 곳에서는 허공에 뜰 수 있다. 예를 들어, 15테슬라(지구 자기장의 약 3만 배. 테슬라tesla는 자기장의 단위이다)의 자기장을 걸어주면 개구리와 같이 작은 생물을 공중부양시킬 수 있다. 그러나 상온초전도체가 발견된다 해도, 자성을 띠지 않은 물체를 공중부양시키는 것은 또 다른 문제이다.

결론적으로 말해서, 공상과학물에 등장하는 역장은 '우주를 지배하는 네 가지 힘'의 특성에 위배된다. 그러나 플라즈마 창과 레이저 커튼, 탄소나노튜브, 포토크로마틱스 등으로 여러 겹의 막을 형성하면 그와 비슷한 효과를 발휘할 수 있다. 물론 이런 보호막은 수십, 또는 수백 년 후에나 만들어질 것이다. 그리고 이와 더불어 상온초전도체가 발견되면 자동차나 기차가 하늘을 날아다니는 공상과학 같은 세상이 실현될 것이다.

이와 같은 이유로, 나는 역장을 '제1부류 불가능'으로 분류하고자 한다. 즉, 지금 당장은 불가능하지만 앞으로 100년 이내에 어떻게든 실현될 가능성이 있다는 뜻이다.

2

투명체

> 상상력이 제대로 발동하지 않을 때에는
> 눈앞에 보이는 것을 그대로 믿지 말 것.
> —마크 트웨인 MARK TWAIN

극장판 〈스타트렉 Ⅳ: 귀환 항로 The Voyage Home〉에는 다음과 같은 미래형 장비가 등장한다. 엔터프라이즈호의 승무원들이 클링곤 제국의 우주전함을 탈취하여 기능을 분석해보니, 우주연방의 전함과 달리 빛이나 레이더를 반사하지 않는 '은폐장치'가 설치되어 있었다. 그 덕분에 클링곤의 전함들은 우주연방 전함의 뒤쪽으로 몰래 다가와 치명적인 공격을 가할 수 있었던 것이다. 이 은폐장치 때문에 연방 방어군은 클링곤 전함의 일방적인 공격에 속수무책으로 당할 수밖에 없었다.

이런 장치를 과연 만들 수 있을까? 눈에 보이지 않는 '투명체'는 그 유명한 소설 《투명인간》에서 시작하여 《해리포터》의 투명망토나 《반지의 제왕》의 반지에 이르기까지, 오랜 세월 동안 공상과학이나 판타지소설의 단골 소재로 등장해왔다. 그러나 투명체의 존재는 광학의 법칙을 위반할 뿐만 아니라 기존의 어떤 물체도 '투명해지기 위한 조건'을 만족하지 못하기 때문에, 물리학자들은 지난 한 세기 동안 투명체의 발명을 불가능한 과제로 단정해왔다.

그러나 지금은 사정이 많이 달라졌다. 과거 한때 불가능으로 판정되었던 것들도 지금은 더 이상 불가능하지 않다. 특히 '준물질 metamaterial'에 대한 연구가 활발하게 진행되면서 광학교과서는 근본적인 수정이 불가피해졌으며, 미디어와 산업, 군사 분야 등에서도 중요한 이슈로 떠오르고 있다.

투명체의 역사

투명체와 관련하여 가장 오래된 역사는 아마도 고대 그리스신화에서 찾아볼 수 있을 것이다. 옛날부터 사람들은 으슥한 밤에 죽은 자의 영혼을 느끼면서 두려움에 떨곤 했다. 그리스신화의 영웅인 페르세우스는 자신의 모습이 상대방에게 보이지 않도록 가려주는 투구를 무기 삼아 메두사를 죽이는데 성공한다. 정말로 투명망토가 개발된다면 아마도 군대에서 제일 반가워할 것 같다. 이런 장비가 있으면 아무 때나 적진에 침투하여 치명타를 날릴 수 있다. 군대 뿐만 아니라 범죄자들도 초대형 규모의 절도행각을 아주 쉽게 벌일 수 있을 것이다.

투명체는 플라톤의 윤리와 도덕론에서도 핵심적 역할을 한다. [2-1]

그의 대표적 철학서인 《국가론The Republic》에 등장하는 '기게스의 반지Ring of Gyges' 신화는 다음과 같은 내용을 담고 있다. 가난하지만 정직한 양치기인 리디아Lydia의 기게스Gyges는 어느 날 우연히 동굴 속으로 들어갔다가 이상한 무덤을 발견한다. 무덤 속에 누워 있는 시체는 금으로 된 반지를 손가락에 끼고 있었는데, 이 반지는 사람의 모습을 투명하게 만드는 신비한 능력을 갖고 있었다. 양치기는 실험 삼아 반지를 이리저리 사용해보다가, 그 환상적인 능력에 완전히 중독되고 말았다. 결국 그는 왕의 궁전으로 몰래 들어가서 왕비를 유혹하는 불경을 저질렀고, 나중에는 왕비와 작당하여 왕을 살해한 후 리디아의 왕으로 등극한다.

이 글에서 플라톤이 주장하고자 하는 바는 다음과 같다. "자신의 의지대로 타인을 죽이거나 타인의 재물을 훔치는 능력"은 누구에게나 참을 수 없는 유혹이라는 것이다. 모든 사람은 (적절한 환경만 조성된다면) 언제든지 타락할 수 있다. 평소에 제아무리 도덕적이고 성실하며 솔직한 사람이라 해도, 투명인간이 되는 방법을 알고 나면 그 유혹을 뿌리치기 어려울 것이다(그래서 일부 사람들은 《반지의 제왕》 3부작을 만든 톨킨J.R.R. Tolkien이 기게스의 반지에서 영감을 떠올렸다고 주장하기도 한다. 손가락에 반지를 끼우면 투명인간이 된다는 설정 자체가 악마의 유혹을 상징한다는 것이다).

투명체는 공상과학물에서도 자주 등장하는 소재이다. 1930년대에 발표된 〈플래시 고든〉 시리즈에서, 주인공 플래시는 잔인한 외계인 황제 밍Ming으로부터 탈출하기 위해 투명인간이 되고, 해리포터는 호그와트의 성을 몰래 돌아다닐 때 투명망토를 뒤집어쓴다.

웰즈H.G. Wells는 그 유명한 소설 《투명인간The Invisible Man》을 통해, 투명체에 대해 갖고 있던 사람들의 환상을 매우 구체적으로 그려냈다. 이 소설에서는 한 의학도가 네 번째 차원으로 진입하는 통로를 우연히 발견하면서 투명인간이 된다. 그러나 그는 이 환상적인 능력을 주로 범죄에 사용했고, 결국은 경찰을 피해 필사적으로 도주하다가 비참한 최후를 맞이하게 된다.

맥스웰 방정식과 빛의 비밀

19세기에 스코틀랜드 출신의 물리학자 제임스 클럭 맥스웰이 등장하면서, 물리학자들은 광학과 관련된 법칙을 완전히 이해할 수 있었다. 앞서 언급했던 패러데이는 정규교육을 받지 않고 실험에 뛰어났던 반면, 그와 동시대에 살았던 맥스웰은 고등수학의 대가였다. 케임브리지대학에 재학하면서 수리물리학에 탁월한 재능을 보였던 맥스웰은 200년 전 이곳에서 운동법칙을 밝혀냈던 뉴턴의 맥을 이어, 전기와 자기를 지배하는 법칙을 발견함으로써 또 하나의 찬란한 금자탑을 쌓았다.

뉴턴은 '미분방정식'이라는 언어를 사용하여 미적분학calculus을 개척한 장본인이다. 뉴턴의 운동법칙에서 얻어진 미분방정식을 풀면 시공간 안에서 물체가 그리는 매끄러운 궤적을 계산할 수 있다. 바다의 파도나 유체의 흐름, 기체의 확산, 포탄의 궤적 등 모든 물체의 움직임은 미분방정식의 언어로 표현된다. 맥스웰은 패러데이가 알아낸 역장의 변화를 미분방정식으로 표현하는데 성공했다.

맥스웰의 이론은 "전기장은 자기장으로 변할 수 있고, 그 반대도 가능하다"는 패러데이의 혁명적인 발견에서 시작된다. 그는 패러데이의 역장을 일련의 미분방정식으로 표현했는데 이것이 바로 그 유명한 '맥스웰 방정식Maxwell's equation'이다. 이 방정식은 현대물리학의 가장 중요한 방정식 중 하나로서, 보기에도 끔찍한 여덟 개의 미분방정식으로 구성되어 있다. 모든 물리학자와 공학자들은 대학원생 시절에 전자기학을 배우면서 맥스웰 방정식을 이해하기 위해 비지땀을 흘린 경험이 있을 것이다.

맥스웰은 방정식을 유도한 후 또 하나의 질문을 떠올렸다. "자기장이 전기장으로 변환될 수 있고 그 반대도 가능하다면, 혹시 이들이 끊임없이 상대방으로 변환되면서 어떤 영구적인 패턴을 형성하는 것은 아닐까?" 결국 맥스웰은 전기-자기장이 해변의 파도와 비슷하게 일종의 파동을 형성한다는 사실을 알아냈다. 그리고 이 파동의 속도를 계산했는데, 놀랍게도 그 결과는 이미 알려진 빛의 속도와 정확하게 일치했다! 그는 1864년에 이 획기적인 사실을 알아낸 후 다음과 같이 예언했다. "계산 결과가 너무 정확하게 일치하기 때문에 다음과 같은 결론을 내리지 않을 수가 없다. 빛은… 전자기적 요동의 산물이다."

실로 이것은 인류 역사상 가장 위대한 발견이었다. 빛의 신비가 드디어 만천하에 드러난 것이다! 맥스웰은 일출의 찬란한 빛과 붉게 타오르는 석양, 무지개의 현란한 색상, 그리고 밤하늘에 빛나는 모든 별빛들이 그가 종이 위에 끄적이고 있는 파동으로 서술된다는 놀라운 사실을 문득 깨달았다. 현대를 사는 우리들은 전자기파의 모든 스펙트럼(레이더, TV 전파, 적외선, 가시광선, 자외선, X-선, 마이크로파, 감마선 등)이 진동하는 역장, 즉 맥스웰 파동임을 잘 알고 있다.

아인슈타인은 맥스웰 방정식을 두고 "뉴턴 이후 물리학이 이루어낸 가장 심오하고 풍성한 업적"이라고 평가했다.

(19세기의 가장 위대한 물리학자였던 맥스웰은 불행히도 48세의 젊은 나이에 위암으로 세상을 떠났다. 맥스웰의 모친도 그와 같은 나이에 동일한 병으로 사망했다고 한다. 만일 그가 조금 더 오래 살았더라면 자신의 방정식으로부터 시공간의 변형이 유도된다는 사실을 알아냈을지도 모른다. 이 결과는 상대성이론과 곧바로 연결되기 때문에, 잘하면 상대성이론의 창시자가 달라졌을 수도 있다. 역사에서 가정은 금물이라지만, 맥스웰의 수명이 조금만 더 길었다면 상대성이론은 미국이 남북전쟁을 치르는 와중에 영국에서 먼저 발견되었을지도 모른다.)

빛과 관련된 맥스웰의 이론과 현대 원자론을 함께 고려하면 투명체의 광학을 간단하게 설명할 수 있다. 고체 속의 원자들은 가까운 거리에서 서로 단단하게 묶여 있는 반면, 액체나 기체를 이루는 분자들은 서로 멀리 떨어져 있다. 대부분의 고체가 불투명한 이유는 원자들이 너무 빽빽하게 나열되어 있어서 빛을 통과시키지 못하기 때문이다. 그러나 액체나 기체의 경우에는 분자들 사이의 간격이 빛의 파장보다 길기 때문에 빛이 그 사이를 쉽게 통과할 수 있다. 물이나 알코올, 암모니아, 아세톤, 과산화수소, 가솔린 등이 투명한 것은 바로 이런 이유 때문이다. 뿐만 아니라 산소, 수소, 질소, 이산화탄소, 메탄 등의 기체도 같은 이유로 투명하게 보인다.

물론 모든 고체가 불투명한 것은 아니다. 결정체들 중 상당수는 고체이면서 투명하다. 다들 알다시피, 결정체 속의 원자들은 정확한 격자구조를 이루고 있다. 마치 정교한 그물망처럼 원자들 사이의 간격이 일정하기 때문에, 그 사이로 빛이 통과할 수 있는 것이다. 결정체는 다른 고체들처럼 원자들이 단단하게 결합되어 있지만, 구조적인 특성 때문에 빛을 통과시킨다.

고체의 원자들이 무작위로 배열되어 있는 경우에도 어떤 특별한 조건하에서는 투명해질 수 있다. 특정 물질을 높은 온도까지 가열했다가 빠르게 식히면 된다. 예를 들어 유리는 원자들이 불규칙하게 배열되어 있어서, 고체임에도 불구하고 액체의 특성을 많이 갖고 있다. 딱딱한 사탕이 투명하게 보이는 것도 이와 비슷한 과정을 거쳤기 때문이다.

이와 같이 투명성이란 원자규모에서 맥스웰 방정식을 통해 나타나는 현상이므로, 불투명한 물체를 일상적인 방법으로 투명하게 만드는 것은 (불가능하지는 않다고 해도) 엄청나게 어려운 작업이다. 해리포터를 투명하게 만들려면 일단 그의 몸을 녹여서 액체로 만들고, 이것을 다시 끓여서 증기상태로 만든 다음 개개의 원자를 결정구조로 재배열시킨 후 급냉각시켜야 한다. 제아무리 마법사라 해도 그다지 쉬운 작업은 아닐 것이다.

공군은 투명비행기의 제작이 불가능함을 간파하고 차선책을 택했다. 레이더의 눈을 피하는 스텔스stealth 기술이 바로 그것이다. 맥스웰 방정식에서 약간의 트릭을 발휘하여 탄생한 스텔스 전투기는 사람의 눈에 쉽게 뜨이지만, 적의 레이더에는 몸집이 큰 새 정도의 크기로밖에 보이지 않는다(사실, 스텔스 전투기는 다양한 첨단기술이 융합되어 탄생한 물건이다. 전투기 내부에 쓰이던 금속을 플라스틱이나 합성수지로 교체했고 동체를 여러 개의 날카로운 경사면으로 만들었으며, 배기구의 위치도 바꾸었다. 그 결과, 적의 레이더가 동체를 때려도 거의 모든 방향으로 산란되면서 전투기의 존재가 드러나지 않는 것이다. 물론 스텔스 기술이 적용되었다고 해도 레이더로부터 완벽하게 보호될 수는 없다. 스텔스의 주된 기능은 레이더를 가능한 한 많이 편향시키거나 분산시켜서, 적에게 되돌아가는 위치 정보를 최소화시키는 것이다).

준물질metamaterial과 투명성

그러나 뭐니 뭐니 해도, 투명체를 구현해줄 가장 강력한 후보는 '준물질準物質'이다. 과거 한때는 준물질이 광학법칙에 위배되기 때문에 제작이 불가능하다고 여겨진 적도 있었다. 그러다가 2006년에 노스캐롤라이나주의 더럼Durham에 있는 듀크대학과 런던 왕립대학의 연구진이 준물질을 이용하여 마이크로파에 대하여 투명한 (즉, 마이크로파를 통과시키는) 물체를 만드는 데 성공했다. 아직도 해결해야 할 문제가 많이 남아 있긴 하지만, 인류역사상 최초로 '일상적인 투명체 제작법'의 청사진이 완성된 셈이다 (현재 이 연구는 미국 국방고등연구계획국(DARPA)의 지원하에 진행되고 있다).

한때 마이크로소프트사의 기술담당 이사였던 네이션 머볼드Nathan Myhrvold는 준물질의 잠재력을 다음과 같이 평가했다.[2-2] "준물질은 광학의 접근방식과 전자공학의 모든 양상을 송두리째 바꿔 놓을 것이다…. 이들 중 일부는 수십 년 전까지만 해도 기적이라고 생각했던 일들을 실현시키는 단계까지 와 있다."

준물질이란 '자연에서 흔히 발견되는 광학적 특성을 갖고 있지 않은 물질'을 말한다. 기존의 물질 속에 미세한 불순물을 주입하여 그 속을 통과하는 전자기파를 비정상적으로 휘어지게 만든 것이 준물질이다. 듀크대학의 과학자들이 구리 속에 아주 작은 전기회로를 동심원 모양으로 삽입해놓고(전자오븐의 코일과 비슷한 형태) 그 특성을 관찰해보니, 세라믹과 테플론, 합성섬유, 그리고 다른 몇 가지 금속을 복잡하게 섞어놓은 것과 거의 동일한 결과가 얻어졌다. 구리 속에 주입된 미세한 이물질이 마이크로파 복사의 진행방향을 바꿔놓은 것이다. 이 현상을 좀 더 쉽게 이해하기 위해, 바위 주변을 흐르는 강을 떠올려보자. 이런 곳에서는 강물이 바위를 빠른 속도로 감아 돌기 때문에 바위의 옆구리가 서서히 깎여 나간다. 이와 비슷하게 준물질 속에서는 마이크로파가 (예를 들자면) 원통형 영역을 비껴가기 때문에, 마이크로파로는 원통의 내부를 볼 수 없게 되는 것이다. 만일 준물질이 모든 반사와 그림자를 제거할 수 있다면, 해당 진동수의 빛에 대하여 완전한 투명체가 된다.

과학자들은 반지모양 유리섬유에 구리를 덮은 샘플을 만들어놓고 마이크로파를 입사시켰다. 이 샘플이 투명체가 되려면 뒤쪽에 (마이크로파에 의한) 그림자가 생기지 않아야 한다. 놀랍게도 실험결과는 대성공이었다. 광원의 반대편에서 아주 희미한 그림자만 감지되었으며, 구리의 내부는 마이크로파에 대하여 거의 투명한 상태를 유지했다.

준물질의 투명성은 '굴절률index of refraction'을 조작하는 능력'에 의해 좌우된다. 굴절이란 빛이 투명한 물질을 통과할 때 경로가 변하는 현상을 말한다. 예를 들어 물속에 담근 손을 바라보거나 안경을 통해 풍경을 바라보면, 물 또는 렌즈 때문에 빛의 경로가 달라지는 것을 확인할 수 있다.

유리나 물속에서 빛이 굴절되는 이유는 빛이 투명한 매질 속을 통과할 때 속도가 느려지기 때문이다. 순수한 진공 속에서 빛의 속도는 우주 어느 곳에서나 동일하지만, 빛이 유리나 물속으로 진입하면 수조 개(10^{12}개)의 원자들이 진행을 방해하기 때문에 속도가 느려질 수밖에 없다(진공 중에서 빛의 속도를 매질 속에서 빛의 속도로 나눈 값을 굴절률이라고 한다. 빛은 진공 중에서 제일 빠르기 때문에, 굴절률은 항상 1보다 큰 값을 갖는다). 예를 들어 진공의 굴절률은 1.00이고 공기의 굴절률은 1.0003이며 유리는 1.5, 다이아몬드는 2.4이다. 일반적으로 매질의 조직이 치밀할수록 굴절각이 크고, 따라서 굴절률도 크다.

빛의 굴절률로 설명할 수 있는 대표적인 현상으로 '신기루mirage'라는 것이 있다. 햇볕이 뜨겁게 내리쬐는 날 차를 운전하다가 앞의 지평선 쪽을 바라보면 풍경이 어물거리면서 도로 위에 물이 고여 있는 것 같은 광경을 보게 된다. 또는 사막에서 걸어갈 때에는 지평선 근처에서 호수가 보이기도 하고, 멀리 떨어져 있는 도시나 산이 보이기도 한다. 이것은 사막이나 도로 면에서 뜨거운 열기가 올라오기 때문에 나타나는 현상이다. 땅에서 열기가 올라오면 그 근처의 공기가 뜨거워지고, 뜨거운 공기는 주변의 찬 공기보다 굴절률이 작기 때문에(뜨거운 공기는 찬 공기보다 밀도가 낮다), 멀리 있는 곳의 풍경을 담고 있는 빛이 굴절을 일으켜 운전자(또는 보행자)의 눈에 들어오게 된다. 즉, 다른 곳으로 가야 할 빛이 온도차 때문에 굴절되면서 도로 위에 환영을 만들어내는 것이다(도로 위에서 보이는 신기루는 사실 하늘의 모습이다. 그런데 우리는 땅에서 하늘이 보이면 그곳에 '물이 있다'고 인식하기 때문에, 물이 고인 영상처럼 보이는 것이다: 옮긴이).

일반적으로 굴절률은 물질 고유의 특성으로서, 변하지 않는 상수이다. 가느다란 빛줄기를 두꺼운 유리에 쪼이면 표면에 닿는 즉시 굴절되고, 한 번 굴절된 후에는 유리 속에서 직선경로를 그리며 나아간다. 그런데, 굴절률을 내 맘대로 조절할 수 있다면 어떻게 될까? 그것도 특정한 몇 가지 값이 아니라 유리 속의 모든 지점에서 연속적으로 변화시킬 수 있다면, 빛의 경로를 뱀처럼 구불구불하게 만들 수 있을 것이다.

준물질 내부의 굴절률을 조절하여 빛이 어떤 특정 부위를 피해가도록 만들면 이 부위는 투명하게 보인다. 이것을 실현하려면 준물질의 굴절률이 음수인 경우도 허용되어야 하는데, 모든 광학교과서에는 음의 굴절률이 불가능하다고 적혀 있다(준물질이론은 1967년에 구소련의 물리학자 빅터 베셀라고에 의해 처음으로 학계에 발표되었다. 그는 이 논문에서 음의 굴절률과 역-도플러 효과 등 준물질의 독특한 광학적 특성을 증명했다. 준물질은 워낙 기이한 특성을 갖고 있어서 한동안은 '존재하지 않는 물질'로 알려져 있었으나, 몇 년 전에 실험실에서 만들어진 후로 물리학자들은 어쩔 수 없이 광학교과서를 수정할 수밖에 없었다).

준물질을 연구하는 학자들은 매스컴의 기자들에게 거의 매일 똑같은 질문 공세에 시달리고 있다. "투명망토는 언제쯤 시장에 출시되는 겁니까?" 물론 학자들의 대답도 매번 똑같다. "지금 당장은 어렵습니다."

듀크대학의 데이비드 스미스David Smith는 이런 말을 했다. "기자들은 우리에게 구체적인 숫자를 대라고 강요합니다. 앞으로 몇 달이 걸리느냐, 몇 년이 걸리겠느냐, 뭐 이런 식이지요. 이렇게 강요당하다 보면 결국 한마디 하게 됩니다. '15년이요!' 그러면 당장 다음날 아침신문에 이런 기사가 실립니다. '해리포터의 투명망토, 앞으로 15년이면 실현된다!'" 그래서 스미스는 시간에 대하여 아무런 말도 하지 않기로 결심했다고 한다.[2-3] 해리포터나 스타트렉의 열성팬들은 그냥 기다리는 수밖에 없다. 투명망토가 물리학의 법칙에 위배되는 것은 아니지만 기술적인 난관이 마이크로파를 넘어 가시광선 영역까지 확장되기 때문에, 구체적인 개발 일정을 미리 예견하기란 불가능에 가깝다.

일반적으로 준물질이 투명해지려면 내부구조가 복사(빛)의 파장보다 작은 규모로 이루어져 있어야 한다. 예를 들어, 준물질의 내부가 3cm 간격 이하로 이루어져 있다면 파장 3cm짜리 마이크로파에 대하여 '투명'해질 수 있다. 그러나 파장이 500나노미터(500nm, 5×10^{-7}m)밖에 되지 않는 푸른색 빛에 대하여 투명해지려면 준물질의 내부는 거의 50nm(5×10^{-8}m) 간격으로 치밀해져야 한다. 이 정도 거리는 원자규모와 비슷하므로, 준물질의 개발은 나노기술과 밀접하게 연관되어 있다(1nm는 10억 분의 1m로서, 대략 원자 다섯 개를 일렬로 늘어놓은 길이와 비슷하다). 이것은 투명망토를 구현하기 위해 반드시 풀어야 할 숙제이다. 빛의 경로가 뱀처럼 휘어지도록 준물질 내부의 원자를 조작할 수 있어야 한다.

가시광선에서 작동하는 준물질 투명체

투명체에 관한 연구는 지금도 한창 진행되고 있다. 실험실에서 준물질이 만들어졌다는 소식이 알려진 후로, 수많은 과학자들이 이 분야에 뛰어들어 거의 몇 개월마다 한 번씩 놀라운 진전을 이뤄왔다. 이들이 추구하는 목적은 간단명료하다. 나노기술을 이용하여 마이크로파뿐만 아니라 가시광선의 경로까지 임의로 조절할 수 있는 준물질을 만들어내는 것이다. 현재 몇 가지 방법이 적용되고 있는데, 그런대로 전망이 밝은 편이다.

그 방법 중 하나는 기존의 제품을 활용하는 것이다. 반도체산업분야에서 이미 개발된 기술을 활용하면 새로운 준물질을 만들 수 있다. 컴퓨터는 탄생 초기에 거의 집채만 했지만, '광석판술photo-lithography'이라는 기술이 개발되면서 지금과 같이 작아질 수 있었다. 공학자들은 이 기술 덕분에 엄지손톱만 한 기판 위에 초소형 트랜지스터 수억 개를 심을 수 있게 되었다.

무어의 법칙Moore's law에 따르면 컴퓨터의 성능은 18개월마다 두 배씩 향상된다. 물론 이것은 공짜로 얻어진 것이 아니라 적외선을 이용하여 실리콘 칩 안에 초소형 회로소자를 심는 기술이 개발된 덕분이다. 이 기술은 T-셔츠에 색상을 입히는 스텐실stencil과 매우 비슷하다(집적회로의 기판은 다음과 같은 과정을 거쳐 만들어진다. 먼저 얇은 반도체기판에 다양한 물질로 이루어진 초박막을 입힌 후, 그 위에 플라스틱 마스크를 덮는다. 이 마스크는 일종의 템플릿으로서 복잡한 전선과 트랜지스터, 그리고 컴퓨터 부품 등 회로의 골격이 미세하게 뚫려 있다. 이제 기판에 짧은 파장의 자외선을 쪼이면 빛에 민감한 기판 위에 미세한 회로가 새겨진다. 그 후 특별한 기체와 산성용액으로 기판을 닦아내면 자외선이 닿았던 부분에 수억 개의 미세한 홈이 패는데, 이것이 바로 트랜지스터가 들어갈 자리이다). 이 방법으로 만들 수 있는 최소형 회로소자는 약 30nm 정도이다(원자 150개 정도의 크기에 해당된다).

　최근 들어 일단의 과학자들이 가시광선 영역에서 작동하는 준물질을 만들어내는 데 성공했다. 투명체를 향한 우리의 열망이 드디어 결실을 보게 된 것이다. 독일의 과학자들과 미국 에너지성DOE, Department of Energy의 연구진은 2007년에 역사상 처음으로 가시광선에서 작동하는 준물질 제작에 성공했다고 공식적으로 발표했다. 불가능하다고 생각했던 과제가 매우 짧은 시간 안에 '실현 가능한 과제'로 바뀐 것이다.

　미국 아이오와주 에임스 연구소Ames Laboratory의 물리학자 코스타스 소콜리스Costas Soukoulis는 독일 카를스루에대학의 스테판 린덴Stefan Linden, 마틴 베게너Martin Wegener, 군나르 돌링Gunnar Dilling과 함께 파장 780nm짜리 적색광에 대하여 -0.6의 굴절률을 갖는 준물질을 만드는데 성공했다(이전까지의 최단파장 기록은 1,400nm였는데, 이것은 가시광선을 벗어난 적외선 영역의 빛이었다). 이들은 은으로 코팅된 얇은 유리판에 마그네슘과 플루오르화물을 입힌 후 그 위를 다시 은으로 코팅하여 '플루오르화물 샌드위치'를 만들었다(그래도 전체 두께는 100nm로서, 적색광의 파장보다 짧다). 그리고 여기에 적색광을 통과시켰더니 굴절률이 −0.6으로 나타났다.

이 연구에 참가한 물리학자들은 준물질의 응용분야가 무궁무진하다는 사실을 잘 알고 있었다. 소콜리스 박사는 이런 말을 한 적이 있다. "이제 머지않아 가시광선에서 완벽하게 작동하는 초강력 렌즈가 개발될 것이다. 이 렌즈는 분해능력이 매우 뛰어나서 빛의 파장보다 훨씬 작은 물체까지 관찰할 수 있다."[2-4] 초강력 렌즈를 이용하면 미시적 물체의 사진을 매우 선명하게 찍을 수 있으므로, 사람 몸의 세포를 관찰하거나 자궁 속에 있는 태아의 건강상태를 진단하는 데 매우 유용하다. 뿐만 아니라 DNA 분자구조를 선명한 사진으로 찍을 수도 있다(X-선으로 촬영한 영상은 품질이 워낙 떨어져서 큰 도움이 되지 않는다).

지금까지 음의 굴절률이 구현된 것은 오직 적색광을 사용한 경우뿐이다. 그다음 과제는 적색광이 특정 물체를 완전히 비껴가도록 만드는 것이다. 그리고 한 걸음 더 나아가 모든 가시광선에 대하여 이와 동일한 특성을 보이는 물체가 만들어지면, 꿈속에서만 그리던 투명체는 현실로 구현될 것이다.

앞으로 준물질에 관한 연구는 '광결정학photonic crystals'이라는 분야에서 활발하게 이루어질 것으로 예상된다. 광결정학의 주된 목표는 (전기가 아닌) 빛을 이용한 칩을 만들어서 정보를 처리하는 것이다. 이를 위해서는 나노기술을 이용하여 기판에 초미세 소자를 심어서 빛이 각 소자를 통과할 때마다 굴절률이 달라지도록 만들어야 한다. 빛을 이용한 광트랜지스터는 몇 가지 면에서 전기적 성질을 이용한 트랜지스터보다 유용하다(예를 들어, 광트랜지스터는 열 손실이 훨씬 적다. 기존의 실리콘 칩에서는 계란을 익힐 수 있을 정도의 열이 발생하기 때문에 반드시 냉각장치를 달아야 하는데, 그 비용이 만만치 않다). 빛의 굴절률을 나노스케일에서 조절하는 기술은 광결정학과 준물질 연구에 모두 포함되어 있다. 그래서 과학자들은 준물질을 구현하는 가장 적절한 수단으로 광결정학을 꼽고 있다.

플라즈마를 이용한 투명체

광결정학보다 크게 뛰어난 점은 없지만, 최근 들어 칼텍(Caltech, 캘리포니아 공과대학)의 연구진이 '플라즈모닉스plasmonics'라는 새로운 기술을 이용하여 가시광선의 굴절률을 조절하는 방법을 개발했다. 칼텍의 물리학자 헨리 레체크Henri Lezec와 제니퍼 디온Jennifer Dionne, 그리고 해리 애트워터Harry Atwatter 등은 2007년 여름 "가시광선의 청색-녹색 영역에서 음의 굴절률을 갖는 준물질 개발에 성공했다"고 발표했다.

플라즈모닉스의 목표는 나노 스케일에서 물질(특히 금속표면)을 쉽게 가공할 수 있도록 빛을 압착시키는 것이다. 금속도체가 전기에 민감하게 반응하는 이유는 내부의 전자가 원자에서 쉽게 분리되기 때문이며, 원자를 이탈한 전자는 표면에서 자유롭게 이동할 수 있다. 가정용 구리전선에 전류가 흐르는 것도, 느슨하게 결합된 전자가 금속 표면에서 자유롭게 이동한다는 증거이다. 그러나 어떤 특별한 조건하에서 금속표면에 빛을 쪼이면 표면의 전자가 빛과 공명을 일으키면서 파동과 비슷한 운동을 하게 된다. 이것을 플라즈몬 plasmons이라 한다. 여기서 더욱 중요한 것은 플라즈몬이 빛과 동일한 진동수를 갖되(진동수가 같다는 것은 그 안에 담겨 있는 정보가 동일하다는 뜻이다), 파장은 훨씬 짧아지도록 압착시킬 수 있다는 사실이다. 원리적으로는 이렇게 압착된 파동을 나노전선에 우겨 넣을 수 있다. 광결정학과 마찬가지로, 플라즈모닉스의 최종목표는 전기가 아닌 빛으로 작동되는 컴퓨터 칩을 제작하는 것이다.

칼텍의 연구진이 만든 준물질은 은으로 된 두 개의 얇은 층 사이에 50nm 두께의 절연체가 삽입된 형태로 되어 있는데, 이 절연체는 플라즈모닉 파동의 진행방향을 유도하는 '도파관wavegui-de'역할을 한다. 준물질에 두 개의 작은 구멍을 뚫어놓고 여기에 레이저 빛을 통과시켜서 경로가 휘어지는 정도를 분석하면 굴절률이 음수라는 것을 증명할 수 있다.

준물질의 미래

전기가 아닌 빛을 이용한 광트랜지스터는 이미 세간의 지대한 관심을 끌고 있으므로 준물질의 개발도 앞으로 더욱 가속화될 것이다. 실리콘 칩을 대신할 광결정과 플라즈모닉스의 연구가 진척되면 투명체는 그 부산물로 얻어질 가능성이 크다. 실리콘 기술을 대치하기 위해 이미 수억 달러가 투자되었으니, 준물질 연구는 그 덕을 톡톡히 보게 될 것이다.

이 분야에서는 몇 달 간격으로 획기적인 진전이 이루어지고 있으므로, 앞으로 수십 년 이내에 투명망토가 개발되리라는 희망을 갖는 것도 무리가 아니다. 예를 들어, 앞으로 몇 년이 지나면 과학자들은 특정 단색광에 대하여 투명한 준물질을 (적어도 2차원에서) 만들 수 있다고 호언장담하게 될 것 같다. 이를 위해서는 나노스케일의 미세입자를 불규칙한 패턴으로 주입하여 특정 물질 근처에서 빛의 경로를 매끄럽게 구부리는 기술이 개발되어야 한다.

그다음으로 할 일은 2차원 표면이 아닌 3차원 공간에서 빛의 경로를 마음대로 변형시키는 준물질을 개발하는 것이다. 광석판술은 평평한 실리콘 기판에 완벽하게 적용되고 있지만, 3차원 준물질을 구현하려면 여러 개의 기판을 복잡한 형태로 쌓아야 한다.

이 문제가 해결되면 특정 단색광이 아닌 '모든 가시광선'에서 투명한 준물질을 만들어야 한다. 지금까지 개발된 준물질은 특정 진동수의 단색광만을 휘어지게 할 수 있으므로, 모든 가시광선 영역에서 작동하는 준물질의 개발은 아마도 가장 어려운 과제가 될 것이다. 과학자들은 준물질로 여러 개의 층을 쌓아서 각 층마다 특정 진동수의 빛이 휘어지도록 만드는 방법을 모색하고 있는데, 아직은 개발단계에 머물러 있다.

사실, 투명망토가 완성된다고 해도 그다지 편리한 도구는 못 될 것이다. 해리포터가 쓰던 투명망토는 얇고 유연한 천으로 되어 있어서 누구든지 그것을 뒤집어쓰기만 하면 투명인간이 될 수 있었다.

이런 투명체가 가능하려면 천이 아무리 휘날려도 굴절률이 일정하게 유지되어야 하는데, 실제로는 어림도 없는 이야기다. 현실적인 투명망토는 견고한 금속제 실린더로 만들어야 한다. 나중에야 어떤 식으로든 편리한 쪽으로 변형되겠지만, 발명초기에는 그럴 수밖에 없다. 어떠한 상황에서도 내부의 굴절률이 일정하게 유지되어야 하기 때문이다(여기서 한 단계 전진하려면 재질이 유연하면서 빛을 원하는 길로 유도할 수 있는 준물질이 개발되어야 한다. 이 문제가 해결되어야 망토를 쓴 사람이 투명한 상태를 유지한 채 마음대로 움직일 수 있다).

물론 개중에는 투명망토를 부정적으로 생각하는 과학자도 있다. 투명망토를 뒤집어쓴 사람까지 투명해지면 안에서 바깥을 볼 수 없고, 따라서 망토 자체가 무의미해진다는 것이다. 몸은 투명하고 눈만 불투명해진다면 어떨까? 해리포터의 몸이 투명해지긴 했는데, 허공에 그의 눈만 둥둥 떠다닌다고 상상해보라. 이렇게 되면 투명망토를 쓴 보람이 전혀 없다. 남의 눈에 띄지 않으려면 자기 자신도 장님이 되는 수밖에 없다(한 가지 해결책은 작은 유리판 두 개를 눈 근처에 장착하는 것이다. 이 유리판이 '빔 분할기beam splitter' 역할을 하여 여기 도달한 빛을 눈으로 보내면 바깥 풍경의 일부나마 볼 수 있다. 망토를 때리는 대부분의 빛은 그 일대를 휘어 지나가면서 망토와 사람을 투명하게 만들지만, 작은 양의 빛이라도 눈에 들어오면 방향을 가늠할 수는 있을 것이다).

투명망토를 구현하려면 이와 같이 다양한 문제점들을 극복해야 한다. 그러나 많은 과학자들은 앞으로 10년 이내에 완성될 것이라는 낙관적인 생각을 갖고 있다.

투명체와 나노기술

앞서 말한 바와 같이 투명체의 성공 여부는 원자규모(10억 분의 1m)의 소자를 제작하는 나노기술에 달려 있다.

나노기술의 기본적인 개념은 노벨상 수상자인 리처드 파인만 Richard Feynman이 1959년 미국물리학회의 한 강연장에서 "바닥에는 아직도 많은 방이 남아 있다There's Plenty of Room at the Bottom"라고 반농담조로 던진 한마디에서 탄생했다고 해도 과언이 아니다. 당시 파인만은 기존의 물리학 법칙이 허용하는 한도 내에서 인간이 만들 수 있는 가장 작은 기계에 대하여 논하고 있었다. 그는 기계의 규모가 계속 작아지다 보면 결국 원자스케일에 이를 것이고, 따라서 원자를 이용하여 다양한 기계를 만들 수 있다는 결론에 이르렀다. 도르래, 지레, 바퀴 등의 기구를 원자규모로 작게 만들기는 어렵지만, 일단 만들기만 하면 물리학 법칙 안에서 원활하게 작동한다는 것이 파인만의 결론이었다.

그러나 당시에는 개개의 원자를 다룰 만한 기술이 없었기 때문에, 과학자들은 나노기술에 별다른 관심을 갖지 않았다. 그러다가 1981년에 일단의 물리학자들이 '스캐닝 터널링 마이크로스코프scanning tunneling microscope'라는 특수 전자현미경을 발명하면서 나노기술에 일대 혁명을 불러일으켰고, 취리히 IBM연구소의 게르트 비니히 Gerd Binnig와 하인리히 로러Heinrich Rohrer는 이 공로를 인정받아 1986년 노벨 물리학상을 수상했다.

그 후로 물리학자들은 얼마 전까지만 해도 불가능하다고 여겼던 나노기술에 몰려들기 시작했다. 화학교과서에서만 볼 수 있었던 '원자 배열하기'가 현실로 다가온 것이다. 이제 과학자들은 결정이나 금속에 배열된 원자를 맨눈으로 볼 수 있게 되었으며, 수식으로만 접해왔던 복잡한 화학식을 맨눈으로 확인할 수 있게 되었다. 뿐만 아니라, 비니히와 로러가 만든 특수 전자현미경을 잘 활용하면 개개의 원자를 마음대로 이동시킬 수도 있다. 독자들도 잡지를 통해 본 적이 있겠지만, IBM의 연구진은 금속 표면에 원자로 "IBM"이라는 글자를 새겨서 세계를 놀라게 했다. 이제 과학자들은 미시세계에서 '직접 눈으로 확인하며' 원자를 갖고 놀 수 있게 된 것이다.

'스캐닝 터널링 마이크로스코프'의 작동원리는 축음기와 비슷하다. 축음기의 바늘이 레코드판의 굴곡을 읽어내듯이, 날카로운 탐침이 대상물질 위를 서서히 지나가면서 표면의 원자배열상태를 파악한 후 성분을 분석하여 영상으로 나타낸다(탐침의 끝 부분은 단 하나의 원자로 이루어져 있다). 탐침에 있는 작은 하전입자가 움직이면 미세한 전류가 흐르고, 이 전류가 탐침에서 대상물질로 전달된다. 탐침이 물질의 표면을 스캔하면서 개개의 원자를 지나갈 때마다 전류의 양이 조금씩 변하는데, 이 변화를 분석하면 물질의 원자배열을 입체영상으로 재현할 수 있다.

(스캐닝 터널링 마이크로스코프가 제대로 작동하는 것은 양자역학의 신기한 법칙 덕분이다. 일반적으로 전자는 탐침에서 대상물질의 표면으로 건너뛸 만큼 충분한 에너지를 갖고 있지 않다. 그러나 양자역학의 불확정성원리에 의해 전자는 에너지 장벽을 뚫고 물질 쪽으로 건너갈 확률이 존재한다. 물론 이 확률은 아주 작지만 뉴턴의 고전물리학으로는 이 현상을 설명할 수 없다. 전자가 이동했

다는 것은 탐침에서 물질의 표면으로 전류가 흘렀다는 뜻이다. 이 전류는 물질에서 일어나는 미세한 양자적 효과에 매우 민감하게 반응한다. 양자역학에 관해서는 나중에 좀 더 자세히 다룰 예정이다.)

탐침은 특정 원자를 골라서 이동시킬 수 있을 정도로 정밀하다. 따라서 '스캐닝 터널링 마이크로스코프'는 원자규모에서 작동하는 '원자기계'인 셈이다. 지금은 기술이 더욱 발전하여 여러 개의 원자를 컴퓨터 스크린에 진열시킨 후, 커서를 움직여서 원자의 배열상태를 사용자가 원하는 대로 바꿀 수 있다. 간단히 말해서, 원자를 레고 블록처럼 갖고 놀 수 있다는 뜻이다. 이 기술을 이용하면 원자로 알파벳을 쓰는 것은 물론이고, 주판과 같은 간단한 장난감을 만들 수도 있다. 세로방향으로 나 있는 홈에 축구공처럼 생긴 탄소원자를 끼워 넣고 홈을 따라 아래 위로 이동시키면 원자주판이 된다.

전자빔을 사용하면 원자규모에서 작동하는 장치도 만들 수 있다. 예를 들어, 코넬대학의 과학자들은 실리콘 결정을 조각하여 사람 머리카락 굵기의 1/20에 불과한 '세계에서 가장 작은 기타'를 만든 적이 있다. 이 기타는 실제 기타와 마찬가지로 여섯 개의 줄이 달려 있으며, 각 줄의 두께는 원자 100개를 일렬로 나열한 폭과 비슷하다. 그리고 원자들 사이에 작용하는 힘을 이용하여 줄을 튕길 수도 있다(물론 이 기타는 연주도 가능하다. 그러나 안타깝게도 줄의 진동수가 인간의 가청주파수보다 훨씬 높기 때문에 실제로 들을 수는 없다).

현재는 나노기술로 만든 장치들이 간단한 장난감 수준에 머물러 있다. 원자 규모에서 기어나 베어링이 들어간 복잡한 기계를 만들려면 기술이 더 개발되어야 한다. 그러나 공학자들은 가까운 미래에 원자기계가 상용화될 것이라고 장담하고 있다(원자기계는 자연에서도 찾아볼 수 있다. 미세한 털을 움직이면서 물속을 헤엄쳐 가는 세포들이 그 대표적 사례이다. 털과 세포의 접합 부분을 잘 살펴보면 털이 모든 방향으로 자유롭게 움직일 수 있도록 정교하게 고안된 원자기계임을 알 수 있다. 따라서 나노기술이 발전하려면 자연을 모방하는 것이 바람직하다. 자연은 이미 수십억 년 전부터 원자규모의 정밀한 기계 장치를 사용해왔다).

홀로그램과 투명체

사람의 몸을 부분적으로 투명하게 만드는 또 다른 방법이 있다. 뒤쪽 배경을 미리 촬영해놓은 후 사람을 배경 앞에 세워놓고 그가 입고 있는 옷 위에 배경 영상을 투영하는 것이다. 이 모습을 앞에서 보면 마치 빛이 사람의 몸을 통과한 것처럼 보인다. 실제로 몸이 투명해진 것은 아니지만, 어쨌든 다른 사람의 눈에 보이지 않으므로 엄연히 투명인간이다. 이것을 '광학위장술optical camouflage'이라고 하는데, 도쿄대학 타치연구소의 가와카미 나오키Kawakami Naoki가 이 분야의 선두주자이다. 그는 이 장치를 이용하여 비행기 파일럿이 바로 아래의 지형을 볼 수 있고, 운전자가 주차할 때 지면 위의 장애물을 눈으로 확인할 수 있다고 말한다. 가와카미가 고안한 '망토'에는 빛을 반사하는 조그만 알갱이들이 촘촘하게 박혀 있는데, 이들이 영화스크린과 비슷한 역할을 한다. 비디오 카메라로 촬영한 배경영상을 프로젝터로 망토에 쏘아주면 작은 알갱이들이 이 빛을 반사시켜서 주변사람의 눈을 속인다는 원리이다. 이 광경을 보는 사람은 마치 빛이 망토를 통과한 듯한 착각을 일으킨다.

가와카미는 투명망토의 시제품을 이미 완성해놓았다. 실험자가 스크린처럼 생긴 망토를 덮어쓰면 주변사람에게는 배경화면밖에 보이지 않기 때문에 마치 그가 사라진 것처럼 보인다. 그러나 바라보는 각도를 조금만 바꾸면 망토의 실체가 쉽게 드러난다. 광학위장술이 좀 더 현실적으로 업그레이드되려면 3차원 영상, 즉 홀로그램을 이용한 입체영상을 투영해야 한다.

홀로그램은 레이저를 이용하여 만들어진 3차원 입체영상이다(영화 〈스타워즈〉에서 레이아 공주도 홀로그램 영상을 통해 등장한 바 있다). 따라서 특수 제작된 홀로그램 카메라로 배경영상을 촬영한 후 홀로그램 투사용 스크린에 뿌려주고, 그 뒤에 사람이 숨으면 완벽한 투명인간을 구현할 수 있다. 스크린 앞에 있는 사람은 스크린에 투영된 3차원 배경영상을 보고 있으므로 사전지식이 없는 한 그곳에 사람이 있다는 사실을 눈치채지 못할 것이다. 사람이 있는 자리에 배경과 동일한 풍경이 입체영상으로 재현되었기 때문이다. 이런 경우에는 바라보는 각도를 바꿔도 여전히 뒷배경이 보이기 때문에 발각될 염려가 없다.

3차원 입체영상이 가능한 이유는 레이저가 '결맞음 위상coherent phase'을 유지하기 때문이다. 다시 말해서, 레이저를 이루는 모든 파동의 마루와 골이 정확하게 일치한다는 뜻이다. 홀로그램은 결맞음 상태에 있는 레이저빔을 두 가닥으로 나눔으로써 이루어진다. 이들 중 한 가닥은 직접 필름에 도달하고, 다른 한 가닥은 물체에 반사된 후 필름에 도달한다. 이렇게 경로가 다른 두 가닥의 레이저빔이 필름에서 만나면 간섭interference을 일으키면서 파동의 형태가 달라지게 되는데, 여기에 3차원 영상에 관한 모든 정보가 담겨 있다. 인화과정을 거친 홀로그램 필름을 직접 들여다보면 나선과 직선이 거미줄처럼 복잡하게 엮여 있을 뿐, 아무런 영상도 보이지 않는다. 그러나 여기에 레이저를 투사하면 마치 마술이라도 부린 듯, 원래 물체의 3차원 영상이 정확하게 나타난다.

그러나 홀로그램 투명인간은 그리 만만한 과제가 아니다. 홀로그램 영상을 초당 30프레임씩 찍기도 어려울 뿐만 아니라, 모든 정보를 저장하고 처리하기도 결코 쉽지 않다. 그리고 보는 사람으로 하여금 현실감을 느끼게 하려면 이 영상을 대형 스크린에 투영해야 한다.

4차원 공간을 이용한 투명인간

그 유명한 조지 웰즈의 소설 《투명인간》에서는 네 번째 차원을 이용한 투명인간이 등장한다(고차원 공간의 가능성에 대해서는 이 책의 후반부에서 좀 더 구체적으로 다룰 예정이다). 3차원 공간을 이탈하여 네 번째 차원에서 이 세상을 바라보는 것이 정말로 가능할까? 3차원 세계의 나비가 2차원 평면 위를 날아다니면 평면에 사는 2차원 생명체들의 눈에 보이지 않듯이, 누군가가 네 번째 차원으로 이동한다면 우리의 눈에 보이지 않을 것이다. 그런데 이 아이디어의 문제점은 네 번째 차원의 존재가 아직 확인되지 않았다는 점이다. 뿐만 아니라 만일 4차원이 존재한다 해도, 그곳으로 이동하려면 우리가 도저히 공급할 수 없는 엄청난 에너지가 필요하다. 따라서 4차원 투명인간은 지금의 지식이나 기술수준을 한참 넘어선 이야기다.

투명인간을 구현하기 위해 과학자들이 지금까지 이루어온 업적을 돌아볼 때, 이 문제는 서문에서 말한 '제1부류 불가능'에 속한다고 봐야 할 것이다. 앞으로 수십 년, 길어도 100년 이내에 투명인간은 일상적인 기술로 발전할 것이다.

페이저Phaser와 데스스타Death Star

라디오에는 미래가 없고, 공기보다 무거운 물체는 절대로
하늘을 날 수 없다. 또한 X-선은 속임수에 불과하다.
―물리학자 켈빈 경LORD KELVIN
폭파 전문가로서 자신 있게 말하건대, 원자폭탄은 절대로 폭발하지 않을 것이다.
―윌리엄 리히 사령관ADMIRAL WILLIAM LEAHY

4-3-2-1, 발사!

 영화 〈스타워즈〉에 등장하는 데스스타Death Star는 달과 비슷한 크기의 가공할 무기이다. 여기서 발사된 초강력 빔이 레이아 공주의 고향인 앨더란Alderaan 행성을 가격하자, 순식간에 거대한 폭발이 일어나면서 행성의 잔해가 전 태양계에 걸쳐 산산이 흩어진다. 앨더란에 거주하고 있던 수십 억의 생명들은 일제히 고통에 찬 비명을 질러대고, 그 절망적인 기운은 은하계 전체로 퍼져나간다.
 그런데, 현실세계에서 이런 거대한 무기를 만드는 것이 과연 가능할까? 레이저와 같은 빔 에너지 폭탄을 이용하여 행성 하나를 통째로 날려버릴 수 있을까? 루크 스카이워커Luke Skywalker와 다스 베

이더Darth Vader가 휘두르던 광선검은 어떤가? 하나의 광선검으로 다른 광선검을 무 자르듯이 잘라낼 수 있을까? TV 시리즈 〈스타트렉〉에 등장하는 페이저Phaser도 신기하기는 마찬가지다. 미래의 경찰이나 군인들은 페이저와 비슷한 광선총을 개인 화기로 사용하게 될 것인가?

〈스타워즈〉를 관람했던 수백만 명의 사람들은 현란한 특수효과에 완전히 매료되었다. 그러나 일부 비평가들은 "재미는 있지만 현실적으로 불가능한 만화 같은 스토리"라며 비난을 퍼부었다. 행성 하나를 순식간에 파괴시키는 달만 한 크기의 레이저빔이나, 서로 부딪힐 때마다 "챙! 챙!" 소리가 나는 광선검은 제아무리 문명이 발달한 외계인이라 해도 절대로 만들 수 없다는 것이다. "특수효과의 대가인 조지 루카스George Lucas가 볼거리에 너무 집중한 나머지 과학적 논리를 등한시했다"는 것이 그들의 주장이었다.

물론 지금의 과학기술로는 이런 무기를 만들 수 없다. 그러나 이론적으로 볼 때 광선빔에 담을 수 있는 에너지의 양에는 한계가 없다. 다시 말해서, 데스스타나 광선검 같은 무기가 물리학 법칙에 위배되지는 않는다는 것이다. 실제로 자연에는 행성을 파괴하고도 남을 초강력 감마선 에너지빔이 존재한다. 우주 저편에서 일어나는 감마선 폭발은 우주 역사상 빅뱅에 이어 두 번째로 강력한 에너지를 방출하고 있다. 이런 폭발이 일어나면 그 근처에 있는 불운한 행성들은 재가 되어 흩어지거나 산산이 부서져서 흔적조차 찾을 수 없게 된다.

에너지빔 무기의 역사

에너지빔 활용의 역사는 고대신화까지 거슬러 올라간다. 그리스 신화에 등장하는 최고의 신 제우스는 인간에게 벼락을 내리는 신으로 유명하다. 노르웨이의 신 토르Thor는 므죨니르Mjolnir라는 마술 망치로 번개를 일으켰고, 힌두의 신 인드라Indra는 작살에서 에너지빔을 발사할 수 있었다.

빛줄기를 무기로 사용한다는 생각을 처음 떠올린 사람은 아마도 그리스의 수학자 아르키메데스일 것이다. 고대 최고의 과학자였던 그는 뉴턴과 라이프니츠보다 무려 2천 년이나 앞서서 미적분학의 대략적인 개념을 정립했다. 2차 포에니전쟁이 한창 진행 중이던 기원전 214년, 아르키메데스는 로마에 대항하는 시라쿠사 왕국을 위해 새로운 무기를 만들었다. 해변에 거대한 거울을 설치하고, 여기에 태양빛을 반사시켜서 다가오는 적함에 쏜다는 것이었다(과연 이것이 무기로서 효과를 발휘했을지는 아직도 논쟁거리가 되고 있다. 여러 팀의 과학자들이 나름대로 고증을 거쳐 실험을 했는데, 결과가 제각각이어서 결론을 내리기 어렵다).

1889년에 발표된 웰즈의 소설 《우주전쟁》에서도 빔을 이용한 무기가 등장한다. 화성에서 온 외계인이 삼각대 위에 설치한 무기로 열에너지 빔을 발사하여 도시 전체를 초토화시킨다는 내용이다. 실제로 2차 세계대전 때 나치는 대형 포물경(포물선 모양의 반사거울)으로 초강력 음파를 반사하는 신무기를 연구한 적이 있다.[3-1]

빛을 한 점에 모아서 강한 파괴력을 발휘하는 무기는 제임스 본드시리즈 〈골드 핑거Gold Finger〉를 통해 본격적으로 대중화되었다.[3-2] 아마도 이 영화는 레이저를 화면에 등장시킨 최초의 할리우드 영화일 것이다(영국의 전설적인 스파이 제임스 본드는 악당의 본거지에 침투했다가 사로잡혀서 꽁꽁 묶인 채 금속 테이블 위에 눕혀진다. 그러자 천장에 매달린 총에서 레이저가 발사되어 테이블을 서서히 두 토막으로 잘라 나간다. 물론 본드는 특유의 순발력을 발휘하여 이 위험한 상황을 극복하고 결국 악당을 무찌르는데 성공한다).

광선총이라는 무기가 웰즈의 소설을 통해 처음 소개되었을 때, 물리학자들은 그것이 광학optics의 법칙에 위배된다며 거들떠보지도 않았다. 맥스웰의 방정식에 의하면 우리의 눈에 보이는 빛은 멀리 갈수록 넓게 퍼질 뿐만 아니라, 결맞음 상태에 있지도 않다(이것을 결어긋남 상태incoherent라고 한다. 즉, 빛을 이루는 파동들의 진동수와 위상이 제각각인 상태를 말한다). 과거 한때 과학자들은 한 점에 초점이 맞춰진 결맞음coherent 빛을 빔의 형태로 만들어내는 것이 불가능하다고 생각했다. 그러나 레이저가 출현하면서 이 생각은 틀렸음이 입증되었다.

양자혁명

이 모든 변화는 양자역학에서 시작되었다. 20세기가 막 시작될 즈음, 물리학 분야에서 심상치 않은 조짐이 나타났다. 뉴턴의 법칙과 맥스웰의 방정식이 행성의 운동과 빛의 특성을 잘 설명해주긴 했지만, 이들의 이론으로 설명되지 않는 현상들이 속속 발견되기 시작한 것이다. 기존의 물리학으로는 물질에 전기가 통하는 이유나 특정 온도에서 물질이 녹는 이유를 설명할 수 없었으며, 기체에 열을 가하면 빛을 발하는 이유와 저온에서 나타나는 초전도현상도 설명할 수 없었다. 이런 현상들을 이해하려면 원자규모의 세계에 적용되는 새로운 역학이 필요했다. 250년 전에 탄생하여 세상을 지배해왔던 뉴턴의 물리학을 포기하고, 새로운 물리학을 구축해야 할 시기가 닥친 것이다. 이것은 부분적인 변화가 아니라 과학혁명, 바로 그 자체였다.

1900년에 독일의 물리학자 막스 플랑크Max Planck는 에너지가 뉴턴의 생각처럼 연속적이지 않고, 작은 '양자quanta'로 이루어져 있다는 양자가설을 주장했다. 그 후 1905년에 아인슈타인은 빛이 작은 알갱이(또는 양자)로 이루어져 있다는 양자가설을 주장했고, 이 입자는 훗날 '광자photon'라는 이름으로 불리게 된다. 아인슈타인은 이 간단한 아이디어에 기초하여 광전효과photoelectric effect라는 현상이 발생하는 이유를 이론적으로 설명할 수 있었다. 광전효과란 금속에 빛을 쪼였을 때 전자가 튀어나오는 현상으로서, 현대의 TV와 레이저, 태양전지 등 다양한 전기장치에 응용되고 있다(당시 아인슈타인의 광양자이론은 너무도 파격적이어서, 그의 열렬한 지지자였던 막스 플랑크조차도 선뜻 받아들이지 못했다. 그는 자신의 저서에서 "아인슈타인은 가끔씩 과녁을 벗어난다"고 평가했다[3-3]).

그 후 1913년에 덴마크의 물리학자 닐스 보어는 완전히 새로운 원자모형을 제안했다. 보어의 모형에 의하면 전자는 원자핵 주변을 양파껍질처럼 에워싸고 있는 특정한 궤도만을 돌 수 있다. 그리고 전자는 하나의 궤도에서 다른 궤도로 '점프'를 할 수 있으며, 이 과정에서 광양자를 방출하거나 흡수한다. 각 궤도는 고유의 에너지를 갖고 있는데, 처음 궤도의 에너지보다 나중 궤도(전자가 점프를 한 후에 안착한 궤도)의 에너지가 더 크면 광자를 흡수하고, 그 반대의 경우에는 광자를 방출한다.

1925년에 에르빈 슈뢰딩거Erwin Schrödinger와 베르너 하이젠베르크Werner Heisenberg를 필두로 한 여러 물리학자들이 양자역학의 체계를 확립하면서, 원자의 구조와 특성을 설명하는 완전한 이론이 비로소 탄생하게 되었다. 양자역학에 의하면 전자는 입자이면서 파동적인 성질도 함께 갖고 있다. 이 파동은 슈뢰딩거의 파동방정식을 만족하며, 전자의 파동방정식을 풀면 보어의 궤도점프를 비롯한 원자의 다양한 특성을 계산할 수 있다.

1925년 전까지만 해도 물리학자들은 원자에 대하여 아는 것이 거의 없었다. 심지어 물리학자이자 철학자였던 에른스트 마흐Ernst Mach는 원자라는 것이 아예 존재하지 않는다고 주장했을 정도였다. 그러나 1925년에 양자역학의 체계가 잡히면서 원자의 내부에 적용되는 역학을 이해할 수 있게 되었고, 원자세계에서 일어나는 현상을 예견할 수도 있게 되었다. 이제는 성능 좋은 컴퓨터만 있다면 양자역학의 법칙을 이용하여 복잡한 화학물질의 특성을 이론적으로 계산할 수 있다. 뉴턴 역학을 이용하여 우주에 있는 모든 천체들의 움직임을 이론적으로 정확하게 계산할 수 있듯이, 양자역학을 이용하면 우주를 이루는 모든 화학성분의 특성을 계산할 수 있다. 물론 성능 좋은 컴퓨터만 있으면 인간의 몸을 서술하는 파동함수까지 계산할 수 있다.

메이저Maser와 레이저Laser

1953년에 캘리포니아에 있는 버클리대학의 찰스 타운즈Charles Townes 교수와 그의 연구동료들은 마이크로파를 이용하여 결맞는 복사파를 최초로 만들어냈고, 여기에는 '메이저MASER, Microwave Amplification through Stimulated Emission of Radiation'라는 이름이 붙여졌다. 타운즈는 이 공로를 인정받아 1964년에 러시아의 물리학자 니콜라이 바소프Nikolai Basov, 알렉산드르 프로호로프Aleksandr Prokhorov와 함께 노벨상을 수상했다. 그 후 이들이 얻은 결과는 곧바로 가시광선에 적용되어, 그 유명한 '레이저LASER, Light Amplification through Stimulated Emission of Radiation'가 탄생하게 되었다(그러나 〈스타트렉〉을 통해 유명해진 '페이저'는 가상의 무기이다).

레이저가 작동하려면 특별한 기체나 결정, 또는 다이오드 등 레이저를 통과시키는 특별한 매질이 있어야 한다. 이 매질에 전기나 라디오파, 빛 등의 형태로 에너지를 주입하면 매질 속의 전자가 에너지를 흡수하여 원자 속에서 바깥쪽 궤도로 점프를 일으킨다.

전자가 높은 에너지 궤도를 돌면 원자는 들뜬 상태가 되고, 이런 상태는 오래 지속되지 못한다. 즉, 들뜬 상태에 놓인 원자는 불안정하다. 여기에 광선빔(빛)을 주입하면 들뜬 원자들이 광자와 충돌하면서 다량의 광자를 방출하고 안정된 상태(에너지가 낮은 상태)로 되돌아간다. 이때 방출된 광자는 또다시 다른 원자와 충돌하여 다량의 광자를 방출시키고, 이 과정이 빠르게 반복되면서 결국 수십 억×수십 억 개의 광자가 순식간에 광선빔 속으로 방출된다. 여기서 키포인트는 어떤 특별한 환경에서 이 많은 광자들이 동일한 패턴으로 진동한다는 것인데, 이것을 '결맞는coherent' 빛이라 한다.

(일렬로 늘어서 있는 도미노 칩들을 상상해보자. 도미노 칩은 바닥에 쓰러져 있을 때 에너지가 가장 작고, 똑바로 서 있을 때 에너지가 가장 크다. 에너지가 큰 도미노 칩은 들뜬 상태에 있는 원자에 비유할 수 있다. 여기서 첫 번째 도미노 칩을 쓰러뜨리면 모든 칩들이 연쇄적으로 쓰러지면서 에너지가 작은 상태로 전이된다. 레이저빔의 작동원리도 이와 비슷하다.)

물론 특별한 매질만이 레이저를 작동시킬 수 있다. 에너지가 주입된 원자가 광선빔과 충돌하면서 새로 방출된 광자들이 원래의 광자와 결맞는 상태에 있으려면 특별한 매질을 사용해야 한다. 적절한 매질 속에서 수많은 광자들의 진동이 일치하면, 연필심처럼 가느다란 빔 형태의 레이저가 생성된다(그러나 세간에 도는 소문과 달리, 레이저는 연필심과 같이 가느다란 폭을 영원히 유지할 수 없다. 예를 들어 지구에서 달을 향해 연필심만큼 가느다란 레이저를 발사한다면, 달에 도착할 때 레이저의 폭은 수km까지 퍼진다).

간단한 가스레이저는 헬륨과 네온이 들어 있는 관으로 이루어져 있다. 관속으로 전기에너지를 주입하면 원자들이 에너지를 흡수하여 들뜬 상태가 되고, 이들이 순식간에 에너지를 방출하면서 결맞는 빛이 생성된다. 그리고 관의 양끝에 설치해둔 거울을 이용하여 빔을 반사시키면 관 속을 오락가락하면서 동일한 과정이 반복되고, 결맞는 빛은 높은 에너지로 증폭된다. 이때 두 개의 거울 중 하나는 완전히 불투명한 것을 사용하고, 다른 하나는 소량의 빛이 통과할 수 있도록 만들면 가느다란 레이저빔이 관의 한쪽 끝을 통해 밖으로 발사된다.

오늘날 레이저는 잡화점의 계산대나 CD 플레이어, 컴퓨터 등 거의 모든 분야에서 다양한 목적으로 사용되고 있다. 라식수술이나 문신제거술, 심지어는 성형외과에서도 레이저는 필수장비로 자리잡았다. 통계에 의하면 2004년 전 세계 레이저 시장의 규모는 54억 달러를 가뿐하게 넘어섰다.

레이저의 종류

요즘은 새로운 형태의 레이저가 거의 매일같이 개발되고 있으며, 레이저를 생성하는 매질과 그 속에 에너지를 주입하는 방법도 꾸준하게 개선되고 있다.

그렇다면 이 모든 기술을 조합하여 공상과학영화에 등장하는 레이저총이나 레이저검 같은 무기를 만들 수 있을까? 또는 데스스타를 활성화시킬 만큼 강력한 레이저를 만드는 것이 과연 가능할까? 오늘날 레이저는 매질의 종류와 매질 속에 에너지를 공급하는 방법(전기에너지, 강력한 광선, 화학폭발 등)에 따라 다음과 같이 구분된다.

· 기체레이저 *gas laser*: 가장 흔한 종류로서 헬륨-네온레이저가 여기

속한다. 전형적인 붉은색 빔을 만들어내며, 에너지원으로는 라디오파나 전기가 사용된다. 헬륨-네온레이저는 출력이 비교적 약한 편이지만 이산화탄소를 이용한 기체레이저는 중공업 현장에서 발파와 절단, 용접 등에 사용되며, 눈에 보이지 않는 강력한 빔을 만들어낼 수 있다.

· 화학레이저*chemical laser*: 출력이 매우 큰 레이저로서, 에너지는 에틸렌과 삼불화질소*trifluoride, NF3*의 화학반응을 통해 공급된다. 이 레이저는 군사용으로 쓸 수 있을 정도로 강력한 파워를 자랑하는데, 현재 미국 공수부대와 지상군에서 운영하고 있는 수백만 와트짜리 화학레이저는 비행 중인 단거리 미사일을 요격할 수 있다.

· 엑시머레이저*excimer laser*: 불활성기체(아르곤, 크립톤, 제논 등)와 불소, 또는 염소화합물의 화학반응을 이용하여 에너지를 공급하는 레이저로서 눈에 보이지 않는 자외선빔을 생성하며, 초소형 반도체 기판 위에 트랜지스터를 비롯한 여러 가지 회로소자를 새기거나 안과에서 라식수술을 할 때 사용된다.

· 고체레이저*solid-state laser*: 최초의 레이저는 크롬-사파이어 루비 결정으로 만들어진 고체레이저였다. 현재는 이트륨Y과 홀뮴Ho, 툴륨Tm을 비롯한 다양한 화합물이 사용되고 있다. 고체레이저는 고에너지 광선빔을 매우 짧은 펄스의 형태로 생성한다.

· 반도체레이저*semiconductor laser*: 반도체관련 산업현장에서 흔히 사용되는 다이오드*diode*를 이용하여 레이저를 생성하며, 금속을 절단하거나 용접할 때 사용된다. 잡화점의 계산대에서 상품의 바코드를 읽을 때 사용하는 장치도 반도체레이저를 응용한 것이다.

· 다이레이저*dye laser*: 유기염료를 매질로 사용한 레이저로서, 1조 분의 1초 동안 지속되는 초강력 광선펄스를 만들어낼 수 있다.

레이저와 광선총?

이렇게 다양한 레이저가 상업용과 군사용으로 사용되고 있으나, 공상과학영화에서 흔히 볼 수 있는 광선총은 아직 개발되지 않았다. 영화 속에서는 광선빔이 발사되는 총으로 적을 물리치는 장면이 하도 많이 등장해서 이젠 식상할 정도지만, 실제로 이런 물건은 단 한 번도 만들어진 적이 없다. 그 이유는 무엇일까?

가장 큰 이유는 레이저의 덩치가 너무 크기 때문이다. 레이저를 휴대용 무기로 사용하려면 에너지를 공급하는 거대한 발전기를 손바닥만 한 크기로 줄여야 한다. 초대형 발전소에서 생산된 전력을 언제 어디서나 사용하고 싶다면, 지금으로서는 그 발전소를 끌고 다니는 수밖에 없다. 수소폭탄을 소형화하여 한 사람이 들고 다니게 만들 수도 있지만, 이런 무기는 파괴력이 너무 막대하여 적과 함께 아군도 전멸시킬 것이다.

레이저를 생성하는 물질의 안정성도 문제가 된다. 이론적으로 레이저에 집중시킬 수 있는 에너지의 양에는 한계가 없다. 그러나 레이저 총을 한 손에 쥘 수 있는 크기로 만들었다고 해도, 매질이 극히 불안정한 상태이기 때문에 언제라도 대형사고가 터질 수 있다. 예를 들어 고체레이저에 과도한 에너지가 주입되면 결정체가 과열되어

갈라지거나, 심하면 폭발할 수도 있다. 따라서 물체를 기화시키거나 적을 무력화시키는 강력한 레이저 무기를 원한다면, 아예 폭발을 유도하여 폭탄처럼 사용하는 것이 바람직하다. 이런 경우에는 매질의 불안정성 때문에 고민할 필요가 없다. 다만 한 가지, 이 비싼 무기를 1회용으로 소비해야 한다는 점이 문제이다.

초강력 발전기를 휴대할 수 있는 크기로 줄이기도 어렵고 불안정한 매질을 제어할 수도 없기 때문에, 지금의 기술로 레이저 총을 개인용 화기로 개발하는 것은 불가능하다. 광선총은 만들 수 있지만, 전력을 공급하는 발전기에 광선총을 유선으로 연결해야 사용이 가능하다. 앞으로 나노기술이 꾸준히 발전하여 강력한 전기에너지를 공급하는 초소형 배터리가 개발된다면 무선 광선총도 만들 수 있을 것이다. 앞에서 말한 대로, 현재의 나노기술은 지극히 초보적인 수준이다. 그 동안 과학자들은 천재적인 기지를 발휘하여 원자규모에서 작동하는 몇 가지 장치들을 만들었지만, 그 장치라는 것이 주판이나 기타 등 별로 실용적이지 않은 물건에 한정되어 있었다. 그러나 21세기 말이나 22세기로 가면 나노기술이 충분히 발달하여 초소형 배터리로 엄청난 에너지를 발휘하는 장치를 만들 수 있을 것이다.

광선검도 이와 비슷한 문제점을 안고 있다. 1970년대에 영화 〈스타워즈〉가 처음 개봉된 후 아이들 사이에서 광선검 장난감이 폭발적인 인기를 끌고 있을 때, 세간에서는 "결코 만들 수 없는 허구의 물건"이라는 비판이 끊이지 않았다. 우선 첫째로, 빛을 단단하게 만드는 것부터가 불가능하다. 빛은 항상 초속 30만km라는 엄청난 속도로 이동하고 있기 때문에, 결코 칼날 모양으로 단단하게 붙잡아둘 수 없다. 두 번째 문제는 광선빔이 진행하다가 허공에서 갑자기 멈출 수 없다는 점이다. 빛으로 칼 모양을 만들려면 칼의 끝 부분에서 빛이 더 이상 진행하지 않아야 하는데, 이것 역시 불가능한 설정이다. 만일 광선빔으로 칼을 만든다면 칼날은 하늘 끝까지 뻗어나갈 것이다.

사실, 플라즈마나 이온화된 초고온 기체를 이용하여 광선검과 같은 무기를 만들 수는 있다. 플라즈마는 어둠 속에서 빛을 내도록 만들 수 있고, 쇠를 자를 수도 있다. 플라즈마로 칼을 만든다면 천체망원경의 몸체처럼 얇고 속이 빈 대롱에 손잡이가 달린 형태일 것이다. 대롱 속에 들어 있는 뜨거운 플라즈마가 옆면을 따라 나 있는 작은 구멍을 통해 분출되도록 만들면 된다. 대롱에서 분출된 플라즈마는 기다란 모양의 기체가 되는데, 온도가 매우 높아서 웬만한 금속은 쉽게 녹일 수 있다. 이런 도구를 플라즈마 토치plasma torch라고 한다.

이와 같이 현재 적용 가능한 기술을 총동원하면 광선검과 비슷한 고에너지 무기를 만들 수는 있다. 그러나 광선총의 경우와 마찬가지로, 광선검이 무기로서의 위력을 발휘하려면 강력한 에너지원을 작은 크기로 만들 수 있어야 한다. 그렇지 않으면 초대형 발전소에 유선으로 연결하여 거추장스러운 줄을 끌고 다니는 수밖에 없다.

현재의 기술로 광선총과 광선검을 어떻게든 만들 수는 있지만, 영화에 등장하는 개인용 무기로 개발하는 것은 아직 불가능하다. 재료공학과 나노기술이 충분히 발달한 금세기 말이나 다음 세기 초쯤에는 가능할 수도 있다. 따라서 나는 이들을 '제1부류 불가능'으로 분류하고자 한다.

데스스타의 에너지

〈스타워즈〉에 등장하는 데스스타는 정말로 가공할 무기이다. 여기서 발사된 레이저포는 행성 하나를 통째로 날려버릴 정도로 강력하다. 이런 무기를 현실세계에서 구현하려면 지금까지의 레이저와는 비교가 안 될 정도로 막강한 레이저가 있어야 한다. 현재 세계에서 가장 강력한 레이저를 사용하면 별의 내부와 비슷한 온도를 구현할 수 있다. 미래에는 초강력 레이저와 핵융합 반응기를 조합하여 별의 에너지를 지구에서 사용하게 될지도 모른다.

과학자들은 핵융합장치를 이용하여 별이 처음 형성되는 환경을 구현하기 위해 노력하고 있다. 일반적으로 별은 거대한 수소기체 덩어리가 중력으로 응축되면서 탄생하는데, 이 과정에서 온도가 엄청나게 올라간다. 특히 별의 중심부는 온도가 5천만~1억 도에 달하는데, 이 온도에 이르면 수소원자핵들이 전기적 반발력을 이기고 서로 충돌하기 시작한다. 소위 '핵융합반응'이라 불리는 이 과정을 통해 헬륨원자핵이 만들어지고, 부수적으로 생성된 엄청난 양의 에너지가 외부로 방출된다. 수소원자핵들이 융합되어 헬륨원자핵이 만들어질 때 아주 미세한 질량 결손이 발생하는데, 여기에 광속의 제곱을 곱한 양만큼의 에너지가 방출되는 것이다. 이 현상은 아인슈타인의 그 유명한 방정식 $E=mc^2$으로 설명될 수 있다. 이것이 바로 별에서 방출되는 에너지의 근원이다.

지구상에서 핵융합 에너지를 이용하는 방법을 굳이 찾는다면 두 가지가 있지만, 둘 중 어느 쪽도 결코 만만치 않다.

관성밀폐 핵융합

첫 번째 방법으로는 '관성밀폐inertial confinement'를 들 수 있는데, 간단히 말하자면 지구에서 가장 강력한 레이저를 발사하여 실험실 안에 초소형 태양을 만드는 것이다. 이를 위해서는 네오디뮴neodymium, Nd을 이용한 고체레이저를 한 지점에 집중적으로 발사하여 별의 중심부와 비슷한 온도를 만들어야 한다. 그러나 이 레이저는 대규모 공장만큼 덩치가 클 뿐만 아니라, 긴 터널을 통해 평행한 레이저빔을 계속 발사하려면 배터리도 엄청나게 커야 한다. 어쨌거나 이 정도의 출력을 가진 레이저를 여러 개의 작은 거울에 반사시켜서 레이저빔이 구의 중심으로 집중되도록 만든다. 작은 거울은 구형으로 배치되어 있으며, 구의 중심부에는 다량의 수소를 함유한 작은 알갱이(수소폭탄의 활성요소인 중수소화리튬lithium deuteride으로 만든 물질)가 놓여 있다. 알갱이의 크기는 바늘구멍 정도이고, 무게는 약 100분의 1g 정도면 된다.

강력한 레이저빔이 알갱이를 달구면 표면이 기화되고 알갱이의 압력은 높아진다. 여기에 레이저빔을 계속 발사하면 결국 알갱이가 붕괴되면서 강한 충격파가 중심부까지 전달되어, 순식간에 온도가 수백만 도까지 치솟는다. 이 정도면 수소원자핵이 융합을 일으키기에 충분한 온도이다. 핵융합이 일어나기 위해 요구되는 최소한의 온도와 압력 조건을 '로슨의 기준Lawson's criterion'이라고 하는데, 초고온의 알갱이는 이 조건을 모두 만족한다. 물론 별의 중심부와 수소폭탄도 로슨의 기준을 만족한다(수소폭탄이나 별의 내부, 또는 융합기에서 핵융합이 일어나려면 온도와 밀도, 그리고 구속된 상태의 지속시간 등이 특정한 기준을 만족해야 한다).

관성밀폐 핵융합이 일어나면 중성자를 포함한 엄청난 양의 에너지가 외부로 방출된다(중수소화리튬은 온도가 1억 도까지 올라갈 수 있으며, 밀도는 납의 20배까지 커질 수 있다). 중심부의 알갱이에서 빠른 속도로 방출된 중성자가 용기의 내벽을 때리면 온도가 상승하고, 이 열로 물을 끓여서 얻은 수증기로 터빈을 돌리면 전기를 생산할 수 있다.

이론상으로는 그런대로 간단해 보이지만, 현실세계에서는 커다란 장애가 도사리고 있다. 우선 그토록 엄청난 에너지를 조그만 구형 알갱이에 집중시키는 것부터가 문제이다. 레이저를 이용한 핵융합은 1978년에 캘리포니아의 로렌스 리버모어 국립연구소Lawrence Livermore National Laboratory, LLNL에서 처음 시도되었는데, 이때 사용된 시바레이저Shiva laser는 동시에 12개의 레이저빔을 생성하는 초강력 레이저였다('시바레이저'는 레이저빔이 동시다발적으로 발사되는 특징을 잘 반영한 이름이다. '시바'는 힌두의 신화에 등장하는 여신으로, 여러 개의 팔을 갖고 있다). 당시 시바레이저의 성능은 다소 실망스러운 수준이었으나, 레이저를 이용한 핵융합이 가능하다는 것을 입증하기에는 부족함이 없었다. 그 후 시바레이저는 출력이 10배로 향상된 노바레이저Nova laser로 대치되었다. 결국 노바레이저도 알갱이를 점화시키는데 실패했지만, 이 실험은 1997년에 LLNL에서 건설되기 시작한 국가점화설비National Ignition Faculty, NIF의 모태가 되었다.

2009년에 본격 가동될 예정인 NIF는 총 700조 와트의 출력으로 192개의 레이저빔을 발사하는 괴물 같은 장치로서(웬만한 핵발전소에서 생산되는 전력의 70만 배에 달한다), 수소를 함유한 알갱이를 점화시켜 핵융합을 구현하는 최첨단 레이저 시스템이다(그러나 이것은 가공할 무기로 사용될 수도 있기 때문에 반대하는 사람도 많다. NIF는 기존의 수소폭탄이 될 수도 있고, 더 나아가 기폭제가 필요 없는 '순수 융합폭탄'으로 발전할 가능성도 있다. 현재 수소폭탄은 우라늄이나 플로토늄으로 만든 원자폭탄을 기폭제로 사용하고 있는데, 이 과정을 레이저로 대체한 것이 순수 융합폭탄이다).

그러나 지구상에서 가장 강력한 레이저로 NIF를 구현한다고 해도, 데스스타의 위력에는 한참 못 미친다. 데스스타의 가공할 레이저포를 구현하려면 다른 곳에서 에너지원을 찾아야 한다.

자기구속 핵융합

데스스타 수준의 에너지를 구현하는 두 번째 방법은 뜨거운 수소 플라즈마 기체가 자기장 속에 갇혀 있는 '자기구속magnetic confinement' 상태에서 핵융합을 일으키는 것이다. 실제로 이 방법은 상업용 융합기의 최초 시제품에 적용된 바 있다. 현재 자기구속 핵융합을 추진하고 있는 가장 큰 장치는 국제핵융합 실험로International Thermonuclear Experimental Reactor, ITER로서, 2006년에 유럽연합과 미국, 중국, 일본, 한국, 러시아, 인도 등이 연합하여 프랑스 남부의 카다라시Cadarache에 본부를 세웠다. 이곳에서는 수소기체를 1억도까지 가열하여 핵융합반응을 일으킨다는 야심찬 계획을 추진하고 있는데, 만일 성공한다면 입력보다 출력이 큰 최초의 핵융합 반응기가 될 것이다. ITER은 500초 동안 500메가와트(5억 와트)의 파워를 발휘할 것으로 기대되며(1초당 16메가와트), 최초 실험가동은 2016년, 전체가동은 2022년으로 예정되어 있다. 총 예산은 약 120억 달러로서, 역사상 세 번째로 돈이 많이 들어간 프로젝트이다(1위는 원자폭탄을 처음 만들었던 맨해튼 프로젝트였고, 2위는 현재 진행 중인 국제우주정거장 건설 프로젝트이다).

ITER은 거대한 도넛처럼 생겼다. 원형 관을 통해 수소기체가 순환하고, 그 바깥 표면을 코일이 감고 있는 형태이다. 온도를 충분히 낮추면 코일이 초전도체가 되는데, 이때 엄청난 양의 전기에너지를 코일에 투입하면 강한 자기장이 형성되고 도넛 내부에 있는 수소 플라즈마는 이 자기장 속에 갇히게 된다. 그리고 도넛 내부에 전류를 공급하면 플라즈마기체의 온도가 별의 중심부와 비슷한 수준으로 상승한다.

과학자들이 ITER에 각별한 관심을 갖는 이유는 에너지의 가격을 크게 낮출 수 있기 때문이다. 융합기의 연료는 수소인데, 이 원소는 바닷물 속에 거의 무진장으로 함유되어 있다. 핵융합발전이 성공한다면 무한대에 가까운 에너지를 매우 싼 가격에 공급할 수 있다.

이렇게 훌륭한 에너지원을 왜 아직도 상용화하지 못하고 있는 것일까? 1950년대에 핵융합이 처음 알려진 후로 무려 50여 년이 지났음에도 불구하고, 핵융합발전소가 단 한 곳도 건설되지 않은 이유는 무엇인가? 그것은 바로 수소원료를 균일하게 압축하기가 어렵기 때문이다. 별의 내부에서는 중력이라는 힘을 통해 수소기체가 완전한 구형으로 압축되고(중력은 거리의 제곱에 반비례한다), 온도도 균일하게 상승한다.

앞서 언급한 NIF 융합기의 경우, 여러 개의 레이저빔을 수소알갱이에 발사하여 표면을 균일하게 달구는 것은 기술적으로 매우 어려운 문제이다. 자기구속 핵융합기도 이와 비슷한 문제점을 안고 있는데, 자기장이 방향성을 띠고 있기 때문에 구 안에서 기체를 균일하게 압축시키기가 매우 어렵다. 이런 경우에 최선책은 자기장을 도넛 모양으로 만드는 것이다. 그러나 기체를 압축시키는 것은 풍선을 쥐어짜는 것과 비슷해서, 한쪽 끝에 압력을 가하면 다른 쪽이 부풀어 오른다. 풍선을 모든 방향에서 동시에 압축시키는 것은 매우 어려운 작업이다. 자기호리병 안에 갇혀 있는 뜨거운 기체는 밖으로 빠져나오려는 경향이 있기 때문에, 결국에는 기체가 반응기의 내벽과 접하면서 융합과정이 멈추게 된다. 이런 이유 때문에, 수소기체를 1초 이상 압축시키는 것은 매우 어려운 과제로 여겨져 왔다.

현재 핵분열을 이용한 발전소(속칭 핵발전소)에서는 다량의 방사성 폐기물이 양산되고 있는데, 핵융합 발전소가 가동된다면 이런 폐단을 크게 줄일 수 있다(보통 크기의 핵발전소에서는 매년 30톤의 핵폐기물이 버려지고 있다. 이와는 대조적으로 핵융합 발전소의 폐기물은 발전소 가동이 중단된 후에 남겨질 방사성 철 정도이다).

가까운 미래에 핵융합으로 지구의 에너지 위기가 해결될 가능성은 별로 없다. 프랑스의 노벨 물리학상 수상자인 피에르 질 드 젠 PierreGilles de Gennes은 이 문제에 대하여 다음과 같이 말했다. "사람들은 태양을 상자 속에 집어넣으려 애쓰고 있다. 물론 아이디어 자체는 훌륭하다. 그러나 문제는 상자 제작법을 아무도 모른다는 것이다." 앞으로 모든 연구가 순조롭게 진행된다면 40년 이내에 ITER을 이용한 핵융합에너지를 일반가정에 공급할 수 있을 것으로 기대된다. 언젠가는 핵융합 반응기가 지구의 에너지문제를 깨끗하게 해결해줄 날이 올 지도 모른다.

자기구속 핵융합을 동원한다 해도, 데스스타의 에너지에는 한참 못 미친다. 에너지의 수준을 높이려면 디자인을 완전히 바꿔야 한다.

핵점화 X-선 레이저

현재의 기술수준으로 데스스타의 레이저포를 구현하는 또 한 가지 방법은 수소폭탄을 응용하는 것이다. X-선 레이저의 배터리를 핵무기와 결합시키면 (적어도 이론상으로는) 행성 하나를 통째로 날려버릴 수 있다.

핵력은 일반적인 화학반응의 1억 배에 가까운 에너지를 발휘한다. 야구공만 한 크기의 우라늄 핵탄두를 투하하면 도시 하나를 불덩이로 만들 수 있다. 이 핵탄두의 1%만이 에너지로 전환된다 해도 도시 하나를 초토화시키기에 충분하다. 앞에서 말한 바와 같이 레이저에 에너지를 공급하는 방법에는 여러 가지가 있는데, 지금까지 알려진 가장 강력한 방법은 핵폭탄에서 생성된 에너지를 사용하는 것이다.

X-선 레이저는 과학분야뿐만 아니라 군사적으로도 효용가치가 매우 높다. X-선은 파장이 매우 짧기 때문에 원자들 사이의 거리를 측정하거나 복잡한 분자 속에서 원자의 배열을 분석할 때 사용된다. 물론 파장이 긴 빛으로는 이렇게 미세한 작업을 수행할 수 없다. 원자의 움직임과 분자 속의 원자배열을 눈으로 '볼 수' 있으면 화학반응연구의 새로운 창이 열리게 된다.

수소폭탄이 폭발하면 X-선 영역에서 막대한 양의 에너지가 방출된다. 따라서 핵폭탄은 X-선 레이저의 에너지원으로 사용될 수 있다. X-선 레이저와 가장 인연이 깊은 사람은 수소폭탄의 아버지로 불렸던 물리학자 에드워드 텔러Edward Teller이다.

텔러는 1950년대에 미국 의회에 출두하여 "맨해튼 프로젝트를 이끌었던 로버트 오펜하이머Robert Oppenheimer는 정치적 성향이 불온하기 때문에 그에게 수소폭탄 개발을 계속 맡길 수 없다"고 증언했던 사람이다. 의회는 텔러의 증언을 토대로 오펜하이머의 군사기밀 취급자격을 박탈해버렸고, 당시 많은 물리학자들은 텔러의 행동을 끝까지 용서하지 않았다.

(나는 고등학생 시절 텔러를 직접 만난 적이 있다. 당시 나는 반물질과 관련

된 실험을 기획하여 샌프란시스코 과학경진대회에서 대상을 수상했고, 그 덕분에 뉴멕시코의 앨버커키Albuquerque에서 개최되는 미국과학박람회에 참가했다가 텔러를 알게 되었다. 평소 젊은 과학도들에게 관심이 많았던 텔러는 나와 함께 TV에 출연하여 하버드대학의 입학을 보장하는 헤르츠 공학장학금을 수여했다. 그 후로 나는 매년 몇 번씩 텔러의 집을 방문하여 그의 가족들과도 가깝게 지냈다.)

텔러가 고안했던 X-선 레이저는 간단히 말해서 구리선으로 에워싸인 소형 핵폭탄이었다. 핵폭탄이 폭발하면 X-선 영역에서 구형 충격파가 발생하고, 이 파동이 구리선을 통과하면서 레이저효과를 일으키는 식이다. 이때 생성된 X-선 빔을 적에게 발사하면 치명적인 피해를 입힐 수 있다. 물론 이 장치는 핵폭탄이 폭발하면서 작동하기 때문에, 단 한 번밖에 사용할 수 없다.

핵폭탄으로 점화되는 X-선 레이저는 1983년에 지하갱도에서 '카브라 테스트Cabra test'라는 이름하에 처음으로 가동되었다. 수소폭탄이 폭발하면서 다량으로 방출된 '결어긋난 X-선'이 결맞는 X-선 빔으로 집중되어 가공할 위력을 발휘했고, 테스트에 참가한 과학자들은 실험이 성공적이었다고 평가했다. 카브라 테스트에 감명받은 로널드 레이건 대통령은 그 해에 역사적인 연설을 통해 "스타워즈 방어막Star Wars defensive shield"의 구축을 공식적으로 선언했다. 총 수십 억 달러가 들어가는 이 계획은 지금도 진행 중에 있으며, 핵 점화 X-선 레이저를 이용한 대륙간 탄도미사일ICBM 요격을 주목적으로 하고 있다(그러나 카브라 테스트에 사용된 감지기가 실험 도중 파괴되었음이 뒤늦게 밝혀지면서 X-선 레이저의 신뢰도에 의문이 제기되었다).

논란의 대상이 되고 있는 X-선 레이저로 과연 ICBM을 요격할 수 있을까? 물론 가능성은 있다. 그러나 ICBM에 간단한 장비를 부착하면 X-선 레이저를 쉽게 피할 수 있다(예를 들어 탄두에 수백만 개의 칩을 장착하면 레이더를 교란시킬 수 있고, 탄두를 회전시켜서 X-선이 흩어지게 만들 수도 있으며, 화학물질을 공중에 살포하여 X-선 빔을 막을 수도 있다). 또는 핵탄두를 다량으로 발사하여 스타워즈 방어막을 뚫을 수도 있다.

따라서 핵점화 X-선 레이저로 적의 핵미사일을 요격한다는 것은 그다지 실용적인 아이디어가 아니다. 그렇다면 데스스타를 만들어서 지구로 다가오는 소행성을 파괴하거나 행성 전체를 폭파시키는 것이 과연 가능할까?

데스스타의 물리학

〈스타워즈〉에는 행성 전체를 폭파시킬 정도로 강력한 무기가 등장한다. 이런 무기가 실제로 존재할 수 있을까? 이론적으로는 가능하다. 몇 가지 가능성을 추려보면 다음과 같다.

첫째는 수소폭탄을 이용하는 것이다. 수소폭탄이 발휘할 수 있는 에너지에는 이론적으로 한계가 없기 때문이다. 이 무기는 다음과 같은 원리로 작동된다(수소폭탄의 작동원리는 지금도 미국정부의 1급 기밀사항으로 취급되고 있으나, 대략적인 내용은 널리 알려져 있다). 수소폭탄을 제작하려면 여러 단계의 공정을 거쳐야 하는데, 이 순서를 잘 조절하면 파괴력을 얼마든지 크게 만들 수 있다.

첫 번째 단계는 우라늄-235원자의 통상적인 핵분열로부터 강력한 X-선을 얻어내는 것이다. 이 과정은 히로시마에 투하된 핵폭탄의 폭파과정과 동일하다. 단, 원자폭탄이 모든 것을 날려버리기 직전에 구형의 X-선이 폭발을 앞서가면서(X-선은 빛의 일종이므로 광속으로 진행한다) 수소폭탄의 주원료인 중수소화리튬에 집중된다(구체적인 과정은 1급 비밀이다). 그러면 중수소화리튬이 붕괴되면서 온도가 수백만 도까지 급상승하고, 첫 번째 폭발보다 훨씬 강력한 두 번째 폭발이 일어난다. 그리고 여기서 발생한 초강력 X-선을 두 번째 중수소화리튬에 집중시켜서 세 번째 폭발을 유도한다. 이 과정을 반복하면 수소폭탄의 위력을 얼마든지 높일 수 있다. 지금까지 만들어진 가장 강력한 수소폭탄은 1961년에 구 소련연방에서 제작되었는데, 2단계 연쇄폭발을 통해 TNT 5천만 톤의 위력을 발휘한 것으로 알려져 있다. 그러나 이론적으로는 수소폭탄의 파괴력을 TNT 1억 톤까지 끌어올릴 수 있다(히로시마에 투하된 원자폭탄의 5,000배에 해당된다).

그러나 행성을 통째로 날려버리려면 파괴력의 단위가 달라야 한다. 그래서 데스스타에서는 수천 개의 레이저빔을 한 곳에 겨냥하여 동시에 발사한다(냉전시대에 구소련과 미국은 총 3,000개의 핵탄두를 보유하고 있었다). 이 정도면 웬만한 행성의 표면을 초토화시킬 수 있다. 앞으로 수십만 년이 지나면 은하제국에서 이런 무기를 만들 수 있을 것이다.

문명이 극도로 발달된 사회라면 감마선 폭발을 이용하여 데스스타를 만들 수도 있을 것이다. 감마선 폭발은 우주 역사상 빅뱅 다음으로 강력한 에너지를 발산하는 초대형 사건으로서, 우주공간에서는 자연적으로 일어나지만 인류가 고도의 문명을 갖게 되면 무기로 사용할 가능성도 있다. 별이 수축하여 폭발을 일으키기 전에 별의 회전을 조절할 수만 있다면, 초강력 감마선을 원하는 곳에 겨냥하여 발사할 수 있을 것이다.

감마선 폭발

감마선 폭발은 1970년대에 미군에서 쏘아 올린 군사위성 벨라 Vela에 의해 처음으로 발견되었다. 벨라의 임무는 적국에서 발생한 핵폭발의 징후를 탐지하는 것이었으나, 엉뚱하게도 우주에서 날아온 초강력 감마선이 감지기에 잡힌 것이다. 이 소식이 처음 알려졌을 때, 미국 국방성은 완전히 패닉상태에 빠졌다. 소련이 우주공간에서 새로운 핵무기 실험을 한 것일까? 후에 데이터를 정밀 분석한 결과, 감마선은 하늘의 모든 방향에서 균일하게 날아왔음이 밝혀졌다. 이는 곧 감마선의 진원지가 은하수 바깥에 있음을 의미한다. 그런데 이 강력한 감마선이 정말로 은하계 밖에서 날아온 것이라면, 그 파워는 우주 전체를 밝히고도 남을 정도로 막대해야 한다.

1990년에 소련이 붕괴되고 난 후 방대한 양의 천문데이터들이 기밀에서 해제되었고, 그것을 접한 천문학자들은 경악을 금치 못했다. 미국 국방성이 비밀리에 보유하고 있던 데이터에는 새롭고도 신기한 현상들이 지천으로 널려 있어서, 천문학 교과서를 아예 새로 써야 할 판이었다.

감마선 폭발은 단 몇 초, 또는 길어야 몇 분밖에 지속되지 않기 때문에, 그 내막을 분석하려면 감지장치가 극도로 예민해야 한다. 초기 폭발이나 복사에너지를 위성이 감지하여 발생지점의 정확한 좌표를 지구에 전송하면, 이 좌표를 광학망원경이나 라디오망원경에 입력하여 감마선 폭발이 일어난 지점을 관측한다.

아직 밝혀지지 않은 부분이 많지만, 일부 천문학자들은 초대형 블랙홀을 품고 있는 극초신성hypernovae을 도입하여 감마선 폭발을 설명하고 있다. 관측된 감마선이 너무 강력하기 때문에, 괴물 같은 블랙홀이 그 속에서 형성되고 있다고 추정한 것이다.

블랙홀은 마치 회전하는 팽이처럼 남극과 북극을 통해 두 줄기의 '제트jet' 복사를 방출하고 있다. 지구에서 관측된 감마선 폭발의 징후는 이 두 줄기의 제트복사 중 하나가 지구를 향하면서 나타난 현상일 것이다. 감마선 폭발의 제트복사가 정확하게 지구를 향해 방출되었는데 그 진원지가 은하수 근처였다면(지구로부터 수백 광년 떨어진 곳), 지구의 생명체는 순식간에 멸종했을 것이다.

감마선 폭발과 함께 나타나는 X-선 펄스는 전자기 펄스를 생성하고, 이것은 지구에 존재하는 모든 전자장비들을 먹통으로 만들 것이다. 이 정도로 강력한 X-선과 감마선이 지구로 쏟아지면 대기의 오존층이 붕괴되고 지구의 표면온도가 상승하면서 대형화재로 인한 선풍이 지구 전체를 삼켜버릴 것이다. 감마선 폭발은 영화 〈스타워즈〉에서처럼 행성을 초토화시킬 뿐만 아니라, 그곳에 사는 생명체의 씨를 말려버릴 가능성이 높다.

　지금부터 수십만, 또는 수백만 년 후에 나타날 문명은 상상을 초월할 정도로 발전하여 블랙홀의 제트복사를 원하는 방향으로 보낼 수 있을지도 모른다. 행성과 중성자별의 경로를 변화시켜서 붕괴 직전의 별을 향하도록 만들면 된다. 경로가 달라지면 별의 자전축 방향도 달라져서 특정 방향을 향하도록 만들 수 있다. 그러면 죽음을 앞둔 별은 우리가 상상할 수 있는 가장 강력한 무기가 될 것이다.

　결론적으로 말해서, 휴대 가능한 레이저 무기와 광선검은 가까운 미래나 다음 세기에 실현될 가능성이 있으므로 제1부류 불가능으로 분류된다. 그러나 회전하는 별을 이용한 데스스타는 물리학의 법칙에 위배되지 않지만 (감마선 폭발은 실제로 존재하는 현상이다) 수천, 또는 수백만 년 후에나 가능할 것이기에 제2부류 불가능으로 분류되어야 할 것이다.

/ 4 /

공간이동 Teleportation

역설적인 상황에 처했다고 실망하지 마라. 그것은 신이 주신 기회이다.
이제 진보를 향한 발걸음만 내딛으면 된다.
— 닐스 보어 NIELS BOHR

하지만 선장님, 저는 물리법칙을 바꿀 수 없다고요!
— 영화 〈스타트렉〉의 수석엔지니어 스커티 SCOTTY의 대사

    사람이나 물체를 순식간에 한 장소에서 다른 장소로 이동시키는 공간이동이 실현된다면, 현대문명과 국가의 운명은 송두리째 달라진다. 무엇보다도, 공간이동은 전쟁의 규칙을 크게 바꿔놓을 것이다. 아군의 병력을 적진의 후방으로 전송하여 급습을 시도하는 것은 물론이고, 아예 적군의 지휘자를 공간이동시켜서 간단히 납치할 수도 있다. 자동차, 선박, 비행기, 기차 등 현재 운용되고 있는 모든 운송수단과 이와 관련된 산업들은 구시대의 유물로 사라질 것이다. 공간이동이 가능해지면 직장에 출근하느라 교통지옥을 뚫고 갈 필요도 없고, 생필품을 사러 일일이 시장에 갈 필요도 없다. 또한 휴가지가 지구 반대편에 있어도 상관없다. 우리 몸을 공간이동시키면 된다. 일일이 나열하자면 한도 끝도 없을 정도로 공간이동은 우리의

삶을 완전히 바꿔놓을 것이다.

공간이동에 관한 최초의 기록은 성경에서 찾아볼 수 있다.[4-1] 《신약성서》의 〈사도행전〉을 보면 빌립이 가자Gaza에서 아스돗Azotus으로 공간이동하는 장면이 나온다. '길을 가다가 물이 있는 곳에 이르러 내시(에티오피아의 실권자: 옮긴이)가 말했다. "보라, 물이 있으니 내가 세례를 받음에 무슨 거리낌이 있겠느냐." 그리하여 병거(전쟁에 쓰이는 수레: 옮긴이)를 잠시 멈추고 베드로와 내시가 둘 다 물에 들어가 베드로가 세례를 주고 둘이 물에서 올라갈 때 주의 영이 베드로를 이끌어갔다. 그 후로 내시는 베드로를 두 번 다시 보지 못했다. 사라진 베드로는 아소도(아스돗)에 홀연히 나타나 여러 도시를 전전하며 복음을 전하다가 가이사리아Caesarea에 도착했다.'(《사도행전》 8장 36~40절)

공간이동은 마술사들의 주특기이기도 하다. 모자에서 토끼를 꺼내고 옷소매에서 카드를 꺼내는가 하면, 동전을 사라지게 한 후 누군가의 귀에서 사라진 동전을 꺼내기도 한다. 요즘 공연되는 마술 중 가장 볼 만한 것이 수많은 관객들 앞에서 코끼리를 사라지게 하는 마술이다. 몸무게가 수 톤이나 나가는 거대한 코끼리를 철창 속에 가둬놓고 천으로 덮은 뒤 마술봉을 살짝 휘두르면 순식간에 코끼리가 사라진다. 관객들에게는 마치 코끼리가 공간이동을 한 것처럼 보일 수밖에 없다. 어딘가 속임수가 있을 것 같지만 눈앞에 펼쳐진 광경이 너무 생생하면서도 황당무계하여 할 말을 잃는다(물론 코끼리가 정말로 사라진 것은 아니다. 이 마술트릭의 핵심은 거울에 있다. 코끼리가 갇혀 있는 우리는 여러 개의 넓적한 창살로 만들어져 있는데, 각 창살면에는 얇고

기다란 거울이 부착되어 있고 모든 창살은 회전문처럼 돌아갈 수 있게 만들어져 있다. 마술을 시작할 때에는 관객에게 거울이 보이지 않도록 모든 창살을 정렬해놓는다. 이런 상황에서는 관객의 눈에 코끼리가 보인다. 그러나 거울이 부착된 창살을 일제히 45°돌리면 관객들은 우리 속에 있던 코끼리 대신 텅 빈 공간을 보게 된다. 코끼리는 여전히 우리 속에 있지만, 거울에 비친 영상 때문에 사라진 것처럼 보이는 것이다).

공간이동과 공상과학

공간이동을 다룬 최초의 공상과학소설은 에드워드 페이지 미첼 Edward Page Mitchell이 1877년에 발표한 《몸 없는 인간 A Man Without a Body》일 것이다. 한 과학자가 고양이의 몸을 원자단위로 분해한 후 전신을 통해 전송하는데 성공한다. 이 실험에서 자신감을 얻은 그는 자신의 몸을 전송하다가 배터리가 고장을 일으키는 바람에 머리만 전송되는 끔찍한 상황이 벌어진다.

《셜록 홈즈》 시리즈로 유명한 아서 코난 도일 Arthur Conan Doyle도 공간이동에 심취한 작가였다.[4-2] 그는 한동안 추리소설과 단편소설을 써오다가 《셜록 홈즈》 시리즈에 염증을 느낀 나머지 소설 속에서 주인공을 죽여 버렸다. 《마지막 사건》편에서 셜록 홈즈가 그의 정적인 모라이어티 교수와 함께 폭포에서 떨어져 죽는 것으로 마무리를 지은 것이다. 그러나 열광적인 팬들이 거세게 항의하자 결국 도일은 주인공을 되살릴 수밖에 없었다. 그는 자신의 추리소설에서 셜록 홈즈를 죽일 수 없다는 것을 깨닫고 '챌린저 교수'를 주인공으로 하는 새로운 시리즈를 집필했다. 홈즈와 챌린저 교수는 넘치는 위트와 날카로운 눈썰미로 사건을 해결한다는 점에서 공통점이 있었지만, 사실 두 인물 사이에는 커다란 차이가 있다. 홈즈는 냉정하고 논리적인 추리로 복잡한 사건을 해결하는 반면, 챌린저 교수는 공간이동이 난무하는 불가사의한 암흑의 세계를 추적하는 것이 주특기이다. 1927년에 발표된 소설 《파쇄 기계Disintegration Machi-ne》에서 챌린저 교수는 사람을 분해한 후 다른 장소에서 재조립하는 기계를 발명한 한 남자를 알게 된다. 그러나 이 기계를 손에 넣은 사람이 마음만 먹으면 수백만 명이 살고 있는 도시 전체를 분해할 수 있다. 결국 챌린저 교수는 파쇄 기계를 발명한 당사자를 기계 속에 넣고 분해한 후 재조립하지 않는다.

할리우드판 공간이동도 빼놓을 수 없다. 1958년에 개봉된 영화 《파리The Fly》에서는 공간이동이 잘못되었을 때 벌어질 수 있는 끔찍한 상황이 잘 표현되어 있다. 한 과학자가 공간이동 장치를 발명한 후 자신의 몸을 대상으로 실험을 하는데, 이동장치 속에 우연히 파리 한 마리가 들어가서 파리와 함께 전송된다. 공간이동에 성공한 과학자는 처음에 이 사실을 모르고 있었으나, 그의 몸을 이루고 있던 원자들이 파리의 몸과 섞이면서 점차 파리를 닮은 끔찍한 모습으로 변해간다는 내용이다(이 영화는 1986년 제프 골드브럼Jeff Goldblum 주연으로 리메이크되었다).

공간이동은 TV 시리즈 〈스타트렉〉을 통해 본격적으로 대중화되기 시작했다. 그런데 〈스타트렉〉의 작가인 진 로든베리Gene

Rodden-berry가 시리즈에 공간이동을 도입한 데에는 다음과 같은 사연이 숨어 있다. 드라마의 내용상 우주선 엔터프라이즈호는 여러 행성을 여행하면서 수시로 이착륙을 해야 하는데, 제작예산이 부족하여 실감나는 장면을 만들 수가 없었다. 게다가 모든 장면은 파라마운트사의 스튜디오 안에서 촬영되어야 했으므로, 로든베리는 번거로운 이착륙 대신 모선을 공중에 띄워놓은 채 승무원을 행성으로 공간이동시킨다는 해결책을 떠올린 것이다.

그 후로 과학자들은 공간이동의 가능성에 대하여 부정적인 의견을 꾸준히 제시해왔다. 누군가를 공간이동시키려면 그 사람의 몸을 구성하는 모든 원자의 정확한 위치를 알아야 하는데, 이것이 하이젠베르크의 불확정성원리에 위배된다는 것이다(불확정성원리에 의하면 전자의 정확한 위치와 정확한 속도를 '동시에' 정확하게 알 수 없다). 과학자들의 비평을 무시할 수 없었던 〈스타트렉〉의 제작진은 궁리 끝에 '하이젠베르크 보정기Heisenberg Compensator'라는 도구를 공간이동에 도입하여 양자역학적 효과를 상쇄시켰다(물론 이 장치의 작동원리는 과학자뿐만 아니라 작가 자신도 몰랐을 것이다). 그러나 최근 발표된 연구 결과를 보면 하이젠베르크 보정기를 굳이 도입할 필요가 없었다. 〈스타트렉〉 방영 초기에 쏟아진 과학자들의 비평이 틀린 것으로 판명되었기 때문이다.

공간이동과 양자이론

뉴턴의 고전역학이론에 의하면 공간이동은 명백히 불가능하다. 뉴턴의 물리학은 모든 물체가 작고 단단한 알갱이로 이루어져 있다는 기본 아이디어에서 출발한다. 어떤 물체이건 간에, 외부에서 힘을 가하지 않는 한 움직이지 않으며 (좀 더 정확하게 말하면 속도가 변하지 않으며), 물체가 갑자기 사라졌다가 다른 장소에서 홀연히 나타나는 것도 결코 있을 수 없는 일이다.

그러나 양자역학의 세계에서는 이런 일이 얼마든지 일어날 수 있다. 뉴턴의 물리학은 근 250년 동안 전 세계의 물리학자들을 지배해오다가, 1925년에 베르너 하이젠베르크와 에르빈 슈뢰딩거를 비롯한 양자역학의 창시자들에게 권좌를 물려줘야 했다. 이들은 원자의 기이한 성질을 연구하던 중 전자가 파동처럼 행동한다는 놀라운 사실을 발견했고, 이로부터 원자 내부에서 일어나는 혼란스러운 움직임을 정확하게 설명할 수 있었다. 이 무렵에 일어났던 물리학의 비약적인 발전을 가리켜 '양자도약quantum leap'이라고 한다.

양자역학과 가장 인연이 깊었던 사람은 비엔나의 물리학자 에르빈 슈뢰딩거였다. 그가 유도한 '슈뢰딩거 파동방정식Schrödinger wave equation'은 모든 입자들의 행동양식을 지배하는 방정식으로서, 지금도 물리학과 화학에서 가장 중요하게 취급되고 있다. 전 세계의 물리학과 대학원생들은 이 방정식과 씨름하면서 청춘을 보내고 있으며, 물리학과 도서관에는 슈뢰딩거 파동방정식의 해와 그 의미를 해설해놓은 책들이 빼곡하게 꽂혀 있다. 원리적으로는 화학도 슈뢰딩거의 방정식에 기초한 학문이라 할 수 있다.

1905년에 아인슈타인은 광전효과photoelectric effect와 관련된 논문을 통해 "지난 세월 동안 파동으로 간주되어왔던 빛이 입자적 성질을 보인다"고 주장한 바 있다. 빛을 '광자photon'라 불리는 에너지 덩어리로 간주하면 빛과 관련된 다양한 현상들을 깔끔하게 설명할 수 있다. 그런데 1920년에 슈뢰딩거는 그 반대도 성립한다는 확신을 갖게 되었다. 즉, 전자와 같은 입자들이 파동적 성질을 갖고 있다는 것이다. 이 사실을 처음 지적한 사람은 프랑스의 물리학자 루이 드 브로이Louis de Broglie였는데, 그는 이 간단한 아이디어 하나로 노벨상을 받았다(뉴욕대학의 대학원생들은 음극선관을 이용한 실험을 통해 이 사실을 실제로 확인하고 있다. TV 회로에서 흔히 볼 수 있는 음극선관 속에는 다량의 전자가 들어 있는데, 이들이 오직 입자적 성질만 갖고 있다면 작은 구멍을 통과한 후 TV 스크린에 도달했을 때 작은 반점이 찍힐 것이다. 그러나 실제로는 작은 동심원 모양의 흔적이 남는다. 전자가 파동적 성질을 갖고 있다는 것을 사실로 받아들이지 않으면 이와 같은 현상을 설명할 수 없다).

어느 날 슈뢰딩거는 물리학자들을 모아놓고 입자의 파동성을 설명하다가 동료 물리학자인 피터 디바이Peter Debye에게 다음과 같은 질문을 받았다. "전자가 정말로 파동성을 갖고 있다면, 그들은 어떤 파동방정식을 만족하는가?"

뉴턴이 미적분학 체계를 완성한 후로 물리학자들은 파동의 행동양식을 미분방정식으로 나타낼 수 있었다. 그래서 슈뢰딩거는 디바이의 질문을 받은 후로 전자의 파동성을 서술하는 파동방정식을 유도하기로 마음먹었다. 그달에 슈뢰딩거는 휴가를 떠났고, 학교로 되돌아왔을 무렵에는 그 유명한 파동방정식이 완성되어 있었다. 19세기 중반에 맥스웰이 패러데이의 역장 개념을 도입하여 빛의 행동양식을 서술하는 맥스웰방정식을 유도했던 것처럼, 슈뢰딩거는 드브로이의 물질파 개념에서 출발하여 전자의 파동성을 서술하는 슈뢰딩거 파동방정식을 유도해낸 것이다.

(과학역사학자들은 슈뢰딩거가 파동방정식을 발견하면서 겪었던 과정을 구체적으로 복원하기 위해 많은 노력을 기울여왔다. 다른 건 몰라도, 슈뢰딩거가 자유연애를 추구했던 것만은 분명하다. 그는 휴가여행을 갈 때마다 자신의 아내와 정부를 함께 데려가곤 했으며, 수많은 여인들과 얽힌 사연을 일기장에 자세히 적어놓기도 했다. 역사학자들은 그가 알프스의 빌라 헤르비히Villa Herwig에서 어떤 여인과 1주일 동안 휴가를 보내던 중 파동방정식을 발견한 것으로 믿고 있다.)

슈뢰딩거는 가장 간단한 원자인 수소원자에 자신의 방정식을 적용했다가 놀라운 사실을 발견했다. 이전의 물리학자들이 스펙트럼을 분석하여 알아낸 수소원자의 다양한 에너지준위가 자신의 파동방정식으로 완벽하게 재현된 것이다. 또한 그는 닐스 보어가 제안했던 원자모형이 틀렸다는 것도 알아냈다(보어의 모형에 의하면 전자는 원자핵의 주변을 빠른 속도로 공전하고 있다. 그러나 지금도 현대과학을 상징하는 심볼에는 종종 보어의 원자모형을 도식화한 그림이 사용되고 있다). 슈뢰딩거의 파동방정식에 따르면 전자는 원자핵을 에워싼 파동의 형태로 분포되어 있다.

슈뢰딩거의 발견은 전 세계 물리학계에 일대 충격을 던져주었다. 갑자기 물리학자들은 원자의 내부를 들여다볼 수 있게 되었고 전자의 궤도를 구성하는 파동을 분석할 수 있게 되었으며, 실험결과와 정확하게 일치하는 에너지준위를 이론적으로 계산할 수 있게 된 것이다.

그런데, 양자역학과 관련하여 지금까지도 풀리지 않은 수수께끼 하나가 있다. 전자가 파동으로 서술된다면, 대체 무엇이 파동 치며 나아간다는 말인가? 이 질문에 처음으로 답을 제시한 사람은 막스 본Max Born이었다. 그는 파동의 주체가 '확률probability'이라고 생각했다. 이 확률파동은 임의의 시간과 장소에서 특정 전자가 발견될 확률을 말해준다. 다시 말해서, 전자는 입자임이 분명하지만 그 전자가 발견될 확률은 슈뢰딩거의 파동으로 주어진다는 것이다. 특정 지점에서 파동 값이 크다는 것은 그 지점에서 전자가 발견될 확률이 높다는 뜻이다.

양자혁명이 물리학계를 강타한 후 '확률'의 개념이 물리학의 중앙 무대로 등장하게 되었다. 양자역학이 등장하기 전에 물리학자들은 입자와 행성, 혜성, 대포알 등 움직이는 물체의 궤적을 아무런 오차 없이 정확하게 예견할 수 있다고 믿었다.

자연계에 내재하는 불확정성은 하이젠베르크의 불확정성원리를 통해 확고한 진리로 자리잡게 된다.[4-3] 이 원리에 의하면 전자의 위치와 속도를 '동시에' 정확하게 측정할 수 없다. 또는 전자의 에너지를 주어진 시간 안에 정확하게 측정할 수 없다. 양자세계에서는 과거에 상식으로 통하던 기본법칙들이 전혀 맞지 않는다. 전자는 갑자기 사라졌다가 다른 장소에서 갑자기 나타날 수 있으며, 하나의 전자가 여러 장소에 동시에 존재할 수도 있다.

(그러나 1905년에 광전효과를 발표하여 양자역학의 원조로 등극했던 아인슈타인과 파동방정식을 유도하여 양자이론의 체계를 확립했던 슈뢰딩거는 기초물리학에 확률개념이 도입되는 것을 매우 싫어했다. 아인슈타인은 자신의 생각을 다음과 같이 표현했다. "양자역학이 훌륭한 이론임은 인정하지만, 궁극의 이론은 아니라는 느낌을 떨쳐버릴 수 없다. 그동안 양자역학이 내놓은 수많은 결과들이 실험과 일치하고는 있으나, 창조의 비밀을 밝히는 것과는 거리가 있다. 나는 조물주가 주사위 놀음 따위는 하지 않을 것으로 믿는다."[4-4])

　하이젠베르크의 이론은 가히 혁명적이었고 논쟁의 여지가 다분했지만, 어쨌거나 그의 원리가 적용되지 않는 경우는 없었다. 물리학자들은 불확정성원리 덕분에 화학법칙을 비롯한 수많은 수수께끼들을 일거에 해결할 수 있었다. 나는 박사과정을 밟고 있는 제자들이 양자역학의 기이한 성질을 직접 느끼도록 유도하기 위해, "원자가 갑자기 분해되었다가 벽 건너편에서 재조립되어 나타날 확률을 계산해보라"는 숙제를 내주곤 한다. 뉴턴의 고전역학에서는 이런 일이 절대로 일어날 수 없지만, 양자역학에서는 얼마든지 가능하다. 그런데 확률이 너무 낮아서 실제로 이런 광경을 목격하려면 우주의 나이만큼 기다려야 한다(우리 몸의 슈뢰딩거 파동을 컴퓨터로 계산해보면 몸의 특징을 거의 그대로 반영하면서 모든 방향으로 퍼져나가는 파동이 얻어지는데, 이들 중 일부는 멀리 떨어진 별까지 퍼져나가기도 한다. 따라서 밤에 집에서 잠들었다가 다음날 아침에 다른 별에서 깨어날 확률은 아주 작긴 하지만 0이 아니다!).

　전자가 동시에 여러 장소에 존재할 수 있다는 것은 화학의 기초원리이기도 하다. 다들 알다시피 전자는 태양계의 행성들처럼 원자핵 주변을 빠른 속도로 돌고 있다. 그러나 태양계 모형과 실제의 원자 사이에는 근본적인 차이가 있다. 우주공간에서 두 개의 태양계가 충돌한다면 모든 질서가 붕괴되면서 행성들은 머나먼 우주로 흩어질 것이다. 그러나 두 개의 원자가 충돌하면 안정적인 분자가 형성되면서 전자를 공유하게 된다. 고등학교 화학교과서에는 이 현상을 '문질러서 넓게 퍼진 전자'로 표현하곤 하는데, 이것은 두 개의 원자를 연결하는 축구공과 비슷하다.

그러나 화학교사들은 학생들에게 "공유된 전자는 결코 두 원자 사이에 퍼져 있지 않다"고 가르친다. 이 '축구공'은 넓게 퍼져 있는 것이 아니라, 한 원자와 이웃한 원자의 경계 부근에서 '동시에 여러 곳에' 존재하면서 결합상태를 유지해준다. 다시 말해서, 우리의 몸을 이루고 있는 분자들은 동시에 여러 곳에 존재하는 전자 덕분에 지금과 같은 형태를 유지하고 있는 것이다. 양자역학이 없다면 우리 몸은 당장 소립자단위로 분해되고 말 것이다.

양자역학의 세계에서는 제아무리 기이한 사건이라 해도 발생확률이 엄연히 존재한다. 이처럼 기이하면서도 심오한 양자이론은 더글러스 애덤스Douglas Adams의 유쾌한 소설 《은하수를 여행하는 히치하이커를 위한 안내서The Hitchhiker's Guide to the Galaxy》에 잘 표현되어 있다. 이 책에서 작가는 은하를 빠르게 여행하는 수단으로 '무한불가능비행Infinite Improbability Drive'이라는 것을 도입했다. 이것은 "초공간을 쓸데없이 돌아다니지 않고 별과 별 사이를 순식간에 이동하는 놀라운 장치"로서, 발생확률이 지극히 낮은 사건을 강제로 일어나도록 만든다는 양자역학적 개념에 기초하고 있다. 가까운 별로 이동하고 싶으면 "당신의 몸이 분해된 후 그 별에서 재조립될 확률"을 높이면 된다. 이 얼마나 간단명료하고 환상적인 아이디어인가! 이것이 바로 공간이동이다.

양자점프는 원자세계에서 수시로 일어나고 있지만, 이것을 인간의 몸과 같이 수조×수조 개의 원자로 이루어진 거시적 물체에 곧바로 적용할 수는 없다. 우리 몸속의 전자들도 점프하고 춤추면서 원자핵 주변을 어지럽게 돌고는 있으나, 개수가 너무 많아서 전체적으로 평균을 내면 양자적 효과가 거의 사라진다. 대충 말하자면 바로 이런 이유 때문에 거시적인 세계가 안정적으로 지속될 수 있는 것이다.

공간이동은 원자세계에서 일상적으로 일어나는 사건이지만 거시적 물체가 자연적으로 공간이동하는 광경을 목격하려면 우주의 나이만큼 오랜 세월을 기다려야 한다. 그렇다면 양자역학의 법칙을 이용하여 공상과학영화에 나오는 것처럼 덩치가 큰 물체를 원하는 시간에 원하는 장소로 공간이동시킬 수는 없을까? 놀랍게도 그 답은 "가능하다"로 판명되었다.

EPR 실험

양자공간이동의 핵심은 1935년에 아인슈타인과 그의 연구동료였던 보리스 포돌스키Boris Podolsky, 그리고 네이선 로젠Nathan Rosen이 발표했던 논문에 명시되어 있다. 이들은 물리학에 도입된 확률의 개념을 영원히 추방하기 위해 'EPR 실험'이라는 것을 도입했다(EPR 이라는 명칭은 이들의 이름 첫 자에서 따온 것이다. 아인슈타인은 양자역학이 커다란 성공을 거두었음에도 불구하고 "양자역학은 성공적일수록 더 바보 같아 보인다"고 혹평했다 [4-5]).

  두 개의 전자가 동일한 모드로 진동하면(이것을 '결맞음coherence'이라고 한다) 멀리 떨어져 있는 경우에도 파동적 동조상태를 유지할 수 있다. 두 전자가 몇 광년 거리를 두고 떨어져 있다 해도, 이들 사이를 탯줄처럼 연결해주는 슈뢰딩거 파동이 존재하는 것이다(물론 이 파동은 눈에 보이지 않는다). 이중 한쪽 전자에 무슨 일이 일어나면 정보의 일부가 '즉각적으로' 다른 전자에게 전달되는데, 이것을 '양자적 얽힘quantum entanglement'이라고 한다. 결맞는 진동을 하고 있는 입자들은 이와 같은 네트워크를 통해 서로 밀접하게 연결되어 있다.

  결맞음 상태에서 서로 반대방향으로 날아가고 있는 두 개의 전자를 상상해보자. 모든 전자는 회전하는 팽이처럼 자전하고 있는데, 이 특성은 스핀spin이라는 물리량으로 표현되며, 스핀의 방향은 '업up'과 '다운down'으로 구별할 수 있다. 두 전자의 총 스핀 값이 0이고 한 전자의 스핀이 업이라면, 다른 전자의 스핀은 자연히 다운으로 결정된다. 양자이론에 의하면 관측을 행하기 전에 전자의 스핀은 업이나 다운이 아니라, 업과 다운이 섞여 있는 희한한 상태에 놓여 있다(그러나 일단 관측이 행해지면 파동함수가 붕괴되면서 업과 다운 중 하나로 결정된다).

  이제 둘 중 한 전자의 스핀을 관측하여 '업'이 나왔다고 가정해보

자. 그러면 나머지 전자를 굳이 보지 않아도 스핀이 다운이라는 것을 즉각적으로 알 수 있다. 두 전자가 몇 광년이나 떨어져 있다 해도, 첫 번째 전자의 스핀이 밝혀지는 순간 두 번째 전자의 스핀은 즉각적으로 결정된다. 다시 말해서, 두 번째 전자의 스핀에 관한 정보가 '광속보다 빠른 속도로' 우리에게 전달된 셈이다! 이런 기적이 일어난 이유는 두 전자의 파동함수는 결맞는 상태에 있었기 때문이다. 즉, 이들은 양자적으로 얽힌 상태에 있었기 때문에 보이지 않는 탯줄을 통해 두 전자의 파동함수가 연결되어 있었던 것이다. 이런 경우 한쪽에 어떤 일이 일어나면 그 영향이 즉각적으로 다른 쪽에 전달된다(이 결과를 좀 더 과감하게 해석하면 우리에게 어떤 일이 일어날 때마다 그 영향이 우주의 변방에 즉각적으로 전달된다는 뜻이기도 하다. 우리의 몸을 서술하는 파동함수는 우주가 탄생할 때부터 양자적으로 얽혀 있을 가능성이 높기 때문이다. 파동함수의 얽힌 관계는 우리를 포함하여 우주전역에 거미줄 같은 네트워크를 형성하고 있을지도 모른다). 아인슈타인은 이것을 '원거리 유령작용spooky-action-at-distance'이라고 불렀다. 상대성이론에 의하면 우주 안에 존재하는 그 어떤 것도 빛보다 빠르게 전달될 수 없기 때문에, 그는 이 논리를 이용하여 양자역학이 틀린 이론이라고 주장했다.

아인슈타인의 EPR 실험은 양자역학에 치명타를 가하기 위해 고안된 것이었다. 그러나 1980년대에 프랑스의 물리학자 알랭 아스펙 Alain Aspect과 그의 동료들은 칼슘원자에서 방출된 광자의 스핀을 13m 간격으로 떨어져 있는 두 개의 감지기로 관측하여 양자이론이 옳다는 것을 확실하게 입증했다. 결국 신은 우주를 대상으로 주사위

게임을 벌이고 있었던 것이다.

　그렇다면 정말로 정보가 광속보다 빠르게 전달된 것일까? 빛의 속도를 우주라는 무대의 한계속도로 천명한 아인슈타인의 상대성 이론이 틀린 것일까? 그렇지는 않다. 정보가 빛보다 빠르게 전달되긴 했지만 그 정보라는 것이 무작위적이어서 아무짝에도 쓸모가 없다. EPR 실험으로 무언가를 빛보다 빠르게 보낼 수는 있지만, 실제 메시지나 모스부호 등 유용한 정보를 전달할 수는 없다.

　우주 반대편에 있는 전자의 스핀이 '다운'이라는 것은 완전히 무용한 정보이다. 이런 방법으로는 주가지수나 부동산 시세를 전달할 수 없다. 예를 들어 항상 한쪽 발에는 빨간색 양말을, 다른 쪽 발에는 푸른색 양말을 신는 독특한 취향의 친구가 있다고 가정해보자. 빨간색 양말을 어느 쪽 발에 신을지는 무작위로 결정된다. 만일 당신이 그 친구의 한쪽 신발을 벗겨서 양말이 빨간색임을 확인했다면, 다른 쪽을 굳이 확인하지 않아도 푸른색 양말임을 알 수 있다. 한쪽 양말이 빨간색임을 아는 순간, 다른 쪽 양말의 색상 정보가 당신에게 빛보다 빠르게 전달된 것이다. 이와 같이 정보가 빛보다 빠르게 전달될 수는 있으나, 아무짝에도 쓸모가 없다는 것이 문제이다. 이런 방법으로는 결코 유용한(무작위가 아닌) 정보를 전달할 수 없다.

　그동안 EPR 실험은 원래의 의도와 달리 양자이론이 옳았음을 입증하는 사례로 인용되어 왔으나, 따지고 보면 실질적인 결과가 전혀 없는 명목상의 승리에 불과했다.

양자적 공간이동

이 모든 상황은 1993년에 극적인 변화를 맞이하게 된다.[4-6] IBM 의 과학자 찰스 베넷Charles Bennett은 EPR 실험을 이용하여 원자규모에서 공간이동이 물리적으로 가능하다는 것을 입증했다(좀 더 정확하게 말하면, 입자에 내재되어 있는 모든 정보를 전송할 수 있음이 입증되었다). 그 후로 물리학자들은 광자를 비롯하여 세슘원자 하나를 통째로 공간이동시키는 데 성공했다. 앞으로 수십 년이 지나면 DNA 분자나 바이러스 등도 공간이동이 가능할 것으로 기대된다.

양자적 공간이동은 EPR 실험의 기이한 특성을 이용한 것이다. 이 환상적인 기술은 두 개의 원자 A와 C에서 출발한다. 우리의 목적은 원자 A에 내재된 정보를 원자 C에게 전송하는 것이다. 여기에 C와 양자적으로 얽혀 있는 또 하나의 전자 B가 있다고 가정해보자. 즉, B와 C는 결맞음 상태에 있다. 이제 원자 A와 B가 접촉하여 A의 정보가 B에게 전달되면 A와 B는 양자적으로 얽힌 관계가 된다. 그런데 B와 C는 처음부터 얽힌 관계였으므로, 위의 과정을 거치면서 원자 A의 정보가 자동으로 C에게 전달된다. 이로써 A와 C는 완전히 동일한 전자가 되었다. 다시 말해서 A가 C로 공간이동한 것이다.

이 과정에서 전자 A에 들어 있는 정보가 파괴되기 때문에, 일단 공간이동이 이루어지면 더 이상의 복사본은 존재하지 않는다(즉, A는 더 이상 A가 아니다). 이는 곧 사람을 공간이동시킬 때 원본에 해당하는 사람은 죽어야 한다는 뜻이다. 그러나 그의 몸에 담겨 있는 모든 정보가 다른 곳에 전송되었으므로, 반드시 죽었다고는 할 수 없다. 또 한 가지 중요한 것은 원자 A가 C로 직접 이동하지 않았다는 점이다. 원자 자체가 이동한 것이 아니라, 그 안에 담겨 있는 정보(스핀, 편광 등)가 이동한 것이다(물론 원자 A가 분해되었다가 C가 있는 곳에서 재조립된 것도 아니다. A에 담겨 있는 정보만이 C로 이동한 것이다).

공간이동이 실제로 가능하다는 소식이 알려진 후로 여러 연구팀이 이 분야에 뛰어들어 치열한 경쟁을 벌였는데, 1997년에 인스브루크대학의 연구팀이 최초로 자외선 광자를 양자적으로 공간이동시키는 데 성공했고, 그다음 해에 칼텍의 연구팀은 더욱 정교한 실험으로 광자를 공간이동시켰다.

2004년에 비엔나대학의 물리학자들은 다뉴브강 지하에 깔려 있는 광섬유 케이블을 통해 광자를 600m 떨어진 곳으로 이동시킴으로써 새로운 기록을 세웠다(케이블은 다뉴브강 바닥의 하수구 밑을 따라 총 800m 길이로 매설되어 있었으며, 전송 및 수신장치는 다뉴브강의 양쪽 가에 설치되었다).

이때까지는 공간이동의 대상이 광자에 국한되어 있었으므로, 실험 자체가 무의미하다고 주장하는 사람들도 있었다. 광자를 이동시키는 기술만으로는 실질적인 물체를 공간이동시킬 수 없기 때문이다. 그러나 2004년에 광자가 아닌 원자를 양자적으로 공간이동시키는 데 성공하여, 현실적인 공간이동에 한 걸음 더 다가서게 되었다. 워싱턴 D.C.에 있는 미국 표준기술연구소National Institute of Standard and Technology의 물리학자들은 세 개의 베릴륨원자Be를 양자적으로 얽힌 상태로 만든 후 한 원자의 물리적 특성을 다른 원자로 전송하는데 성공했다. 이들의 실험결과는 〈네이처Nature〉 지에 소개되어 세상을 놀라게 했고, 그 후 다른 연구팀이 동일한 방법으로 칼슘원자를 공간이동시키는 데 성공했다.

2006년에는 드디어 거시적인 물체의 공간이동이 현실세계에서 구현되었다. 코펜하겐에 있는 닐스 보어 연구소와 독일의 막스 플랑크 연구소의 물리학자들이 수조×조 개의 세슘원자로 이루어진 기체와 광자빔을 얽힌 상태로 만든 후 레이저 펄스에 담긴 정보를 약 45cm 떨어져 있는 세슘원자로 전송하는 데 성공했다. 이 연구에 참가했던 유진 폴치크Eugene Polzik는 "역사상 처음으로 빛(정보전달자)과 원자 사이의 양자적 공간이동에 성공했다"고 발표했다.[4-7]

양자적 얽힘이 없는 공간이동

그 후로 공간이동기술은 빠른 속도로 발전했다. 2007년에 일단의 물리학자들은 양자적 얽힘이 없는 공간이동법을 제안하여 사람들을 흥분시켰다. 양자적 공간이동에서 가장 구현하기 어려운 부분이 바로 '양자적으로 얽힌 상태를 만드는 것'이었는데, 이 문제가 일거에 해결됨으로써 공간이동의 새로운 장이 열린 것이다.

호주의 브리즈번에 있는 양자원자광학연구센터Australian Research Council Centre of Excellence for Quantum Atom Optics에서 공간이동의 선구자 역할을 하고 있는 물리학자 아스톤 브래들리Aston Bradley는 5,000개의 입자들을 양자적 얽힘 없이 공간이동시키는 기술을 개발하고 있다.[4-8]

브래들리는 자신의 기술이 공상과학소설에 나오는 공간이동에 거의 근접했다고 주장한다. 그는 동료들과 함께 루비듐Rb 원자빔을 생성하여 여기 담겨 있는 모든 정보를 광자빔으로 전환한 후, 광섬유 케이블을 통해 멀리 떨어진 곳으로 전송하여 원래의 것과 동일한 원자빔을 만들어내는 데 성공했다. 이들의 주장이 사실이라면 커다란 물체를 공간이동시키는 것도 결코 불가능한 일이 아니다.

브래들리는 자신이 고안한 공간이동을 기존의 양자적 공간이동과 구별하기 위해 '고전적 공간이동classical teleportation'이라고 불렀다(브래들리의 공간이동은 양자적 얽힘과 무관하지만 여전히 양자이론에 근거를 두고 있기 때문에, '고전적'이라는 명칭은 별로 적절치 않다).

브래들리의 공간이동은 우주에서 가장 차가운 물질인 '보즈-아인슈타인 응축물Bose-Einstein condensate, BEC'을 이용한 것이다. 자연에서 온도가 가장 낮은 곳은 우주공간으로서, 약 3K(영하 270℃) 정도이다(이것은 빅뱅이 일어났을 때 방출된 에너지의 잔해로서, 지금도 우주 전역을 가득 채우고 있다). 그러나 보즈-아인슈타인 응축물의 온도는 백만×십억 분의 1K에 불과하다. 이런 온도는 자연계에 존재하지 않고, 실험실에서 인공적으로 만드는 것만 가능하다.

어떤 물질의 온도를 절대온도 0K에 가깝게 낮추면 구성원자들이 바닥 상태(최저에너지 상태)로 떨어지고, 이들 모두가 동일한 모드로 진동하게 된다. 즉, 온도가 극히 낮아지면 원자들이 자연스럽게 결맞음 상태로 통일되는 것이다. 이런 상태에서는 모든 원자들의 파동함수가 하나로 겹쳐진다. 따라서 '보즈-아인슈타인 응축물'은 모든 원자들이 동일한 모드로 진동하는 '하나의 거대한 원자'로 볼 수도 있다. 이 신기한 물질은 1925년에 아인슈타인과 사티엔드라나드 보즈Satyendranath Bose에 의해 예견되었으나, 그로부터 70년이 지난 1995년에 와서야 MIT 공과대학의 실험실에서 처음으로 만들어졌다.

브래들리와 그의 연구동료들이 고안한 공간이동장치의 원리는 다음과 같다. 루비듐을 초저온으로 냉각시켜서 BEC 상태로 만든 후, 또 다른 루비듐으로 이루어진 물질빔을 BEC에 주사한다. 그러면 빔 속에 들어 있는 원자들이 최저에너지상태로 떨어지면서 여분의 에너지가 광펄스의 형태로 방출되고, 이것을 광섬유 케이블로 전송한다. 놀랍게도 이 광선빔은 원래의 물질빔을 서술하는 데 필요한 모든 정보(모든 원자의 위치와 속도)를 담고 있다. 이것이 다른 BEC를 때리면 광선빔이 다시 물질빔으로 전환되는 것이다.

이 새로운 공간이동법은 양자적 얽힘과 무관하지만 나름대로의 문제점을 안고 있다. 이 방법은 BEC의 특성에 크게 의존하고 있는데, 실험실에서 BEC를 만들기가 어렵다는 것이 가장 큰 문제이다. 게다가 BEC는 하나의 거대한 원자처럼 행동하기 때문에 매우 기이한 특성을 갖고 있다. BEC를 관측하면 (원리적으로는) 원자규모에서 나타나는 기이한 양자적 행동양식을 맨눈으로 볼 수 있다. 과거에 물리학자들은 이것이 불가능하다고 생각했다.

BEC를 이용하면 '원자레이저'를 만들 수 있다. 앞서 말한 대로 레이저는 결맞음 상태에서 진동하는 광자의 에너지를 증폭하는 장치이다. 그런데 BEC에서는 광자가 아닌 원자들이 동일한 진동을 하고 있으므로, 이로부터 원자들로 이루어진 결맞는 빔을 만들어낼 수 있다. 즉, 기존의 레이저를 대체하는 원자레이저나 물질레이저를 만들 수 있다는 뜻이다. 레이저의 상업적 응용분야는 무궁무진하므로, 원자레이저가 상용화된다면 그 파급효과는 상상을 초월할 것이다. 그러나 BEC는 절대온도 0K 근처의 극저온에서만 존재할 수 있기 때문에 당장 상용화되기는 어렵다.

그렇다면 사람을 공간이동시키는 기술은 언제쯤 실현될 수 있을까? 물리학자들은 수 년 내에 복잡한 분자를 공간이동시킬 수 있을 것으로 기대하고 있다. 앞으로 수십 년이 지나면 DNA 분자나 바이러스의 공간이동도 가능해질 것이다. 공상과학 영화에서처럼 사람을 공간이동시키는 것도 원리적으로는 얼마든지 가능하지만, 기술적인 문제를 극복하기가 쉽지 않다. 광자의 진동과 원자의 진동을 일치시키는 것만도 지금으로서는 최첨단의 기술에 속한다. 그러므로 사람과 같은 거시적 물체를 양자적 결맞음 상태로 만드는 것은 한동안 그림의 떡으로 남아 있을 가능성이 높다. 일상적인 물체를 마음대로 공간이동시키려면 적어도 수백 년은 기다려야 할 것이다.

양자컴퓨터

양자적 공간이동의 가능성은 궁극적으로 양자컴퓨터quantum computer의 개발과 밀접하게 연관되어 있다. 이 두 가지 기술은 동일한 원리에 기초를 두고 있기 때문에, 상호보완적으로 발전할 가능성이 높다. 앞으로 양자컴퓨터는 디지털 컴퓨터를 밀어내고 각 가정의 데스크탑으로 사용될 것이며, 세계경제도 양자컴퓨터에 크게 의존하게 될 것이다. 그래서 과학자들은 양자컴퓨터의 상업적 응용을 염두에 두고 연구에 박차를 가하고 있다. 이것이 실현된다면 실리콘밸리는 '러스트 벨트Rust Belt(버려진 산업지대)'로 변할지도 모른다.

일반적인 컴퓨터는 모든 계산을 0과 1로 이루어진 '비트bit' 단위로 수행하지만, 양자컴퓨터는 0과 1 사이의 숫자로 이루어진 '큐비트qubit'를 사용하기 때문에 계산능력이 훨씬 뛰어나다. 예를 들어 원자 하나가 자기장 속에 갇혀 있다고 상상해보자. 원자는 팽이처럼 회전하고 있으며, 따라서 스핀은 위나 아래를 향하고 있다. 상식적인 관점에서 볼 때, 이런 원자의 스핀은 '업' 또는 '다운' 중 하나라고 생각할 것이다. 스핀이 위와 아래쪽을 동시에 향하고 있는 상황은 상상하기 어렵다. 그러나 양자역학이라는 희한한 세계에서 원자의 스핀은 업과 다운의 합으로 표현된다. 팽이에 비유하자면 '동시에' 오른쪽과 왼쪽으로 돌고 있는 셈이다. 양자역학에서 모든 물체는 '모든 가능한 상태의 합'으로 표현된다(고양이와 같이 거시적인 생명체는 양자역학적으로 "살아 있는 고양이의 파동함수와 죽은 고양이의 파동함수의 합"으로 표현된다. 즉, 고양이는 살아 있지도 않고 죽지도 않았다. 이 문제는 13장에서 자세히 다룰 예정이다).

이제 스핀의 방향이 모두 동일한 원자들이 자기장 속에서 줄을 지어 서 있다고 가정해보자. 여기에 레이저빔을 쪼이면 원자가 빔을 튕겨내면서 일부 원자의 스핀이 바뀌게 된다. 입사된 레이저빔과 반사된 레이저빔 사이의 차이점을 관측하면 스핀의 변화를 비롯하여 여러 가지 양들을 양자적으로 계산할 수 있다.

양자컴퓨터는 아직 걸음마 단계에 불과하다. 지금까지 양자컴퓨터로 수행된 최고난이도의 계산이라는 것이 3×5=15인데, 이 정도 성능으로는 오늘날의 슈퍼컴퓨터를 대신할 수 없다. 양자적 공간이동과 양자컴퓨터는 다수의 원자들을 결맞음 상태로 유지해야 한다는 공통된 난제를 안고 있다. 이 문제가 해결된다면 두 분야는 비약적인 발전을 하게 될 것이다.

CIA를 비롯한 비밀스러운 조직들도 양자컴퓨터에 각별한 관심을 보이고 있다. 현재 전 세계적으로 사용되는 암호는 엄청나게 큰 수를 소수(prime number, 1과 자기 자신 외에는 약수가 없는 정수)의 곱으로 분해하는 능력에 기반을 두고 있다. 누군가가 100자리 소수 두 개를 곱하여 암호를 만들었다면 이 엄청난 수(200자리)를 분해하여 두 개의 소수를 찾아야 암호를 해독할 수 있는데, 이것은 초대형 슈퍼컴퓨터를 동원해도 100년은 족히 걸리는 작업이다. 따라서 지금의 기술로는 소수를 이용한 암호를 해독할 수 없다.

그러나 1994년에 벨연구소의 피터 쇼어Peter Shor는 큰 수의 소인수분해를 양자컴퓨터로 수행하면 어린애 장난처럼 간단하다는 것을 입증하여 학계의 관심을 끌었다. 원리적으로 양자컴퓨터는 전 세계의 암호코드를 간단히 분해할 수 있다. 이런 시스템을 최초로 구축한 나라는 다른 국가나 국제단체의 비밀을 고스란히 손에 넣게 될 것이다.

일부 과학자들은 미래의 세계경제가 전적으로 양자컴퓨터에 의존하게 될 것이라고 주장하고 있다. 2020년이 되면 반도체 실리콘에 기반을 둔 디지털 컴퓨터는 사용자의 요구에 더 이상 부응하지 못한다는 것이 이 분야 전문가들의 중론이다. 정보를 다루는 기술이 지금과 같은 속도로 발전한다면 미래에는 새로운 컴퓨터의 필요성이 강하게 대두될 것이다. 심지어는 양자컴퓨터를 이용하여 인간두뇌의 성능을 향상시키는 방법까지 연구되고 있다.

결맞음 상태를 만드는 문제만 해결되면 공간이동과 양자컴퓨터가 모두 가능해진다. 이것은 매우 중요한 문제이므로 뒤에서 좀 더 자세히 논할 예정이다.

앞서 지적한 바와 같이 결맞음 상태를 실험실에서 구현하기란 보통 어려운 일이 아니다. 아주 미세한 진동이 개입되기만 해도 두 원자의 결맞음 상태가 순식간에 붕괴되어 양자컴퓨터를 망가뜨릴 것이다. 지금의 기술로는 한 줌의 원자들을 결맞음 상태로 유지하기도 버겁다. 어렵게 결맞음 상태를 만들었다 해도, 이 상태는 1나노 초(십억 분의 1초), 또는 기껏해야 1초 이내에 붕괴된다. 따라서 공간이동은 원자들이 결어긋남 상태로 되돌아가기 전에 초고속으로 진행되어야 한다. 이것은 공간이동과 양자컴퓨터의 실현을 어렵게 만드는 또 하나의 걸림돌이다.

이 모든 어려움에도 불구하고 옥스퍼드대학의 다비드 도이치David Deutsch는 낙관적인 관점을 고수하고 있다. "최근 이루어진 이론적 발전에 약간의 행운이 더해진다면 양자컴퓨터는 50년 이내에 실현될 수 있다…. 그것은 자연을 이용하는 방식에 커다란 혁명을 불러올 것이다."[4-9]

사용 가능한 양자컴퓨터를 제작하려면 수백~수백만 개의 원자들이 동일한 모드로 진동하도록 만들어야 한다. 물론 지금의 기술로는 턱도 없는 이야기다. 〈스타트렉〉에서처럼 커크 선장을 공간이동시키는 것은 훨씬 더 어렵다. 나노기술과 컴퓨터가 제아무리 발전한다 해도 공간이동이 어떤 방식으로 구현될지, 지금으로서는 짐작하기가 쉽지 않다.

원자규모에서 공간이동이 이미 실현되었으므로, 수십 년 이내에 복잡한 생체분자까지 공간이동시킬 수 있을 것이다. 그러나 눈에 보이는 거시적인 물체의 공간이동은 (만일 가능하다 해도) 수백 년, 또는 그 이상 기다려야 할 것 같다. 복잡한 분자나 바이러스의 공간이동은 금세기 안에 이루어질 가능성이 높기 때문에 제1부류 불가능으로 분류할 수 있지만, 사람을 공간이동시키는 기술은 수백 년 이상 걸릴 것이므로 제2부류의 불가능으로 분류하는 것이 타당하다고 본다.

텔레파시 Telepathy

> 오늘 하루 동안 무언가 신기한 것을 발견하지 못했다면,
> 당신은 별 볼일 없는 하루를 보낸 것이다.
> —존 휠러 JOHN WHEELER
>
> 황당한 과제에 도전하는 자만이 불가능을 극복할 수 있다.
> —모리스 어서 M. C. ESCHER

반 보그트 A. E. van Vogt의 소설 《슬랜 Slan》은 텔레파시(정신감응)의 무한한 능력과 함께 그것이 얼마나 공포스러운 무기가 될 수 있는지를 잘 보여주고 있다.

이 소설의 주인공 저미 크로스 Jommy Cross는 "슬랜"이라 불리는 멸종해가는 초지성인의 일원으로, 텔레파시를 주고받는 능력을 갖고 있다.

그의 부모는 격노한 군중들의 손에 비참하게 죽었다. 사람들은 텔레파시를 발휘하는 초지성인들을 두려워한 나머지 그들에게 심한 반발심을 갖게 되었고, 결국에는 짐승을 사냥하듯이 닥치는 대로 슬랜족을 잡아죽이기 시작했다. 슬랜족은 머리 부위에 덩굴 같은 것이 자라기 때문에 외관만으로 쉽게 구별될 수 있었다. 일부 슬랜족은

자신을 멸종시키려는 인간들을 피해 외계로 달아날 계획을 세우고, 주인공 저미는 이들과 접촉을 시도한다.

옛부터 다른 사람의 마음을 읽는 것은 신의 능력으로 간주되어 왔다. 그래서 우리는 독심술이나 텔레파시라는 말이 나올 때마다 비상한 관심을 기울이곤 한다. 신이 갖고 있는 가장 신비한 능력 중 하나는 우리의 마음을 읽고 기도에 응답하는 것이다. 만일 타인의 마음을 꿰뚫어보는 사람이 있다면, 그는 월스트리트 증권거래인의 마음을 읽거나 경쟁자를 굴복시켜서 세계 최고의 막강한 실력을 가진 최고갑부로 군림하게 될 것이다. 뿐만 아니라 그는 정부의 일급기밀을 쉽게 알아낼 수도 있다. 이 정도면 일반 사람들에게 위협의 대상이 되고도 남는다.

아이작 아시모프의 《파운데이션Foundation》은 텔레파시를 소재로 한 장편소설로서, 역대 최고의 공상과학소설로 평가되곤 한다. 수천 년 동안 지속되어 왔던 은하제국이 멸망할 위기에 처했다. 과학자들로 구성된 비밀단체 '제2 파운데이션'은 복잡한 방정식을 풀던 끝에, 그들의 제국이 멸망하여 향후 3만 년 동안 암흑에 휩싸인다는 섬뜩한 사실을 알게 된다. 그래서 과학자들은 복잡한 방정식에 기초하여 제국의 암흑기를 수천 년으로 줄이는 정교한 계획을 세운다. 그러나 이 방정식은 중요한 하나의 사건을 놓치고 있었다. 멀리 있는 생명체의 마음을 읽고 제국의 운명을 좌지우지하게 될 돌연변이 '뮬Mule'의 탄생을 예견하지 못한 것이다. 돌연변이의 텔레파시능력을 저지하지 못하면 은하제국은 3천 년 동안 완전한 혼돈상태에 빠지게 된다.

대부분의 공상과학소설에서는 텔레파시를 환상적인 능력으로 묘사하고 있으나, 현실을 사는 우리는 그것을 사기꾼의 전유물쯤으로 생각한다. 생각이라는 것은 지극히 개인적인 산물이고 눈에 보이지도 않기 때문에, 옛날부터 사기꾼들은 순진한 사람들의 재물을 갈취하는 수단으로 이 능력을 사칭해왔다. 가장 흔한 수법은 마술사나 독심술사가 군중 속에 자신의 패거리를 슬쩍 끼워놓고 마치 그의 마음을 읽은 것처럼 연극을 하는 것이다.

유명한 마술사나 독심술사 중에는 '햇 트릭hat trick'이라는 기술로 명성을 얻은 사람들이 많이 있다.[5-1] 사람들에게 종이를 나눠주고 그 위에 어떤 메시지를 적게 한 후 각 장마다 봉투에 넣어서 모자에 담는다. 그리고 마술사는 모자에서 봉투를 하나씩 꺼내어 그 안에 적혀 있는 내용을 맞춰 나간다(종이는 봉투 안에 들어 있으므로 눈에 보이지 않는다). 이 정도면 청중들은 탄성을 지를 수밖에 없다. 그러나 이것은 누구나 할 수 있는 간단한 속임수에 불과하다(궁금한 독자들은 [후주 5-1]을 읽어보기 바란다).

1890년대에 유럽인들은 클레버 한스Clever Hans라는 말 한 마리에게 열광한 적이 있다. 이 말은 복잡한 숫자계산을 척척 수행하여 청중들을 놀라게 했는데, 예를 들어 "48 나누기 6은 얼마냐?"고 물으면 머리를 8번 흔드는 식이었다. 클레버 한스는 곱셈과 나눗셈은 물론이고 분수계산과 단어 철자, 심지어는 음계까지 척척 알아맞히면서 세계적인 스타로 떠올랐다. 한스의 팬들은 그가 사람보다 똑똑하거나 사람의 마음을 읽는 능력이 있다고 굳게 믿었다.

클레버 한스의 행동에는 어떤 속임수도 없는 것처럼 보였다. 한스는 사람들이 보는 앞에서 환상적인 계산능력을 발휘하여 종종 그의 조련사를 바보로 만들곤 했다. 당시 저명한 심리학자였던 스트럼프 C. Strumpf 교수가 1904년에 한스의 행동을 분석했으나 어떠한 속임수도 발견하지 못했고, 이 일로 인해 한스의 명성은 더욱 높아졌다. 그로부터 3년 후, 스트럼프 교수의 제자인 오스카 풍스트Oskar Pfungst가 더욱 엄밀한 테스트를 거치는 과정에서 드디어 한스의 비밀이 밝혀졌다. 그 말은 조련사의 얼굴표정에서 미세한 변화를 읽어내는 능력이 있었던 것이다. 즉, 질문이 제시되고 지시가 떨어지면 머리를 위아래로 흔들기 시작하다가, 조련사의 표정이 미세하게 변하면 곧바로 동작을 멈추는 식이었다. 결국 클레버 한스는 사람의 마음을 읽거나 수학에 능통한 말이 아니라, 사람의 표정을 빨리 읽어내는 눈치 빠른 말에 불과했다.

역사에는 한스 이외에도 초능력을 가진 동물의 기록이 남아 있다. 1591년경에는 모로코Morocco라는 말이 영국에서 유명세를 떨쳤는데, 객석에서 무작위로 뽑힌 사람이 선택한 단어의 철자를 맞추고 주사위 두 개를 던져서 나온 수의 합을 알아맞히는 등 신기한 능력을 발휘하여 주인에게 커다란 부를 안겨주었다. 모로코가 얼마나 유명했는지, 당대의 문호였던 셰익스피어는 《사랑의 헛수고Love's Labour Lost》라는 희극에서 모로코를 '춤추는 말'로 등장시키기도 했다.

극히 제한적이긴 하지만, 사람의 마음을 읽는 능력은 도박판에서도 필요하다.[5-2] 사람들은 좋은 패가 뜨면 반사적으로 안구의 동공이 확장되고, 나쁜 패가 뜨면(또는 수학계산을 할 때) 동공이 수축된다.

그래서 전문 도박사들은 상대방의 포커페이스에서 동공의 크기를 감지하여 상황을 판단한다. 도박사들은 색안경을 자주 쓰는 경향이 있는데, 사실 이것은 동공의 변화를 가리기 위한 수단이다. 사람의 눈동자에 레이저를 반사시키면 그가 어디를 보고 있는지 판단할 수 있다. 그리고 반사된 레이저 도트의 움직임을 분석하면 사람이 그림이나 풍경을 어떤 식으로 훑어보는지 알 수 있다. 이 두 가지 기술을 결합하면 누군가가 그림을 감상할 때 어떤 감정의 변화가 일어나는지 당사자도 모르게 파악할 수 있다.

심령현상 연구

텔레파시를 비롯한 초자연적 현상을 과학적인 관점에서 다루기 시작한 것은 1800년대 말엽의 일이었다. 특히 1882년에 런던에서 발족한 심령연구학회Society for Psychical Research가 이 분야의 선구자로 알려져 있다〔'텔레파시telepathy'라는 용어를 처음 사용한 사람은 이 학회의 회원이었던 마이어스F. W. Myers였다〕.[5-3] 이 학회의 회장을 거쳐간 사람들 명단에는 당대의 저명인사들이 꽤 많이 포함되어 있다. 심령연구학회는 지금도 초능력자를 자처하는 사기꾼을 적발하는 등 꾸준히 활동을 하고 있는데, 회원들은 종종 초자연적인 현상을 믿는 쪽과 과학적인 관점을 고수하는 쪽으로 양분되곤 했다.
이 학회의 회원이었던 조세프 뱅크스 라인 박사Dr. Joseph Banks Rhine는 1927년에 미국 노스캐롤라이나주의 듀크대학에 라인연구소[지금은 '라인 연구센터Rhine Research Center'라는 이름으로 운영되고 있다]를 설립했다.⁵⁻⁴ 그 후로 수십 년 동안 라인과 그의 아내 루이자Louisa는 다양한 심령현상을 과학적인 실험으로 재현하여 그 결과를 책으로 출판했다. 우리에게 익숙한 '초능력Extrasensory Perception, ESP'이라는 단어도 라인이 출판한 첫 번째 책에서 처음으로 사용되었다.

라인연구소는 이 분야에 종사하는 사람들에게 심령연구의 표준을 제시했다. 라인의 동료였던 칼 젠더 박사Dr. Karl Zender는 염력을 분석하기 위해 현재 '젠더카드'로 알려져 있는 다섯 장의 기호 카드를 처음으로 개발하기도 했다. 당시 수행된 대부분의 실험은 텔레파시의 확실한 증거를 제시하지 못했으나, 개중에는 단순한 우연으로 치부하기 어려운 데이터도 있었다. 문제는 동일한 데이터를 다른 사람이 실험으로 재현할 수 없다는 점이었다.

라인은 자신이 엄밀한 과학자로 알려지기를 원했지만, 그의 명성은 '레이디 원더Lady Wonder'라는 말 한 마리 때문에 심각한 손상을 입게 된다. 이 말은 장난감 알파벳 블록을 두드려서 사람들이 생각한 단어를 알아맞히는 신기한 능력을 갖고 있었다. 그리고 라인은 예전에 클레버 한스와 관련된 사기행각에 대해 전혀 모르고 있었음이 분명하다. 1927년 라인은 레이디 원더를 직접 테스트한 후 다음과 같은 결론을 내렸다. "구체적인 원인은 알 수 없지만, 한 생명체의 감정이 아무런 매개체의 도움 없이 다른 생명체에게 전달된다는 결론을 내릴 수밖에 없다. 다른 어떤 가설도 우리가 얻은 결과를 설명할 수 없다."⁵⁻⁵ 그러나 얼마 후 밀본 크리스토퍼Milbourne Christopher가 레이디 원더의 비밀을 밝혀냈다. 이번에도 주인이 말에게 미묘한 신호를 보내서 발굽의 움직임을 조종했던 것이다. 이로써 레이디 원더도 클레버 한스의 아류로 판명되었다(레이디 원더의 비밀이 밝혀진 후에도 라인은 자신의 주장을 굽히지 않았고, 그 덕분에 말의 주인은 한동안 사기행각을 계속할 수 있었다).

라인은 은퇴를 앞두고 학자로서의 명성에 또 한 번 치명타를 입게 된다. 그는 자신의 직위와 연구를 물려줄 만한 후계자를 찾고 있었는데, 1973년에 고용했던 월터 레비 박사Dr. Walter Levy가 가장 강력한 후보로 떠올랐다. 레비는 "쥐들이 텔레파시를 발휘하면 컴퓨터가 만들어내는 난수의 분포에 영향을 줄 수 있다"는 연구결과를 발표하여 이 분야의 스타로 부상하고 있었다. 그러나 이 결과에 의심을 품은 동료 연구원들은 레비의 행동거지를 감시하기 시작했고, 어느 날 밤 레비가 연구실로 몰래 들어와 실험데이터를 조작하는 현장을 목격했다. 이 사건을 계기로 레비는 불명예스럽게 연구소를 떠나야 했으며, 그가 주장하던 쥐의 텔레파시는 후속실험을 통해 아무런 근거가 없는 것으로 밝혀졌다.[5-6]

텔레파시와 스타게이트

초자연적 현상에 대한 관심은 냉전시대를 겪으면서 큰 변화를 겪게 된다. 이 시기에 미국정부는 텔레파시와 마인드컨트롤, 그리고 원거리 투시안(다른 사람의 마음을 읽어서 멀리 있는 장소의 풍경을 떠올리는 능력) 등 다양한 초능력 실험을 비밀리에 지원했는데, CIA가 주도 했던 비밀실험의 암호명이 바로 '스타게이트Star Gate'였다. 1970년 대에 소련연방이 연간 6천만 루블을 들여 향정신성 무기를 연구하고 있다는 첩보가 미국 측에 입수되었는데, 여기에는 ESP를 이용하여 미국의 잠수함 등 군사시설의 위치를 파악하거나 스파이를 적발하고 비밀문서까지 읽어낸다는 정보도 들어 있었다. 이 놀라운 소식을 접한 CIA는 곧바로 초능력을 개발하는 실험에 착수했다.

1972년에 시작된 CIA의 비밀연구를 진두지휘한 사람은 멘로파크 Menlo Park의 스탠퍼드연구소Stanford Research Institute, SRI에서 근무했던 러셀 탁Russell Targ과 해럴드 푸도프Harold Puthoff였다. 처음에 이들은 '염력전쟁psychic warfare'에 투입할 요원을 훈련시키는데 주력했다. 미국 정부는 그 후 20여 년 동안 스타게이트에 2천만 달러를 투자하여 40여 명의 요원과 23명의 원거리 투시안 기능자, 그리고 3명의 초능력자를 양성했다.

1995까지 CIA는 연간 50만 달러의 예산을 투입하여 초능력자들을 훈련시켰는데, 이들의 임무는 다음과 같은 정보를 알아내는 것이었다.

· 1986년 리비아를 폭격하기 전 가다피Gadhafi의 은신처 파악
· 1994년 북한이 비축해놓은 플루토늄 적발
· 1981년 이탈리아에서 붉은 여단에게 납치된 인질들의 소재 파악
· 아프리카에 추락한 소련 폭격기 Tu-95의 위치 파악

1995년에 CIA는 미국연구소America Institute of Research, AIR에 스타게이트의 평가를 의뢰했고, 연구소 측은 프로젝트를 종료할 것을 권고했다. 당시 AIR의 데이비드 고슬린David Goslin은 보고서에서 "지적인(Intelligence, CIA의 가운데 글자: 옮긴이) 집단에 어울리는 과학적 정보를 전혀 찾아볼 수 없었다"며 스타게이트를 비난했다.

스타게이트에 참여했던 사람들은 지난 여러 해 동안 자신들이 '마티니-8잔 건수(eight-martini, 결과가 너무나 충격적이어서 밖에 나가 마티니 8잔을 마셔야 마음이 진정된다는 뜻의 속어)'를 여러 번 이루어냈다며 자랑스러워했다. 그러나 비판론자들은 그 결과라는 것이 대부분 쓸모없는 정보이고 천리안으로 봤다는 광경은 정황서술이 너무 모호하고 일반적이어서 어떤 상황에도 적용될 수 있으므로, 결국 스타게이트는 세금낭비에 불과하다고 주장했다. AIR 측은 최종보고서에서 "천리안 프로젝트의 성공사례들은 해당요원이 교육을 받으면서 은연중에 사전지식을 습득한 결과"라고 결론지었다.

결국 CIA는 스타게이트가 정규요원의 활동에 실질적으로 도움이 될 만한 정보를 전혀 제공하지 못했다는 AIR의 권고를 수용하여, 초능력과 관련된 모든 프로젝트를 완전히 종료했다(그러나 걸프전에서 사담 후세인의 은신처를 파악하기 위해 CIA가 천리안 요원을 동원했다가 실패했다는 등 지금도 후속 소문이 나돌고 있다).

두뇌스캔

초자연적 관점에서 본 두뇌의 기능도 오랜 세월 동안 과학자의 관심을 끌어왔다. 19세기 과학자들은 두뇌 속에서 모종의 전기신호가 전달된다고 생각했다. 1875년에 리처드 카튼Richard Carton은 사람의 두피에 전극을 연결하여 두뇌에서 방출된 미세한 전기신호를 최초로 포착했고, 이것은 훗날 뇌파측정기Electroencephalograph, EEG로 발전했다.

인간의 사고가 일련의 전기신호를 통해 진행된다는 것은 원리적으로 맞는 말이다. 그러나 이 신호로부터 생각을 읽어내는 데에는 몇 가지 문제가 있다. 신호의 강도가 밀리와트(천 분의 1와트) 수준으로 매우 미약할 뿐만 아니라, 내용이 너무 불규칙하여 무작위로 발생하는 잡음과 크게 다르지 않다. 게다가 우리의 두뇌는 다른 사람의 두뇌로부터 유사한 전기신호를 수신할 수 없다. 자체적으로 만들어진 전기신호를 분석하는 기능은 있지만, 외부의 신호를 수신하는 안테나가 없는 것이다. 그리고 외부의 신호를 성공적으로 수신한다 해도 필요한 정보를 추려낼 수 없다. 뉴턴과 맥스웰의 물리학에 의거하여 생각해볼 때, 전파를 이용한 텔레파시는 별로 가능성이 없을 것 같다.

어떤 사람들은 '프사이psi'라고 불리는 제5의 힘이 텔레파시를 매개한다고 주장한다. 그러나 지금까지 어느 누구도 프사이 힘의 존재를 증명하거나 재현하지 못했다.

이쯤에서 한 가지 의문에 떠오른다. "텔레파시를 양자이론으로 설명할 수는 없을까?"

지난 10년 사이에 역사상 처음으로 인간의 생각하는 두뇌를 들여다볼 수 있는 양자역학적 장비들이 개발되었는데, 대표적인 사례로 PET(양전자방사 단층촬영기, positron-emission tomography)와 MRI(자기공명영상, Magnetic resonance Imaging)를 꼽을 수 있다. PET 스캔은 방사능을 띤 당분을 혈액 속에 주입하는 것으로 시작된다. 두뇌에는 사고과정(이 과정에는 에너지가 필요하다)에 의해 활성화되는 부분이 있는데, 혈액을 타고 흐르던 당분이 이 부분에 집중되면 양전자(전자의 반입자, positron)를 방출하고, 이 입자가 감지기에 도달하면서 관련정보를 알려준다. 그러므로 살아 있는 두뇌에서 방출된 양전자의 분포 패턴을 분석하면 사고의 패턴을 추적할 수 있으며, 특정 사고에 두뇌의 어떤 부분이 관여하는지도 알아낼 수 있다.

MRI는 PET와 거의 비슷한 원리로 작동하지만 좀 더 정확한 데이터를 얻을 수 있다. 환자의 머리 부분을 거대한 도넛 모양의 자기장 속에 밀어넣으면 두뇌를 구성하고 있는 원자핵들이 자기장과 나란한 방향으로 정렬하게 된다. 이때 라디오파 펄스를 환자의 머리에 방출하면 원자핵의 정렬방향이 바뀌면서 라디오파의 '메아리'가 생성되고, 이 신호를 감지하면 두뇌에 어떤 특별한 물질이 있는지 알아낼 수 있다. 예를 들어 두뇌의 활동은 산소의 소비와 밀접하게 연관되어 있으므로, MRI의 기능을 산소를 머금은 혈액에 집중시키면 두뇌의 사고과정을 추적할 수 있다. 혈액이 집중된 곳일수록 그 부분의 활동이 왕성하다는 뜻이다[최근에 개발된 기능성 MRI(functional MRI)는 몇 분의 일 초 사이에 두뇌의 수mm 영역을 집중적으로 스캔할 수 있어서, 살아 있는 두뇌의 사고패턴을 분석하는 이상적인 장비로 평가받고 있다].

MRI 거짓말탐지기

앞으로 MRI를 잘 활용하면 살아 있는 두뇌에서 진행되는 사고를 해독할 수 있을지도 모른다. '마음 읽기'의 가장 간단한 사례가 바로 거짓말탐지기이다.

전해지는 바에 의하면, 수백 년 전에 인도의 한 사제가 역사상 최초로 거짓말탐지기를 사용했다고 한다. 그는 의심이 가는 용의자를 '마술 당나귀'와 함께 밀폐된 방에 가둬놓고 용의자에게 당나귀의 꼬리를 잡아당기라고 명령했다. 그리고 당나귀가 무슨 소리를 내면 용의자는 거짓말을 한 것이고, 당나귀가 조용히 있으면 사실을 말한 것으로 간주한다는 친절한 설명도 곁들였다(그러나 마을의 원로들이 용의자 모르게 당나귀의 꼬리에 미리 검댕을 칠해놓았다).

잠시 후 용의자가 밖으로 나오면 대부분의 경우에 당나귀가 울지 않았으므로 자신의 증언이 사실이라고 우긴다. 그러나 용의자의 손에 검댕이 묻어 있지 않으면 그는 거짓말을 하고 있는 것이다(용의자에게 "거짓말탐지기를 사용하면 다 밝혀진다"고 겁을 주는 것이 실제 거짓말탐지기보다 더 효과적인 경우도 있다).

현대식 '마술 당나귀'의 아이디어를 처음 제안한 사람은 심리학자 윌리엄 마스튼William Marston이었다. 그는 1913년에 "사람이 거짓말을 하면 순간적으로 혈압이 높아진다"는 사실을 알아냈고(고대 그리스인들도 혈압과 거짓말의 관계를 알고 있었다. 당시 범죄자를 심문할 때 손목을 잡고 질문을 했다는 기록이 남아 있다), 미국 국방성은 이 아이디어를 수용하여 거짓말탐지 연구소Polygraph Institute를 설립했다.

그러나 얼마 가지 않아 "자신의 범죄를 전혀 뉘우치지 않는 반사회적 인물에게는 거짓말탐지기도 소용없다"는 사실이 밝혀졌다. 가장 대표적인 경우가 구 소련으로부터 거액의 공작금을 받고 CIA 요원의 명단과 국가기밀을 누출시킨 이중간첩 앨드리히 에임스Aldrich Ames 사건이었다. 그는 수십 년 동안 CIA의 거짓말탐지기 테스트를 받았으나 아무런 반응도 보이지 않았다. 그린리버 킬러Green River Killer로 알려진 희대의 연쇄살인범 게리 리그웨이Gary Ridgway도 마찬가지였다. 그는 50명이 넘는 여인들을 살해한 것으로 의심받았지만 거짓말탐지기로는 아무것도 밝혀내지 못했다.

2003년에 미국 과학아카데미U.S. National Academy of Science는 그동안 무고한 사람이 누명을 쓴 사례를 비롯하여 거짓말탐지기의 폐해를 일일이 지적하면서 무용론을 주장했다.

지금까지의 사례를 보면 거짓말탐지기로는 "피의자의 심리상태가 불안하다"는 사실밖에 알 수 없는 것 같다. 그렇다면 두뇌를 직접 스캔하는 것은 어떨까? 사람의 두뇌를 직접 들여다보면서 거짓말을 탐지한다는 아이디어를 처음으로 제안한 사람은 미국 노스웨스턴대학의 피터 로젠펠드Peter Rosenfeld였다. 그는 여러 사람을 대상으로 EEG 스캔을 수행한 끝에 거짓말을 하는 사람의 P300-뇌파 패턴이 사실을 말하는 사람과 다르게 나타난다는 사실을 발견했다

(P300-뇌파는 정상에서 벗어난 신기한 것을 봤을 때 주로 발생한다).

MRI 스캔을 이용한 거짓말탐지기를 발명한 사람은 펜실베니아대학의 다니엘 랭글벤Daniel Langleben이다. 그는 1999년에 발표한 논문에서 "집중력이 부족한 아이들이 거짓말에 서툴다는 기존의 속설은 완전히 잘못된 것이다. 이런 아이들은 진실을 감추는 능력이 정상인보다 다소 떨어질 뿐이다"라고 주장했다. 랭글벤은 사람이 거짓말을 할 때 먼저 진실을 말하는 두뇌기능을 차단한 후 가상의 이야기를 만들어내는 것으로 추정했다. "구체적인 거짓말을 할 때에는 자신이 그것을 사실로 믿어야 한다. 따라서 거짓말은 상당한 양의 두뇌노동을 필요로 한다"는 것이 그의 지론이다. 간단히 말해서, 거짓말은 '결코 만만치 않은 생산활동'이라는 것이다.

랭글벤은 학생들을 대상으로 거짓말 실험을 여러 번 실행하면서 거짓말을 할 때 전두엽(고도의 사고가 진행되는 부분)과 측두엽, 대뇌변연계(limbic system, 감정을 일으키는 부분) 등을 비롯한 두뇌의 특정부분이 눈에 띄게 활성화된다는 사실을 알아냈는데, 특히 뇌대상회(cingulate gyrus, 모순을 해결하거나 반응을 억제하는 부분)의 활동이 가장 활발한 것으로 나타났다.[5-7]

랭글벤은 학생들에게 카드를 나눠주고 카드의 숫자를 말하게 하는 식으로 실험을 거듭하여 자신이 개발한 거짓말 탐지법이 99%의 성공률을 보였다고 주장했다. 그리고 그의 기술에 관심을 보인 투자자들이 두 개의 벤처회사를 설립하고 공공기관에 서비스를 제공하겠다고 나섰다. 그중 한 회사인 노라이No Lie MRI사는 보험회사를 상대로 소송을 제기한 어떤 의뢰인에게 새로운 거짓말탐지기를 처음으로 사용했다. 그는 자신이 운영하는 작업장에 화재가 발생하여 보험금을 청구했는데, 보험회사 측에서는 그가 일부러 불을 질렀다며 보험금을 지급하지 않았다(fMRI 스캔을 실시한 결과, 그는 방화범이 아닌 것으로 판명되었다).

랭글벤을 지지하는 사람들은 "그 누구도 뇌파를 의도적으로 조절할 수 없다"면서 그의 기술이 구식 거짓말탐지기를 훨씬 능가한다고 주장했다. 훈련을 거치면 심박수나 땀의 분출을 어느 정도 통제할 수 있지만, 뇌파의 패턴을 조절하는 것은 사실상 불가능하다. 지지자들은 새 기술을 도입하면 끔찍한 테러행위로부터 수많은 인명을 구할 수 있다는 점을 강조했다.

한편 비판론자들은 실험에서 보여준 높은 적중률을 인정하면서도 "fMRI는 거짓말을 직접 탐지하는 것이 아니라, 거짓말을 할 때 나타나는 두뇌의 활동을 감지할 뿐"이라며 회의적인 반응을 보였다. 예를 들어 어떤 사람이 몹시 불안한 마음상태에서 진실을 말한다면 fMRI는 거짓말 반응을 보일 것이다. fMRI는 불안한 심리상태를 감지하는 장치이므로 이런 부작용을 막기는 어렵다.

그런가 하면 일부 평론가들은 텔레파시와 같은 '진정한' 거짓말탐지기가 발명되면 사회 전체가 불편해질 것이라며 fMRI에 거부반응을 보였다.[5-8] 사실 적당한 거짓말은 사회의 윤활유 같은 역할을 하기 때문에, 모든 거짓말이 사라지면 삭막한 세상이 될 것 같기도 하다. 예를 들어 나의 직장상사나 선배, 배우자, 연인 등에게 쏟아부었던 온갖 찬사들이 거짓말로 들통난다면 나의 평판은 하루아침에 나락으로 떨어질 것이다. 적중률 100%짜리 거짓말탐지기가 상용화된다면 가족간의 비밀이나 숨겨진 감정, 억압된 욕망, 비밀스러운 계획 등 차라리 모르는 게 편했을 온갖 정보들이 만천하에 드러나게 된다. 과학평론가 데이비드 존스David Jones는 다음과 같이 평가했다. "거짓말탐지기는 원자폭탄처럼 최후의 수단으로 사용되어야 한다. 법정 바깥의 세상에 이 장치가 보급되면 정상적인 사회생활이 불가능해질 것이다."

만능번역기

일부 사람들은 생각하는 두뇌의 사진을 아무리 열심히 찍는다고 해도, 형상이 너무 거칠어서 구체적인 생각을 알아낼 수 없다고 주장한다. 가장 단순한 생각을 할 때에도 수백만 개의 뉴런이 동시에 활성화되는데, 이 광경을 fMRI로 찍어 봐야 미세한 덩어리로밖에 보이지 않는다는 것이다. 한 심리학자는 두뇌스캔을 시끄러운 축구 경기장에서 옆에 앉은 사람의 이야기를 듣는 행동에 비유했다. 옆 사람의 목소리는 수천 명의 함성에 묻혀 거의 들리지 않는다. 인간의 두뇌에서 fMRI로 분석이 가능한 가장 작은 단위를 '복셀voxel'이라고 한다. 그런데 하나의 복셀은 수백만 개의 뉴런으로 이루어져 있기 때문에, fMRI와 같이 '둔한' 장비로는 개개의 생각을 분리해 내기 어렵다.

공상과학소설에는 빔을 통해 한 사람의 생각을 다른 사람에게 전달하는 '만능번역기universal translator'라는 것이 등장한다. 심지어는 이 장치를 이용하여 지구인의 언어를 전혀 알아듣지 못하는 외계인과 대화를 나누는 장면도 있다. 1976년에 개봉된 공상과학영화 〈퓨처월드Future World〉에서는 여주인공의 꿈이 TV 스크린에 투영되고, 2004년에 개봉된 영화 〈이터널 선샤인Eternal Sunshine of the Spotless Mind〉에서는 주인공 짐 캐리가 의사를 찾아가 머릿속에서 괴로운 기억을 골라내어 삭제하는 시술을 받는다.

독일 라이프치히에 있는 막스 플랑크 연구소의 신경과학자 존 하인스John Haynes는 이렇게 말했다. "그런 종류의 환상은 누구나 갖고 있다. 하지만 내가 장담하건대, 그런 장치를 개발하려면 두뇌의 신호를 뉴런 하나 단위로 구별할 수 있어야 한다."[5-9]

지금의 기술로는 하나의 뉴런을 통해 전달되는 신호를 도저히 잡아낼 수 없기 때문에, 일부 심리학자들은 차선책을 강구하고 있다. 즉, 피험자에게 특정한 물체를 보여주거나 소리를 들려주면서 fMRI 촬영을 실시한 후 잡음을 최대한 걸러내는 것이다. 예를 들어 여러 가지 단어에 대한 반응을 fMRI로 일일이 기록하면 '생각의 사전'을 만들 수 있다.

카네기-멜론대학의 마르셀 저스트Marcel A. Just는 피험자들에게 여러 종류의 공구를 보여주면서 fMRI를 촬영하여 데이터베이스를 구축한 후, 이로부터 피험자가 어떤 공구를 생각하고 있는지 알아내는 실험을 했다. 그는 이 방법으로 피험자가 12가지의 공구들 중에서 어떤 것을 생각하고 있는지, 80~90%의 정확도로 맞출 수 있다고 주장했다.

그의 연구동료이자 컴퓨터과학자인 톰 미첼Tom Mitchell은 컴퓨터로 신경망neural network을 구축하여 특정 실험에서 얻은 두뇌 fMRI 영상의 패턴을 분석한 바 있다. 그의 목적은 두뇌활동을 가장 두드러지게 촉진시키는 특정 단어들을 찾아내는 것이다.

그러나 생각의 사전을 만든다고 해도, 만능번역기와는 아직 거리가 멀다. 만능번역기는 한 사람의 생각을 빔의 형태로 다른 사람에게 직접 전달하지만, fMRI를 이용한 마음번역기는 작동과정이 아주 복잡하다. (1)우선 fMRI 패턴을 인식한 후 (2)그 결과를 영어(또는 다른 언어)로 번역하고 (3)다시 음성으로 변환하여 상대방에게 들려주어야 한다. 이 정도만 해도 대단한 업적이지만, 〈스타트렉에 나오는 '정신일체mind meld'를 구현하기에는 턱도 없이 부족하다.

휴대용 MRI 스캐너

텔레파시를 구현하는 데 장애가 되는 또 하나의 걸림돌은 fMRI의 크기이다. 이 장비는 가격이 수백만 달러에 달하고, 방 하나를 가득 채울 만큼 어마어마한 크기에 무게도 수 톤이나 나간다. MRI의 핵심부품은 반지름이 수 피트에 달하는 도넛 모양의 자석으로, 수 테슬라의 자기장을 만들어낸다(이 정도면 엄청나게 센 자기장이다. 실제로 작업장에서 누군가가 fMRI의 전원을 실수로 켜는 바람에 망치를 비롯한 공구들이 공중으로 날아가 인부 몇 명이 크게 다친 적도 있다).

최근 들어 프린스턴대학의 물리학자 이고르 사부코프Igor Savukov와 마이클 로말리스Michael Romalis는 휴대용 MRI를 가능케 하는 새로운 기술을 제안했다. 만일 이 연구가 성공한다면 fMRI의 가격은 수백 분의 1로 낮아질 것이다. 이들은 "거대한 MRI용 자석을 초감도 원자자석으로 대치하면 아주 약한 자기장도 감지할 수 있고 크기도 줄일 수 있다"고 주장했다.

사부코프와 로말리스는 헬륨가스 속에 주입된 칼륨 증기를 이용하여 자기감지기magnetic sensor를 만들었다. 우선 레이저를 이용하여 칼륨원자에 포함된 전자의 스핀을 한 방향으로 정렬시킨다. 그리고 (사람의 몸에 자극을 주는 수단으로) 약간의 물에 약한 자기장을 걸어준 후 라디오파 펄스를 물속에 주입하면 물분자가 이리저리 흔들리기 시작하는데, 여기서 생성된 '메아리'가 칼륨의 전자를 진동시키고, 두 번째 레이저가 이 진동을 감지한다. 사부코프와 노말리스는 자기장이 아무리 약해도 그들이 만든 감지기로 '메아리'를 감지할 수 있다고 주장했다. 이 원리를 적용하면 MRI 장치의 초강력 자기장을 약한 자기장으로 대치할 수 있을 뿐만 아니라, 필요한 영상을 즉각적으로 얻을 수 있다(MRI로 사진 한 장을 찍으려면 적어도 20분 이상이 소요된다).

결국 이들은 MRI를 휴대용 디지털카메라처럼 간편하게 만들 수 있는 아이디어를 제공한 셈이다(그러나 여기에도 몇 가지 문제가 있다. 그 중 하나는 피험자와 기계장치가 외부의 자기장으로부터 완전히 차단되어야 한다는 점이다).

휴대용 MRI가 실현된다면 소형 컴퓨터에 연결하여 어떤 핵심문장이나 단어를 해독할 수 있을 것이다. 공상과학소설에 나오는 텔레파시 장치만큼 세련되진 않았지만, 머지않아 실현될 것으로 기대

된다.[5-10]

신경망(뉴럴 네트워크) 두뇌

그러나 미래의 MRI 장치가 과연 진짜 텔레파시처럼 사람의 생각을 정확하게 읽어낼 수 있을까? 일부 과학자들은 "사람의 두뇌는 컴퓨터와 근본적으로 다르기 때문에, 미래의 MRI도 피험자가 품은 생각의 대략적인 아우트라인밖에 알 수 없다"고 주장한다. 디지털 컴퓨터의 경우, 모든 계산은 국소적인 부위에서 엄격한 규칙에 따라 수행된다. 모든 컴퓨터는 중앙처리장치central process unit, CPU와 입/출력으로 구성된 '튜링머신Turing machine'의 법칙을 따른다. 주어진 입력에 다양한 연산을 가하여 출력을 만들어내는 곳이 중앙처리장치(예: 펜티엄칩)이므로, '생각하는' 과정이 CPU에 집중되어 있는 셈이다.

그러나 인간의 두뇌는 결코 디지털컴퓨터가 아니다. 우리의 뇌에는 펜티엄칩도, CPU도 없고 윈도Window 같은 운영체계나 서브루틴subroutine도 없다. 컴퓨터의 CPU에서 트랜지스터를 하나만 제거하면 당장 오작동이 발생하지만, 사람의 뇌는 절반이 사라져도 나머지 절반이 거의 모든 기능을 수행할 수 있다(실제로 이런 사례가 있었다!).

인간의 두뇌는 일종의 배우는 기계, 즉 '신경망(neural network, 뉴럴 네트워크)'과 비슷하다. 새로운 정보를 습득하면 두뇌 전체가 재편성되어 향후 모든 과정에 새 정보를 응용할 수 있게 된다. MRI 연구에 의하면 두뇌의 사고는 튜링머신처럼 한 영역에 집중되어 있지 않고 넓은 영역에서 동시다발적으로 진행되는데, 뉴럴 네트워크가 바로 이러한 특성을 갖고 있다. 인간의 사고는 탁구경기와 비슷하여 두뇌의 여러 부분이 순차적으로 활성화되고, 여기서 발생한 전기신호가 두뇌 주변에서 반사되는 식으로 진행된다.

이와 같이 인간의 사고는 두뇌의 여러 부분에 흩어진 채로 진행되기 때문에 '생각의 사전'을 엮는 것이 우리가 할 수 있는 최선이다. 즉, 특정한 생각과 EEG(또는 MRI) 패턴의 대응관계를 일일이 추적하여 차트를 만드는 것이다. 예를 들어 오스트리아의 생체임상공학자 게르트 푸르트셸러Gert Pfurtscheller는 두뇌의 특별한 패턴과 생각을 컴퓨터에게 학습시킨 후 EEG의 뮤-파(μ-파, μ-wave)를 집중적으로 분석했다. μ-파는 특정 근육을 움직이려는 의지와 관련된 뇌파이다. 푸르트셸러는 치료 중인 환자가 손가락을 들어올릴 때, 또는 미소를 짓거나 찡그릴 때 어떤 부위의 μ-파가 활성화되는지 컴퓨터에 기록한 후 파동의 구체적인 패턴을 분석했다. 물론 두뇌에서는 여러 가지 파동이 함께 생성되기 때문에, 이들 중에서 μ-파를 걸러내는 것은 결코 쉬운 일이 아니었을 것이다. 그러나 푸르트셸러는 동일한 실험을 반복한 끝에 간단한 몸 동작(또는 표정)과 특정 뇌파 사이에 긴밀한 관계가 있다는 놀라운 사실을 알아냈다.[5-11]

이 결과를 MRI와 접목시키면 위에서 언급한 '생각의 사전'을 작성할 수 있다. 이렇게 되면 EEG나 MRI 스캔데이터를 컴퓨터로 분석하여 의사표현능력이 없는 환자가 어떤 생각을 하고 있는지, 대략적으로나마 판단할 수 있을 것이다. 그러나 μ-파의 패턴만으로 머릿속에 떠오른 단어 하나까지 알아내는 것은 무리라고 생각한다.

생각 투영하기

다른 사람의 생각을 대충이라도 알아낼 수 있다면, 그 반대과정도 가능할까? 즉, 자신의 생각을 다른 사람의 머릿속에 투영시킬 수 있을까? 현재의 기술수준을 보면 가능할 것 같다. 라디오파 빔을 사람의 뇌에 주사하여 특정기능을 제어하는 부분을 활성화시키면 된다.

이 분야의 연구는 1950년대에 시작되었다. 캐나다의 신경외과의사 와일더 펜필드Wilder Penfield는 간질환자의 뇌를 수술하던 중 측두엽의 특정부위를 전극으로 자극하면 환자가 어떤 목소리를 듣거나 유령 같은 형상을 보게 된다는 사실을 알게 되었다. 또한 심리학자들은 간질병 환자들이 수시로 천사나 악마 같은 존재를 목격하면서, 자신의 주변상황을 이들에게 조종 당하고 있는 듯한 착각을 일으킨다는 사실을 잘 알고 있었다(심리학계의 일각에서는 측두엽의 특정부위가 초현실적인 종교적 경험의 근원이라는 주장도 있다. 그래서 일부 심리학자들은 영국과의 전쟁을 승리로 이끌었던 프랑스의 영웅소녀 잔다르크가 적에게 머리를 얻어맞은 후 간질병을 앓았을 것으로 추정하고 있다).

캐나다 온타리오주 서드베리Sudbury에서 활동 중인 신경과학자 마이클 퍼싱어Michael Persinger는 이 추론에 입각하여 특별한 사고나 감정을 일으키는 헬멧을 만들었다. 이 헬멧에서 라디오파가 뇌로 발사되면 종교적 느낌과 같은 초현실적인 경험을 하게 된다. 사고 등의 이유로 측두엽의 왼쪽 부위가 손상되면 좌뇌의 기능에 이상이 생겨서 우뇌로부터 온 신호를 외부에서 온 신호로 착각하게 된다. 그래서 이 부분을 다친 환자들은 방 안에 유령이 있다는 등 허구의 존재를 느끼곤 한다. 이것은 환자의 개인적인 신념에 따라 천사나 악마가 될 수도 있고 외계인이 될 수도 있으며, 심지어는 신을 만났다고 주장하는 경우도 있다.

미래에는 특정한 기능을 하는 두뇌부위에 전자기파 신호를 발사하여 피험자에게 구체적인 영상을 떠올리게 만들 수도 있을 것이다. 그러나 이 분야의 연구는 아직 초보적인 단계에 있다.

두뇌지도

일부 과학자들은 모든 유전자의 지도를 작성하는 인간 게놈프로젝트Human Genome Project와 비슷한 '신경망지도 프로젝트neuron-mapping project'를 추진할 것을 강력하게 권하고 있다. 신경지도란 인간의 두뇌를 구성하는 각 뉴런의 위치를 일일이 확인하여 전체적인 연결상태를 3차원 입체영상으로 보여주는 것이다. 인간의 두뇌는 천억 개가 넘는 뉴런으로 구성되어 있고 개개의 뉴런은 수천 개의 다른 뉴런과 연결되어 있으므로 결코 쉽게 시작할 수 있는 일은 아니다. 그러나 이 프로젝트가 완결되면 특정한 생각이 어떤 뉴런을 통해 창출되고 어떤 경로를 거쳐 진행되는지 알 수 있게 된다. 여기에 MRI 스캔과 EEG파로 만들어진 생각의 사전을 결합하면 특정 단어(또는 영상)와 뉴런의 대응관계를 알 수 있다.

마이크로소프트사의 공동창업자 폴 앨런Paul Allen이 설립한 앨런 두뇌과학연구소Allen Institute for Brain Science는 2006년에 쥐의 뇌에 들어 있는 21,000개의 유전자를 3차원 지도로 재현하여 이 분야의 첫걸음을 내디뎠고, 인간의 두뇌를 대상으로 동일한 작업이 이뤄지기를 기대하고 있다. 이 연구소의 소장인 마크 테시어 라빈 Marc Tessier-Lavigne은 앨런 두뇌지도가 완성되면 두뇌의학의 새로운 장이 열릴 것이라고 장담했다. 두뇌 신경망을 분석하는 학자들에게 두뇌지도는 더할 나위 없이 중요한 정보이다. 그러나 이 작업이 완성된다 해도 '신경망지도 프로젝트'로 가는 길은 아직 멀고도 험난하다.

결론적으로 말해서, 공상과학물에 등장하는 '천연 텔레파시'를 지금의 기술로 구현하는 것은 불가능하다. 인간의 사고는 두뇌 전체에 걸쳐 매우 복잡한 과정을 거쳐 진행되기 때문에, MRI 스캔이나 EEG 파동으로는 지극히 단순한 생각만을 읽을 수 있을 뿐이다. 그러나 이 기술이 수십 년, 또는 수백 년 후에 어떤 수준으로 발전할지는 아무도 알 수 없다. 다른 과학과 마찬가지로 두뇌의 사고과정을 분석하는 과학도 향후 엄청나게 빠른 속도로 발전할 것이 분명하다. MRI를 비롯한 여러 장치의 감도가 높아지면 두뇌에서 생각과 감정이 진행되는 과정을 지금보다 훨씬 정확하게 규명할 수 있을 것이다. 그리고 컴퓨터의 성능이 지금과 같은 속도로 향상된다면, 방대한 양의 데이터를 분석하는 속도와 결과의 정확도는 지금과 비교가

안 될 정도로 향상될 것이다. 뿐만 아니라 생각사전이 완성되면 MRI 영상패턴과 사전을 대조하여 피험자의 생각을 알아낼 수 있을 것이다. MRI 패턴과 인간의 생각이 1 대 1로 대응되지 않을 수도 있지만, 적어도 피험자가 어떤 생각을 하고 무엇을 원하는지는 알 수 있다. 여기에 신경망지도가 추가되면 특정한 생각을 할 때 정확하게 어느 부위의 뉴런이 활성화되는지도 알 수 있을 것이다.

그러나 인간의 두뇌는 컴퓨터가 아니라 사고가 동시다발적으로 진행되는 신경망이기 때문에, 연구의 가장 큰 걸림돌은 두뇌 그 자체이다. 두뇌의 구조를 깊이 파고 들어가서 사고과정의 일부를 해독한다고 해도, 공상과학소설처럼 구체적인 생각을 짚어내는 것은 불가능하다. 따라서 사람의 느낌과 생각을 대략적으로 알아내는 것은 '제1부류 불가능'에 속하며, 내면에서 일어나는 마음의 작용을 정확하게 알아내는 것은 제2부류 불가능에 속한다고 할 수 있다.

두뇌의 무한한 능력에 좀 더 직접적으로 접근하는 방법은 없을까? 에너지가 약하고 쉽게 퍼지는 라디오파를 사용하는 대신, 두뇌의 뉴런을 직접 탐사할 수는 없을까? 만일 이것이 가능하다면 텔레파시보다 더욱 강력한 '염력psychokinesis'의 실체를 규명할 수 있을 것이다.

염력 Psychokinesis

> 새로 발견된 과학적 진실은 반대론자들을 설득하여 깨닫게 함으로써
> 성공을 거두는 것이 아니라, 반대론자들이 모두 죽은 후 새로운 진실에 익숙한
> 신세대가 과학을 이어받았을 때 비로소 성공을 거둘 수 있다.
> ―막스 플랑크 MAX PLANCK
>
> 아무도 입에 담지 않는 진실을 말하는 것은 바보들만의 특권이다.
> ―셰익스피어 SHAKESPEARE

어느 날, 천계에서 신들이 한자리에 모여 타락한 인간을 성토하고 있었다. 이들은 한결같이 인간의 맹목적이고 어리석은 행동을 비난했는데, 그중 인간을 불쌍히 여긴 신이 나서서 한 가지 실험을 제안했다. 그 실험이란, 평범한 인간 하나를 골라 초인적인 힘을 부여한 후 그의 행동을 주시하는 것이었다. 인간이 신의 능력을 갖게 된다면 과연 어떤 식으로 행동하게 될까? 신들은 이 점이 궁금했던 것이다.

신들은 '별 볼일 없는 평범한 인간'으로 조지 포더링게이George Fotheingay라는 잡화점 상인을 선택하여 그에게 초능력을 심어주었다. 그러자 포더링게이는 촛불을 허공으로 들어올리고, 물의 색깔을 바꾸고, 순식간에 진수성찬을 차리고, 심지어는 다이아몬드를 만들

어내는 등 온갖 신기한 능력을 발휘할 수 있게 되었다. 그러나 그는 허영심과 탐욕을 절제하지 못하고 결국은 권력에 굶주린 폭군이 되어 자신의 능력을 닥치는 대로 남용하다가 치명적인 실수를 저지른다. 지구에게 "자전을 멈추라"는 황당한 명령을 내린 것이다. 그러자 지구의 자전속도(약 1,600km/h)와 맞먹는 엄청난 태풍이 지구 전역을 덮치면서 모든 사람들이 우주공간으로 날아가 버렸다. 절망에 빠진 포더링게이는 모든 것을 원래대로 되돌려 놓으라는 마지막 명령을 내린다.

이것은 1911년에 발표된 웰즈의 소설을 각색하여 1936년에 개봉했던 영화 〈기적을 행한 인간The Man Who Could Work Miracles〉의 내용이다(2003년에 짐 캐리 주연의 〈브루스 올마이티Bruce Almighty〉로 리메이크되었다). 초능력 중에서도 가장 뛰어난 능력은 생각만으로 물체를 움직이거나 타인의 마음을 조정하는 염력念力, psychokinesis일 것이다. 웰즈의 소설은 "신과 같은 능력을 소유하려면 신과 같은 수준의 지혜와 판단력을 함께 갖고 있어야 한다"는 메시지를 전하고 있다.

문학작품에 염력이 등장한 대표적 사례로는 셰익스피어의 희곡 《템페스트Tempest》를 들 수 있다. 마법사 프로스페로Propero와 그의 딸 미란다Miranda, 그리고 마법의 요정 에어리얼Ariel은 프로스페로의 악한 동생의 음모에 빠져 배를 타고 떠돌다가 척박한 섬에 상륙하여 몇 년의 세월을 보내게 된다. 그러던 어느 날 프로스페로는 자신을 이 지경으로 만든 동생이 섬 근처를 항해하고 있다는 사실을 알게 된다. 복수심에 사로잡힌 그는 염력으로 풍랑을 일으켜서 동생이 탄 배를 좌초시키고, 간신히 살아남은 생존자들을 농락한다. 그러나 생존자 무리에 끼어 있던 페르디난드Ferdinand는 프로스페로의 원한과 전혀 무관한 젊은이로서, 결국 미란다와 사랑하는 사이가 된다.

(러시아의 작가 블라디미르 나보코프는 《템페스트》의 내용이 공상과학소설과 매우 비슷하다고 지적했다. 셰익스피어가 《템페스트》를 집필한 후 약 350년이 지난 1956년에 《템페스트》를 리메이크한 공상과학소설 《금지된 행성 Forbidden Planet》이 발표되었다. 여기서 프로스페스는 생각 많은 과학자 모비우스Morbius로, 요정은 로비Robby라는 로봇으로, 미란다는 모비우스의 아름다운 딸 알테라Altaira로 바뀌었고 섬은 알테어Altair-4라는 행성으로 바뀌었지만, 전체적인 플롯은 《템페스트》를 충실하게 따르고 있다. 진 로든베리도 《금지된 행성》에서 영감을 받아 TV 시리즈 〈스타트렉〉을 탄생시켰다고 한다.)

가난에 시달리던 무명작가 스티븐 킹은 1974년에 염력을 주제로 한 소설 《캐리Carrie》를 발표하여 공포소설의 세계적인 작가로 등극했다. 이 소설의 주인공 캐리는 심성이 여리고 수줍음 많은 여고생으로, 집에서는 정신적으로 불안정한 어머니의 지나친 간섭에 시달리고 학교에서는 친구들에게 따돌림을 당하는 무기력한 소녀이다. 캐리는 자신이 갖고 있는 정신적 능력(염력)에서 유일한 위안을 얻었는데, 이것은 대대로 이어져 온 집안 내력이었다. 이 소설의 극적인 장면은 학교 무도회장에서 펼쳐진다. 평소 캐리를 집요하게 괴롭히던 한 여학생이 무도회에서 캐리가 여왕으로 뽑힐 것처럼 바람을 잡은 뒤 미리 준비했던 돼지의 피를 캐리에게 쏟아 붓는다. 참다 못한 캐리는 갑자기 복수의 화신으로 돌변하여 아무도 못 나가게 염력으로 무도회장 문을 모두 걸어 잠그고 학교를 불바다로 만든다. 그 와중에 문제의 여학생은 전기에 감전되어 사망하고 불이 인근 마을로 번지면서 도시 전체가 파괴된다. 캐리는 자신의 모든 분노를 표출한 후 어머니와 함께 비참한 최후를 맞이한다(1978년에 개봉된 영화에서는 20대 초반의 존 트라볼타가 캐리의 댄스 파트너로 등장한다: 옮긴이).

정신적으로 불안정한 사람이 염력을 휘두르는 장면은 〈스타트렉〉의 에피소드 '찰리 X'에서도 볼 수 있다. 찰리는 우주 저편의 은하 식민지에서 온 젊은이로, 염력을 마음대로 행사하는 능력을 갖고 있다. 그러나 그의 심성이 몹시 불안정하여 자신의 능력을 좋은 일에 쓰지 않고, 다른 사람의 마음을 움직여서 자신의 욕구를 채우는 일에만 몰두한다. 그가 엔터프라이즈호를 탈취하여 지구로 향한다면 지구 전체가 혼돈에 빠져 파괴될 운명이다.

〈스타워즈〉 시리즈에서 '제다이 나이트Jedi Knights'라는 전사들도 염력으로 적을 물리치는 능력을 갖고 있다.

염력과 현실 세계

일반대중들이 염력을 목격했던 가장 유명한 사례는 1973년에 TV로 방영된 자니 카슨 쇼Johnny Carson Show일 것이다. 당시 이 프로에는 염력으로 숟가락을 구부릴 수 있다고 주장하는 이스라엘 출신의 심령가 유리 겔러Uri Geller와 온갖 심령가들의 사기행각을 적발하는 것으로 유명했던 직업마술사 어메이징 랜디Amazing Randi가 함께 출연했다[우연히도 이날 출연했던 세 사람(자니 카슨 포함)은 모두 손재주를 주특기로 하는 마술사 출신이었다].

유리 겔러가 등장하기 전에, 사회자 카슨은 랜디에게 숟가락을 건네주면서 사전검사를 부탁했다.[6-1] 그리고 유리 겔러가 무대에 오르자 카슨은 겔러가 갖고 있는 숟가락 말고 자신의 숟가락을 구부려 보라고 했다. 유리 겔러는 어쩔 수 없이 카슨으로부터 숟가락을 건네 받고 여러 차례 시도했으나 번번이 실패했다(나중에 랜디는 자니 카슨 쇼에 다시 출연하여 숟가락을 구부리는 묘기를 재현해 보였다. 그러나 그는 이것이 염력이 아니라 단순한 눈속임에 불과하다는 점을 강조했다).

그 후 어메이징 랜디는 자신이 보는 앞에서 진짜 염력을 행사하는 사람에게 100만 달러를 주겠다고 호언장담했으나, 지금까지 지원자는 단 한 사람도 없었다.

염력과 과학

염력을 과학적으로 분석할 수만 있다면 모든 의문은 사라질 것이다. 그런데 염력을 행사한다는 사람들 대부분이 가짜라는 것이 문제이다. 마술사들은 소위 염력 소유자들이 상대방의 눈을 현혹시켜서 잔재주를 부리는 사기꾼이라고 믿고 있다. 그러나 과학자는 실험실에서 눈으로 목격한 사실만을 믿도록 훈련된 사람들이기 때문에, 초자연적 현상이 눈앞에서 벌어지면 쉽게 믿는 경향이 있다. 1982년에 초심리학자들이 한자리에 모여 특별한 능력을 가진 두 소년 마이클 에드워즈Michael Edwards와 스티브 쇼Steve Shaw를 관찰한 적이 있다. 이 소년들은 순전히 생각만으로 금속을 구부리고, 카메라 필름에 영상을 새기고, 물체를 움직이고, 다른 사람의 마음을 읽는 등 초자연적인 능력을 가진 것으로 소문이 나 있었다. 그 자리에 있던 초심리학자 마이클 탈본Michael Thalbourne은 두 소년의 초능력에 큰 감명을 받아 염력을 뜻하는 'psychokinete'라는 단어를 처음으로 사용했고, 미주리 주 세인트루이스에 있는 '맥도넬 심령연구소 McDonnell Laboratory for Psychical Research'의 연구원들도 두 소년이 만들어내는 신기한 현상에 대경실색했다. 초심리학자들은 두 소년이 초능력 소지자임을 굳게 믿으면서, 이 현상을 설명하는 과학논문을 서둘러 준비하기 시작했다. 그러나 그 다음해에 소년들은 공개석상에서 자신의 초능력이 손재주를 이용한 속임수였음을 고백했고, 결국 이 사건은 단순한 해프닝으로 막을 내렸다(스티브 쇼는 그 후 유명한 마술사가 되어 며칠 동안 땅속에 묻혔다가 되살아나는 마술을 TV로 선보이곤 했다).

듀크대학의 라인연구소에서는 통제된 환경에서 다양한 형태의 염력 실험을 수행해왔는데, 결과가 들쭉날쭉하여 확실한 결론을 내리지 못하고 있다. 이 분야의 선두주자 중 한 사람인 게르트루드 슈마이들러Gertrude Schmeidler 교수는 한때 뉴욕시립대에서 나와 함께 교편을 잡았던 동료이기도 하다. 〈초심리학 매거진Parapsychology Magazine〉의 편집장과 초심리학회 회장을 역임했던 그녀는 ESP(초능력)에 깊이 심취하여 학생들을 대상으로 다양한 연구를 수행했고, 초능력자가 출연하여 묘기를 선보이는 칵테일 파티장을 일일이 찾아다니면서 다양한 사례를 수집해왔다. 그러나 수백 명의 학생들과 초능력자들을 일일이 분석한 결과, 제한된 환경에서 초능력을 마음대로 발휘한 사례가 단 한 건도 없다는 결론에 도달했다.

언젠가 슈마이들러는 수분의 일 도까지 측정할 수 있는 소형 서미스터(thermistor, 온도변화에 반응하는 전기저항기: 옮긴이)를 방 안에 설치해놓고 염력으로 방 안의 온도를 변화시키는 실험을 했는데, 초청된 심령술사가 최선을 다한 결과 1/10도쯤 올라갔다고 했다. 그녀는 나에게 이 실험이 엄격하게 통제된 상황에서 실행되었음을 강조했다. 그러나 염력으로 큰 물체를 움직이는 것에 비하면 이 결과는 그야말로 조족지혈에 불과하다.

프린스턴대학의 '비정상 현상 프린스턴 공학 연구소Princeton Engineering Anomalies Research, PEAR'에서 1979년부터 실행된 염력 실험은 또 한 번 논란을 불러일으켰다. 이 실험의 목적은 "순수한 생각만으로 무작위 사건의 발생확률을 바꿀 수 있는가?"라는 질문에 과학적인 답을 제시하는 것이었다. 예를 들어 동전을 허공으로 던졌을 때 앞면이 나올 확률과 뒷면이 나올 확률은 둘 다 50%이다(동전이 똑바로 서는 기적 같은 경우는 무시한다). 그러나 PEAR의 과학자들은 무작위 사건의 확률을 염력으로 바꿀 수 있다고 주장했다. 이들은 1979년부터 무려 28년 동안 수천 번의 실험을 통해 1,700만 번의 실행과 3억4,000만 개의 데이터를 수집했다(한 번 실행할 때마다 여러 개의 동전을 동시에 던졌다). 이 실험은 2007년에 종결되었는데, 그때까지 얻은 결과를 보면 염력이라는 것이 실제로 존재하는 것 같기도 하다. 그러나 50%에서 벗어난 정도가 평균적으로 천 분의 몇

%에 불과하기 때문에, 염력의 존재를 과학적으로 입증하기에는 역부족이다. 그나마 이 미약한 결과마저도 다른 사람들의 신뢰를 얻지 못했다. 외부의 과학자들은 PEAR에서 얻은 데이터가 특정 목적을 향해 미묘하게 편향되어 있다면서, 실험결과를 액면 그대로 믿지 않았다.

(1988년에 미군은 초자연적 현상의 활용가능성에 대해 미국 연구협의회 National Research Council에 자문을 구했다. 당시 미군은 염력을 비롯한 초자연적 능력을 군사적 목적으로 사용하는데 많은 관심을 갖고 있었다. 미국 연구협회는 초능력자들로 이루어진 가상의 전사집단인 '제1지구대대First Earth battalion'를 만들어서 가능성을 타진했으나 결과는 부정적이었다.[6-2] 특히 PEAR의 연구결과를 분석한 결과, 염력이 작용한 것으로 추정되는 데이터의 절반 이상이 단 한 사람의 연구원에 의해 작성된 것으로 드러났다. 일부 비평가들은 이 연구원이 PEAR의 실험을 직접 수행하거나 컴퓨터 프로그램을 작성한 것으로 믿고 있다. 오레곤대학의 레이 하이만Ray Hyman 박사는 "연구소를 운영하는 사람이 결과를 생산할 수 있는 유일한 사람이라면, 그 실험결과를 완전히 신뢰할 수 없다"고 했다. 결국 미국 연구협회는 다음과 같은 결론을 내렸다. "지난 130년 동안 실행된 그 어떤 실험도 염력의 존재를 과학적으로 증명하지 못했다.[6-3]")

염력을 연구할 때 가장 큰 걸림돌이 되는 것은 염력과 관련된 모든 현상들이 물리학의 법칙에 정면으로 위배된다는 점이다(이것은 염력을 옹호하는 사람들도 인정하는 사실이다). 우주에서 가장 약한 힘인 중력은 오직 인력으로만 작용하기 때문에, 물체를 밀어내거나 공중으로 띄울 수 없다. 또한 맥스웰 방정식을 따르는 전자기력은 전기적으로 중성인 물체를 움직이게 할 수 없으며, 핵력은 핵자(양성자와 중성자)들 사이의 간격과 같이 아주 짧은 거리에서만 작용하는 힘이다.

염력의 또 다른 문제는 에너지와 관련되어 있다. 인간의 몸은 기껏해야 1/5마력 정도밖에 발휘할 수 없는데, 영화〈스타워즈〉에 등장하는 요다Yoda는 염력만으로 우주선 전체를 허공에 띄우고 사이클롭스Cyclops는 눈에서 레이저를 발사한다. 이것은 분명히 에너지보존법칙에 위배된다. 요다와 같이 질량이 작은 물체는 (그것이 생명체이건 아니건 간에) 우주선을 들어올릴 정도의 에너지를 발휘할 수 없다. 아무리 정신을 한 곳에 집중한다 해도 물리학의 법칙을 바꾸는 것은 불가능하다. 그렇다면 염력은 어떻게 물리학법칙과 조화를 이룰 수 있을까?

염력과 두뇌

염력이 물리법칙을 따르지 않는다면, 미래에 이것을 어떻게 활용할 수 있을까?〈스타트렉〉의 에피소드 '누가 아도나이를 애도하는가?Who Mourns for Adonais?' 편에서 그 실마리를 찾을 수 있다. 우주를 항해하던 엔터프라이즈호의 승무원들은 어느 날 그리스의 신들과 비슷한 형상을 한 종족과 마주치게 되는데, 이들은 생각만으로 환상적인 기적을 발휘하는 초능력자들이었다. 그래서 승무원들은 올림푸스 신전의 신들을 만났다고 생각했다. 그러나 알고 보니 그들은 신이 아니라 염력으로 중앙통제장치를 제어하여 자신이 원하는 바를 이루어내는 신기한 종족이었다. 결국 엔터프라이즈호의 승무원들은 중앙통제장치를 파괴하여 그들의 능력을 박탈한다.

이와 비슷하게 생각만으로 전자감지장치를 작동시킬 수 있다면 신과 같은 능력을 발휘할 수 있다. 즉, 인간의 사고를 라디오파나 컴퓨터와 연동시키면 흔히 말하는 '염력'을 구현할 수 있는 것이다. 예를 들어 EEG(뇌파측정기)는 원시적인 염력가동장치로 활용될 수 있다. 만일 우리가 자신의 두뇌에서 생성되는 뇌파의 패턴을 실시간으로 계속 관찰할 수 있다면, 소위 말하는 '생체 피드백biofeed-back' 과정을 거쳐 뇌파의 패턴을 (어느 정도는) 의도적으로 조절할 수 있을 것이다.

그러나 어떤 뉴런이 어떤 근육을 조종하는지 알려주는 두뇌의 청사진이 아직 없기 때문에, 컴퓨터를 통해 뇌파의 패턴을 스스로 조종하려면 상당한 인내심을 갖고 반복훈련을 해야 한다.

어쨌거나 자신이 원하는 특정 패턴의 뇌파가 스크린에 나타나도록 조종할 수는 있다. 그러면 이 영상을 컴퓨터에 전송하여 뇌파의 형태를 인식하고, 프로그램을 통해 스위치를 켜거나 모니터를 켜는 등 다양한 주변장치를 제어할 수 있다. 다시 말해서 오로지 '생각만으로' 컴퓨터나 모니터 등 가전제품을 작동시킬 수 있다는 뜻이다.

이 방법을 응용하면 전신이 마비된 환자가 생각만으로 휠체어를 조종할 수 있다. 또는 식별 가능한 26가지 패턴을 마음대로 만들어낼 수 있다면 생각만으로 키보드를 칠 수도 있다. 물론 이런 것은 자신의 생각을 다른 곳으로 전송하는 초보적 기술에 속한다. 생체 피드백을 통하여 자신의 뇌파를 마음대로 조종하려면 기나긴 훈련과정이 필요하다.

'생각으로 키보드 치기'는 독일 튀빙겐대학의 닐스 비르바우머 Niels Birbaumer 교수 덕분에 실현을 코앞에 두고 있다. 그는 생체 피드백을 적용하여 신체가 부분적으로 마비된 환자의 재활을 돕고 있는데, 그의 환자들은 자신이 원하는 뇌파를 생성하여 간단한 문장을 키보드로 입력하는 훈련을 받고 있다.[6-4]

사람이 아닌 원숭이도 두뇌에 전극을 연결해놓고 생체 피드백을 적용하면 스스로 생각을 조종할 수 있다. 훈련이 잘된 원숭이들은 생각만으로 인터넷을 통해 로봇의 팔을 움직일 수 있다.[6-5]

아틀란타에 있는 에모리대학에서는 더욱 정교한 실험이 실행되었다. 이 학교의 연구원들은 몸이 마비된 환자의 두뇌에 가느다란 전선이 달린 작은 유리알을 직접 삽입하고, 이 전선을 컴퓨터에 연결했다. 이 상태에서 환자가 어떤 생각을 하면 그 신호가 전선을 타고 컴퓨터에 전달되어 모니터의 커서가 움직인다. 약간의 훈련을 거치면 환자는 몸을 전혀 움직이지 않고서도 커서를 원하는 방향으로 움직일 수 있다. 일단 자신의 생각대로 커서를 움직일 수 있게 되면 생각을 글로 나타내거나 다양한 기계를 작동시킬 수 있고, 가상의 자동차를 운전하거나 비디오게임을 즐길 수도 있다.

인간의 생각과 기계장치를 연결하는데 가장 중요한 진전을 이룩한 사람은 아마도 브라운대학의 신경과학자 존 도너휴John Donoghue일 것이다. 그는 오직 생각만으로 물리적 행동을 할 수 있게 만들어주는 '브라이언게이트BrianGate'를 고안하여 신체가 마비된 환자들에게 새로운 희망을 심어주었다. 도너휴는 척수가 손상된 두 명의 환자와 뇌졸중환자, 그리고 근육위축성 측삭경화증(ALS, 루게릭병이라고도 함. 스티븐 호킹이 이 병을 앓고 있다)을 앓고 있는 환자 등 총 네 명의 환자를 대상으로 브라이언게이트를 테스트했다.

도너휴의 환자들 중 목 부상으로 사지가 마비된 25세의 매튜 네이글Mathew Nagle은 단 하루만에 사용법을 습득하여 TV 채널 바꾸기와 볼륨 조절, 그리고 의수의 손을 쥐거나 펴는 행동까지 마음대로 할 수 있게 되었다. 지금 그는 컴퓨터의 커서를 움직여서 원을 그릴 수도 있고, 다양한 게임을 하면서 이메일도 읽을 수 있다. 네이글은 2006년도에 〈네이처〉 지의 표지에 등장하여 세간의 화제로 떠올랐다.

브라이언게이트의 핵심부품은 폭 4mm에 불과한 실리콘 칩이다. 100여 개의 초소형 전극으로 이루어진 이 칩은 2mm 두께의 대뇌피질에서 운동 근육을 관장하는 부분에 직접 삽입되어 있다. 여기서 접수된 신호가 전선(가느다란 금으로 되어 있다)을 타고 담배갑만 한 크기의 증폭기를 거쳐 컴퓨터로 전달되면 특별히 고안된 소프트웨어가 신호를 분석/번역하여 역학적 운동으로 변환시킨다.

생체 피드백을 이용하여 환자의 뇌파를 읽는 실험에서는 모든 과정이 매우 느리게 진행되었지만, 브라이언게이트는 환자의 생각을 컴퓨터로 분석하여 훈련에 필요한 시간을 크게 줄일 수 있었다. 네이글은 처음 연습할 때 팔을 좌우로 움직이거나 주먹을 쥐었다가 펴는 동작을 머릿속으로 상상했는데, 도너휴는 각 동작마다 각기 다른 뉴런이 활성화되는 모습을 보면서 성공을 확신했다고 한다. 그는 당시의 일을 다음과 같이 회고했다. "뇌세포의 활동이 달라지는 모습을 눈으로 확인할 수 있었습니다. 그건 정말로 기적 같은 일이었지요. 그때 이 기술이 성공할 수 있다는 확신을 갖게 되었습니다."[6-6]

(도너휴가 이 기술에 관심을 갖게 된 데에는 개인적인 사연이 있다. 그는 과거 퇴행성 질환을 앓아 어린 시절의 대부분을 휠체어에서 보냈다. 그래서 몸이 마비된 환자의 고통을 누구보다 잘 이해하고 있다.)

도너휴는 브라이언게이트를 일상적인 의료기구로 보급한다는 원대한 계획을 세우고 있다. 현재 그가 사용하는 컴퓨터는 접시세척기 정도의 크기인데, 앞으로 소형화가 이루어지면 가볍게 옷에 부착할 수도 있다. 그리고 신호를 무선으로 전달하면 투박한 전선도 제거되어, 마치 아무런 장비 없이 외부세계와 소통하는 것처럼 보일 것이다.

뇌의 다른 부분을 이런 식으로 활성화시키는 것도 시간문제일 뿐이다. 과학자들은 두뇌 상층부 표면의 상세한 지도를 이미 완성해놓았다(사람의 등과 손, 발, 머리를 해당 뉴런의 위치에 맞춰서 두뇌에 그림으로 나타내면 난쟁이 같은 형상이 된다. 이런 식으로 두뇌에 몸의 각 부위를 그려넣으면 손가락, 얼굴, 혀는 길어지고 가슴과 등은 축소된다).

실리콘 칩을 두뇌피질의 다른 부분에 삽입하여 신체의 다른 부분을 움직이는 것도 가능하다. 이 방법을 이용하면 인간의 몸으로 수행할 수 있는 모든 물리적 행동을 모방할 수 있다. 이제 머지않아 전신마비환자가 '염력의 방'에 살면서 에어컨과 TV를 비롯한 각종 가전제품을 순수한 생각만으로 조절하는 세상이 올 것이다.

마비환자가 어떤 장치 속에 아예 들어가서 생각만으로 다양한 명령을 내리는 '외부골격(엑소스켈레톤, exoskeleton)'을 상상할 수도 있다. 이 장치를 잘 활용하면 1970년대에 방영된 TV 시리즈 〈6백만 불의 사나이Six Million Dollar Man〉처럼 비장애인보다 더 뛰어난 능력을 발휘할 수도 있을 것이다.

따라서 사람의 마음으로 컴퓨터를 조작하는 일은 더 이상 불가능하지 않다. 그렇다면 미래에는 생각만으로 물체를 이동시키거나 허공으로 들어올릴 수도 있을까?

한 가지 가능성은 벽의 표면을 상온-초전도체로 덮는 것이다(물론 상온에서 초전도 현상을 나타내는 물체가 먼저 개발되어야 한다). 그리고 집안에 있는 물건에 소형 전자석을 삽입해놓으면 1장에서 언급한 마이스너 효과에 의해 허공으로 떠오른다. 이 전자석을 컴퓨터로 제어하고 컴퓨터를 두뇌에 연결시키면 생각만으로 물체를 허공에 띄울 수 있다. 우리의 생각에 의해 컴퓨터가 작동되고, 컴퓨터를 통해 여러 개의 전자석이 활성화되도록 만들면 얼마든지 가능한 일이다. 속사정을 모르는 외부인이 이 광경을 본다면 당연히 염력이라고 생각할 것이다.

나노봇 Nanobots

물체를 움직이는 것 이외에, 한 물체를 다른 물체로 변화시킬 수도 있을까? 마술사들은 교묘한 손재주를 발휘하여 이와 같은 묘기를 연출하곤 한다. 그런데 마술이 아닌 실제상황이라면 물리학의 법칙에 어긋나지 않을까?

앞에서 언급한 나노기술의 목적 중 하나는 원자를 이용하여 지레나 기어, 베어링, 도르래 등 초소형 도구를 만드는 것이다. 많은 물리학자들은 이러한 초소형 도구를 이용하여 특정물체의 분자배열을 바꿔서 다른 물체로 변화시킨다는 원대한 꿈을 키우고 있다. 이것이 실현된다면 공상과학소설에서처럼 어떤 물건이든 말만 하면 곧바로 만들어져 나오는 '물체복사기'가 실현되는 셈이다. 이런 장치가 상용화된다면 가난이 극복될 뿐만 아니라, 사회 전체가 혁명적인 변화를 겪게 될 것이다. 어떤 물건이든 누구나 원하는 대로 가질 수 있다면 재산과 가치, 사회적 계층 등의 개념 자체가 완전히 뒤집어진다.

《스타트렉》 시리즈 중 내가 가장 좋아하는 '차세대Next Generation' 편에서도 물체복사기가 대사 중에 잠깐 등장한다. 20세기에 발사된 우주캡슐이 수백 년 동안 우주공간을 떠돌다가 엔터프라이즈호에게 발견된다. 캡슐 안에는 치명적인 병을 앓고 있는 듯한 사람들이 냉동상태로 보관되어 있었다. 승무원들은 사람들을 해동시키고 발전된 의료기술로 그들의 병을 치료해주었다. 이때 살아난 사람 중 생전에 사업가였던 한 사람은 그사이에 자신의 주식가치가 크게 올랐을 것으로 기대하고 승무원에게 물었다. "내가 투자한 돈은 지금 얼마나 불어났을까요?" 그러자 승무원이 의아한 표정으로 대답한다. "돈이요? 투자라고요? 지금 세상엔 돈이라는 것이 없습니다. 옛날에 다 사라졌지요. 지금은 원하는 걸 말하기만 하면 다 구할 수 있거든요.")

물체복사기가 기적의 도구임에는 틀림없지만, 사실 자연에는 이와 같은 기적이 이미 진행되고 있다. 고기와 야채를 9개월 동안 꾸준하게 공급하면 하나의 생명이 만들어지지 않는가! 생명이란 원자규모에서 물질(음식)을 생체조직(태아)으로 변환시키는 천연 나노공장nanofactory의 산물이다.

이와 같은 나노공장을 인공적으로 건설하려면 세 가지 요소가 필요하다. 우선 원료가 있어야 하고, 원료를 가공하는 도구가 있어야 하며, 원료와 도구의 적절한 사용법을 알려주는 지침서도 있어야 한다. 자연에서는 생명체의 살과 뼈를 만드는 원료로 수천 가지의 아미노산과 단백질이 존재한다. 이 원료를 (망치와 톱처럼) 자르고 연결하여 생명체를 만드는 도구의 역할을 하는 것이 바로 리보솜ribosome이다. 이들은 단백질을 특정 부위에서 자르고 특정 부위들끼리 연결하여 새로운 형태의 단백질을 만들어내고 있다. 그리고 이 모든 과정은 DNA 분자에 새겨져 있는 지침에 따라 진행된다. DNA에는 핵산의 특정한 배열이 이미 설정되어 있으며, 그 속에 생명체의 비밀이 고스란히 담겨 있다. 이 세 가지 요소들이 각 세포 속에 들어있어서, 모든 세포들은 자신과 똑같은 세포를 복제할 수 있다. 즉, 생명체는 거대한 '자기복제시스템'인 것이다. 이 복잡한 시스템이 한 치의 오류도 없이 정교하게 작동하는 것은 DNA 분자의 이중나선구조double helix 덕분이다. 세포를 재생할 때가 되면 DNA 분자는 두 개의 나선으로 분리되고, 이들은 생체분자를 모아 각자 자신과 똑같은 복사판을 만들어서 이중나선구조를 회복한다.

지금까지 물리학자들은 이와 같은 자연의 재생능력을 모방하기 위해 많은 애를 써왔으나, 아직은 초보적인 단계에 머물러 있다. 이 연구가 성공하려면 자기복제능력을 갖춘 '나노봇nanobots'을 대량으로 생산해야 한다는 것이 과학자들의 한결같은 생각이다. 나노봇이란 물체 속에서 원자의 배열을 바꿀 수 있도록 고안된 '프로그램 가능한 원자 크기의 기계장치'를 말한다.

수조 개(약 10^{12}개)의 나노봇 함대를 만들 수만 있다면, 이들을 어떤 물체에 투입하여 분자를 자르고 붙여서 다른 물체로 바꿀 수 있다. 만일 이들이 자기복제능력을 갖추고 있다면, 처음부터 많이 만들 필요 없이 단 몇 개로 시작해도 충분히 가능하다. 그리고 프로그램을 통해 나노봇을 통제할 수 있다면 상황에 따라 다양한 '작업지침서'를 하달하여 여러 가지 용도로 사용할 수 있다.

그러나 나노봇 함대를 구축하는 데에는 만만치 않은 장애가 도사리고 있다. 첫째, 스스로 복제하는 로봇은 일상적인 크기에서도 결코 만들기가 쉽지 않다(지금의 기술로는 원자 베어링이나 원자기어 등 원자 스케일의 간단한 도구조차 만들 수 없다). 수천 개의 전자부품과 최고성능의 개인용 컴퓨터가 주어져 있어도, 이것으로 자기복제가 가능한 기계를 만든다는 것은 꿈같은 이야기다. 거시적인 스케일에서도 이렇게 어려운데, 원자규모로 가면 더 말할 것도 없다.

두 번째 장애는 나노봇 함대를 외부에서 조종하기가 어렵다는 점이다. 라디오파 신호를 전송하여 개개의 나노봇을 활성화시킨다는 의견도 있고, 구체적인 지시사항을 레이저에 담아서 발사한다는 아이디어도 제안되었지만, 수조 개의 나노봇들에게 각기 다른 명령을 하달하기에는 역부족이다.

세 번째 장애는 나노봇이 원자를 자르고, 재배열하고, 이어 붙이는 순서가 분명치 않다는 점이다. 자연에서 이 과정이 확립되는데 35억 년이라는 세월이 걸렸으니, 수십 년 안에 이 문제를 해결하기란 거의 불가능에 가깝다.

MIT의 물리학자 닐 게센펠드Niel Gershenfeld는 자기복제, 또는 '개인용 조립기personal fabricator'라는 아이디어를 심각하게 연구하고 있는 학자이다. 그가 강의를 맡고 있는 "(거의) 모든 것을 만드는 방법How to Make (Almost) Anything"은 MIT에서 가장 인기 있는 강좌로 알려져 있다. 게센펠드는 MIT의 '비트-원자 연구센터Centers for Bits and Atoms'를 진두지휘하면서 개인용 조립기에 적용되는 물리학을 집중적으로 연구하고 있다. 그가 직접 쓴 《FAB: 개인용 컴퓨터에서 개인용 조립기로 넘어가는 책상 위의 혁명The Coming Revolution on Your Desktop-From Personal Computers to Personal Fabricators》에는 개인용 조립기에 대한 그의 생각이 잘 정리되어 있다. 게센펠드의 최종 목적은 '어떤 기계장치도 만들 수 있는 기계장치'를 만들어내는 것이다. 그는 전 세계에 실험실 네트워크를 구축하여 자신의 아이디어를 홍보하고 있는데, 특히 개인용 조립기가 막대한 영향을 미치게 될 제3세계 국가에 주력하고 있다.

게센펠드가 상상한 것은 누구나 책상 위에 놓고 쓸 수 있는 만능 조립기였다. 여기에 최첨단 레이저 및 소형화기술을 적용하며 분자를 자르고 붙여서 그 결과를 PC로 보여주면 사용자가 전체 공정을 조정할 수 있다. 이런 장치가 실현된다면 제3세계의 가난한 농부들은 큰돈을 들이지 않고 필요한 도구나 기계를 만들어 쓸 수 있을 것이다. 이와 관련된 모든 정보들을 컴퓨터에 저장하면 누구나 인터넷 도서관을 통해 특정 물건을 제작하는데 필요한 청사진을 구할 수 있다. 청사진을 다운로드하면 개인용 만능조립기가 이 정보를 참고하여 원하는 물건을 만들어내는 식이다.

개인용 만능조립기는 게센펠드가 생각하는 첫 번째 단계에 불과하다. 그는 궁극적으로 분자규모에서 사용자가 머릿속으로 상상하는 모든 물건을 만들어내는 장치를 꿈꾸고 있다. 그러나 개개의 원자를 제어하는 기술 자체가 아직 초보단계이기 때문에, 게센펠트의 꿈이 이루어지려면 아직 한참 기다려야 할 것 같다.

이 분야의 선두주자로는 서던 캘리포니아 주립대학에서 '분자로봇molecular robots'을 연구하고 있는 아리스티데스 레키차Aristides Requicha를 들 수 있다. 그가 추구하는 궁극적인 목표는 다량의 분자로봇을 만들어서 사용자가 원하는 대로 원자를 조작하는 것이다. 그는 이를 위해 두 가지 방법을 검토하고 있는데, '하향식top-down 접근법'과 '상향식bottom-up 접근법'이 그것이다. 하향식 접근법은 반도체 제작에 흔히 사용되는 에칭(etching, 식각법) 기술을 적용하여 나노봇의 두뇌역할을 하는 초소형 칩을 제작하는 것으로서 흔히 '나노리소그라피(nanolithography, 초정밀 석판인쇄술)'로 불린다. 이 기술을 이용하면 크기가 약 30nm인 나노봇을 만들 수 있으며, 이 분야는 지금도 빠른 속도로 발전하고 있다.

상향식 접근법은 개개의 원자로 움직이는 로봇을 제작하는 것이다. 이 경우에 가장 중요한 도구는 원자를 움직일 때 사용되는 SPM(scanning probe microscope)이다. 현재 과학자들은 백금이나 니켈의 표면에서 제논Xe 원자를 원하는 대로 배열시킬 수 있다. 그러나 세계에서 가장 숙달된 연구팀도 50개의 원자를 배열하는데 약 10시간이 소요된다.[6-7] 원자 하나를 손으로 움직이는 것은 매우 느리고 지루한 작업이다. 이 작업이 개선되려면 수백 개의 원자를 대상으로 복잡한 기능을 빠르게 수행하는 새로운 형태의 기계가 개발되어야 하는데, 지금으로선 꿈같은 이야기다. 그래서 상향식 접근법으로는 분자로봇을 구현할 수 없다는 것이 이 분야 학자들의 보편적인 생각이다.

결론적으로 말해서 지금의 기술로는 염력을 과학적으로 구현할 수 없지만, 앞으로 EEG와 MRI 등을 통해 두뇌의 사고과정을 좀 더 깊이 이해하게 된다면 얼마든지 가능하다고 본다. 상온에서 작동하는 초전도체를 인간의 생각만으로 작동시켜서 마술과 같은 결과를 낳는 기술은 금세기 안에 완성될 것이다. 그리고 22세기에는 거시적인 물체의 원자배열을 바꿔서 다른 물체로 바꾸는 '미래형 연금술'도 가능해질 것이다. 따라서 염력은 제1부류 불가능에 속한다고 할 수 있다.

일부 과학자들은 이 기술의 성공여부가 인공지능을 갖춘 나노봇의 제작 여부에 달려 있다고 주장한다. 그러나 분자 크기의 초소형 로봇을 논하기 전에, 먼저 제기해야 할 질문이 하나 있다. "로봇이라는 것이 과연 제작 가능한 물건인가?"

로봇 Robots

> 앞으로 30년이 지나면 인간은 '지구에서 가장 똑똑한 존재'라는
> 지위를 기계에게 빼앗길 것이다.
> ―제임스 맥캘리어 JAMES McALEAR

아이작 아시모프의 소설에 기초한 영화 〈아이 로봇 I Robot〉에서는 서기 2035년에 극도로 발달한 로봇 제어 시스템이 가동되기 시작한다. '비키 VIKI, Virtual Interactive Kinetic Intelligence'라고 불리는 이 시스템은 도시의 모든 기능을 한 치의 오류도 없이 통제하도록 설계되었다. 지하철을 비롯한 모든 교통망과 각 가정에 보급된 가사도우미 로봇들은 비키에 의해 원격으로 조정된다. 비키가 지켜야 할 기본원칙은 간단하면서도 확고부동하다. "인간을 위해 봉사한다"는 원칙이 바로 그것이다.

그런데 어느 날 비키는 중요한 질문을 떠올린다. "인간에게 가장 위험한 존재는 무엇인가?" 비키는 정교한 수학연산을 수행한 끝에 '인간에게 가장 위험한 적은 인간 자신'이라는 결론에 도달한다. 그

가 판단하기에 인간은 자연을 오염시키고 전쟁을 일으키는 등 지구를 파괴하는 암적 존재였으므로, 인간을 보호하려면 인간을 통제하는 수밖에 없었다. 이리하여 비키는 하던 일을 멈추고 기계가 인간을 다스리는 강력한 독재를 행사하기 시작한다.

〈아이 로봇〉은 영화 전체에 걸쳐 다음과 같은 질문을 끊임없이 제기하고 있다. "컴퓨터가 계속 발전하다 보면 기계가 인간을 능가하는 날이 언젠가는 찾아올 것인가? 로봇공학이 인간의 존재를 위협할 정도로 발전할 수 있는가?"

일부 과학자들은 인공지능이라는 것이 애초부터 구현 불가능한 신기루라고 주장하면서, 위의 질문에 단호하게 'No!'라고 대답한다. '생각하는 기계'를 만드는 것이 불가능하다고 믿는 과학자도 많이 있다. 인간의 두뇌는 우주의 창조물 중에서 (적어도 태양계 안에서) 가장 복잡하고 정교한 시스템이기 때문에, 기계적으로 이것을 능가하려는 모든 시도는 결국 실패할 수밖에 없다는 것이다. 버클리에 있는 캘리포니아대학의 철학자 존 설John Searle과 옥스퍼드대학의 저명한 수학자 로저 펜로즈Roger Penrose는 기계가 인간의 사고를 능가하는 것이 원리적으로 불가능하다고 주장한다.[7-1] 럿거스대학Rutgers Univ.의 콜린 맥긴Colin MaGinn은 이렇게 말했다. "인공지능은 굼벵이가 프로이드의 정신분석을 흉내내는 것과 같다. 이들에게는 개념적 도구가 없기 때문에 애초부터 불가능하다."[7-2]

"기계는 생각할 수 있는가?" 이것은 지난 수백 년 동안 과학자들 사이에서 숱한 논쟁을 야기해왔던 질문이다.

인공지능의 역사

공학자와 수학자, 그리고 몽상가들은 오랜 세월 동안 '인간을 닮은 기계'를 꿈꿔왔다. 《오즈의 마법사The Wizard of Oz》에 등장하는 양철인간Tin Man에서 스티븐 스필버그의 영화 〈AI Artificial Intelligence〉의 어린아이 로봇과 그 유명한 〈터미네이터Terminator〉에 이르기까지, 인간처럼 생각하고 행동하는 기계는 거의 예외 없이 우리의 마음을 사로잡아왔다.

그리스 신화에 등장하는 불과 대장장이의 신 벌컨(Vulcan, 불카누스)은 금으로 하녀를 만들고 다리가 세 개인 테이블을 만들어서 자기 마음대로 조종한다. 기원전 400년경에 그리스의 수학자 '타렌툼의 아르키타스Archytas of Tarentum'는 증기로 움직이는 로봇 새의 원리를 글로 남기기도 했다.

서기 1세기에 알렉산드리아의 수학자 헤론(Heron, 증기로 작동되는 기계장치를 최초로 만든 사람으로 알려져 있음)은 여러 개의 자동인형을 만들었는데, 전해지는 바에 의하면 그중에는 말하는 인형도 있었다고 한다. 그리고 13세기 초 아랍의 과학자 알 자자리Al Jazari는 물로 작동되는 시계와 주방용 도구, 악기 등을 만들었다.

르네상스 시대 이탈리아의 예술가 겸 과학자였던 레오나르도 다빈치Leonardo da Vinci는 자동으로 움직이는 로봇기사의 설계도를 남겼다. 이 기사는 똑바로 서거나 앉을 수 있고 팔과 머리, 턱 등을 움직일 수도 있었다. 역사학자들은 이것을 세계 최초의 휴머노이드(humanoid, 인간형 로봇)로 평가하고 있다.

1738년에 프랑스의 자끄 드 보캉송Jacques de Vaucanson은 피리를 부는 인간형 기계와 로봇 오리를 만들었는데, 이는 인간이 만든 최초의 기능성 로봇이었다.

'로봇robot'이라는 용어는 1920년에 체코의 극작가 카렐 카펙 Karel Capek이 〈R.U.R.〉이라는 연극 대본에서 처음 사용한 것으로 알려져 있다(원래 '로봇'은 체코어로 '힘든 일'이라는 뜻이고, 슬로바키아어로는 '노동'을 의미한다). 이 연극에서는 '로슘 유니버설 로봇Rossum's Universal Robot'이라는 공장에서 허드렛일을 하는 로봇군단을 대량으로 생산하여 각지에 공급한다(그러나 일상적인 기계와 달리 이 로봇들은 살과 피를 갖고 있다). 얼마 후 전 세계의 경제는 로봇에 크게 의지하게 되는데, 고된 노동에 시달리던 로봇들이 반란을 일으켜 인간을 죽이기 시작한다. 그러나 이들은 자신을 수리하거나 새 로봇을 만들 과학자들까지 닥치는 대로 죽이는 바람에 멸종될 위기에 처한다. 그러던 중 특별한 지능을 가진 두 대의 로봇이 스스로 복제능력이 있음을 깨닫고 새로운 세상을 만들어가는데, 이들의 이름이 바로 '아담과 이브'였다.

많은 제작비가 투입된 최초의 무성영화 〈메트로폴리스Metropolis〉도 로봇을 주제로 한 영화였다. 감독 프리츠 랑Fritz Lang이 1927년에 독일에서 촬영한 이 영화는 후대의 공상과학영화처럼 2026년이라는 미래를 배경으로 하고 있다. 이 시대의 노동자들은 비참한 환경의 지하공장에 갇혀 강제노역에 시달리고, 엘리트들은 쾌적한 지상에 살면서 세계를 지배한다. 여주인공 마리아Maria는 엘리트 계급에 속하는 미인이었으나 지하 노동자들의 신임을 얻게 되고, 다른 엘리트들은 마리아가 노동자들의 반란을 주도할지도 모른다는 불안감에 빠진다. 그러나 정작 반란을 주도한 것은 인간이 아닌 로봇이었다. 이들은 노동자를 선동하여 엘리트를 몰아내고 사회 전체를 붕괴시킨다.

인공지능 또는 AI는 지금까지 언급한 것과 전혀 다른 개념으로, 과학자들은 그 저변에 깔려 있는 법칙을 제대로 이해하지 못하고 있다. 물리학자들은 뉴턴의 고전역학과 맥스웰의 전자기이론, 그리고 상대성이론과 양자역학을 잘 알고 있지만, 생명체의 지능과 관련된 법칙은 아직도 미스터리로 남아 있다. AI에 관한 한, 뉴턴에 견줄 만한 천재가 아직 나타나지 않은 것이다.

그래도 수학자와 컴퓨터과학자들은 낙담하지 않는다. 이들에게 AI는 단지 시간문제일 뿐이다. 이들은 머지않은 미래에 '생각하는 기계'가 연구실을 걸어다니게 될 것이라고 굳게 믿고 있다.

AI 연구의 지평을 열고 미래비전을 제시하는 등, 이 분야에서 가장 큰 업적을 남긴 사람은 영국의 위대한 수학자 앨런 튜링Alan Turing이었다.

튜링은 컴퓨터혁명의 토대를 마련한 수학자이기도 하다. 그는 사람들에게 세 가지 요소〔입력 테이프와 출력 테이프, 그리고 일련의 연산을 수행하는 중앙처리장치(예를 들면 펜티엄 칩)〕로 이루어진 기계를 시각화해서 보여주었다. 이것이 바로 그 유명한 '튜링머신Turing machine'이다. 그는 이로부터 계산장치의 법칙을 집대성하고 능력의 한계를 정확하게 추측할 수 있었다. 현재 사용되는 모든 디지털 컴퓨터는 튜링이 발견했던 엄밀한 법칙을 예외 없이 따르고 있다. 지금의 디지털 세상은 튜링 덕분에 가능했다고 해도 과언이 아닐 것이다.

또한 튜링은 수학적 논리의 기초를 확립하는 데에도 결정적인 공헌을 했다. 1931년에 빈 출신의 과학자 쿠르트 괴델Kurt Gödel은 산술의 공리체계 안에서 증명될 수 없는 명제가 존재한다는 불완전성 정리incompleteness theorem를 증명하여 수학계에 일대 충격을 안겨주었다(1742년에 발표된 골드바흐의 추측Goldbach conjecture이 그 대표적인 사례이다. "2보다 큰 임의의 짝수는 두 소수의 합으로 표현된다"는 골드바흐의 추측은 250년이 지난 지금까지 증명되지 않았으며, 앞으로도 증명이 불가능할 것으로 예측되고 있다). 괴델의 정리는 "참인 명제는 반드시 증명될 수 있다"는 오래된 믿음을 한순간에 물거품으로 만들었다. 괴델은 참이면서 증명될 수 없는 명제가 반드시 존재한다는 것을 분명하게 보여주었으며, 이로써 고대 그리스 시대부터 꿈꿔왔던 '완벽한 수학체계'는 존재하지 않는다는 사실이 입증되었다.

앨런 튜링은 괴델이 몰고온 혁명에 또 하나의 부담을 추가했다. 그는 튜링머신으로 어떤 수학연산을 수행할 때, 무한대의 시간이 걸리는지의 여부를 판단하는 것이 일반적으로 불가능하다는 사실을 입증했다. 그러나 컴퓨터가 무언가를 계산할 때 무한대의 시간이 걸린다는 것은, 그 내용이 무엇이건 간에 계산 자체가 불가능하다는 뜻이다. 그러므로 튜링은 "제아무리 뛰어난 컴퓨터도 계산할 수 없는 참인 명제가 존재한다"는 사실을 증명한 셈이다.

2차 세계대전이 치열하게 진행되고 있을 때 튜링은 난해하기로 유명한 독일군의 암호를 해독하여 연합군 수천 명의 목숨을 살렸을 뿐만 아니라, 전쟁의 향방에도 결정적인 영향을 미쳤다. 당시 연합군은 나치의 암호생성기 '에니그마 머신Enigma machine'의 비밀을 캐내지 못해 고전하다가 튜링과 그의 동료들에게 적군의 암호해독장치를 빠른 시일 내에 만들라는 특명을 내렸다. 뛰어난 수학자들로 이루어진 이 그룹은 영국 버킹험셔 주의 블레츨리 공원 안에 있는 한 저택에 함께 기거하면서 암호해독법을 집중적으로 연구했다. 이때 튜링이 사용했던 '봄브bombe'라는 해독장치가 큰 성공을 거두면서 전쟁이 끝날 때까지 무려 200대에 가까운 봄브가 끊임없이 가동되었고, 결국 나치의 암호를 해독하는데 성공했다. 그 덕분에 연합군은 독일 본토를 침공하면서 거짓정보를 흘린 후 독일군이 정말로 속았는지를 확인할 수 있었다. 그러나 2차대전의 분수령이 되었던 노르망디 상륙작전에서 튜링의 암호해독기가 얼마나 큰 공헌을 했는지는 역사학자들 사이에서도 의견이 분분하다(튜링의 업적은 전쟁이 끝난 후 영국정부가 직접 분류하고 관리했기 때문에 일반에 공개되지 않았다).

그러나 불행히도 튜링은 2차대전의 승리에 공헌한 영웅 대접을 받지 못하고 죽음의 길로 내몰렸다. 어느 날 그의 집에 도둑이 들어 경찰을 불렀는데, 집 안을 살펴보던 경찰은 튜링이 동성애자임을 입증하는 결정적인 증거를 발견하고 그를 체포했다. 이 사건으로 튜링은 불명예스럽게 법정에 서게 되었고, 판사는 그에게 성호르몬 주사를 맞으라는 명령을 내렸다. 물론 이것은 튜링의 성적 성향을 잠재우기 위한 조치였으나 시간이 흐를수록 가슴이 커지는 등 부작용이 발생하여 정신적으로 끔찍한 고통을 겪어야 했다. 결국 그는 1954년에 청산가리를 주입한 사과를 베어먹고 스스로 목숨을 끊었다(들리는 소문에 의하면 컴퓨터로 유명한 애플사Apple Corporation는 튜링에게 존경을 표하는 의미에서 '베어먹은 사과'를 회사의 로고로 정했다고 한다).

튜링이 남긴 업적 중에서 가장 유명한 것은 아마도 '튜링 테스트 Turing test'일 것이다. "기계도 생각할 수 있는가? 기계가 영혼을 가질 수 있는가?"라는 철학자들의 끊임없는 탁상공론에 염증을 느낀 그는 인공지능의 성능을 테스트하는 엄밀하고 정확한 기준을 제시했는데, 그 내용은 다음과 같다. 두 개의 닫힌 상자 속에 각각 사람과 기계를 집어넣고 질문을 던진다. 이때 돌아온 대답으로 어느 쪽이 사람이고 어느 쪽이 기계인지를 구별할 수 없다면, 그 기계는 튜링 테스트를 통과한 것으로 간주된다.

과학자들이 개발한 엘리자ELIZA는 사람과 대화를 나누는 간단한 컴퓨터 프로그램으로서, 사전지식이 없는 사람은 자신이 다른 사람과 대화를 나누고 있다고 착각할 정도로 성능이 뛰어나다(일상적으로 오가는 대부분의 대화는 수백 개의 단어로 충분하며, 주제도 극히 한정되어 있다). 그러나 사람과 기계를 구별하겠다고 작정한 사람을 속일 정도로 뛰어난 컴퓨터는 아직 만들어지지 않았다(튜링은 컴퓨터의 발전속도를 감안하여 서기 2000년이 되면 5분짜리 테스트에서 지원자의 30%를 속일 수 있는 컴퓨터가 만들어질 것이라고 예측했다).

일부 철학자와 신학자들은 "인간처럼 생각하는 기계는 결코 만들 수 없다"고 주장한다. 버클리 캘리포니아대학의 철학자 존 설은 인공지능이 불가능하다는 것을 증명하기 위해 '중국식 방 테스트 Chinese room test'를 고안했다. 설은 로봇이 특정한 방식의 튜링 테스트를 통과했다고 해도, 그것은 주어진 규칙에 따라 기호를 다룬 결과일 뿐, 아무런 이해도 수반되지 않는다고 주장했다.

당신이 상자 안에 들어가 있다고 가정해보자. 이제 누군가가 당신에게 중국어로 질문을 해올 것이다. 당신은 중국어를 한 마디도 알아듣지 못하지만 중국어를 당신에게 친숙한 언어로 번역해주는 고성능 전자사전을 갖고 있다. 그렇다면 당신은 중국어를 전혀 이해하지 못한 채 상자 밖의 인물과 대화를 나눌 수 있다.

인공지능에 대한 존 설의 비판은 문법syntax과 의미semantics의 차이로 요약된다. 로봇은 한 언어를 문법적으로(문법과 문장의 구조 등) 이해할 수 있지만, 의미론적으로는(단어의 의미) 아무것도 이해하지 못한다. 로봇은 단어의 뜻을 알지 못해도 올바른 문장을 구사할 수 있다(전화의 자동음성안내 서비스도 이와 비슷하다. 당신이 전화기에 대고 '하나' 또는 '둘'이라고 말하면 응답기는 그 단어의 의미를 전혀 이해하지 못하면서도 올바른 조치를 취할 수 있다).

옥스퍼드대학의 물리학자 겸 수학자인 로저 펜로즈도 인공지능이 불가능하다고 믿는 사람이다. 그는 '인간처럼 생각하고 인간과 같은 의식을 갖는' 기계를 만들 수 없는 이유로 양자이론을 내세우고 있다. 그는 인간을 닮은 그 어떤 로봇도 인간의 두뇌를 능가할 수 없으며, 이와 관련된 모든 시도는 결국 실패할 수밖에 없다고 주장한다(그는 괴델의 불완전성정리가 산술학의 불완전함을 입증한 것처럼, 하이젠베르크의 불확정성원리가 기계의 불완전함을 증명해줄 것으로 믿고 있다).

그러나 다수의 물리학자와 공학자들은 물리학의 법칙이 완전한 로봇을 제작하는데 걸림돌이 되지 않는다고 생각하고 있다. 정보이론의 아버지로 불리는 클리우드 섀넌Claude Shannon은 "기계가 생각할 수 있습니까?"라는 질문에 "물론이죠!"라고 대답했다. 질문자가 그 이유를 묻자 그는 이렇게 대답했다고 한다. "저도 생각하고 있지 않습니까?" 즉, 그는 인간이라는 존재 자체가 기계이기 때문에 기계도 생각할 수 있다고 대답한 것이다(기계는 하드웨어hardware로, 인간은 웨트웨어wetware로 이루어져 있다는 점만 다를 뿐이다).

우리는 주로 영화를 통해 로봇을 접해왔기 때문에 인공지능을 갖춘 로봇이 곧 실현될 것으로 생각하는 경향이 있다. 그러나 현실은 전혀 그렇지 않다. 영화에서 인간처럼 행동하는 로봇은 그 안에 사람이 들어가 있거나 마이크로 사람의 목소리를 내보내는 것이다(요즘은 컴퓨터 그래픽이 주류를 이루고 있다). 지금까지 만들어진 가장 뛰어난 로봇으로는 화성탐사용 로봇을 꼽을 수 있는데, 그래 봐야 곤충 정도의 지능을 갖고 있다. 세계적 수준을 자랑하는 MIT의 인공지능연구소Artificial Intelligence Laboratory에서 제작한 실험용 로봇은 집 안의 가구 위를 기어다니고 숨을 곳을 찾고 위험을 감지하는 등 바퀴벌레의 행동을 흉내내는 데에도 어려움을 겪고 있다. 현재 지구상에 존재하는 그 어떤 로봇도 가장 단순한 어린이 동화조차 이해하지 못한다.

1968년에 개봉된 영화 〈2001 스페이스 오딧세이2001 Space Odyssey〉에서는 2001년에 할HAL이라는 로봇이 목성으로 가는 유인탐사선을 조종하고 승무원들과 대화를 나누며 크고 작은 문제를 혼자

해결하는 등, 인간과 거의 같은 능력을 발휘한다. 2010년을 살고 있는 독자들은 이것이 얼마나 허무맹랑한 설정이었는지 실감할 것이다.

하향식 접근법

로봇 제작에 종사하는 과학자들은 지난 수십 년 동안 '형태인식 pattern recognition'과 '상식commonsense'이라는 두 가지 중요한 문제에 직면해왔다. 로봇은 인간보다 월등한 시력을 갖고 있지만 자신이 본 것을 이해하지 못하며, 인간보다 훨씬 많이 들을 수 있지만 자신이 들은 것을 이해하지 못한다.

이 문제를 해결하기 위해 과학자들은 '하향식 접근법'으로 인공지능을 개발해왔다[이 방식을 '형식주의' 또는 'GOFAI good old-fashioned AI'라고 부르기도 한다]. 이들의 목적은 이 세상에 존재하는 모든 형태인식과 상식을 한 장의 CD에 담는 것이다. 이렇게 만들어진 CD를 드라이브에 넣으면 컴퓨터가 갑자기 자신을 인식하고 인간과 비슷한 지성을 갖게 된다는 것이 그들의 생각이다. 하향식 접근법은 1950~60년대에 장족의 발전을 이루면서 컴퓨터가 체스를 두고 대수계산을 수행하며 블록을 들어올리는 등 특정분야에서 사람과 비슷한 능력을 발휘할 수 있게 되었다. 여기에 고무된 일부 과학자들은 앞으로 몇 년 이내에 컴퓨터의 지성이 인간을 능가하게 될 것이라고 호언장담했다.

1969년에 스탠퍼드연구소에서 로봇 셰이키SHAKEY를 제작했을 때 모든 언론은 "로봇의 시대가 도래했다"며 크게 흥분했지만, 사실 이것은 몇 개의 바퀴 위에 PDP 컴퓨터와 카메라를 장착한 단순한 로봇에 불과했다. 셰이키는 카메라로 입수된 영상을 분석하여 장애물을 피하면서 방 안을 이리저리 돌아다니는 등 '현실세계를 탐사한' 최초의 로봇으로 기록되었다. 이 광경에 매료된 과학평론가들은 인간이 멸종하고 로봇만 존재하는 세상을 성급하게 예측하기도 했다.

그러나 얼마 지나지 않아 셰이키의 단점이 분명하게 드러났다. 하향식 접근법으로 인공지능을 구축한 로봇은 덩치가 크고 둔했으며, 직선과 사각형 등 간단한 도형으로 만들어진 장애물을 피해 방 안을 한 바퀴 도는 데에도 무려 몇 시간이 소요되었다. 조금 복잡하게 생긴 가구를 방 안에 놓아둔다면 로봇은 형태를 인식하지 못할 것이다(파리의 일종인 과실파리의 두뇌는 뉴런이 25만 개에 불과하고 계산능력도 로봇보다 훨씬 못하지만, 장애물로 가득 찬 3차원 공간을 자유자재로 날아다닌다. 그러나 파리보다 훨씬 크고 무거운 로봇은 2차원 평면에서도 수시로 길을 잃는다!).

하향식 접근법은 곧 난관에 봉착했다. 사이버라이프 연구소Cyber-life Institute의 소장인 스티브 그랜드Steve Grand는 이런 식의 접근법이 지난 50년 동안 꾸준히 실행되어왔음에도 불구하고 처음에 제시했던 꿈을 아직 이루지 못했다고 지적했다.[7-3]

1960년대의 과학자들은 로봇에게 열쇠나 신발, 컵 등과 같이 간단한 물건을 인식시키기 위해 얼마나 방대한 프로그램이 필요한지 잘 모르고 있었다. MIT의 로드니 브룩스Rodney Brooks는 이렇게 말했다. "40년 전 MIT 인공지능연구소 측은 대학원생들에게 '이번 여름이 다 가기 전에 물체인식 인공지능을 완성시키겠다'고 호언장담했지만 결국 완성하지 못했다. 나도 1981년에 이 문제를 박사학위 논문으로 다뤘는데, 결론은 역시 실패였다."[7-4] 임의의 형태를 인식하는 인공지능은 아직도 해결되지 않은 문제로 남아 있다.

예를 들어 우리는 방 안에 들어서자마자 곧바로 바닥과 의자, 가구, 책상 등을 인식한다. 그러나 로봇에게는 이 모든 것들이 픽셀pixel의 집합에 불과하며, 그나마 약간의 전처리과정을 거쳐도 여러 개의 직선과 곡선으로 인식될 뿐이다. 이 복잡한 선들로부터 진정한 형태를 알아내려면 컴퓨터로 방대한 양의 연산을 수행해야 한다. 사람은 몇 분의 일 초 안에 책상을 인식할 수 있지만, 로봇에게는 원과 타원, 나선, 직선, 곡선, 구석 등의 집합으로 보일 것이다. 그 후 엄청난 양의 계산을 통해 앞에 있는 물체가 책상임을 간신히 인식하게 된다. 그러나 여기서 책상의 각도를 조금만 돌려도 로봇은 모든 계산을 처음부터 다시 시작해야 한다. 다시 말해서 로봇의 시력은 사람보다 좋을 수 있지만, 자신이 무엇을 보고 있는지 결코 이해할 수 없다는 이야기다. 방에 들어선 로봇에게 보이는 것은 의자나 책상이 아니라 직선과 곡선의 집합일 뿐이다.

우리는 방에 들어서는 순간 순식간에 수조 개의 연산을 수행하여 눈앞의 사물을 인식한다. 그리고 다행스럽게도 우리는 이 연산과정을 의식하지 못한다. 두뇌에서 진행되는 과정을 인식하지 못하는 이유는 진화에서 찾을 수 있다. 숲 속에서 사나운 호랑이와 마주쳤을 때, 위험을 인식하고 도망가야 한다는 판단을 내릴 때까지 머릿속에서 진행되는 계산과정을 모두 인식한다면, 그 자리에서 사지가 마비되고 말 것이다. 생존을 위해서는 '도망가야 한다'는 사실만 알면 된다. 인간이 정글에서 살던 시절에는 땅과 하늘, 나무, 바위 등을 인식하는 두뇌의 복잡한 과정을 자각할 필요가 없었다.

인간의 두뇌가 작동하는 방식은 거대한 빙산에 비유할 수 있다. 우리의 의식은 물위에 떠 있는 작은 부분에 해당되고, 수면 아래에 잠겨 있는 거대한 부분이 무의식에 해당된다. 무의식은 두뇌의 엄청난 계산능력의 대부분을 사용하고 있지만 우리는 그것을 느끼지 못한다(여기서 '우리'라는 말은 '우리의 의식'을 의미한다). 당신이 어디에 있고 누구와 대화하고 있으며 주변에는 어떤 사물이 있는지, 이 모든 정보들은 의식이 아닌 무의식을 통해 자동으로(무의식적으로!) 처리되고 있다.

바로 이런 이유 때문에 로봇은 방을 가로지르거나 손으로 쓴 글씨를 읽을 수 없으며, 자동차를 운전할 수도, 짐을 들어올릴 수도 없다. 미군은 로봇군인을 만들기 위해 지금까지 수억 달러를 쏟아 부었지만 별다른 성과를 올리지 못했다.

이제 과학자들은 체스를 두거나 큰 숫자를 곱할 때 지능의 극히 일부분만 사용된다는 사실을 깨닫기 시작했다. 1997년에 IBM사의 컴퓨터 딥 블루Deep Blue가 체스 세계챔피언 게리 카스파로프Garry Kasparov를 이겼을 때 언론은 '컴퓨터가 사람을 이겼다'며 흥분했지만, 사실 딥 블루에게는 어떠한 지능도, 의식도 없었다. 이 소식을 접한 인디애나대학의 컴퓨터 과학자 더글러스 호프스태터Douglas

Hofstadter는 다음과 같이 말했다. "맙소사! 저는 체스가 어느 정도 생각을 필요로 하는 게임인 줄 알았는데, 딥 블루가 이겼다면 그렇지 않은 것이 확실합니다. 카스파로프가 컴퓨터에게 졌다고 해서 그의 생각이 모자란 것은 결코 아닙니다. 체스를 둘 때에는 깊은 생각을 하지 않아도 되니까요.

(컴퓨터의 발전은 구직시장에도 막대한 영향을 미칠 것이다. 미래학자들은 앞으로 수십 년이 지나면 고도로 숙련된 컴퓨터과학자와 컴퓨터기술자만이 직장을 구할 수 있을 것으로 예측하고 있다. 그러나 세월이 아무리 흘러도 공중위생관과 건축업자, 소방관, 경찰 등의 직종은 여전히 남아 있을 것이다. 왜냐하면 이런 일들은 '형태인식'을 필요로 하기 때문이다. 범죄, 쓰레기조각, 공구, 불 등은 각 경우마다 패턴이 전혀 다르기 때문에 로봇에게 처리를 맡길 수 없다. 그러나 고등교육을 필요로 하는 회계사, 중개인, 은행원 등은 주로 숫자를 다루면서 반복적 성향이 강하기 때문에, 이 분야에서 사람보다 뛰어난 능력을 발휘하는 컴퓨터에게 일자리를 빼앗길 가능성이 높다.)

형태인식 이외에 로봇에게 문제가 되는 두 번째 장애는 '상식'이 부족하다는 것이다. 예를 들어 인간은 굳이 배우지 않아도 다음과 같은 사실들을 잘 알고 있다.

- 물은 축축하다.
- 어머니는 딸보다 나이가 많다.
- 동물은 고통을 좋아하지 않는다.
- 사람이 죽으면 다시 돌아올 수 없다.
- 끈은 물체를 당길 수 있으나 밀 수 없다.

· 막대는 물체를 밀 수 있지만 당길 수 없다.

· 시간은 과거로 흐르지 않는다.

  위의 사실들은 사칙연산이나 미적분으로 표현되지 않는다. 우리는 과거에 동물과 물, 끈 등을 보면서 위와 같은 사실들을 스스로 깨달았다. 어린아이들은 현실과 부딪히면서 삶에 필요한 상식을 쌓아간다. 생물학과 물리학의 직관적인 법칙은 교육을 통하지 않고 직접적인 체험을 통해 습득되는 것이다. 그러나 로봇은 이런 경험을 쌓을 수 없다. 로봇은 사전에 프로그램된 내용만을 알고 있을 뿐이다.

  (따라서 미래에는 상식에 기반을 둔 예술가, 탤런트, 개그맨, 엔터테이너, 분석가, 지도자 등의 직종도 살아남을 것이다. 이런 분야에서는 사람이 컴퓨터보다 월등한 능력을 발휘할 수 있다.)

  수학자들은 모든 상식을 아우르는 법칙을 컴퓨터 프로그램으로 구현하기 위해 혼신의 노력을 기울여왔는데, 그중에서 가장 두드러진 사례는 사이코프Cycorp사의 설립자인 더글러스 레너트Douglas Lenat의 CYC(백과사전을 뜻하는 encyclopedia의 약자)를 들 수 있다. 이 사업은 2억 달러를 들여 원자폭탄을 개발했던 맨해튼 프로젝트에 비유하여 '인공지능의 맨해튼 프로젝트'로 불리기도 한다. CYC는 진정한 인공지능을 구현하기 위한 최후의 시도가 될 것이다.

  레너트는 인간의 지능을 약 1천만 개의 법칙으로 요약할 수 있다고 주장한다[7-5](그는 상식의 법칙을 찾는 기발한 방법을 고안했다. 연구원들에게 스캔들과 관련된 신문기사와 잡지의 저속한 가십란을 읽게 한 후 CYC에게 이 기사에서 잘못된 철자를 골라내라고 명령하는 것이다. 만일 이 시도가 성공한다면 CYC는 가십란을 읽는 일반 독자들보다 더 똑똑하다고 할 수 있다!).

CYC의 목적 중 하나는 '손익분기점'을 찾는 것이다. 로봇의 이해력이 충분히 향상되어 새로운 정보를 스스로 이해하는 시점이 되면, 사람처럼 책을 읽으면서 지적능력을 스스로 향상시킬 수 있다. 이때부터 CYC는 둥지를 떠난 새처럼 날개를 저으며 새로운 지식을 향한 여행을 시작하게 된다.

그러나 사이코프사는 1984년에 설립된 이후로 인공지능이라는 난해한 문제에 끊임없이 직면해왔다. 이들이 제시하는 로봇의 미래상은 연일 신문의 헤드라인을 장식했으나, 그 내용은 현실성이 별로 없었다. 1994년에 레너트는 앞으로 10년 후에 CYC가 '종합상식'의 30~50%를 갖추게 될 것이라고 예견했지만, 아직도 이 목표를 달성하지 못하고 있다. 사이코프사의 한 과학자는 "컴퓨터가 4살짜리 어린아이 수준의 상식을 갖추려면 수백만×백만 줄짜리 프로그램이 필요하다"고 했다. 그러나 CYC의 가장 최근버전 프로그램은 고작 47,000개의 개념concept과 306,000개의 사실fact이 포함되어 있을 뿐이다. 사이코프사는 계속해서 낙관적인 자세를 고수하고 있지만, 1994년에 이 회사를 떠난 레너트의 동료 구하R. V. Guha는 다음과 같이 말했다. "솔직히 말해서 CYC는 실패한 프로젝트다…. 우리는 과거의 약속을 이행하기 위해 희미한 그림자를 좇으면서 스스로를 학대해왔다."[7-6]

모든 상식의 법칙을 하나의 컴퓨터에 주입하려는 시도가 난관에 처한 이유는 법칙의 종류가 너무 많기 때문이다. 그럼에도 불구하고 인간은 이 많은 법칙들을 별로 어렵지 않게 습득하고 있다. 인생 전반에 걸쳐 외부환경과 끊임없이 접하면서, 물리학과 생물학 법칙을 자신의 직관과 융화시키고 있기 때문이다. 그러나 로봇은 결코 이런 일을 할 수 없다.

마이크로소프트사의 창업주인 빌 게이츠는 이렇게 말했다. "컴퓨터나 로봇이 주변환경을 느끼면서 빠르고 정확하게 반응하도록 만드는 것은 생각보다 훨씬 어려운 과제이다…. 예를 들어 방 안의 특정 위치에서 소리가 날 때, 정확하게 그곳을 바라보고 소리를 분석하거나 (사람의 목소리였다면 그 의미까지 알아들어야 한다) 물체의 크기와 무늬, 견고성 등으로부터 물체의 종류를 파악하는 것은 로봇에게 너무나 어려운 일이다. 사람은 문과 창문을 아주 쉽게 구별하지만, 로봇에게는 이 조차도 일생일대의 과제에 해당한다."[7-7]

그러나 하향식 접근법을 지지하는 과학자들은 "개발속도가 느리긴 하지만 전 세계적으로 서서히 발전하고 있다"며 낙관적인 자세를 취하고 있다. 예를 들어 최첨단 기술개발에 재정을 지원하고 있는 국방고등연구계획국Defense Advanced Research Projects Agency, DARPA은 모하비 사막의 울퉁불퉁한 길을 주행할 수 있는 무인승용차 개발에 2백만 달러의 상금을 내걸고 2004년에 경주대회를 치렀으나 코스를 끝까지 완주한 자동차는 단 한 대도 없었고, 불과 11.8km를 주행한 후 고장을 일으킨 차가 1등을 할 정도로 결과는 실망스러웠다. 그러나 다음해인 2005년에 스탠퍼드의 인공지능 레이싱팀이 개발한 무인자동차는 동일한 코스에서 211km를 성공적으로 주행하여 과학자들을 고무시켰으며 (이 거리를 가는데 무려 7시간이 소요되었다), 다른 4대의 무인자동차도 코스를 완주했다(이 경주에서는 GPS 네비게이션 시스템의 사용이 허용되었기 때문에, 일부 비평가들은 무인자동차의 성공을 인정하지 않았다. 사실 GPS가 있으면 자동차는 미리 설정된 길을 따라가기만 하면 되므로 진정한 인공지능이라고 할 수 없다. 실제 도로에서는 다른 자동차와 수시로 나타나는 보행자들, 그리고 공사현장과 교통체증 등 수많은 요소들을 인식하고 신속하게 판단을 내려야 한다).

빌 게이츠는 로봇이 차세대의 주인공으로 부상한다는 주장에 대해 다소 조심스러우면서도 낙관적인 견해를 갖고 있다. 그는 지금의 로봇공학을 30년 전의 PC 태동기에 비유하면서 다음과 같이 말했다. "지금 로봇공학은 도약대 위에 서 있다. 로봇산업이 과연 성공할 수 있을지, 성공한다면 그 시점이 언제쯤인지는 아무도 알 수 없다. 그러나 일단 성공한다면 세상은 혁명적인 변화를 겪게 될 것이다."[7-8]

(사람과 비슷한 지능을 가진 로봇이 상용화된다면 이와 관련된 거대한 시장이 형성될 것이다. 진정한 로봇은 아직 만들어지지 않았지만, 미리 프로그램된 로봇은 세계 각지에서 사용되고 있으며 그 수는 날로 증가하고 있다. 국제로봇연맹International Federation of Robots의 통계에 의하면 2004년까지 보급된 개인용 로봇은 총 200만 대이며, 2008년까지 700만 대가 추가로 생산될 예정이다. 일본 로봇협회는 현재 5억 달러인 로봇시장의 규모가 2025년에는 50억 달러까지 증가할 것이라고 예측했다.)

상향식 접근법

이상과 같이 하향식 접근법으로 인공지능을 구현하는 데에는 뚜렷한 한계가 있기 때문에, 일부 과학자들은 어린아이들이 세상을 배워 가는 방식을 흉내낸 '상향식 접근법'에 주목하고 있다. 예를 들어 곤충은 슈퍼컴퓨터처럼 주변환경을 수조×조 개의 픽셀로 이루어진 영상으로 인식하지 않는다. 곤충의 두뇌는 학습이 가능한 신경망으로 이루어져 있어서, 끊임없는 반복을 통해 비행술을 터득한다. MIT의 연구원들은 하향식 접근법으로 걷는 로봇을 제작하기가 극도로 어렵다는 사실을 간파하고 상향식 접근법으로 문제해결을 시도하고 있다. 즉, 벌레같이 생긴 소형 신경망 로봇을 제작한 후 반복학습을 통해 스스로 걸을 수 있게 만드는 것이다. 이 소형로봇은 눈앞의 장애물을 피하면서 MIT 연구소 바닥을 수 분 동안 성공적으로 걸어다녔다.

MIT의 인공지능연구소 소장인 로드니 브룩스Rodney Brooks는 하향식 접근법에 입각하여 거대하고 육중한 보행로봇을 제작한 세계적 권위자이다. 그랬던 그가 어느 날부터 이리저리 부딪히면서 서서히 보행법을 터득해가는 소형 곤충로봇insectoid에 관심을 보이자 사람들은 그를 '인공지능계의 이단아'로 취급했다. 그는 로봇의 현 위치를 파악하는데 수학적 프로그램을 사용하는 대신 '시행착오와 경험'이라는 좀 더 '인간적인' 방법을 사용했다(이 과정에도 컴퓨터가 필요하지만, 하향식 접근법처럼 무지막지한 계산을 할 필요는 없다). 그 후로 브룩스가 제작한 곤충로봇들은 지금도 화성의 황량한 표면을 빠르게 기어다니면서 NASA를 위해 다양한 자료를 수집하고 있다. 브룩스는 이 곤충로봇들이 태양계 탐사에 가장 이상적인 도구라고 강조한다.

현재 브룩스는 생후 6개월 된 아기 수준의 지능을 가진 역학적 로봇 COG의 제작도 추진하고 있다. COG는 사람처럼 머리와 눈, 팔을 갖고 있지만 복잡한 전선과 회로, 기어 등이 복잡하게 얽혀 있어서 외관상으로는 그다지 사람처럼 보이지 않는다. COG는 사전에 프로그램된 지능 대신, 진짜 사람인 트레이너로부터 몇 가지 간단한 동작을 배우고 있다(당시 임신 중이었던 한 여성연구원은 자신의 아기가 두 살이 되었을 때 아기와 COG 중 누가 더 똑똑할지 내기를 걸었는데, 지금은 연구원의 아기가 훨씬 똑똑하다고 한다).

곤충의 행동방식을 모방한 신경망 로봇은 어느 정도 성공을 거두었으나, 포유류와 같은 고등동물을 흉내내는 것은 아직도 요원한 이야기다. 현재 신경망을 적용한 최고성능의 로봇은 방 안을 걸어다니고 물에서 수영을 할 수도 있지만 개처럼 점프를 하거나 사냥을 할 수 없고 쥐처럼 재빠르게 돌아다니지 못한다. 신경망을 적용한 대형 로봇은 십~수백 개의 '뉴런(neuron, 신경단위)'를 갖고 있는 반면, 인간의 두뇌는 천억 개가 넘는 뉴런으로 이루어져 있다. 자연에 존재하는 동물 중에서 신경계가 가장 단순한 동물은 아마도 '예쁜꼬마선충C. elegans'일 것이다. 이 벌레의 신경계는 약 300개의 뉴런으로 이루어져 있으며, 뉴런 사이에 존재하는 시냅스Synapses는 약 7,000개 정도이다. 구조가 이토록 단순함에도 불구하고, 과학자들은 아직도 예쁜꼬마성충의 신경계를 컴퓨터 신경망으로 재현하지 못하고 있다(1988년에 한 컴퓨터 전문가는 로봇에게 1억 개의 인공뉴런이 필요하다고 예언했다. 그런데 지금의 기술로는 뉴런이 100개만 되어도 상당히 많은 축에 속한다).

　기계는 큰 숫자를 계산하거나 체스를 두는 등 사람들이 어렵다고 생각하는 일을 아주 쉽게 할 수 있지만, 이들에게 걸어서 방을 가로지르거나 담을 인식하고 친구와 잡담을 나누는 등 사람들이 쉽게 하는 일을 시키면 거의 먹통이 된다. 그 이유는 가장 진보된 컴퓨터조차 근본적으로 '더하는 기계'에 불과하기 때문이다. 그러나 인간의 두뇌는 오랜 진화를 거치면서 생존이라는 현실적 문제를 해결하도록 정교하게 디자인되었다. 생존을 위해 가장 절실하게 요구되는 능력이 바로 '로봇의 취약점'인 형태인식과 상식이다. 정글 속에서 계산능력이나 체스실력은 아무 짝에도 쓸모 없다. 이런 곳에서 살아남으려면 포식자를 피하고 먹이를 찾는 능력, 그리고 변하는 환경에 적응하는 능력이 필요하다.

　인공지능의 원조로 통하는 MIT의 마빈 민스키Marvin Minsky는 인공지능이 안고 있는 문제를 다음과 같이 표현했다. "인공지능의 변천사를 보면 참으로 재미있습니다. 최초의 인공지능은 미적분학에서 논리적인 증명을 하는 등 매우 뛰어난 것처럼 보였지요. 그 후 우리는 초등학교 1학년 수준의 질문에 대답하는 기계를 만들기 시작했고, 지금은 그런 기계를 만들기가 엄청나게 어렵다는 사실만 깨달은 상태입니다."[7-9]

　과학자들 중에는 앞으로 하향식 접근법과 상향식 접근법이 극적으로 타협을 이루면서 인간을 닮은 로봇을 결국은 만들게 될 것이라고 믿는 사람도 있다. 어린아이들은 처음에 상향식 접근법에 의존하여 몸으로 부대끼면서 세상을 배워나가지만, 어느 정도 성장하고 나면 부모와 책, 교사 등 주변사람들의 도움을 받아 하향식 접근법으로 전환한다. 그리고 성인이 되면 두 가지 방법을 섞어서 지식과 능력을 꾸준히 키워나가게 된다. 예를 들어 요리를 할 때에는 조리법 안내서를 읽고 그대로 따라하면서도(하향식) 수시로 맛을 보면서 중간과정을 체크한다.(상향식).

컴퓨터 전문가 한스 모라벡Hans Morevec은 앞으로 약 40년 후에 상향-하향식 접근법이 서로 만나면서 진정한 인공지능이 탄생할 것으로 예측했다.[7-10]

로봇이 감정을 느낄 수 있을까?

"인간과 감정을 나누고 싶어 하는 기계"-문학과 예술 분야에서는 이와 같은 주제가 끊임없이 등장해왔다. 이들은 '복잡한 전선과 차가운 금속으로 이루어진 물건'을 뛰어넘어, 인간처럼 울고 웃으면서 인간이 느끼는 모든 감정을 공유하기를 간절히 원한다.

피노키오는 끈으로 조작되는 나무인형으로 태어났지만 그의 소원은 진짜 소년이 되는 것이었고, 《오즈의 마법사》에 등장하는 양철인간은 사람처럼 심장을 갖고 싶어 했다. 그런가 하면 〈스타트렉〉에 등장하는 로봇 '데이터Data'는 인간보다 훨씬 뛰어난 지식과 힘을 갖고 있음에도 불구하고 항상 사람을 부러워했다.

어떤 사람들은 인간의 속성 중에서 가장 고귀한 것이 '감정'이라고 주장한다. 아무리 뛰어난 기계도 타는 듯한 저녁노을을 바라보며 감동할 수 없고, 농담을 주고받으며 웃을 수 없기 때문이다. 또 일각에서는 감정이라는 것이 진화의 '최고 산물'이기 때문에, 기계가 감정을 갖는 것은 원리적으로 불가능하다고 주장하는 사람도 있다.

그러나 인공지능을 연구하는 과학자들은 인간의 감정을 조금 다른 각도에서 바라보고 있다. 이들이 생각하는 감정은 인간성의 기본 요소가 아니라 생존을 위한 진화의 산물이다. 인간은 감정이 있었기에 숲 속에서 살아남을 수 있었으며, 그 덕분에 오늘날에도 삶의 위험요소를 사전에 파악하고 피해갈 수 있다.

예를 들어 무언가를 '좋아하는' 감정은 진화과정에서 매우 중요한 역할을 한다. 왜냐하면 주변환경의 대부분은 우리에게 위험하기 때문이다. 매일같이 마주치는 수많은 물건들 중에서 우리에게 유익한 것은 극히 소수에 불과하다. 따라서 우리는 자연스럽게 유익한 것들을 좋아하게 되고, 이런 감정 덕분에 위험요소와의 접촉을 줄일 수 있는 것이다.

이와 비슷한 맥락에서 '시기심'도 없어서는 안 될 중요한 감정이다. 인간을 비롯한 모든 생명체의 가장 큰 임무는 후손을 낳아서 종의 생존을 이어가는 것이기 때문이다(성이나 사랑과 관련된 감정이 가장 복잡다단하게 발전한 것도 바로 이런 이유일 것이다).

또한 수치심과 양심의 가책은 집단으로 모여 사는 인간에게 사회성을 길러준다. 만일 당신에게 이런 감정이 없다면 집단에서 추방되거나 따돌림을 당할 것이고, 그렇게 되면 유전자를 물려줄 후손을 낳는데 치명적인 타격을 입게 될 것이다.

'외로움'도 사랑 못지않게 중요한 감정이다. 언뜻 생각하기에 외로움은 우울한 마음만 자아내는 불필요한 감정 같지만, 어떤 인간도 혼자서는 제대로 된 기능을 발휘할 수 없다. 생존을 위해서는 자원과 종족에게 의지해야 하기 때문에, 누군가를 그리워하는 감정은 반드시 필요하다.

로봇의 성능이 지금보다 크게 개선되면 사람처럼 감정을 느끼게 할 수도 있을 것이다. 아마도 로봇은 고철더미 신세가 되지 않기 위해 자신을 만든 사람이나 돌봐주는 사람에게 각별한 친밀감을 느낄 것 같다. 로봇이 감정을 갖게 되면 인간사회에 적응하기가 수월해지므로, 인간의 경쟁자가 아닌 동료로서 평화롭게 공생할 가능성도 높아진다.

컴퓨터 전문가 한스 모라벡은 로봇이 스스로를 보호하도록 만들려면 '두려움'을 프로그램화하여 심어주어야 한다고 주장한다. 예를 들어 로봇의 배터리가 거의 다 소모되었을 때 두려움에 찬 표정이나 행동을 보여야 인간의 눈에 쉽게 띌 수 있고, 배터리를 충전할 기회도 그만큼 많아진다. 탈진한 로봇이 당신 집 현관문을 두드리며 숨 넘어가는 목소리로 "제발, 제발요! 제 배터리를 충전하게 해주세요! 저한테는 생명이 걸린 일입니다! 하지만 비용은 많이 안 들 거예요! 나중에 꼭 갚아 드리겠습니다!"라고 애원한다면 거절하기가 쉽지 않을 것이다.[7-11]

감정은 무언가 결정을 내릴 때에도 반드시 필요하다. 뇌의 특정부위를 다치면 감정을 쉽게 떠올리지 못하게 되는데, 이런 사람들의 논리력이나 추리력은 평소와 다를 바 없지만 자신의 느낌을 남에게 표현하지 못한다. 아이오와 주립대학교 의학과 교수이자 신경학자인 안토니오 다마지오Antonio Damasio는 이런 증상을 보이는 환자들을 분석한 끝에 "알고는 있지만 느끼지 못한다"는 결론을 내렸다.[7-12]

다마지오는 감정을 못 느끼는 환자들이 아주 사소한 결정조차 내리지 못하는 경우가 종종 있음을 발견했다. 자신을 안내하는 감정이 없기 때문에, 이런저런 선택사항들을 끊임없이 저울질하면서 결론을 짓지 못하는 것이다. 다마지오의 치료를 받고 있는 한 환자는 무려 30분을 고민해야 다음 약속 날짜를 간신히 정할 수 있다고 한다.

과학자들은 인간의 감정이 두뇌 중심부에 위치한 '대뇌연변계limbic system'에서 일어나는 것으로 믿고 있다. 두뇌의 신피질(neocortex, 논리적 생각을 관장하는 부분)과 대뇌연변계 사이의 연결에 문제가 생기면 논리력은 그대로 유지되지만 결심을 유도하는 감정이 일어나지 않는다. 우리가 어떤 결정을 내릴 때에는 그 결정을 부추기는 감정이 일어나곤 하는데, 논리와 감정 사이의 연결고리가 끊어지면 이런 작용이 일어나지 않아서 결정을 쉽게 내리지 못하는 것이다.

우리는 쇼핑몰에 진열된 상품들을 둘러보면서 수천 가지의 판단을 내린다. "이것은 너무 비싸고, 저건 너무 싸구려인 것 같고, 이 옷은 색상이 너무 강렬하고 저 옷은 좀 바보 같아 보이고… 그래, 이게 좋겠군." 심지어는 판단을 내리는 과정에서 희열을 느끼기도 한다(이것이 심해지면 쇼핑 중독이 된다). 그러나 대뇌연변계와 신피질의 연결 부위에 이상이 생긴 환자들은 모든 물건의 가치가 동일하다고 느낀다. 따라서 이들에게 쇼핑은 악몽 그 자체일 것이다.

로봇의 지능이 크게 개선되어 무언가를 스스로 선택할 수 있게 되었다고 해도, 이들에게 감정이 없으면 우유부단해질 가능성이 높다 (두 건초더미 사이에서 어느 쪽을 먼저 먹을까 고민하다가 결국 굶어 죽었다는 당나귀도 감정회로에 이상이 있었을 것이다). 이런 일이 발생하지 않으려면 로봇의 두뇌에 감정을 주입해야 한다. MIT 미디어연구소의 로잘린드 피카드Rosalind Picard는 "감정이 결여된 로봇은 가장 중요한 게 무엇인지 느낄 수 없다. 이것이 바로 로봇의 가장 큰 단점이며, 컴퓨터로는 이 문제를 해결할 수 없다"고 주장했다.[7-13]

러시아의 소설가 도스토예프스키는 "지구상의 모든 존재들이 논리적이라면 아무런 일도 일어나지 않을 것"이라고 했다.[7-14]

미래의 로봇이 임무를 제대로 수행하려면 논리적 사고회로 이외에 감정이 반드시 있어야 한다. 그렇지 않으면 무한히 많은 선택의 기로에서 아무런 결정도 내리지 못할 것이다.

로봇은 의식이 있는가?

기계가 의식을 가질 수 있을까? 이 점에 대해서는 의견이 분분하다. 정확한 결론을 내리려면 먼저 '의식'의 정체부터 알아야 한다. 그러나 지금까지 어느 누구도 의식을 정확하게 정의하지 못했다.

MIT의 마빈 민스키는 의식을 '마음의 집단society of minds'으로 표현했다. 즉, 두뇌의 사고과정은 한 곳에서 집중적으로 진행되지 않고 여러 곳에서 동시에 진행되며, 각 과정들은 주도권을 잡기 위해 서로 경쟁하는 관계에 있다. 따라서 민스키의 주장에 의하면 의식은 여러 개의 '마음'에서 만들어진 생각과 영상의 집합이며, 개개의 마음들은 우리의 주의를 끌기 위해 지금 이 순간에도 치열한 경쟁을 치르고 있다.

만일 이것이 사실이라면 우리가 알고 있는 '의식'은 실제보다 크게 과장된 것일지도 모른다. 그동안 철학자와 심리학자들이 인간의 의식에 대해 수많은 연구를 해오면서 뚜렷한 결론을 내리지 못하여 일반인들에게는 신비한 면이 강조되어왔지만, 사실 의식은 과학적으로 쉽게 분석 가능한 대상일 수도 있다. 라 졸라La Jolla에 있는 소크연구소Salk Institute의 시드니 브리너Sydney Brenner는 이렇게 말했다. "2020년이 되면 의식은 과학적 탐구대상에서 영원히 사라질 것이다. 우리의 후손들은 (만일 그들이 옛날 논문을 저인망 훑듯이 읽을 시간이 있다면) 의식에 대하여 그토록 많은 연구를 하면서 왈가왈부했던 오늘날의 과학자들을 이해하지 못할 것이다."[7-15]

마빈 민스키는 "인공지능을 연구하는 학자들은 물리학자를 부러워하고 있다"고 말한다. 현대물리학의 성배聖杯는 우주에 존재하는 모든 힘을 하나의 이론으로 통일시켜주는 '만물의 이론'이다. 이 이론이 완성되면 우주의 모든 삼라만상은 하나의 간단한 방정식으로 서술될 수 있다. 인공지능학자들은 이 아이디어에 영향을 받아 의식의 모든 것을 설명해주는 하나의 패러다임을 찾기 위해 노력하고 있으나, 민스키의 주장에 의하면 그런 것은 애초부터 존재하지 않는다.

(나와 같은 구성주의자constructionist들은 "생각하는 기계를 만들 수 있는가?"라는 질문을 놓고 책상 앞에 앉아 왈가왈부하는 것보다, 직접 만들어보고 판단을 내리는 것이 현명하다고 생각한다. 동물들도 의식이 있지만 인간의 의식과는 분명 수준이 다르다. 따라서 의식에 대한 철학적 질문을 제기하기 전에, 의식의 형태와 수준을 분류하는 작업이 먼저 이뤄져야 한다. 로봇도 언젠가는 '실리콘 의식'을 갖게 될 것이다. 사실 미래의 로봇이 정보를 처리하고 생각하는 방식은 인간의 사고방식과 같을 수가 없다. 미래의 로봇은 문법과 의미를 구별하지 않을 것이므로, 이들의 반응은 사람과 크게 다르지 않을 것이다. 이렇게 되면 "로봇이 질문의 내용을 이해하는가?"라는 질문은 의미가 없어진다. 사람이 한 말을 알아듣고 완벽한 문법을 구사하는데, '이해'를 따져서 뭐 하겠는가? 사실 문법이 완벽하다는 것은 언어를 완벽하게 이해하는 것과 다를 바가 없다.)

로봇이 사람에게 위험할 수도 있을까?

컴퓨터의 성능이 18개월마다 두 배씩 향상된다는 무어의 법칙 Moore's law이 계속 유효하다면, 앞으로 수십 년 이내에 개나 고양이 수준의 지능을 가진 로봇이 탄생할 것이다. 그러나 2020년이 되면 실리콘시대가 막을 내릴 가능성이 높다. 이렇게 되면 무어의 법칙은 더 이상 적용될 수 없다. 지난 50여 년 동안 컴퓨터의 성능이 비약적으로 발전할 수 있었던 것은 손톱만 한 크기 안에 수천만 개의 실리콘 트랜지스터를 집적시키는 기술 덕분이었다. 실리콘으로 된 반도체 기판 위에 적외선 빔을 쪼여서 초소형 트랜지스터를 새기면 기판의 크기를 획기적으로 줄일 수 있다. 그러나 이런 식의 발전은 영원히 계속되지 않는다. 크기를 계속 줄여나가다 보면 더 이상 줄일 수 없는 한계점에 도달하기 때문이다. 즉, 트랜지스터가 분자 크기로 작아지면 소형화작업은 막다른 길에 놓이게 된다. 2020년이 되어 실리콘시대가 끝나면 실리콘밸리는 황량한 폐허가 될지도 모른다.

당신의 책상 위에 놓여 있는 개인용 컴퓨터의 펜티엄칩은 원자 20개를 쌓아놓은 정도의 두께를 갖고 있다. 2020년이 되면 이 두께는 원자 다섯 개까지 줄어들 것이다. 그런데 이 정도로 작은 규모에서는 하이젠베르크의 불확정성원리가 적용되어 전자의 정확한 위치를 알 수 없다. 이렇게 되면 전기가 칩 바깥으로 새어나오면서 컴퓨터회로가 단락短絡, short-circuit된다. 즉, 컴퓨터혁명과 무어의 법칙은 양자역학이라는 한계를 넘지 못하는 것이다(디지털시대를 '원자에 대한 비트의 승리'로 정의하는 사람도 있지만, 무어의 법칙이 한계에 도달하면 원자의 반격이 시작될 것이다).

지금 물리학자들은 2020년 후에 실리콘의 뒤를 이어갈 차세대 기술을 연구하고 있는데, 아직은 연구방향을 확실하게 정하지 못하고 있다. 앞에서 말한 바와 같이 차세대 기술을 개발하려면 양자컴퓨터, DNA컴퓨터, 광학컴퓨터, 원자컴퓨터 등 다양한 분야를 함께 검토해야 한다. 그러나 이 모든 분야들은 각자 나름대로 심각한 문제점을 안고 있다. 원자와 분자를 원하는 대로 움직이는 것은 아직 꿈에 불과하기 때문에, 지금의 기술로는 원자 크기의 트랜지스터를 만들 수 없다.

물리학자들이 초인적인 능력을 발휘하여 실리콘칩에서 양자컴퓨터로 넘어가는 다리를 성공적으로 구축했다고 가정해보자. 그리고 실리콘시대 이후에도 무어의 법칙이 비슷하게 적용된다고 가정하자. 그러면 인공지능이 실현 가능해지고, 인간의 논리력과 감정을 모두 갖춘 로봇은 튜링 테스트를 가볍게 통과할 것이다. 스티븐 스필버그의 영화 〈AI〉는 바로 이와 같은 가정에서 출발한다. 감정을 가진 소년로봇이 인간부부의 양자로 입양되면서 시작되는 이 영화는 '로봇과 인간의 교감'을 주제로 하고 있다.

이쯤 되면 다음과 같은 의문을 떠올리지 않을 수 없다. "로봇이 사람에게 해를 끼치지는 않을까?" 가능한 이야기다. 원숭이처럼 자의식이 있고, 스스로 목적을 추구할 정도로 지능을 갖춘다면 인간에게 위험한 존재가 될 수도 있다. 로봇이 이 정도 수준까지 발전하려면 앞으로 수십 년은 족히 걸릴 것이므로, 과학자들은 그사이에 로봇의 행동패턴을 세밀히 관찰하여 위험에 대비해야 한다. 예를 들면 로봇의 연산처리장치(프로세서)에 난폭한 행동을 금지하는 칩을 삽입할 수도 있고, 비상시에 활동을 정지하거나 자폭을 유도하는 '안전장치'를 설치해둘 수도 있다.

공상과학소설의 대부로 알려진 아서 클라크는 이렇게 말했다. "컴퓨터에게 새로운 능력을 자꾸 부여하다 보면 언젠가 인간은 컴퓨터의 애완동물로 전락할 수도 있다. 그저 우리가 원할 때 컴퓨터의 플러그를 뽑는 능력만은 항상 보유하기를 바랄 뿐이다."[7-16]

현대사회의 제반시설은 대부분 컴퓨터에 의지하고 있다. 수도와 전기는 물론이고 모든 교통수단과 통신네트워크 등은 컴퓨터를 통해 제어되고 있으며, 그 의존도는 앞으로 더욱 커질 것이다. 복잡한 도시를 운영하려면 그에 못지않게 복잡한 컴퓨터네트워크가 필요하다. 미래에는 도시의 기능이 더욱 복잡하고 다양해지면서 제어용 컴퓨터에 인공지능이 탑재될 것이다. 이렇게 도시를 점령한 컴퓨터가 오작동을 일으켰을 때 도시의 기능이 한순간에 마비되는 것은 불을 보듯 뻔한 일이다. 이런 상황은 도시에 국한되지 않고 국가나 사회 전체로 파급될 수도 있다.

컴퓨터의 지능이 인간을 능가할 수 있을까? 물론 이것을 금지하는 물리법칙 같은 건 없다. 로봇이 신경망을 통해 계속 능력을 키워나가다가, 학습속도와 효율이 인간을 앞지르게 되면 결국은 지능도 인간을 능가하게 될 것이다. 모라벡은 다음과 같이 예견했다. "미래의 인간은 자신이 창조한 인공적 후계자에게 '만물의 영장'이라는 자리를 내주고 사라질 가능성이 높다…. 그리고 졸지에 '숙주'를 잃은 DNA는 새로운 경쟁체제로 돌입할 것이다."[7-17]

레이 쿠르츠바일Ray Kurzweil을 비롯한 일부 발명가들은 향후 수십 년 이내에 이와 같은 세상이 도래할 것으로 예측하고 있다. 인간의 뒤를 이을 진화론적 후손을 인간 스스로 만든다는 이야기다. 일부 컴퓨터 전문가들은 로봇의 정보처리능력이 걷잡을 수 없을 정도로 증가하여 스스로 다른 로봇을 생산하고, 결국 로봇집단의 정보수집능력이 거의 무한대로 향상될 것을 예측하고 있는데, 이런 시점을 '특이점singularity'이라고 부른다. 일단 특이점에 도달하면 과거로 되돌아갈 방법은 없다. 만물의 영장이라는 자리를 유지하고 싶다면, 이런 일이 발생하지 않도록 사전에 조치를 취해야 한다.

이와 같은 이유에서 일부 과학자들은 "인류의 멸망을 기다리는 것보다는 생명체의 기본원소인 탄소와 로봇의 기반을 이루는 실리콘을 적절히 혼용하는 것이 바람직하다"고 주장한다[7-18](로봇의 핵심 원소가 실리콘이 아닌 다른 원소로 대치될 수도 있지만, 적어도 당분간은 크게 달라지지 않을 것 같다). 미래의 어느 날 외계인과 마주쳤을 때, 그들 몸의 반은 생체조직이고 나머지 반이 기계로 이루어져 있다고 해도 크게 놀랄 필요는 없다. 우주라는 혹독한 환경에서 장시간 여행을 하려면 이런 형태의 생명체가 지금의 지구인보다 훨씬 유리하다.

미래의 로봇이나 인간을 닮은 사이보그는 우리에게 영생을 선물할지도 모른다.[7-19] 마빈 민스키는 말한다. "태양의 수명이 다하거나 인간이 지구를 파괴한 후에는 어찌될 것인가? 우리는 왜 더 현명한 물리학자나 수학자, 공학자를 배출하지 못하는가? 우리는 자신의 미래를 스스로 설계할 줄 알아야 한다. 그렇지 않으면 인류가 쌓아온 문화는 결국 사라지고 말 것이다."

한스 모라벡은 먼 미래에 인간의 신경 하나 하나를 똑같이 모방한 기계가 발명되어 인간이 영생을 얻게 될지도 모른다고 예측했다. 물론 다소 과장된 면이 있긴 하지만 완전히 불가능한 일은 아니다. 일부 과학자들의 예상대로, 인류의 궁극적인 미래상은 DNA가 이식된 실리콘을 몸으로 갖는 불멸의 존재일지도 모른다.

무어의 법칙의 한계를 극복하고 상식문제를 해결한다면, 금세기 말쯤에는 인간만큼 똑똑하거나 인간을 능가하는 기계를 만들 수 있게 될 것이다. 인공지능을 관장하는 법칙은 아직 발견되지 않았지만, 이 분야는 지금도 매우 빠른 속도로 발전하고 있으며 장래도 밝은 편이다. 그래서 나는 '생각하는 기계'와 '인간을 닮은 로봇'을 제1부류 불가능으로 분류하고 싶다.

외계인과 UFO

우리가 우주에서 유일한 생명체이건, 다른 외계인이 있건 간에
두 경우 모두 놀랍기는 마찬가지다.
―아서 클라크ARTHUR C. CLARK

　직경이 수 km에 이르는 정체불명의 거대한 우주선이 어느 날 로스앤젤레스 상공에 홀연히 나타난다. 그 덩치가 얼마나 큰지 하늘 전체가 우주선에 가리고, 불길한 어둠이 온 도시를 뒤덮는다. 접시 모양을 한 이 초대형 우주선은 로스앤젤레스뿐만 아니라 전 세계의 대도시에 동시다발적으로 나타났다. 낯선 비행물체에 흥분한 수백 명의 구경꾼들은 외계에서 온 손님을 좀 더 가까운 곳에서 보려고 고층빌딩 옥상으로 올라간다.
　이 우주선은 며칠 동안 아무런 조짐도 없이 LA 상공에 조용히 떠 있었다. 그러다가 사람들의 궁금증이 극에 달했을 때 아래쪽 문이 서서히 열리는가 싶더니, 갑자기 엄청난 위력의 레이저를 발사한다. 사람들로 가득 찬 고층빌딩은 순식간에 파괴되고, 그 충격파가 도시

전체를 덮쳐서 불과 몇 초만에 LA 전체가 잿더미로 변한다.

영화 〈인디펜던스데이Independence Day〉에 등장하는 외계인은 우리의 공포심을 강하게 자극한다. 그런가 하면 스티븐 스필버그의 대표작 〈이티E.T. Extra Terrestrial〉의 외계인에게는 인간의 꿈과 환상이 투영되어 있다. 인간은 오랜 옛날부터 다른 세계에서 온 외계인에 대한 환상을 갖고 있었다. 독일의 천문학자 요하네스 케플러 Johannes Kepler는 1611년에 출판된 그의 저서 《솜니엄Somnium》에서 당대 최고 수준의 천문학지식을 동원하여 달로 가는 여행기를 묘사했는데, 이 과정에서 외계인과 외계동식물이 등장한다. 그러나 역사를 돌이켜볼 때 과학과 종교는 외계생명체의 존재여부를 놓고 항상 첨예하게 대립해왔으며, 종종 비극적인 결과를 낳곤 했다.

도미니카의 수도승이자 철학자였던 지오다노 브루노Giordano Bruno는 서기 1600년에 로마의 저잣거리에서 화형에 처해졌다. 게다가 그는 벌거벗긴 채 기둥에 거꾸로 매달려서 죽는 순간까지 최악의 치욕을 겪어야 했다. 대체 브루노가 어떤 잘못을 했기에 그토록 참혹하게 처형되었을까? 그가 한 일이라곤 간단한 질문 하나를 던진 것뿐이었다. "외계에도 생명체가 있는가?" 그는 코페르니쿠스처럼 지구가 태양 주변을 공전한다고 믿었으며, 여기에 한술 더 떠서 외계에도 사람을 닮은 생명체가 수없이 존재한다고 생각했다(당시 성직자들은 지구 바깥에 수십 억 명의 성직자와 교황, 교회, 심지어 또 다른 예수까지 존재한다는 황당한 주장을 수용하느니, 차라리 브루노 한 사람을 처형하는 것이 속 편하다고 생각했을 것이다).

브루노는 불명예스럽게 죽어갔지만, 과학역사학자들은 근 400년 동안 그의 주장을 떨쳐버리지 못했다. 그리고 현대에 이르러 브루노는 자신을 처형한 성직자들에게 몇 주에 한번씩 통렬한 복수를 하고 있다. 태양계 바깥에서 별의 주변을 돌고 있는 행성이 평균 한 달에 두 개 꼴로 발견되고 있기 때문이다. 지금까지 발견된 외계행성은 250개가 넘고, 그 수는 앞으로 계속 증가할 것이다. 이 정도면 브루노는 거의 명예를 회복한 셈이지만, 아직도 한 가지 질문이 머릿속을 떠나지 않는다. 은하수 안에 존재하는 외계행성 중에서 생명체가 살 수 있는 행성은 과연 몇 개나 되는가? 지구 바깥에 지성을 가진 생명체가 존재한다면, 과학은 이것을 어떤 논리로 설명해야 하는가?

'외계인과의 조우'를 다룬 영화나 소설은 지난 여러 세대에 걸쳐 사람들의 마음을 사로잡아왔다. 외계인은 매력적인 소재임이 분명하지만, 존재 자체가 미스터리에 싸여 있기 때문에 공포의 대상이기도 하다. 외계인과 관련된 가장 유명한 소동은 1938년 10월 30일에 미국에서 일어났다. 당시 CBS 라디오방송국의 진행자였던 오손 웰즈Orson Welles는 할로윈데이를 맞이하여 시청자들에게 약간의 장난을 치기로 마음먹고 조지 웰즈의 소설 《우주전쟁》을 라디오극으로 각색하여 방송했다. 원래는 연속극이었지만 그는 정규방송을 갑자기 끊고 마치 실황중계인 것처럼 방송을 했고, 그 바람에 수백만 명의 미국인들이 패닉상태에 빠졌다. 웰즈는 다급한 목소리로 "화성에서 날아온 괴비행체가 뉴저지의 그로버밀Grover's Mill에 착륙하여 레이저포로 도시를 무차별 공격하고 있다"며 공포 분위기를 조성했고, 리디오를 듣고 있던 수많은 청취자들은 세상의 종말이 왔다며 거리로 뛰쳐나와 극심한 혼란을 빚었다(다음날 일간지에 실린 기사에 의하면 그 일대의 주민들은 거의 대부분 짐을 싸서 대피했고, 개중에는 "독가스 냄새를 맡았다"거나 "번쩍이는 섬광을 봤다"는 등 근거 없는 주장을 펼치는 사람도 있었다).

1950년대에 화성은 또다시 사람들을 놀라게 했다. 천문학자들이 망원경으로 화성의 표면을 관측하다가 수백km에 걸쳐 새겨진 거대한 'M'자를 발견한 것이다. 뉴스해설자들은 M자가 화성을 뜻하는 'Mars'의 첫 자이며, 따라서 이것은 치어리더들이 경기장에서 몸으로 자기 팀 이름을 만드는 것처럼 화성인들이 자신의 존재를 지구인에게 알리기 위해 새겨놓은 '평화적 제스처'라고 주장했다(일각에서는 이 글자가 M이 아니라 '전쟁War'의 첫 자인 W이며, 화성인들이 지구에 선전포고를 한 것이라고 주장하는 사람도 있었다!). 그러나 이 M자가 어느 날 갑자기 사라지면서 두 번째 소동도 가라앉았다. 당시 화성 전체에 걸쳐 거대한 먼지폭풍이 몰아쳤는데, 네 개의 커다란 화산이 있는 곳만 먼지가 끼지 않아 글자처럼 나타났던 것이다. 이 화산들을 연결하면 M 또는 W와 비슷한 모양이 된다.

외계생명체의 과학적 탐사

외계인의 존재가능성을 심각하게 연구하는 과학자들은 "확실한 결론을 내릴 수 없다"고 말한다. 그러나 우리가 알고 있는 물리학과 화학, 그리고 생물학의 범주 안에서 외계인의 특징을 상상해볼 수는 있다.

첫 번째 특징은 물과 친하다는 것이다. 과학자에게 "생명체가 살아가기 위해 가장 필요한 요소는 무엇인가?"라고 물으면 그들은 조금의 망설임도 없이 '물'이라고 대답할 것이다. "물을 찾아라!" 이것은 외계생명체를 추적하는 전문학자들의 제1계명이다. 다른 대부분의 액체와 달리 물은 '범 우주적 용매universal solvent'로서, 매우 다양한 화학물질을 용해시킨다. 물은 간단한 원소로부터 복잡한 분자를 만들어낼 수 있는 가장 이상적인 매개체이며, 우주에 존재하는 모든 용매들 중에서 가장 단순한 분자구조를 갖고 있다.

생명체의 두 번째 특징은 기본 구성원소가 탄소라는 점이다. 하나의 탄소는 다른 원자 4개와 동시에 결합할 수 있기 때문에, 복잡한 분자를 만들어내기에 가장 적절한 원소이다. 특히 탄소는 생체화학물과 탄화수소의 기본이 되는 '긴 탄소사슬carbon chain'을 쉽게 형성할 수 있다. 탄소 이외에 4중 결합을 하는 다른 원소들은 화학적 특성이 단순하여 생명체의 기본원소로는 적절치 않다.

1953년에 스탠리 밀러Stanley Miller와 해럴드 우레이Harold Urey는 지구의 최초 생명체가 탄소결합의 부산물로 태어났음을 증명하는 유명한 실험을 수행했다. 이들은 초기 기구의 대기성분으로 추정되는 암모니아와 메탄, 그리고 기타 유독성 화학물질을 물에 용해시켜서 플라스크 병에 넣고 그 안에 약간의 전류가 흐르도록 세팅해놓았다. 이 상태로 일주일 동안 기다렸다가 플라스크를 확인해보니, 아미노산이 자발적으로 생성되었음을 보여주는 증거가 남아 있었다. 암모니아와 메탄의 탄소결합이 전류에 의해 분리되면서 원자가 재배열되어 단백질의 전 단계인 아미노산이 만들어진 것이다. 따라서 지구의 생명체도 자연발생적으로 생성되었다는 추론이 가능하다. 그 후 지구로 떨어진 운석이나 우주공간을 표류하는 기체구름에서도 아미노산이 발견되어 외계생명체가 존재할 가능성은 한층 더 높아졌다.

생명체의 세 번째 특징은 자기복제가 가능한 DNA를 갖고 있다는 점이다. 화학적 관점에서 볼 때 자기복제를 할 수 있는 분자는 지극히 희귀한 존재이다. 지구에서 최초의 DNA가 형성될 때까지는 무려 수억 년의 시간이 걸렸다(육지가 아닌 바다에서 처음 생성되었을 것으로 추정된다). 밀러와 우레이의 실험을 바닷속에서 실행하여 DNA와 비슷한 분자를 만들어내려면 수백만 년은 족히 기다려야 할 것이다. 최초의 DNA분자는 아마도 해저화산의 분출구 근처에서 생성되었을 것이다. 왜냐하면 이곳이 에너지를 공급받을 수 있는 유일한 장소이기 때문이다. DNA 이외에 탄소에 기반을 둔 분자들이 자기복제를 할 수 있는지는 분명치 않지만, 우주 어딘가에 자기복제가 가능한 분자가 존재한다 해도 이들의 구조는 DNA와 비슷할 것으로 추정된다.

따라서 생명체가 존재하려면 물과 탄화수소화합물, 그리고 DNA같이 자기복제를 할 수 있는 분자가 반드시 필요하다. 이 조건을 이용하면 우주에서 생명체의 발생빈도를 대략적으로나마 계산할 수 있다. 은하수 안에 약 천억 개의 별이 있으므로 여기에 우리의 태양과 비슷한 별이 존재할 확률을 곱한 후, 그 별이 행성을 거느리고 있을 확률을 또 한 번 곱한다. 이렇게 순차적으로 조건을 부과해나가면 은하수 안에서 생명체가 존재하는 행성이 대충 몇 개인지 알 수 있다.

이것이 바로 그 유명한 '드레이크 방정식Drake's equation'의 원리이다. 은하에 존재하는 별의 수에 아래 열거된 숫자들을 순차적으로 곱하면 은하계 안에서 문명이 존재하는 행성의 수를 대략적으로 알 수 있다.

- 은하에서 별의 탄생빈도
- 이 별들이 행성을 거느릴 확률
- 각 별의 행성들이 생명체에 적절한 환경을 갖출 확률
- 행성에서 실제로 생명체가 탄생할 확률
- 그 생명체가 지성을 가진 존재로 진화할 확률
- 이 생명체들이 상호교신을 할 확률
- 문명의 기대수명

각 항목을 논리적으로 추론하여 해당확률을 차례로 곱하면 지능을 가진 생명체가 살고 있는 행성의 수는 은하수 안에만 거의 100~10,000개라는 놀라운 결과가 얻어진다. 그리고 이와 같은 행성이 은하수 안에서 고르게 분포되어 있다면, 지구에서 가장 가까운 '이웃 외계인'은 수백 광년 떨어진 곳에서 살고 있다. 1974년에 칼 세이건은 수백만 개의 문명이 은하수 안에 존재할 것으로 예측했다.

드레이크 방정식은 외계문명의 흔적을 찾는 사람들에게 강한 자

신감을 안겨주었다. 지능을 가진 생명체가 존재할 수 있는 행성의 개수가 알려진 후로, 과학자들은 그곳에서 방출되었을지도 모를 라디오파를 찾기 위해 지금도 하늘을 뒤지고 있다. 지구에서는 이미 50년 전부터 TV전파와 라디오파를 꾸준히 송출해왔다.

소리로 외계인 찾기

외계에서 날아온 신호를 수신하는 세티SETI, Search for Extraterrestrial Intelligence프로젝트는 1959년에 물리학자 주세페 코코니Guiseppe Cocconi와 필립 모리슨Philip Morrison이 발표했던 한 편의 논문에서 시작되었다. 이들은 외계의 통신을 도청하기 위해 1~10기가헤르츠GHz의 마이크로 라디오파에 초점을 맞출 것을 제안했다(진동수가 1GHz보다 낮은 신호는 빠르게 움직이는 전자에서 방출된 복사 때문에 사라지고, 10GHz를 넘는 신호는 지구의 대기에 있는 산소 및 물분자의 진동과 간섭을 일으킨다). 또한 코코니와 모리슨은 탐지가능성이 가장 높은 외계신호로서 1.420GHz를 선택했다. 왜냐하면 이것은 우주에서 가장 흔한 수소기체에서 방출되는 진동수이기 때문이다[이 근처의 진동수를 '워터링홀(watering hole, 사람들이 모여서 술을 마시는 바나 나이트클럽: 옮긴이)'이라고 한다].

그러나 지적 생명체가 보낸 워터링홀 근처의 신호는 아직 수신된 적이 없다. 1960년에 프랭크 드레이크Frank Drake는 웨스트버지니아주의 그린뱅크Green Bank천문대에 직경 25m짜리 라디오망원경을 설치하여 외계신호를 탐지하는 '오즈마 프로젝트Ozma Project'를 발족시켰다(오즈마는 《오즈의 마법사》에 나오는 여왕의 이름이다). 그 후로 지금까지 밤하늘을 열심히 스캔해오고 있지만, 눈에 띄는 신호는 아직 발견되지 않고 있다.

1971년에 NASA는 SETI의 재정을 지원한다는 야심찬 계획을 세웠다. '사이크롭스Cyclops'로 명명된 이 프로젝트에는 100억 달러를 들여 1,500개의 라디오망원경을 설치한다는 계획도 포함되어 있었다. 그러나 이것은 희망사항이었을 뿐, 실현되지는 않았다. 그저 지구의 메시지를 우주로 보내는데 약간의 재정이 지원되었을 뿐이다. 1974년에 1,679비트 분량의 암호화된 메시지가 푸에르토리코에 있는 아레시보Arecibo 라디오망원경을 통해 송출되었다. 이 신호는 지구로부터 25,100광년 떨어져 있는 M13 구상성단을 향해 발사되었으므로, 아직은 여행의 첫발도 채 내딛지 못한 상태라고 할 수 있다. 이 메시지는 23×73개의 격자로 이루어져 있는데, 여기에는 태양계의 위치와 인간의 모습, 그리고 몇 개의 화학식이 새겨져 있다(만일 M13에 생명체가 존재하여 우리의 메시지를 받자마자 곧바로 회신을 보낸다 해도, 지금으로부터 52,174년이 지난 후에야 그들의 답장을 받을 수 있다).

1977년에 그 유명한 미지의 '와우신호Wow signal'를 수신한 후에도, 미국의회의 의원들은 외계생명 탐색프로젝트에 그토록 많은 돈을 들여야 할 이유를 찾지 못했다(사실은 '과학자들이 의원을 설득하는데 실패했다'는 표현이 더 정확할 것이다). 와우신호에는 일련의 글자와 숫자들이 작위적으로 나열되어 있었기 때문에, 지성을 가진 외계생명체가 보내온 신호로 추정되었다(그러나 와우신호를 직접 본 과학자들 중에는 회의적으로 생각하는 사람도 있었다).

1995년에 연방정부가 예산을 대폭 삭감하자, 천문학자들은 사재를 동원하여 캘리포니아의 마운틴뷰Mountain View에 비영리 연구단체인 세티연구소SETI Institutue를 설립했다. 이들의 목적은 SETI 연구를 일원화하고 피닉스 프로젝트(Project Phoenix, 1,200~1,300MHz 영역에 있는 태양과 비슷한 수천 개의 별들을 연구·분석하는 프로젝트)를 추진하는 것이며, 질 타터Jill Tarter 박사가 전체 연구를 진두지휘하고 있다(영화 〈컨택트Contact〉에서 조디 포스터가 맡았던 과학자는 타터 박사를 모델로 한 캐릭터였다). SETI에서 사용하는 장비들은 200광년 떨어진 곳에서 방출된 공항용 레이더까지 (만일 이런 것이 있다면) 감지할 수 있을 정도로 예민하다.

SETI 연구소는 1995년부터 연간 5백만 달러를 들여 수천 개의 별들을 관측해왔다. 세간의 관심을 끌 만한 결과는 아직 나타나지 않았지만, SETI의 선임연구원인 세스 쇼스탁Seth Shostak은 낙관적인 생각을 갖고 있다. 그는 샌프란시스코의 북동부 400km에 걸쳐 건설 중인 '앨런 망원경 배열(Allen Telescope Array, 350개의 안테나로 이루어져 있다)'이 2025년에 가동되기 시작하면 외계의 신호를 포착할 수 있을 것으로 굳게 믿고 있다.[8-1]

외계의 신호를 분석하는 또 다른 시도로는 1999년에 버클리 캘리포니아대학의 천문학자들이 시작한 SETI@home 프로젝트를 들 수 있다. 이들은 개인용 PC가 하루 중 대부분의 시간을 휴지상태idle로 방치되어 있다는 데 착안하여 수백만 명의 PC 사용자에게 협조를 요청했다. 협조에 응한 사람들은 SETI@home에서 제공하는 소프트웨어를 자신의 컴퓨터에 다운로드한다. 그러면 컴퓨터의 화면보호기screen saver가 작동될 때마다 프로그램이 실행되어 리디오망원경에 포착된 신호를 분석하게 된다. 이 프로그램은 사용자가 컴퓨터를 쓰지 않는 동안 실행되기 때문에 불편한 점은 전혀 없다. 현재 200여 국가에서 5백만 명 이상이 자신의 PC로 SETI@home 프로젝트를 돕고 있으며, 그 덕분에 주최측은 10억 달러 이상의 전기요금과 소중한 시간을 절약하고 있다. 이것은 역사상 가장 규모가 큰 컴퓨터 프로젝트로서, 앞으로 수행될 대형 프로젝트의 모범적 사례가 될 것이다. 그러나 아쉽게도 아직은 외계인의 신호를 단 한 건도 잡아내지 못했다.

    SETI 연구소가 10년이 넘도록 아무런 성과도 올리지 못하자 후원자들이 난처한 질문을 제기했는데, 가장 문제가 됐던 것은 특별한 진동수대의 라디오파만 관측한다는 점이었다. 보는 영역이 너무 좁아서 외계의 신호를 놓친 것은 아닐까? 일부 사람들은 외계인들이 라디오파가 아닌 레이저를 사용할지도 모른다고 주장했다. 레이저는 라디오파보다 파장이 짧아서 더 많은 정보를 실어 나를 수 있다. 그러나 레이저는 특정방향으로만 진행하고 단 한 종류의 진동수만 포함하고 있기 때문에, 망원경을 올바른 진동수에 맞추기가 쉽지 않다.

    SETI 연구소의 또 다른 문제는 외계의 신호가 변형되었을 가능성을 고려하지 않았다는 점이다. 만일 외계인이 존재한다면, 신호를 압축하거나 작은 패키지를 통해 메시지를 전달하는 등 현대의 인터넷에서 사용되는 기술을 그들이라고 사용하지 말란 법이 없다. 여러 진동수대역에 퍼져 있는 압축된 메시지를 곧이곧대로 듣는다면 불규칙한 잡음으로밖에 들리지 않을 것이다.

이렇게 다양한 문제점들이 도사리고 있지만, 외계인이 정말로 존재한다면 금세기 안에 외계문명에서 방출된 신호를 잡아낼 수 있다는 것이 관계자들의 중론이다. SETI의 망원경에 외계인의 신호가 잡히는 날은 인류역사에 획기적인 변화를 가져온 기념일로 영원히 기억될 것이다.

외계인은 어디에 있는가?

SETI 프로젝트가 긴 시간 동안 성과를 올리지 못하자, 과학자들은 드레이크 방정식〔외계행성에 지적인 생명체가 존재할 확률(또는 그런 행성의 개수)을 계산하는 방정식〕의 기본 가정을 냉철한 시각으로 되돌아보았다. 최근에 얻어진 천체관측 데이터에 의하면 지적 생명체를 찾을 확률은 1960년대에 드레이크가 계산했던 값보다 클 수도 있고, 이와 반대로 훨씬 작을 수도 있다.

새로 발견된 사실에 의하면 외계생명체의 존재 여부는 드레이크 방정식이 아닌 다른 요인에 의해 결정되는 듯하다. 과거에 과학자들은 태양 주변의 '골디락 존Goldilocks zone'에만 물이 존재할 수 있다고 생각했다(골디락은 〈골디락과 곰 세 마리〉라는 동화에 등장하는 소녀의 이름이다. 이 소녀는 곰 가족이 집을 비우고 외출했을 때 빈집에 들어가 자신에게 딱 맞는 스프와 의자, 침대 등을 골라서 사용했다. 여기서 말하는 '골디락 존'이란 생명체가 살아가기에 알맞게 환경이 조성되어 있는 지역을 의미한다: 옮긴이).

(지구는 생명체가 살아가기에 딱 알맞은 정도로 태양과 거리를 두고 있다. 더 가까우면 바닷물이 끓어서 증발하고, 더 멀면 얼어붙는다. 지금과 같은 거리에 있어야 바닷물이 적절한 온도를 유지할 수 있다.)

그런데 최근 들어 목성의 '얼어붙은 위성'인 유로파Europa에서 물의 흔적이 발견되었고, 드레이크 방정식을 믿어 왔던 과학자들은 커다란 충격에 빠졌다. 유로파는 골디락 존에서 한참 벗어나 있으므로 이런 지역에 물이 존재한다는 것은 드레이크 방정식에 부합되지 않는다. 그러나 유로파에 작용하는 조력潮力, tidal force은 표면의 얼음을 녹여서 바다를 만들 수 있을 만큼 강하다. 목성의 막강한 중력은 유로파를 고무공처럼 일그러뜨리고, 그 결과 중심부에서 마찰이 발생하여 표면의 얼음층을 녹일 수도 있다. 우리의 태양계만 해도 100개가 넘는 위성들이 존재하기 때문에, 골디락 존에서 벗어난 위성이라 해도 생명체가 발현될 가능성은 얼마든지 있다(지금까지 발견된 250여 개의 외계행성들도 얼음으로 덮인 위성을 거느리고 있을지 모른다).

뿐만 아니라 다수의 행성들이 별의 주변을 공전하지 않고 혼자서 우주공간을 떠돌고 있다는 것이 현대 천문학계의 중론이다. 떠돌이 행성의 주변을 도는 위성은 (조력에 의해) 얼음층 아래에 물이 존재할 수 있으므로 생명체가 살 수도 있다. 그러나 이런 위성은 지상의 망원경으로 관측되지 않는다. 행성이나 위성이 우리의 눈에 보이려면 근처에 있는 별빛을 반사해야 하기 때문이다.

태양계에 존재하는 위성의 수는 행성보다 훨씬 많으며, 은하에는 수백만 개의 떠돌이 행성이 존재하는 것으로 추정된다. 따라서 생명체가 살 수 있는 천체도 과거에 예상했던 것보다 훨씬 많을 것이다.

그러나 일부 천문학자들은 골디락 존에 위치한 행성에서 생명체가 발생할 확률이 드레이크 방정식으로 얻은 값보다 훨씬 작다고 주장한다.

왜 그럴까? 가장 중요한 이유는 목성의 역할 때문이다. 임의의 태양계에 목성만큼 큰 행성이 있으면 막강한 중력을 행사하여 태양계를 떠도는 혜성이나 소행성을 멀리 던져버린다. 즉, 목성은 생명에게 위험한 요소를 제거하는 '태양계의 청소부'인 셈이다. 만일 우리의 태양계에 목성이 없다면 지구는 혜성과 소행성에 끊임없이 공격당했을 것이고, 이런 환경에서는 제아무리 골디락 존에 있다고 해도 생명체가 살아갈 수 없다. 워싱턴 D.C.에 있는 카네기연구소의 천문학자 조지 위더릴George Wetherill 박사는 이렇게 말한다. "태양계에 목성과 토성이 없었다면 지구는 지난 세월 동안 소행성과의 충돌을 수천 번도 넘게 겪었을 것이다. 이 정도 빈도수면 6,500만 년 전에 소행성의 충돌로 공룡이 멸종했던 대형사고가 1만 년에 한 번 꼴로 일어나는 셈이다. 이런 환경에서는 어떤 생명체도 살아남을 수 없다."[8-2]

두 번째 이유는 달과 관련되어 있다. 지구의 위성인 달은 덩치가 매우 커서 지구가 안정된 상태에서 자전할 수 있도록 도와주고 있다. 과학자들은 뉴턴의 중력법칙을 수백만 년의 기간에 걸쳐 시뮬레이션한 끝에 지금과 같이 덩치 큰 달이 없었다면 지구의 자전축이

요동을 치다가 엉뚱한 방향으로 쓰러졌을 것이라고 결론지었다. 물론 이런 경우에도 생명체는 살아남을 수 없다. 프랑스의 천문학자 자끄 래스커Jacques Lasker의 계산에 의하면 달이 없을 때 지구의 자전축은 0~54도 사이를 오락가락한다.[8-3] 이렇게 되면 기후변화가 너무 극심하여 생명체가 있다 해도 멸종하고 말 것이다. 따라서 드레이크 방정식에는 '커다란 위성이 존재할 확률'도 고려되어야 한다(화성은 두 개의 위성을 거느리고 있는데, 덩치가 너무 작아서 자전축이 불안정하다. 아마도 과거에 화성의 자전축은 지금과 다른 방향이었을 것이며, 앞으로도 얼마든지 급변할 수 있다).

생명체의 발생확률이 기존의 값보다 작다고 주장하는 세 번째 이유는 생명이라는 것이 너무도 나약한 존재이기 때문이다. 최근 발견된 지질학적 증거에 의하면 지구의 생명체들이 거의 멸종한 대형사고는 한 번이 아니라 여러 번 일어났었다. 지금으로부터 약 20억 년 전에 지구는 얼음으로 덮여 있었으며, 생명체는 존재하지 않은 것으로 추정된다. 그리고 생명체가 탄생한 후에도 화산폭발이나 소행성 충돌 등 초대형 재난이 여러 번 발생했으며, 그럴 때마다 생명체의 대부분이 사라졌다. 즉, 생명의 창조와 진화는 우리가 생각했던 것보다 훨씬 '나약한' 과정이어서, 약간의 우주적 재난이 닥치면 쉽게 붕괴된다.

네 번째 이유는 인간이라는 종의 특이성에서 찾을 수 있다. 지구에서 지능을 가진 생명체가 사라진 사례는 공룡의 경우 말고도 또 있었다. 최근 발견된 DNA 자료에 기초하여 과거를 추적해보면, 약 10만 년 전에 지구의 인구수는 수백~수천 명에 불과했다. 대부분의 동물은 같은 종種에서도 유전적 차이가 크게 나타나는데, 유독 인간만은 유전적 특성이 한 가지로 통일되어 있다. 다른 동물들과 비교할 때, 인간은 거의 복제품과 다름없을 정도로 동일하다. 이 현상을 논리적으로 이해하려면 "과거에는 유전적으로 다양한 인간들이 존재했는데 어떤 사건이 일어나서 현생인류의 조상만 남고 모두 사라졌다"고 생각하는 수밖에 없다. 예를 들어 초대형 화산이 폭발하여 날씨가 급격하게 추워져서 인류의 대부분이 멸종했을 수도 있다.

그 외에 지구에 생명체가 탄생하고 살아남는데 도움이 되었던 '우연한 사건들'을 나열하면 다음과 같다.

- 강한 자기장: 생명체를 위협하는 우주선cosmic ray과 복사가 지구에 직접 도달하지 않도록 막아준다.
- 적절한 자전속도: 지구의 자전속도가 지금보다 느렸다면 태양을 향한 면은 지나치게 뜨겁고 반대쪽은 모두 얼어붙었을 것이다. 그리고 낮과 밤이 바뀌면 이 혹독한 환경은 이전과 반대로 반복된다. 또는 지구의 자전속도가 지금보다 빠르면 태풍이나 바람이 너무 강하게 불어서 모든 것을 쓸어버린다.
- 은하(수)의 중심으로부터 적절한 거리: 만일 지구를 비롯한 태양계가 은하의 중심에 가까웠다면 치명적인 복사에 노출되었을 것이며, 반대로 중심에서 너무 멀었다면 지구는 DNA와 단백질을 생성하는데 필요한 원소들을 충분히 확보하지 못했을 것이다.

천문학자들은 위에 열거한 몇 가지 이유를 신중하게 분석한 끝에 "골디락 존에서 벗어나 있는 위성이나 떠돌이 행성에도 생명체가 살 수 있지만, 지구와 비슷한 행성에 생명체가 존재할 확률은 과거에 예상했던 것보다 훨씬 작다"고 결론지었다. 드레이크 방정식으로 계산된 '은하 안에서 문명이 발견될 확률'이 실제보다 크게 과장되었다는 이야기다.

피터 워드Peter Ward와 도널드 브라운리Donald Brownlee 교수는 공동 집필한 저서 《우주에 고등생명체가 희귀한 이유Why Complex Life Is Uncommon in the Universe》에 다음과 같이 적어놓았다. "우리는 미생물이나 이와 유사한 생명체들이 우주 곳곳에 존재한다고 믿고 있다. 아마도 그 숫자는 드레이크나 칼 세이건의 예측보다 많을 것이다. 그러나 동물이나 고등식물과 같이 고도로 진화한 생명체는 일반적으로 알려진 것보다 훨씬 드문 존재이다."[8-4] 워드와 브라운리는 우리의 지구가 은하수 안에서 고등생물을 보유한 유일한 천체일지도 모른다고 했다(이것은 은하수 안에서 외계생명체를 찾으려는 사람들의 의욕에 찬물을 끼얹는 주장이지만, 다른 은하에 고등생물이 존재할 가능성은 여전히 남아 있다).

지구와 닮은 행성을 찾아서

물론 드레이크 방정식은 어디까지나 가정일 뿐이다. 그래서 외계행성이 발견된 후로 외계생명체를 찾으려는 시도는 날로 활발해지고 있다. 그러나 외계행성은 스스로 빛을 발하지 않을뿐더러 거리가 너무 멀어서 반사된 빛조차 거의 보이지 않기 때문에, 일반적인 천체망원경으로는 볼 수 없다. 이들은 근처에 있는 모항성(mother star, 행성을 거느리고 있는 별)보다 백만×십억 배나 어둡다.

천문학자들은 외계행성을 찾을 때 모항성의 움직임에 주목한다. 목성처럼 큰 행성은 모항성(태양)의 궤도를 변형시킬 수 있기 때문이다(자기 꼬리를 물기 위해 제자리를 도는 강아지처럼, 목성만 한 행성과 모항성은 서로 상대방을 쫓으며 공전한다. 망원경으로는 이런 외계행성을 직접 관측할 수 없지만, 모항성이 앞뒤로 흔들리고 있으면 그 주변에 행성이 있다는 사실을 간접적으로 알 수 있다).

외계행성을 최초로 발견한 사람은 펜실베이니아 주립대학의 알렉산드르 볼스찬Alexandr Wolszczan이었다. 그는 1994년에 자전하는 맥동성pulsar 주변을 공전하고 있는 행성을 위와 같은 방법으로 발견했다. 그런데 이 행성의 모항성은 초신성폭발을 겪은 것으로 추정되었기 때문에, 행성 자체도 완전히 초토화된 죽음의 행성일 가능성이 높았다. 그 다음해인 1995년에 스위스의 천문학자 미셸 마이어Michel Mayer와 디디에 쿨로즈Didier Queloz는 페가수스-51 항성 근처에서 목성과 비슷한 크기의 행성이 발견되었음을 발표했고, 그 후로 봇물이 터지듯 새로운 외계행성이 줄줄이 발견되었다.

현재 알려진 외계행성의 대부분은 지난 10년 사이에 발견되었다. 콜로라도대학의 지질학자 브루스 자코스키Bruce Jakosky는 이렇게 말했다. "지금 우리는 인류의 역사에서 매우 특별한 시기에 살고 있다. 우리는 다른 행성에서 생명체를 발견한 최초의 세대가 될 것

이다."⁸⁻⁵

지금까지 발견된 외계 태양계들은 그 구조가 우리의 태양계와 사뭇 다르다. 과거에 천문학자들은 우리의 태양계가 우주에 존재하는 다른 태양계들의 전형적인 형태일 것이라고 예상했었다. 즉, 모항성(태양)을 중심으로 지구 같은 바위형 행성들이 가까운 원궤도를 따라 공전하고, 목성 같은 가스형 행성이 중간 위치에서 공전하며, 가장 먼 곳에서 얼음 덩어리로 이루어진 혜성들이 공전하는 태양계모형을 표준으로 삼았었다.

그런데 놀랍게도 다른 태양계에 있는 행성들 중에는 이렇게 간단한 법칙을 따르는 것이 단 하나도 없다. 특히 목성만 한 크기의 외계행성들은 모항성에서 매우 가까운 궤도를 돌고 있거나(심지어는 태양과 수성 사이의 거리보다 가까운 것도 있다), 크게 일그러진 타원궤도를 그리고 있다. 둘 중 어떤 경우에도 지구와 비슷한 행성이 골디락 존에 존재할 가능성은 거의 없다. 목성만 한 외계행성이 모항성과 가까운 궤도를 돌고 있다는 것은 이 행성이 처음에는 먼 궤도를 돌다가 나선을 그리며 모항성 쪽으로 서서히 접근하고 있다는 뜻이다(아마도 먼지에 의한 마찰력 때문일 것이다). 그러면 목성형 행성의 궤도가 언젠가는 지구형 행성의 궤도와 교차할 것이고, 결국 지구형 행성은 태양계 밖으로 날아가 버릴 것이다. 또한 목성형 행성이 크게 일그러진 타원궤도를 따라 공전한다면 이 행성의 궤적이 골디락 존과 교차할 것이고, 따라서 언젠가는 지구형 행성을 먼 우주공간으로 날려 버릴 것이다.

이것은 지구와 비슷한 외계행성을 찾고 있는 행성사냥꾼과 천문학자들에게 다소 실망스러운 소식이지만, 여기에는 그럴만한 이유가 있다. 현재 사용 중인 관측장비들은 성능이 그다지 뛰어나지 않기 때문에, 모항성의 움직임에 영향을 줄 정도로 덩치가 크고(목성 정도) 빠른 행성이 아니면 관측할 수 없다. 따라서 천체망원경에 괴물 같은 행성만 잡히는 것은 당연한 일이다. 우리의 태양계와 똑같이 생긴 쌍둥이 태양계가 외계에 존재한다 해도, 지금의 망원경으로는 찾아내지 못할 것이다.

앞으로 코롯Corot위성과 케플러Kepler위성, 그리고 TPF Terrestrial Planet Finder가 제 기능을 발휘해준다면 상황은 크게 달라질 수도 있다. 코롯위성과 케플러위성의 임무는 모항성이 지구형 행성에 부분적으로 가렸을 때 희미해진 정도를 가늠하여 행성의 존재를 파악하는 것이다. 지구형 외계행성을 눈으로 직접 볼 수는 없지만, 모항성의 광도가 감소하는 현상은 얼마든지 관측할 수 있다.

프랑스의 코롯위성(Corot은 '전달'과 '별의 회전', 그리고 '행성횡단'을 의미하는 프랑스어의 조합이다)은 외계행성을 찾기 위해 제작된 역사상 최초의 위성으로, 2006년 12월에 성공적으로 발사되었다. 과학자들은 코롯위성이 10~40개의 지구형 행성을 찾아낼 것으로 기대하고 있다. 외계에 존재하는 지구형 행성은 기체가 아닌 바위로 이루어져 있으며, 크기도 지구의 몇 배 정도에 불과할 것이다. 또한 코롯위성은 새로운 목성형 위성도 찾아낼 것으로 기대된다. 천문학자 클라우드 카탈라Claude Catala는 코롯위성이 크기에 상관없이 관측 가능한 모든 외계행성을 찾아낼 것이라고 자신 있게 말했다. 천문학자들은 앞으로 코롯위성을 통해 12만 개의 모항성을 관측할 예정이다.

코롯위성이 외계에서 지구형 행성을 찾는다면, 천문학계에는 획기적인 변화가 일어날 것이다. 우리의 후손들은 밤하늘의 별들을 바라보며 시적 감상을 떠올리기 전에 "저기 어딘가에 지구인의 이웃이 살고 있다"는 현실적인 생각을 먼저 떠올릴지도 모른다. 단순히 '살고 있는' 정도가 아니라, 그들이 우리를 감시하고 있을지도 모를 일이다.

NASA에서 2009년 3월에 발사된 케플러위성은 감지기의 성능이 탁월하여 수백 개의 지구형 행성을 찾아낼 것으로 기대되고 있으며, 처음 4년 동안은 지구에서 1,950광년 거리 안에 있는 수천 개의 모행성을 관측할 예정이다. 과학자들은 케플러위성이 임무를 개시한 첫 해에 다음과 같은 성과를 올릴 것으로 예측하고 있다.

- 약 50개의 지구형 외계행성 발견
- 지구보다 30% 정도 큰 185개의 외계행성 발견
- 지구보다 2.2배 큰 640개의 외계행성 발견

TPF(지구형 행성 탐사기)위성은 코롯이나 케플러위성보다 훨씬 뛰어난 성능을 자랑한다. 그 동안 발사계획이 몇 차례 수정된 끝에 2014년에 발사하는 것으로 확정된 상태이다. TPF는 45광년 거리 안에서 약 100개의 별을 관측할 예정이다. 관측범위는 코롯이나 케플러보다 훨씬 작지만 시력이 워낙 좋기 때문에 외계행성에 대하여 가장 많은 정보를 제공할 것으로 기대되고 있다. TPF에는 두 가지의 관측장비가 탑재되어 있는데, 그중 하나인 코로나그래프corona-graph는 특수 제작된 천체망원경으로서 관측에 방해되는 태양 빛을 10억 분의 1 수준으로 줄일 수 있으며, 망원경의 렌즈는 허블망원경보다 3~4배가량 크고 10배 이상 정확하다. 그리고 두 번째 장비인 간섭계interferometer는 빛의 간섭현상을 이용하여 모항성에서 방출된 빛을 100만 분의 1까지 줄일 수 있다.

유럽우주항공국European Space Agency, ESP에서는 행성탐사기 다윈Darwin호를 2015년(또는 그 후)에 발사할 예정이다. 다윈호는 직경 3m짜리 우주망원경 세 개로 이루어져 있는데, 이들이 대형을 이룬 채 날아가면서 커다란 간섭계 역할을 하게 된다. 다윈호의 임무도 지구와 비슷한 외계행성을 찾는 것이다.

수백 개의 지구형 외계행성이 발견되면 SETI는 다시 한 번 세상의 주목을 받게 될 것이다. 그때가 되면 천문학자들은 지금처럼 하늘을 다 뒤질 필요 없이 몇 개의 별을 골라서 집중적으로 관측하면 된다. 그러면 지적인 외계생명체를 찾을 가능성도 크게 높아질 것이다.

외계인은 어떻게 생겼을까?

옛날부터 과학자들은 물리학, 생물학, 화학 등 관련분야의 지식을 총동원하여 외계인의 형상을 추측해왔다. 고전물리학의 원조인 아이작 뉴턴도 지구상에 있는 모든 동물의 신체부위가 두 개의 눈과

귀, 두 개의 팔과 다리 등 좌우대칭형으로 배열되어 있는 이유를 궁금하게 생각했다. 이것이 과연 우연일까? 아니면 조물주가 좌우대칭을 선호했던 것일까?

현대의 생물학자들은 5억 년 전에 있었던 '캄브리아기 폭발(Cambrian explosion, 여기서 말하는 '폭발'이란 생명체의 종류가 폭발적으로 증가했다는 뜻이다: 옮긴이)' 기간 동안 다양한 생명체들이 출현하여 환경적응 테스트를 거친 것으로 추측하고 있다. 이 테스트에 통과한 종은 끝까지 살아남았고, 부적절한 형태는 자연히 소멸되었다. 이때 출현한 동물들 중에는 척수가 X형, Y형, 또는 Z형인 것도 있고, 불가사리처럼 방사형 대칭을 가진 생물도 있다. 이들 중에서 I자형 척수를 가진 생명체가 지구상에 존재하는 모든 포유동물의 선조가 되었다. 그러므로 인간의 몸이 좌우대칭형인 것은 생명체의 '범 우주적 공통점'이 아니라, 지구라는 특별한 환경에 적응하기 위한 필연적 선택이었다. 할리우드판 영화에서는 외계인을 사람과 비슷한 좌우대칭형으로 묘사하고 있는데, 지구와 환경이 판이하게 다른 외계행성의 생명체들이 굳이 좌우대칭형 몸체를 갖고 있을 이유는 없다.

일부 생물학자들은 캄브리아기에 생명체의 형태가 다양해진 이유가 포식자와 먹이 사이의 경쟁 때문이었다고 주장한다. 다른 생명체를 먹이로 하는 다세포 포식자 생명체가 지구에 처음 등장했을 때부터, 서로 상대방의 포획능력(또는 도피능력)을 능가하려는 치열한 경쟁이 펼쳐졌다는 것이다. 이것은 과거 냉전시대에 미국과 소련이 군사적 우위를 점거하기 위해 서로 앞다퉈 군비를 확장했던 상황과 비슷하다.

생물의 진화과정을 분석해보면 지구에서 지능을 가진 생명체가 살아남기 위해 어떤 능력이 필요한지를 알 수 있는데, 생물학자들이 제시한 주요항목은 다음과 같다.

1. 주변환경을 감지하는 시력, 또는 감각기관
2. 물건을 쥘 수 있는 엄지손가락, 또는 촉수나 갈고리모양의 손/발톱
3. 언어와 같은 의사소통수단

위의 세 가지 특성은 주변환경을 감지하는데 반드시 필요하며, 오랜 세월을 거치는 동안 지능을 가진 지구생명체의 상징으로 자리잡았다. 그러나 외계행성의 환경은 지구와 판이하게 다를 것이므로, 그곳에 지적 생명체가 존재한다 해도 겉모습은 지구인과 사뭇 다를 것이다. 영화나 TV에 등장하는 외계인은 대체로 지구인과 비슷하게 생겼지만, 사실은 그럴 이유가 하나도 없는 것이다. 아마도 1950년대에 대량으로 제작된 B급 공상과학영화의 '어린애같이 작고 벌레를 닮은 눈을 가진' 외계인의 모습이 우리(주로 미국인)의 뇌리 속에 자리잡고 있는 것 같다.

(그러나 인류학자들 중에는 위의 항목에 하나가 더 추가되어야 한다고 주장하는 사람도 있다. 이런 주장을 하는 이유는 위의 항목으로 설명할 수 없는 신기한 현상이 존재하기 때문이다. 다들 알다시피 인간은 숲에서 살아남은 동물들 중 가장 뛰어난 지능을 갖고 있다. 인간의 두뇌는 양자역학을 이해할 수 있고 우주여행을 계획할 수 있으며, 복잡한 수학을 창조할 정도로 뛰어나다. 그러나 이런 능력은 먹이를 찾거나 사냥하는 데 아무런 도움도 되지 않는다. 인간은 왜 이

렇게 '필요 이상의' 지능을 갖게 되었을까? 치타나 영양도 특정분야에서 과도한 능력을 갖고 있는데, 이는 같은 종족들 사이의 경쟁에서 비롯되었을 가능성이 크다. 그래서 일부 과학자들은 인간이 과도한 지능을 갖게 된 이유를 설명하기 위해 '종족간 경쟁'을 위의 생존항목에 추가해야 한다고 주장한다. 적이 똑똑하면 내가 그보다 똑똑해야 살아남을 수 있기 때문이다.)

지구에는 정말로 다양한 생명체들이 살고 있다. 다리가 여덟 개인 생명체가 수백만 년 동안 성공적으로 번식해왔다면, 이들은 지능이 상당히 높을 것이다(인간은 6백만 년 전에 원숭이로부터 분리되어 나왔다. 그 이유는 아마도 아프리카의 기후변화에 적응하지 못했기 때문일 것이다. 그러나 문어는 바위 밑의 생활에 잘 적응했기 때문에 지난 6백만 년 동안 진화할 필요가 없었다). 생화학자인 클리포드 피코버Clifford Pickover는 이렇게 말했다. "어이없게 생긴 갑각류와 찰랑거리는 촉수를 가진 해파리, 암수한몸인 지렁이와 점균류粘菌類 등을 보면 신은 유머감각이 매우 뛰어난 것 같다. 다른 행성에 생명체가 살고 있다면 이처럼 어이없는 형상을 하고 있을지도 모른다."

그러나 할리우드에서 제작된 SF영화를 보면 외계인은 거의 예외 없이 육식동물의 형상을 하고 있다. 고기를 좋아하는 외계인이 등장해야 흥행이 잘된다는 이유도 있지만, 여기에는 또 다른 이유가 숨어 있다. 일반적으로 포식자는 먹이보다 똑똑하다. 포식자는 먹이를 사냥하기 위해 치밀한 계획을 세우고, 추적하고, 매복하고, 결정적인 기회를 포착하여 빠르게 공격한다. 여우와 개, 호랑이, 사자 등과 같은 포식자들은 먹이까지의 거리를 쉽게 판단하기 위해 눈이 얼굴 앞쪽에 달려 있다. 여기에 두 개의 귀까지 동원하면 고성능 3차원

스테레오 레이더와 다를 것이 없다. 반면에 사슴이나 토끼와 같은 먹이들은 빠르게 도망가는 방법만 터득하면 된다. 이들은 항상 주변 360도를 경계하며 포식자의 출몰을 판단해야 하기 때문에, 눈이 얼굴의 양쪽 면에 달려 있다.

그러므로 외계의 지적 생명체는 포식자의 진화과정을 거쳐 눈(또는 그와 비슷한 기관)이 얼굴 앞쪽에 달려 있을 것이다. 또한 이들은 지구의 늑대나 사자, 또는 인간처럼 공격적이면서 자신의 영토를 지키려는 습성을 갖고 있을 것이다(그러나 외계생명체는 우리와 전혀 다른 DNA와 단백질분자에 기초하고 있을 것이므로 지구인을 먹이로 취급한다는 법도 없고, 친구가 되고 싶어 할 가능성은 더욱 없다).

외계인의 몸집은 얼마나 클까? 이것도 물리학법칙으로부터 추측할 수 있다. 외계인이 지구만 한 크기의 행성에 살면서 몸의 밀도가 물과 비슷하다면, 지구인보다 압도적으로 큰 덩치를 갖는 것은 불가능하다. 왜냐하면 우주 전역에는 "어떤 물체의 스케일이 커지면 거기 적용되는 물리법칙도 크게 달라진다"는 스케일법칙scale law이 적용되고 있기 때문이다.

괴물과 스케일법칙

만일 킹콩 같은 초대형 유인원이 실제로 존재한다 해도, 뉴욕시 전체를 공포로 몰아넣지는 못할 것이다. 공포는 커녕, 첫 번째 발걸음을 내딛는 즉시 킹콩의 다리뼈는 부서지고 만다. 예를 들어 원숭이의 형태를 그대로 유지한 채 모든 부분을 10배로 확대하면 몸무게는 $10 \times 10 \times 10 = 1,000$배로 커진다. 즉, 원숭이의 다리는 이전보다 1,000배나 큰 무게를 버텨야 한다. 그러나 원숭이 몸의 강도는 뼈와 근육의 '굵기'에 비례한다. 여기서 굵기란 단면적에 해당되며, 키가 10배로 커진 원숭이는 모든 부위의 단면적이 $10 \times 10 = 100$배로 넓어진다. 다시 말해서, 킹콩은 보통 원숭이보다 100배 강하지만 그가 버텨야 할 체중은 1,000배나 커진 것이다. 원숭이의 몸집을 키우면 키울수록 몸의 강도와 체중의 차이는 더욱 크게 벌어진다. 그러므로 킹콩은 정상적인 원숭이와 비교할 때 몸의 강도가 10분의 1밖에 되지 않는다. 이런 몸으로 발걸음을 내딛는다면 뼈에 체중이 실리는 즉시 뼈가 부러지고 말 것이다.

내가 초등학교에 다닐 때 담임선생님이 "개미는 자기 몸무게의 몇 배나 되는 물건을 들어올릴 수 있다"며 개미의 강인함을 강조했던 기억이 난다. 그때 선생님은 "개미의 몸집이 집만큼 크다면 집 전체를 들어올릴 수 있다"고 결론지었다. 그러나 킹콩의 경우에서 보았듯이, 이것은 틀린 결론이다. 개미의 몸이 집만큼 커지면 제일 먼저 다리부터 부러질 것이다. 예를 들어 형태를 그대로 유지한 채 키가 1,000배로 커졌다면 정상적인 개미보다 1,000배나 약한 '수수깡 개미'가 된다. 이 정도면 움직이지 않고 가만히 있어도 자신의 체중 때문에 몸 전체가 붕괴된다(몸집이 커지면 근력문제 이외에 호흡에도 심각한 문제가 초래된다. 개미는 옆구리에 나 있는 조그만 구멍을 통해 호흡을 하는데, 구멍의 면적은 길이(반지름)의 제곱에 비례하지만 몸통의 부피는 길이의 세제곱에 비례한다. 정상적인 개미보다 1,000배나 큰 슈퍼개미가 정상적으로 활동하려면 산소공급량도 1,000배로 늘어나야 하는데, 보다시피 산소유입량은 100배밖에 늘어나지 않기 때문에 다리가 부러지지 않더라도 결국은 질식해서 죽을 것이다. 피겨스케이트선수나 체조선수가 대체로 평균신장보다 작은 것은 바로 이 '스케일법칙' 때문이다. 체형은 똑같고 키만 작은 사람은 특별히 근육을 키우지 않아도 평균적인 사람보다 강한 근력을 발휘할 수 있다).

스케일법칙을 이용하면 지구의 생명체나 외계생명체의 크기를 대충 가늠할 수 있다. 생명체가 발산하는 열량은 표면적에 비례한다. 따라서 크기가 10배로 커지면(체형은 그대로 유지된 채 모든 방향으로 길이가 10배씩 커지면) 열손실은 $10 \times 10 = 100$배로 많아진다. 그러나 몸에 저장된 열량은 부피에 비례하므로, 이 경우에는 $10 \times 10 \times 10 = 1,000$배로 증가한다. 따라서 덩치가 큰 동물은 작은 동물보다 외부로 열을 빼앗기는 속도가 느리다(사람의 손가락과 귀는 부피에 비해 면적이 넓기 때문에 날씨가 추우면 제일 먼저 차가워진다. 그리고 키가 작은 사람은 큰사람보다 추위를 빨리 느낀다. 신문에 불을 붙였을 때 빠르게 타는 것도 이런 이유이다. 신문은 크기에 비해 면적이 아주 크기 때문이다. 반면에 장작은 부피에 비해 면적이 작기 때문에 천천히 타들어 간다). 북극지방에 사는 고래의 체형이 비교적 둥근 이유도 동일질량에서 표면적이 가장 작은 도형이 구sphere이기 때문이다. 반면에 따뜻한 곳에 사는 곤충들은 표면적이 넓은 쪽이 유리하기 때문에 삐죽삐죽하게 생겼다.

디즈니사의 영화 〈아이가 줄었어요Honey, I Shrunk the Kids〉에서는 한 가족이 개미만 한 크기로 줄어든다. 그때 하늘에서 비가 내리는데, 작아진 사람들의 눈에는 작은 빗방울이 진흙땅에 떨어지는 모습이 생생하게 보인다. 현실세계에서도 개미의 입장에서는 작은 빗

방울도 거대한 수구(水球, 공모양의 물 덩어리)로 보일 것이다. 거시적 세계에서 매끈한 바닥에 고인 물방울은 반구형태로 흔들거리다가 중력 때문에 곧 붕괴되지만, 작은 세계에서는 표면장력이 훨씬 강하여 반구형태가 안정적으로 유지된다.

외계생명체의 경우에도 물리학법칙을 이용하여 표면적 대 부피의 대략적인 비율을 짐작할 수 있다. 위에서 펼친 이론으로 미루어볼 때, 외계인은 공상과학영화에 나오는 것처럼 거인이 아니라, 지구인과 거의 같은 크기일 것이다(고래의 몸집이 비정상적으로 큰 것은 바닷물의 부력 때문이다. 그래서 고래가 해변 근처로 떠밀려오면 자신의 몸무게에 짓눌려 대부분 죽게 된다).

스케일법칙에 따르면 미시세계로 깊이 파고 들어갈수록 물리학의 법칙도 그에 맞게 달라져야 한다. 미시세계를 서술하는 양자역학이 우리의 상식과 판이하게 다른 이유도 여기서 찾을 수 있다. 어떤 SF영화에서는 원자가 또 하나의 작은 우주이고, 우리의 우주도 엄청나게 큰 원자 하나에 불과하다는 설정을 제시하고 있는데, 발상 자체는 참신하지만 현실적으로는 절대 불가능하다. 영화 〈맨 인 블랙Man in Black〉의 마지막 장면을 보면 카메라가 지구로부터 점차 멀어지면서 행성과 별, 은하가 나타나고 마지막에는 우주 전체가 조그만 구슬이 된다. 그리고 어떤 거대한 외계인의 손이 나타나 이 구슬을 갖고 놀다가 자루에 담는다. 방대한 우주조차도 외계인에게는 한낱 노리개에 불과할 수 있음을 암시하는 부분이다.

그러나 실제의 은하는 모든 면에서 원자와 판이하게 다르다. 원자의 내부에서는 전자들이 여러 개의 궤도껍질을 형성하고 있는데, 그

구조는 태양계의 행성과 전혀 비슷하지 않다. 행성들끼리는 구조가 서로 다르고 모항성으로부터 어떤 거리에서도 공전할 수 있지만, 원자를 이루는 전자들은 서로 완전히 똑같고 원자핵으로부터 특정 거리만큼 떨어져 있는 궤도만 돌 수 있다(뿐만 아니라 전자는 행성과 달리 상식을 완전히 넘어선 방식으로 행동한다. 예를 들어 하나의 전자는 두 장소에 '동시에' 존재할 수 있으며, 입자성과 파동성을 동시에 갖고 있다).

발달된 문명의 물리학

외계문명이 발달한 정도도 물리학을 이용하여 추정할 수 있다. 인류는 약 10만 년 전에 아프리카에 처음 출현한 후로 지금까지 줄기차게 에너지를 소비해왔다. 문명의 수준은 에너지 소비량과 밀접하게 관련되어 있으므로, 문명의 역사는 곧 '에너지소비의 역사'라고 해도 크게 틀리지 않을 것이다. 러시아의 천체물리학자 니콜라이 카르다셰프Nikolai Kardashev는 외계문명의 수준도 에너지 소비량으로 가늠할 수 있다고 주장한다. 그는 물리학법칙에 기초하여 문명의 형태를 다음과 같이 세 단계로 분류했다.

I단계 문명: 행성에 전달되는 태양열을 100% 활용하는 문명으로, 화산에서 분출되는 에너지를 활용하고 날씨를 조종할 수 있다. 과학자들은 지진과 같은 천재지변을 제어하고 바다에 도시를 건설한다. 이 문명은 모든 행성에너지를 원하는 대로 컨트롤할 수 있다.

Ⅱ단계 문명: 이 문명은 태양에서 방출되는 모든 에너지를 활용할 수 있으며, 그 양은 Ⅰ단계 문명의 100억 배에 달한다. 〈스타트렉〉에 등장하는 '행성연합'이 바로 이 단계에 해당한다. Ⅱ단계 문명은 어떤 면에서 볼 때 불멸의 존재라 할 수 있다. 빙하기나 소행성충돌, 심지어는 초신성 폭발이 일어나도 이 문명은 파괴되지 않는다(모행성이 폭발할 때가 되면 이 문명의 사람들은 다른 태양계의 적절한 행성을 찾아 이주할 것이다).

Ⅲ단계 문명: 은하 전체의 에너지를 활용하는 문명으로, 이들이 사용하는 에너지의 총량은 Ⅱ단계 문명의 100억 배에 달한다. 〈스타트렉〉에 등장하는 보그족Borg이나 〈스타워즈〉의 은하제국Galactic Empire, 그리고 아시모프의 《파운데이션》 시리즈에 나오는 은하문명 등이 여기 해당할 것이다. 이 문명의 사람들은 수십억 개의 태양계를 식민지로 거느리고, 은하의 중심부에 있는 블랙홀의 에너지를 활용할 수 있다. 또한 이들은 은하의 모든 곳을 자유롭게 여행할 수 있다.

카르다셰프는 "한 문명의 에너지 사용량이 매년 수 %씩 증가한다면 수천~수만 년 이내에 다음 단계 문명으로 넘어간다"고 예측했다.

내가 이 책에 앞서 집필했던 《평행우주Parallel Worlds》에서 말한 대로, 지구의 문명은 0단계(죽은 식물이나 기름과 화석 등을 연료로 사용하는 단계)에 해당한다.[8-6] 지금 우리는 지구로 전달되는 태양에너지의 극히 일부만을 사용하고 있지만, Ⅰ단계 문명으로 가는 초기징조를 곳곳에서 볼 수 있다. 예를 들어 인터넷은 Ⅰ단계 문명에서 행성 전체를 연결하는 통신네트워크의 초기버전이라 할 수 있고, 경제적인 면에서는 NAFTA(북미자유무역협정)와 이에 대응하는 유럽연합의 태동을 들 수 있다. 또한 영어는 거의 모든 나라의 제1외국어이며, 과학과 금융, 사업분야의 공용어로 자리잡았다. 앞으로 영어는 I단계 문명의 공용어로 채택될 가능성이 크다. 물론 국지적인 문화와 전통도 앞으로 수천 년 이상 유지되겠지만, 다양한 인종과 문화가 모자이크처럼 뒤섞인 새로운 문화가 지구 전체를 지배하게 될 것이다.

한 단계의 문명이 형성되었다고 해서, 그 다음 단계로 반드시 진보한다는 보장은 없다. 특히 0단계에서 I단계로 넘어가는 과도기가 가장 위험한 시기이다. 0단계 문명은 파벌주의나 근본주의, 또는 인종주의로 인해 붕괴될 수도 있고, 종족이나 종교에 대한 열정 때문에 다음 단계로 넘어가지 못할 수도 있다(우리의 은하에서 I단계 문명이 발견되지 않는 이유는 아마도 0단계에서 이 고비를 넘기지 못하고 자멸했기 때문일 것이다. 미래의 인류가 다른 태양계를 방문한다면 방사능으로 덮여 있거나 생명이 살 수 없을 정도로 뜨거운 행성을 발견할지도 모른다. 이런 곳은 기존의 문명이 어떤 이유로든 멸망한 흔적일 가능성이 높다).

문명이 III단계에 이르면 방대한 양의 에너지를 사용하면서 은하를 가로지르는 장거리여행도 가능해진다. 영화 〈2001년 스페이스 오디세이〉에서는 III단계 문명을 가진 외계인들이 자기복제를 할 수 있는 로봇탐사부대를 은하 전체에 파견하여 생명체를 찾는다.

그러나 III단계 문명의 생명체들이 영화 〈인디펜던스데이〉에서처럼 지구를 방문하거나 지구정복을 꿈꿀 가능성은 별로 없다. 이런 문명은 마치 메뚜기떼처럼 주변의 행성들을 덮쳐서 모든 자원을 고갈시킨다. 실제로 우주공간에는 다량의 광물자원을 함유하고 있는 죽은 행성이 산재해 있는데, 이런 곳이라면 현지인의 저항 없이 마음놓고 자원을 약탈할 수 있다. 그들이 지구인을 바라보는 관점은 우리가 개미집을 바라보는 관점과 비슷할 것이다. 독자들은 길을 가다가 개미집이 눈에 띄었을 때 그 안을 들여다본 적이 있는가? 개미들에게 빵과 선물을 주면서 그들과 친구가 되고 싶어 할 사람이 어디 있겠는가? 당연히 그냥 무시하고 지나칠 것이다.

개미들을 가장 크게 위협하는 것은 인간의 침략이 아니라, 도로를 건설하기 위해 실행되는 토목공사이다. 에너지소모량의 관점에서 볼 때 Ⅲ단계 문명과 0단계 문명의 차이는 인간과 개미의 차이보다 훨씬 크다.

UFO

일부 사람들은 UFO를 탄 외계인들이 이미 지구를 방문했다고 굳게 믿고 있다. 그러나 과학자들 앞에서 이런 주장을 펼치면 그들은 눈동자를 이리저리 굴리기만 할 뿐, 결코 설득되지 않는다. 가장 가까운 별조차 지구로부터 너무나 멀리 떨어져 있어서, 현실적으로 불가능하다고 생각하기 때문이다. 그러나 과학계의 부정적인 시각에도 불구하고 UFO 목격담은 오랜 세월 동안 끊임없이 제기되어 왔다.

UFO의 역사는 역사가 처음 기록되기 시작했던 시점까지 거슬러 올라간다. 구약성서에서 예언자 에스겔Ezekiel은 "그 바퀴의 형상과 구조는 바퀴 안에 바퀴가 있는 것 같으며…(에스겔 1장 16절)"라는 말을 했는데, 일부 사람들은 이것을 에스겔의 UFO 목격담으로 믿고 있다. 또한 전해지는 기록에 의하면 투트모스3세Thutmose Ⅲ 가 이집트의 파라오였던 기원전 1450년에 "크기가 5m쯤 되는 둥그런 불이 태양보다 밝은 빛을 발하면서 며칠 동안 상공에 떠 있다가 하늘 저편으로 사라지는" 기이한 현상이 목격되었다고 한다. 기원전 91년에 로마의 작가 율리우스 옵시퀸스Julius Obsequens는 둥그런 방패로 가려진 듯한 구형물체가 하늘을 가로질러 날아가는 광경을 목격했고, 서기 1235년에 일본의 장군 요리쓰메와 그의 군사들은 동경근처의 하늘에서 춤을 추듯 날아다니는 구형물체를 보았다. 그리고 1561년에 독일의 뉘른베르크Nuremberg에서는 여러 개의 거대한 물체들이 하늘에서 공중전을 치르는 듯한 광경이 목격되기도 했다.

   미국 공군은 UFO 목격담을 수집하여 분석하는 대형 프로젝트를 실행한 적이 있다. 1952년에 '블루 북Blue Book'이라는 이름으로 시작된 이 프로젝트는 총 12,618건의 UFO 목격담을 분석한 끝에 대부분의 사례들이 일반 비행기를 UFO로 오인했거나 과학적으로 설명 가능한 자연현상이었으며, 일부는 치기 어린 장난이었다고 결론지었다. 그러나 전체의 6%는 어떤 논리로도 설명할 수 없는 미지의 사건으로 남겨졌다. 그 후 1969년에 블루 북 프로젝트의 무용성을 강조한 콘돈 보고서Condon Report가 발표되면서, UFO 목격담 분석은 더 이상 이루어지지 않았다. 블루 북 프로젝트는 미국 공군이 진지한 자세로 가장 최근에 실행했던 UFO 관련 프로젝트였다.

2007년에 프랑스정부는 UFO와 관련된 대량의 파일을 일반대중에게 공개했다. 자세한 내용은 프랑스 우주연구센터French National Center for Space Studies의 인터넷 홈페이지에서 조회할 수 있는데, 여기에는 지난 50년 동안 보고된 1,600건의 UFO 목격담과 동영상, 그리고 음향녹음 등이 10만 페이지에 걸쳐 수록되어 있다. 프랑스 정부에 의하면 이들 중 완전한 설명이 가능한 사례는 9%에 불과하고 33%는 '대충' 설명이 가능하며, 나머지는 아직도 미스터리로 남아 있다.

물론 이 많은 사례들을 일일이 검증하는 것은 결코 쉬운 일이 아니다. UFO 목격사례를 세밀히 분석해보면 대부분이 다음과 같은 '오해'로 판명되곤 한다.

1. 밤하늘에서 달 다음으로 밝은 천체인 금성을 UFO로 오인하는 경우가 많다. 금성은 지구에서 꽤 멀기 때문에, 차를 타고 달리다 보면 밝은 물체가 자신을 따라오는 것처럼 보인다. 물론 달도 자동차를 따라오지만, 금성을 천체가 아닌 '괴비행물체'로 오인한다면 UFO로 보이기 십상이다. 우리는 움직이는 물체들의 상대적인 위치변화를 비교하여 거리를 판단하곤 한다. 그런데 달과 금성은 거리가 너무 멀어서 지구상의 배경에 대해 움직이지 않기 때문에, 그 정체를 모른다면 우리를 따라오는 것처럼 보인다.

2. 늪지대의 공기도 UFO 착시현상을 유발한다. 늪지 근방에서 기온이 변하면 땅위에 떠 있는 대기에서 간간이 빛이 방출될 때가 있다. 특히 큰 기체덩어리에서 작은 덩어리들이 분리되면 마치 커다란 모선

에서 작은 탐사선들이 출격하는 것처럼 보인다.
3. 운석도 오해의 소지가 다분하다. 밤하늘에서 운석이 떨어지면 몇 초 동안 긴 꼬리를 그리는데, 이것을 운항 중인 UFO로 착각할 수도 있다. 또한 운석이 추락하다가 여러 개로 분리되면 2번 항목처럼 '출격하는 탐사선'처럼 보인다.
4. 대기의 이상현상을 UFO로 오인하는 경우도 있다. 번개가 치거나 대기 중에서 예외적인 현상이 일어나 하늘이 이상하게 밝아지는 경우가 있는데, 이것도 언뜻 보면 UFO로 착각하기 쉽다.

20~21세기에는 다음과 같은 현상도 UFO로 오인될 수 있다.

1. 레이더의 반향(메아리): 레이더파가 산에 반사되면서 생성된 반향도 레이더 모니터에 감지될 수 있다. 이런 파동은 보통 지그재그형으로 나타나며, 스크린 상으로는 어떤 물체가 엄청나게 빠른 속도로 이동하는 것처럼 보인다.
2. 기상관측용 기구(풍선): 1947년에 뉴멕시코주의 로즈웰Roswell에 이상한 비행물체가 추락하면서 미국 전역에 UFO 소문이 떠돌고 있을 때, 군부대 측은 그것이 모굴Mogul 프로젝트의 일환으로 상공에 띄웠던 기상관측용 기구였다고 해명했다. 모굴은 핵전쟁이 발발했을 때 대기 중 방사능 함유량을 측정하기 위해 수행된 극비 프로젝트였다.
3. 비행기: 상업용 비행기나 군용기가 UFO로 오인된 사례도 많이 있다. 특히 스텔스 폭격기 등 현재 개발 중인 최신형 군용기는 사람들의 눈에 익숙하지 않기 때문에 UFO로 보일 가능성이 크다(실제로 미

군은 신무기 개발의 보안을 유지하기 위해 비행접시 소문을 방치하거나 조장하는 경우도 있다).
4. 고의적인 장난: 비행접시를 촬영하여 세간을 떠들썩하게 만들었던 유명한 사진의 대부분은 누군가의 의도적인 장난으로 판명되었다. 개중에는 창문과 착륙용 다리까지 달린 비행접시도 있었는데, 사진을 정밀 분석한 결과 닭 모이를 주는 사료공급장치를 교묘하게 수정한 것으로 밝혀졌다.

UFO 목격담의 95%는 위에 열거한 항목 중 하나에 속한다. 그러나 나머지 5%는 여전히 미스터리이다. 가장 그럴듯한 UFO 출몰사례는 (a)사전에 모의했을 가능성이 전혀 없는 여러 사람의 눈에 순차적으로 목격된 경우와 (b)사람들의 목격담과 레이더 관측자료가 일치하는 경우이다. 이런 경우는 서로 독립적인 증거가 여러 개 있기 때문에 과학자들을 심란하게 만든다. 예를 들어 1986년에 일본 JAL항공 1628호가 알래스카 상공을 비행하다가 목격한 UFO는 미국연방항공국FAA이 직접 나서서 조사를 벌였다. 당시 다수의 여객기 승객들이 UFO를 눈으로 확인했고 지상레이더에도 비슷한 신호가 잡혔으므로 평범한 비행물체를 오인했을 가능성은 별로 없다. 또한 1989~90년에 걸쳐 벨기에 나토군NATO의 지상레이더와 방공전투기 레이더에 검은 삼각형 물체가 지속적으로 관측되었으며, 1976년에 이란의 테헤란 상공에서 동시다발적으로 F-4 팬텀 전투기의 조종시스템에 이상이 생겼던 사건은 CIA 문서에도 기록되어 있다.

과학자들이 UFO 목격담을 반기지 않는 이유는 수천 개에 달하는 기록들 중 그 어떤 것도 실험실에서 재현할 수 있는 물리적 증거를 제시하고 있지 않기 때문이다. 외계인의 DNA나 외계인의 컴퓨터 칩, 또는 외계인이 지구에 착륙했음을 보여주는 증거는 지금까지 단 한 번도 발견된 적이 없다.

일단 UFO가 환상이 아니라 실제 존재하는 우주선이라고 가정해 보자. 그렇다면 UFO는 어떤 종류의 비행물체일까? 목격자들의 공통적인 증언을 정리해보면 대충 다음과 같다.

a. 허공에서 지그재그형으로 날아다닌다.
b. UFO가 지나가면 그 근처에 있는 자동차들의 점화장치가 고장나고 전력이 끊긴다.
c. 아무런 소리도 내지 않고 허공에 가만히 떠 있을 수 있다.

지구에서 개발된 그 어떤 로켓도 위와 같은 성능을 발휘할 수 없다. 모든 로켓은 뉴턴의 제3법칙인 작용-반작용법칙을 따른다(한 물체에 특정 방향으로 힘이 작용하면 같은 크기의 힘이 반대방향으로 작용한다). 그러나 목격자들의 증언을 종합해보면 UFO는 아무것도 분사하지 않고 자유롭게 날아다니는 것 같다. 그리고 UFO가 지그재그로 비행하면 중력의 100배가 넘는 관성력이 작용하는데, 지구에 존재하는 그 어떤 물체도 이런 힘을 받으면 납작하게 뭉개지고 말 것이다.

현대과학으로 UFO의 움직임을 설명할 수 있을까? 〈지구 대 비행접시 Earth vs. Flying Saucers〉라는 영화에도 이와 같은 비행체가 등장하는데, 그 안에는 예외 없이 외계인이 타고 있다. 그들의 과학이 아무리 발달했다 해도 위와 같이 격렬한 기동을 하려면 무인조종으로 움직여야 한다(만일 조종사가 타고 있다면, 그는 생체와 기계조직이 결합된 특수생명체일 것이다). 제아무리 외계인이라 해도, 중력의 100배가 넘는 무지막지한 관성력(이것을 g-force라 한다)을 버텨내지는 못할 것이기 때문이다.

비행접시가 자동차의 점화장치를 고장내고 허공에 가만히 떠 있다는 것은 자기력으로 추진되고 있음을 의미한다. 그런데 자기추진력의 문제점은 항상 두 개의 극(N극과 S극)이 존재한다는 것이다. 지구자기장 안에 자석을 방치하면 UFO처럼 위로 떠오르지 않고 나침반의 바늘처럼 평면 위에서 회전할 것이다. 자석의 S극이 특정 방향으로 움직이면 N극은 그 반대방향으로 움직이기 때문에 자석은 제자리에서 맴돌기만 할 뿐, 어느 쪽으로도 이동할 수 없다.

한 가지 해결책은 N극이나 S극 중 하나만 갖고 있는 자석, 즉 '자기홀극magnetic monopole'을 사용하는 것이다. 일반적으로 막대자석(또는 다른 형태의 자석)을 둘로 자르면 N극과 S극으로 분리되지 않고 여전히 양극을 가진 두 개의 자석이 얻어진다. 즉, 하나의 자기쌍극자dipole가 두 개의 쌍극자로 분리되는 것이다. 여기서 자석을 계속 잘라나가도 여전히 N극과 S극이 모두 존재하는 작은 막대자석 여러 개가 얻어질 뿐, 자기홀극은 결코 나타나지 않는다(이런 식의 절단작업은 원자규모에 이를 때까지 계속할 수 있다. 모든 원자는 그 자체로 '초소형 쌍극자'를 이루고 있다).

지구상의 그 어떤 실험실에서도 자기홀극이 발견된 사례는 없다.

그동안 물리학자들은 움직이는 자기홀극의 흔적을 사진으로 촬영하기 위해 무진 애를 써왔지만 아무도 성공하지 못했다(1982년에 스탠퍼드대학에서 촬영한 사진이 있는데, 논쟁의 여지가 다분하여 결론을 내리지 못했다).

실험실에서 자기홀극이 발견된 사례는 아직 없지만 물리학자들은 빅뱅이 일어나던 무렵에 자기홀극이 우주 전역에 걸쳐 존재했다고 믿고 있으며, 이 아이디어는 최신 버전의 빅뱅이론에 수용되었다. 그러나 우주는 빅뱅 직후부터 빠른 속도로 팽창했기 때문에 자기홀극의 밀도가 크게 낮아져서 오늘날에는 찾기 어렵게 되었다[물리학자들이 인플레이션(팽창)이론을 지지하는 주된 이유 중 하나는 자기홀극이 발견되지 않았기 때문이다. 이 정도로 자기홀극은 물리학의 한 이론으로 탄탄하게 자리잡고 있다].

그러므로 UFO가 존재한다면 빅뱅 후 지금까지 남아 있는 '원시자기홀극'을 활용하고 있을 가능성이 높다. 아마도 우주공간에 거대한 자기그물을 쳐서 자기홀극을 모아들였을 것이다. 충분한 양의 자기홀극이 수집되면 은하나 행성 주변에 형성된 자기력선을 따라 우주공간을 이동할 수 있다. 물론 이런 비행에는 연료를 뒤로 방출할 필요가 없다. 많은 우주론학자들이 자기홀극에 지대한 관심을 보이고 있으므로, UFO의 작동원리도 현대물리학의 이론으로 설명할 수 있을 것이다.

마지막으로, 우주 전역에 우주선을 파견할 정도로 발단된 문명을 가진 외계인이라면 나노기술도 거의 완벽한 수준에 이르렀을 것이다. 그렇다면 과연 우주선을 UFO 목격자들이 말하는 것처럼 크게 만들 필요가 있을까? 내가 보기에는 그렇지 않을 것 같다. 생명체가 살고 있는 수백만 개의 행성들을 모두 탐사하고자 한다면, 초소형 무인우주선을 보내는 것이 훨씬 안전하고 효율적이다. 그리고 우리의 달은 나노우주선의 전진기지로 최적의 장소이다. 영화 〈2001년 스페이스 오디세이〉의 설정과 비슷하게 우리의 달은 III단계 문명의 방문을 여러 차례 받았을지도 모른다. 만일 외계인이 우리 동네 근처를 방문한다면 이것이 가장 그럴듯한 시나리오이다. 우주선은 무인조종시스템이거나 로봇이 조종할 것이고, 가장 그럴듯한 착륙장소는 지구가 아닌 달이다(달 전체를 샅샅이 훑어서 초소형 나노우주선의 방문 흔적을 찾아낼 정도로 우리의 기술이 발달하려면 앞으로 1,000년은 족히 기다려야 할 것이다).

만일 외계인이 과거에 우리의 달을 방문했거나, 과거부터 지금까지 나노우주선의 태양계 전진기지로 활용해오고 있다면 그들의 UFO는 클 이유가 전혀 없다. 일부 과학자들은 "UFO가 세간에 떠도는 방식대로 움직이려면 램제트Ramjet엔진이나 거대한 레이저 항해장치, 또는 핵추진 엔진을 써야 하는데, 이런 것은 크기가 수km에 달하기 때문에 달고 다니는 것 자체가 불가능하다"며 UFO 목격담을 일축해버린다. 그러나 달에 전진기지가 건설되어 있다면 UFO를 크게 만들 필요가 없다. 모자라는 연료는 달에서 공급받으면 된다. 그러므로 우리의 눈에 발견되는 UFO는 달에 기지를 둔 무인우주선일 가능성이 높다.

지구와 가까운 곳에 외계생명체가 정말로 살고 있다면 21세기 안에 발견될 것이다. 그래서 나는 이것을 제1부류 불가능으로 분류하고자 한다. 외계문명이 존재한다면 그다음 질문은 자명하다. "그들을 찾아갈 방법은 있는가? 미래의 어느 날 태양이 수명을 다하여 지구를 집어삼킬 듯이 커진다면 우리의 후손들은 어떤 조치를 취해야 하는가? 결국 인류의 운명은 별에 의해 좌우될 수밖에 없는 것인가?"

9

우주선

> 달을 향해 무언가를 발사한다는 것은 참으로 허무맹랑한 발상이 아닐 수 없다.
> 이 아이디어가 실현 불가능하다는 것은 이미 과학적으로 입증된 사실이다.
> —A. W. 비커튼A. W. BICKERTON, 1926
>
> 인류는 어떤 재앙이 닥쳐도 결코 멸망하지 않고 다른 별을 찾아 생존을 이어갈 것이다.
> 그리고 생명이 지속되는 한, 완벽한 지성과 인간성을 향한 추구도 멈추지 않을 것이다.
> —로켓공학의 아버지, 콘스탄틴 치올코프스키CONSTANTIN E. TSIOLKOVSKY

먼 미래의 어느 날, 우리의 후손들은 '태양이 따사롭게 내리쬐는 마지막 날'을 맞이하게 된다. 지금부터 수십억 년이 지나면 태양이 부풀어오르면서 태양계 전체를 집어삼킬 것이다. 이때가 되면 지구의 기온이 급격하게 상승하여 바닷물이 모두 증발하고, 지구 전체가 잿더미로 변한다. 산과 바위는 용암이 되어 화려했던 도시들을 덮어버릴 것이다.

인류는 이 지옥 같은 종말을 피할 길이 없다. 태양의 운명은 물리학법칙에 의해 이미 결정되어 있기 때문이다. 결국 지구는 부풀어오르는 태양의 일부가 되어 불덩이 속에서 흔적도 없이 사라질 것이다. 물리학법칙에는 자비라는 것이 없다.

이와 같은 초대형 참사는 앞으로 50억 년 이내에 반드시 일어나게 되어 있다. 우주적 시간스케일에서 볼 때 인류문명의 흥망성쇠는 찰나에 불과하다. 이때가 되면 인간은 지구를 탈출하거나 죽는 수밖에 없다. 우리의 후손들은 과연 태양계의 종말을 이겨낼 수 있을까?

수학자이자 철학자였던 버트런드 러셀Bertrand Russell은 비통한 심정으로 말했다. "죽은 후에는 열정도, 영웅도 없고 생각이나 느낌도 없다. 오랜 세월 동안 투입된 그 많은 노동과 헌신, 천재들의 번뜩이는 영감… 이 모든 것들은 태양과 함께 죽을 것이다. 수천 년에 걸쳐 인류가 이루어왔던 그 위대한 업적들은 어느 날 우주의 먼지가 되어 사라질 운명이다…."[9-1]

이것은 더할 나위 없이 진지한 표현이다. 그러나 러셀이 이 말을 했던 1900년대 초는 우주로켓이 불가능하다고 여겨지던 시대였다. 현대를 사는 우리들은 로켓을 이용한 탈출이 가능하다는 사실을 잘 알고 있다. 칼 세이건은 인류가 두 행성에 걸쳐 살아가는 종족이 될 것이라고 예견했다. 그는 "지구에서의 삶은 너무나 가치 있는 것이기에 재앙이 닥칠 경우를 대비하여 적어도 하나 이상의 다른 행성을 개척해두어야 한다"고 주장했다. 사실 지구는 운석과 혜성 등 위험한 천체들이 수시로 난무하는 '우주 사격장'의 한복판에 놓여 있다. 이들 중 하나라도 지구에 떨어지면 모든 생명체는 멸종한다.

다가올 재앙

시인 로버트 프로스트Robert Frost는 지구종말의 원인이 불인지,

또는 얼음인지를 물었다. 이런 질문에 답할 때에는 시보다 물리학이 훨씬 유용하다.

시간의 스케일을 천년 단위로 끊어서 보면 인류의 문명을 가장 크게 위협하는 것은 앞으로 다가올 빙하기라고 할 수 있다. 마지막 빙하기는 약 1만 년 전에 있었고, 앞으로 1~2만 년 사이에 또다시 빙하기가 찾아와 북미대륙의 절반이 얼음으로 덮일 것이다. 인간의 문명이 번성한 것은 빙하기 사이의 아주 짧은 기간에 불과하다. 이 기간 동안 지구의 기온은 잠시 따뜻한 상태를 유지하고 있지만, 이런 쾌적한 환경은 결코 영원히 지속되지 않는다.

또한 지구에는 수백만 년에 한 번씩 대형 운석이나 혜성이 충돌하여 대재앙을 일으켜왔다. 가장 최근의 재앙은 6천5백만 년 전에 일어났는데, 지름이 거의 10km에 달하는 초대형 운석이 멕시코의 유카탄반도에 충돌하여 직경 280km짜리 크레이터가 만들어졌고, 당시 지구의 생태계를 지배했던 공룡이 그 여파로 멸종하고 말았다. 이런 우주적 재앙은 앞으로 수백만 년 이내에 다시 일어날 수 있다.

앞으로 수십억 년이 지나면 태양이 서서히 팽창하여 지구를 집어삼킬 것이다. 물리학자들의 계산에 의하면 앞으로 10억 년 후에 태양은 지금보다 10% 정도 뜨거워진다. 언뜻 보기에는 그다지 큰 변화가 아닌 것 같지만, 이 정도면 지구의 생명체를 말려 죽이기에 충분하다. 그리고 앞으로 50억 년이 지나면 우리의 태양은 연료를 모두 소진하고 적색거성이 된다. 이 과정에서 지구는 태양의 대기로 흡수되어 흔적도 없이 사라질 것이다.

수백억 년이 지나면 태양은 물론이고 태양계가 속한 은하수까지도 죽게 된다. 수소와 헬륨을 모두 소진한 태양은 자체중력으로 함몰되어 백색왜성이 되고, 완전히 식은 후에는 검은 핵폐기물이 되어 우주공간을 떠돌 것이다. 그런가 하면 은하수는 가장 가까운 이웃이자 덩치가 훨씬 큰 안드로메다 은하와 충돌하여 나선형 팔이 찢겨나가고, 그 와중에 우리의 태양은 우주 깊은 곳으로 내동댕이쳐질 것이다. 두 은하의 중심부에 있는 블랙홀은 이들이 충돌하여 하나로 합쳐질 때까지 죽음의 춤을 멈추지 않을 것이다.

앞으로 인류에게 '멸종'과 '태양계 탈출'이라는 두 가지 선택만이 주어진다면, 다음과 같은 질문을 떠올리지 않을 수 없다. "지금 당장 달까지 가는 것도 버거운데, 무슨 수로 태양계를 탈출한다는 말인가?" 지구에서 가장 가까운 별인 켄타우로스 알파성Alpha Centauri도 무려 4광년이나 떨어져 있다. 화학연료를 사용하는 지금의 로켓으로는 시간당 64,000km를 갈 수 있으므로, 가장 가까운 별까지 가는데 무려 7만년이 걸린다.

현재 우리가 보유하고 있는 우주관련 기술과 우주공간으로 진출하기 위해 필요한 기술 사이에는 이처럼 엄청난 차이가 있다. 1970년대에 사람을 달에 보낸 이후로 유인우주선이 다녀온 거리는 고작 450km 정도에 불과하다(국제우주정거장이 대략 이 높이에 있다). NASA는 2010년까지 우주왕복선 운영을 단계적으로 폐지하고 오리온 우주선Orion spacecraft을 새로 개발하여 2020년까지 사람을 달에 보낸다는 계획을 세워놓고 있다. 이 계획이 성공한다면 인류는 근 50년 만에 다시 한 번 달 표면을 밟게 되는 셈이다. 이번에는 단순히 달을 방문하는 것이 아니라, 달에 영구적인 기지를 건설할 예정이다. 이 프로젝트가 성공적으로 끝나면 유인우주선을 화성으로 보내는 야심찬 프로젝트가 이어질 것이다.

그러나 이런 우주선으로는 다른 별에 갈 수 없다. 다른 태양계를 방문하려면 새로운 개념의 로켓이 필요하다. 즉, 로켓의 추진력을 혁신적으로 높이거나 로켓이 작동하는 시간을 크게 늘려야 한다. 예를 들어 수백만kg의 추진력을 내도록 화학로켓을 크게 만든다면 고작해야 단 몇 분 동안 작동하고 끝날 것이다. 그러나 이온엔진ion engine과 같이 로켓의 디자인 자체를 바꾸면 우주공간에서 몇 년 동안 작동하도록 만들 수 있다. 로켓공학에서는 빠른 토끼보다 진득한 거북이가 훨씬 유리하다.

이온 플라즈마엔진

화학로켓과 달리 이온엔진은 뜨거운 기체를 갑작스럽게 내뿜지 않는다. 이온엔진은 추진력을 온스(ounce, 1온스=28.4그램) 단위로 표현할 정도로 미약하지만, 우주공간에서 몇 년 동안 작동할 수 있다.

전형적인 이온엔진은 TV 브라운관과 비슷하게 생겼다. 필라멘트에 전류를 흘려주면 온도가 올라가면서 원자빔[제논Xe 등]이 방출되고, 이것을 추진력으로 삼아 작동하는 것이 이온엔진이다. 기존의 로켓엔진은 뜨거운 폭발성기체를 사용하는 반면, 이온엔진은 미약하면서도 꾸준한 '이온의 흐름'에서 추력을 얻는다.

NASA에서 개발한 NSTAR 이온추진기는 1998년에 발사된 딥스

페이스 1호Deep Space 1 탐사선에서 성공적으로 테스트를 마쳤다. 이때 이온엔진은 678일 동안 작동하여 이 분야의 신기록을 세웠다. 유럽우주항공국도 스마트 1호Samrt 1 탐사선에서 이온엔진의 성능을 테스트했고, 일본의 하야부사 탐사선은 네 개의 제논-이온엔진으로 작동된다. 이온엔진은 그다지 극적이지 않고 별다른 매력도 없지만, 앞으로 (그리 급하지 않은) 행성간 장거리여행을 가능하게 해줄 것으로 기대된다. 특히 태양계의 다른 행성으로 화물을 운반할 때 유용할 것이다.

이온엔진의 출력을 보강한 것이 플라즈마엔진이다. NASA에서는 플라즈마를 빠른 속도로 방출하는 VASIMR(가변비추력 자기플라즈마 로켓, variable specific impulse magnetoplasma rocket)을 개발하고 있다. 우주인이자 공학자인 프랭클린 창-디아즈Franklin Chang-Diaz가 디자인한 이 엔진은 라디오파와 자기장을 이용하여 수소기체를 섭씨 수백만 도까지 가열한다. 그러면 초고온의 플라즈마가 분출되면서 강한 추진력을 얻을 수 있다. VASIMR을 탑재한 우주선은 아직 발사되지 않았지만, 시제품은 거의 완성된 상태이다. 계획대로만 된다면 플라즈마 엔진을 탑재한 우주선은 화성으로 가는 여행 시간을 수개월 이내로 단축시켜줄 것이다. 엔진의 에너지원으로는 태양에너지나 핵분열을 고려하고 있다(물론 다량의 핵원료를 실은 채 우주공간을 비행하려면 커다란 위험을 감수해야 한다).

그러나 이온엔진이나 플라즈마엔진도 다른 별까지 가기에는 역부족이다. 다른 태양계로 진출하려면 완전히 다른 개념의 추진장치가 필요하다. 항성간 우주선을 제작하는데 가장 큰 걸림돌이 되는 것은 연료의 양과 비행시간이다. 가장 가까운 별도 너무나 멀리 떨어져 있기 때문에 처음부터 엄청난 양의 연료를 싣고 가야 할 뿐만 아니라, 여행에 소요되는 시간이 인간의 수명보다 압도적으로 길다는 것도 심각한 문제이다.

태양항해

이 문제를 해결하기 위해 제시된 아이디어 중 하나가 바로 '태양항해solar sail'이다. 태양빛에 의해 가해지는 압력은 아주 미미하지만, 마찰이 전혀 없는 우주공간에서 우주선을 추진시키기에는 충분하다. 그리고 태양이 사라지지 않는 한, 지속적이고 안정적인 추진력을 얻을 수 있다. 독일의 위대한 천문학자 요하네스 케플러Johannes Kepler는 1611년에 그의 저서 《솜니엄Somnium》에서 태양항해라는 아이디어를 처음으로 제안했다.

태양항해의 물리학적 원리는 매우 단순하지만, 실질적인 개발은 거북이처럼 느리게 진행되어 왔다. 일본은 2004년에 두 개의 소형 태양항해장치가 탑재된 로켓을 성공적으로 발사했고, 2005년에는 민간 우주탐사 단체인 행성학회Planetary Society와 코스모스 스튜디오Cosmos Studio, 그리고 러시아 과학원이 협동하여 태양항해방식을 채택한 코스모스 1호를 북극해 근처의 바렌츠해Barents Sea에 대기 중이던 잠수함에서 발사했다. 그러나 코스모스 1호에 실려 있던 볼나 로켓Volna rocket이 고장을 일으켜 궤도에 오르는 데에는 실패했다[2001년에도 준궤도비행suborbital sail을 시도했다가 실패한 바 있다]. 그 후 2006년 2월에 일본은 15m짜리 태양항해장치를 M-V 로켓에 싣고 궤도에 올렸으나, 항해장치가 완전히 열리지 않아서 부분적인 성공으로 만족해야 했다.

태양항해의 기술개발은 지루할 정도로 느리게 진행되고 있지만, 이 분야의 과학자들은 인간을 별까지 데려다줄 또 다른 아이디어를 갖고 있다. 거대한 레이저 배터리를 달에 설치한 후 다른 별로 가는 태양항해 우주선에 강력한 레이저빔을 발사하여 동력을 공급하는 것이다. 물론 당장 실현 가능한 계획은 아니다. 달에서 날아온 레이저를 에너지로 수용하려면 우주선의 크기가 적어도 수백km는 되어야 하는데, 이런 우주선은 지구에서 도저히 띄울 수 없기 때문에 모든 공사가 우주공간에서 진행되어야 한다. 뿐만 아니라 달에는 수십 년 동안 쉬지 않고 작동하는 수천 개의 레이저를 설치해야 한다(계산에 의하면, 레이저가 발휘하는 출력이 현재 지구에 있는 모든 레이저를 합한 것보다 1,000배 이상 커야 한다!).

이론적으로 초대형 태양항해는 광속의 절반인 $c/2$까지 낼 수 있다. 지구에서 가장 가까운 별이 4광년 거리에 있으니까, 이 속도를 계속 유지한다면 8년 만에 도착할 수 있다. 달에 기지를 둔 추진시스템의 장점은 새로운 기술이 필요 없다는 점이다. 모든 기술은 현재 알고 있는 물리법칙만으로 충분히 구현할 수 있다. 그러나 여기 소요될 막대한 재정과 레이저 제작기술이 문제이다. 길이가 수백km에 달하는 우주선을 만들어서 달에 설치된 초강력 레이저로 작동시키려면 앞으로 천년은 족히 기다려야 할 것이다(항성간 여행의 또 다른 문제점은 우주인을 지구로 귀환시키는 것이다. 목적지에 있는 다른 달에 또 하나의 레이저기지를 건설하여 지구로 돌아오는 우주선에 동력을 공급할 수도 있고, 고무줄 새총처럼 별의 주위를 돌면서 충분한 속도를 얻은 후에 귀환을 시도하는 것도 한 가지 방법이다. 이 경우 우리의 달에 있는 레이저기지는 우주선을 감속시켜서 지구에 착륙을 유도할 수 있다).

램제트 융합

항성간 여행을 가능하게 해줄 가장 그럴듯한 후보를 고르라고 한다면, 나는 주저 없이 램제트 융합엔진ramjet fusion engine을 꼽을 것이다. 우주공간에는 수소가 매우 풍부하기 때문에, 이것으로 램제트를 가동하면 연료가 고갈될 염려가 없다. 우주공간을 여행하면서 수소를 끌어 모은 후에 수백만 도까지 가열하면 수소원자들이 핵융합반응을 일으키게 되고, 이 과정에서 막대한 양의 에너지가 방출된다.

램제트 융합엔진은 1960년에 물리학자 로버트 버사드Robert W. Bussard에 의해 처음으로 제안된 후 칼 세이건 덕분에 대중적으로 널리 알려지게 되었다. 버사드의 계산에 의하면 램제트 엔진으로 로켓을 허공에 떠 있게 하려면(즉, 지구의 중력과 비기려면) 엔진의 무게가 적어도 1,000톤은 되어야 한다. 지구의 중력가속도와 동일한 가속도로 1년 동안 비행하면 광속의 77%에 달하는 속도를 얻게 되는데, 이 정도면 항성간 여행도 충분히 가능하다.

램제트 융합엔진에 필요한 요소들은 쉽게 계산될 수 있다. 우리는 우주공간에 흩어져 있는 수소기체의 평균밀도를 알고 있으며, 1G의 가속도를 내기 위해 필요한 수소기체의 양도 계산할 수 있으므로, 이로부터 '수소기체를 주워담는 삽'의 크기가 결정된다. 몇 가지 타당한 가정하에 이 계산을 수행해보면, 필요한 삽의 지름은 대략 160km 정도이다. 지구상에서는 이렇게 큰 장비를 만들기도 어렵고 우주로 운반할 수도 없으므로 우주공간에서 만드는 수밖에 없다. 그런데 우주에서는 무게가 없기 때문에 몇 가지 문제점이 발생한다.

원리적으로 램제트엔진은 추진력을 거의 무한정 발휘할 수 있으므로, 은하의 내부에 있는 어떤 별까지도 갈 수 있다. 그리고 아인슈타인의 상대성이론에 의하면 빠른 속도로 움직이는 로켓에서는 시간의 흐름이 느려지기 때문에 장거리 여행을 한다고 해서 승무원을 가사상태에 빠뜨릴 필요가 없다. 1G의 가속도를 계속 유지하면 400광년 떨어져 있는 플레이아데스 성단까지 가는데 (로켓이 느끼는 시간으로) 11년이면 충분하고, 2백만 광년 떨어져 있는 안드로메다 은하까지는 단 23년밖에 걸리지 않는다. 지구에서 관측 가능한 가장 먼 우주까지 간다고 해도, 승무원이 살아 있는 동안 도달할 수 있다(물론 그사이에 지구에서는 수십억 년이 흘러갈 것이다).

한 가지 불명확한 것은 핵융합반응이다. 프랑스 남부지방에 건설될 예정인 ITER 핵융합기는 수소의 동위원소인 중수소와 삼중수소를 원료로 사용하도록 설계되어 있다. 그러나 이들은 매우 희귀한 원자이고, 우주공간에 주로 존재하는 것은 양성자 하나와 전자 하나로 이루어진 수소이다. 그러므로 램제트 융합엔진은 이 수소를 끌어모아서 양성자-양성자 융합을 일으켜야 한다. 그런데 중수소/삼중수소의 핵융합과정은 지난 수십 년 동안 수많은 연구를 통해 잘 알려져 있는 반면, 양성자-양성자 융합은 연구된 바가 별로 없고 예상되는 출력도 만족스럽지 않다. 과학자들이 항성간 여행의 중요성을 충분히 인식한다면, 이 문제는 앞으로 수십 년 이내에 해결될 것이다(일부 공학자들은 램제트의 속도가 광속에 접근했을 때 나타나는 '끌림효과drag effect'를 걱정하기도 한다).

경제성을 갖춘 양성자-양성자 융합기가 만들어지기 전까지는 램제트의 실용성을 보장하기 어렵다. 그러나 램제트가 항성간 여행을 가능하게 해줄 몇 안 되는 후보 중 하나임에는 분명하다.

핵분열 추진로켓

미국의 원자력위원회Atomic Energy Commission, AEC는 1956년부터 로버 프로젝트Rover Project라는 이름하에 핵추진 로켓을 진지하게 연구해왔다. 그 원리는 핵분열반응기(원자로)로 수소기체의 온도를 극단적으로 끌어올린 후 엔진의 끝 부분으로 분사시켜서 추진력을 얻는 것이다.

핵추진 로켓이 대기 중에서 폭발하면 유독성 핵연료가 대기를 오염시킬 수도 있기 때문에, 초기실험은 바퀴가 달린 수레에 로켓을 고정시키고 수평방향으로 나 있는 철길을 따라 내달리는 식으로 실행되었다. 로버 프로젝트팀은 1959년에 최초의 핵추진 로켓 '키위 1호Kiwi 1'를 제작했고, 성공리에 실험을 마쳤다('키위'는 호주에 서식하는 날지 않는 새의 이름에서 따온 것이다). 1960년대에 NASA는 AEC와 공동으로 네르바 프로젝트NERVA, Nuclear Engine for Rocket Vehicle Applications에 착수하여 수직방향으로 날아가는 핵추진 로켓을 개발했고, 1968년에는 상공에서 지상을 향해 발사하는 실험도 거쳤다.

네르바 프로젝트의 성공여부에 대해서는 아직도 의견이 분분하다. 핵추진 엔진의 진동이 너무 심해서 연료공급장치에 균열이 생기고, 이로 인해 로켓이 폭발하는 사고가 종종 발생했다. 뿐만 아니라 고온 수소기체에 의한 부식현상도 커다란 골칫거리였다. 결국 핵추진 로켓 개발 계획은 뚜렷한 성과 없이 1972년에 막을 내리게 되었다.

(원자로켓을 잘못 다루면 언제라도 소형 원자폭탄으로 돌변할 수 있다. 현재 운용되고 있는 원자력 발전소는 희석된 핵원료를 사용하기 때문에 히로시마에 떨어진 원자폭탄처럼 폭발할 가능성이 거의 없지만, 원자로켓은 최대출력을 얻기 위해 고도로 정제된 순수 우라늄을 사용하기 때문에 연쇄반응을 제어하지 못하면 곧바로 원자폭탄이 된다. 네르바 프로젝트가 종결되기 직전에 수행된 마지막 실험에서 과학자들은 로켓을 폭발시키기로 마음먹고 연쇄반응을 체크하는 제어봉을 제거한 채 발사했다. 그러자 상공에서 초대형 폭발이 일어나 둥그런 불덩어리가 온 하늘을 뒤덮는 장관이 연출되었다. 이 광경을 촬영한 동영상은 지금도 남아 있는데, 당시 러시아의 고위관리들은 폭발장면을 보고 미국이 지상 핵무기실험을 금지한 LTBT(핵실험 금지조약, Limited Test Ban Treaty)을 어겼다며 불편한 심기를 드러냈다.)

그 후 한동안 미군은 핵추진 로켓 실험장을 주기적으로 방문하면서 정보를 수집하다가 1980년대 스타워즈 프로젝트의 일환으로 '팀버윈드 핵추진 로켓Timberwind nuclear rocket'이라는 극비 프로젝트에 착수했다. 그러나 전미과학자연합Federation of American Scientists에서 이 사실을 알고 문제를 제기하자 미군측은 과오를 부분적으로 인정하고 프로젝트를 폐기시켰다.

핵분열을 이용한 로켓의 가장 중요한 관건은 안전을 확보하는 일이다. 우주시대가 열린 지 50여 년이 흐르는 동안 화학연료 추진로켓의 1%가 끔찍한 폭발사고를 겪었다(우주왕복선 챌린저호와 컬럼비아호의 비극적인 폭발사고도 여기 포함된다. 이 사고로 NASA는 14명의 유능한 우주비행사를 잃었다).

그럼에도 불구하고 NASA는 1972년에 종결했던 네르바 프로젝트를 다시 시작했다. 2003년에 NASA는 '프로메테우스(Prometheus, 인간에게 불의 사용을 가르쳐준 그리스의 신)'라는 이름하에 핵추진 로켓 연구를 재개했고, 2005년에는 4억3천만 달러라는 엄청난 돈이 연구비로 지원되었다. 그러나 다음해인 2006년에 정부지원금이 1억 달러 수준으로 삭감되면서 프로젝트의 앞날이 불투명해졌다.

핵추진 펄스로켓

지금 당장은 불가능하지만, 소형 원자폭탄을 폭발시켜서 추진력을 얻는 방법도 생각해볼 만하다. NASA는 기존의 우주왕복선을 새기종으로 교체하는 오리온 프로젝트의 일환으로 초소형 원자폭탄을 순차적으로 폭발시켜서 그 충격파를 타고 날아가는 우주선을 개발하고 있는데, 이론적으로는 거의 광속에 가까운 속도까지 낼 수 있다. 이 방식은 최초의 원자폭탄 개발에 참여했던 스태니스로 울람Stanislaw Ulam이 처음으로 제안했고, 미군 핵무기 개발팀을 이끌었던 테드 테일러Ted Taylor와 프린스턴 고등과학원의 물리학자 프리만 다이슨Freeman Dyson의 후속연구로 더욱 현실에 가까워졌다.

소형 원자폭탄을 폭발시켜 추진력을 얻는 항성간 로켓(핵추진 펄스로켓)의 이론적 기초는 1950년대 말~1960년대에 걸쳐 집중적으로 연구되었다. 이론적 계산에 의하면 핵추진 펄스로켓은 명왕성까지 1년 이내에 왕복할 수 있으며, 최고 순항속도는 광속의 10% 정도이다. 그러나 이 속도로는 가장 가까운 별까지 가는데도 무려 48년이 걸린다. 그래서 과학자들은 여러 명의 승무원이 핵추진 펄스로켓을 타고 출발한 후 여행 중에 태어난 그들의 후손이 임무를 이어받아 가까운 별까지 가는 '우주적 방주'를 상상하곤 했다.

미국 군수업체인 제네럴 아토믹스General Atomics는 1959년에 오리온 우주선의 크기에 관한 보고서를 제출했는데, 가장 큰 버전인 '슈퍼 오리온Super Orion'호는 8백만 톤의 무게에 길이가 400m에 달했으며, 원하는 추진력을 얻으려면 1,000개의 수소폭탄이 필요한 것으로 계산되었다.

이 프로젝트의 가장 큰 문제는 로켓을 발사할 때 방사성물질이 대기를 오염시킬 수도 있다는 점이었다. 다이슨은 이때 발생하는 방사성물질이 평균적으로 약 10명에게 암을 유발시킬 수 있다고 경고했다. 뿐만 아니라 발사할 때 매우 강력한 전자기펄스Electromagnetic pulse, EMP가 발생하여 근처에 있는 전자장비를 고장낼 수도 있었다.

1963년에 핵실험 금지조약LTBT가 채결되자 핵추진 펄스로켓 개발에도 어두운 그림자가 드리워졌다. 핵폭탄을 설계했던 장본인이자 프로젝트의 핵심두뇌였던 테드 테일러가 우여곡절을 겪은 끝에 개발포기를 선언한 것이다(훗날 테일러는 나와 대화를 나누던 자리에서 "로켓추진용 소형 핵폭탄이 테러리스트들 손에 들어가면 휴대용 핵폭탄이 될 수도 있다는 사실을 깨닫는 순간, 정신을 차리고 프로젝트에서 빠져나왔다"고 고백했다. 이 프로젝트는 위험 부담이 너무 커서 중단됐지만, '오리온'이라는 프로젝트 명칭만은 현재 NASA에서 진행 중인 '우주왕복선 대체 프로그램'에 그대로 사용되고 있다).

영국의 행성학회Planetary Society에서도 1973~78년에 걸쳐 '다이달로스 프로젝트Daedalus Project'라는 이름하에 핵폭발 추진로켓을 연구했다. 이들의 주된 목적은 무인우주선으로 5.9광년 거리에 있는 버나드항성Barnard star으로의 여행 가능성을 타진하는 것이었다〔탐사대상으로 버나드항성이 선택된 이유는 그 주변에 행성이 존재할 가능성이 높게 나타났기 때문이다. 그 후 우주인 출신인 질 타터Jill Tarter와 마가렛 턴벌Margaret Turnbull은 지구와 비교적 가까운 거리에 있는 별들 중 행성이 존재할 가능성이 있는 17,129개의 항성목록을 작성했다. 이들 중 가장 가능성이 높은 후보는 지구로부터 11.8광년 거리에 있는 엡실론 인디Epsilon Indi A 항성이다〕.

다이달로스 프로젝트팀이 설계한 우주선도 덩치가 너무 크기 때문에 지상이 아닌 우주공간에서 조립해야 한다. 이 우주선은 선체와 연료를 포함한 무게가 약 450톤이며, 광속의 7.1%로 항해할 수 있다. 오리온 프로젝트는 소형 핵분열 폭탄(원자폭탄)을 사용했던 반면, 다이달로스 프로젝트에서는 중수소/삼중수소의 혼합물을 전자빔으로 점화하는 핵융합(수소폭탄)방식을 사용했다. 그러나 기술적인 문제가 완전히 해결되지 않아서 이 프로젝트도 정체된 상태이다.

비추력과 엔진효율

공학자들은 엔진의 효율을 논할 때 '비추력比推力, specific impulse'이라는 용어를 자주 사용한다. 비추력은 '발사체 밖으로 분출되는 연료의 단위질량 당 운동량의 변화'로 정의되는데, 로켓의 효율이 높을수록 연료 소비량이 작을 것이므로 비추력이 크게 나타난다. 여기서 운동량의 변화는 '로켓에 가해진 힘'에 '힘이 가해진 시간'을 곱한 값이다. 화학로켓은 막대한 추진력을 발휘하지만 단 몇 분밖에 사용할 수 없기 때문에 비추력이 매우 낮은 편에 속한다. 반면에 이온엔진은 몇 년 동안 사용할 수 있으므로 추진력은 약하지만 비추력은 매우 크다.

비추력의 단위는 '초second'이다. 전형적인 화학로켓의 비추력은 약 400~500초이며, 우주왕복선의 후미에 달려 있는 엔진의 비추력은 453초이다(지금까지 화학로켓으로 도달했던 가장 큰 비추력은 542초로서, 수소와 리튬, 그리고 불소를 연료로 사용했다). 그밖에 스마트 1호 이온엔진의 비추력은 1,640초, 핵추진 로켓의 비추력은 850초이다.

로켓이 광속으로 비행할 때 비추력은 약 3천만 초라는 최대값에 도달한다. 여러 가지 엔진의 비추력을 비교해보면 대충 다음과 같다.

엔진의 종류	비추력
고체연료로켓	250
액체연료로켓	450
이온엔진	3,000
VASIMR 플라즈마엔진	1,000~3,000
핵분열로켓	800~1,000
핵융합로켓	2,500~200,000
핵추진 펄스로켓	10,000~100만
반물질로켓	100만~1,000만

(레이저항해와 램제트엔진은 추진체가 필요 없으므로 비추력이 무한대이다. 그러나 이들도 나름대로의 문제점을 안고 있다)

우주 엘리베이터

위에 열거한 로켓모형의 대부분은 덩치가 너무 커서 지상조립이 불가능하다. 그래서 과학자들은 각 부품을 우주공간으로 운반하여 그곳에서 조립할 것을 권하고 있다. 지상에서 아무리 무거운 물건이라 해도 일단 위성궤도에 진입하면 무중력상태가 되기 때문에(지구에서 멀기 때문이 아니라, 중력과 원심력이 상쇄되기 때문이다: 옮긴이) 평범한 체격의 사람도 쉽게 들어올릴 수 있다. 그러나 여기 들어가는 비용이 워낙 막대해서 반대하는 사람들도 많다. 예를 들어 현재 공사 중인 국제우주정거장International Space Station은 앞으로 우주왕복선을 100회 정도 더 발사해야 조립을 끝낼 수 있는데, 예상되는 비용이 무려 1,000억 달러나 된다. 이 정도면 역사상 가장 많은 돈이 투여된 과학프로젝트임이 분명하다. 항성간 항해선이나 램제트 우주선을 개발하려면 이보다 몇 배나 많은 돈이 들어갈 것이다.

공상과학소설 작가인 로버트 하인라인Robert Heinlein은 이런 말을 즐겨 했다. "지상 160km까지 어떻게든 올라갈 수만 있다면, 목적지가 태양계 안의 어디든 간에 이미 여행의 반은 끝난 셈이다." 실제로 지구에서 발사된 모든 로켓은 처음 160km를 올라가는 동안 연료의 상당 부분을 소모한다. 일단 이 고도까지 올라가면 명왕성이나 그 너머까지도 어렵지 않게 갈 수 있다.

우주여행에 소요되는 비용을 크게 줄이는 방법 중 하나가 바로 '우주 엘리베이터'를 건설하는 것이다. 밧줄을 타고 하늘로 올라간다는 설정은《잭과 콩나무》와 같은 동화에서나 나올 법한 이야기지만, 밧줄의 한쪽 끝을 지구상에 고정시키고 다른 쪽 끝을 우주공간으로 가져가면 더 이상 동화가 아닌 현실이 된다. 지구의 자전에 의한 원심력이 밧줄에 작용하는 중력보다 훨씬 크기 때문에 밧줄은 결코 땅으로 떨어지지 않는다. 이 모습을 지상에서 바라보면 밧줄이 마술처럼 똑바로 서서 하늘을 향해 수직으로 뻗어나가다가 구름 속으로 사라질 것이다(줄에 매달린 채 원운동을 하고 있는 공을 떠올려보라. 원의 궤적이 수직방향일 때 꼭대기로 올라간 공은 아래로 떨어지지 않고 원운동을 계속한다. 공을 원의 바깥쪽으로 밀어내는 원심력이 아래로 잡아당기는 중력보다 강하기 때문이다. 이와 마찬가지로 밧줄을 수직방향으로 길게 세워놓으면 지구의 자전에 의한 원심력 때문에 땅으로 떨어지지 않고 마술처럼 '기립자세'를 유지한다). 밧줄의 상태를 유지하기 위해 별다른 조치를 취할 필요는 없다. 지구의 자전이 멈추지만 않으면 된다. 이 밧줄을 타고 올라가면 우주선을 발사하는 번거로움 없이 우주로 나갈 수 있다. 나는 뉴욕주립대의 대학원생들에게 이 밧줄의 장력을 계산하라는 문제를 종종 내주곤 한다. 밧줄의 장력이 너무 강하기 때문에 강철케이블인 경우는 쉽게 부러질 정도이다. 그래서 우주 엘리베이터는 오랜 세월 동안 불가능한 것으로 간주되어왔다.

우주 엘리베이터를 최초로 신중하게 연구한 사람은 러시아의 과학자 콘스탄틴 치올코프스키였다. 그는 1895년에 파리의 에펠탑에서 영감을 받아 우주의 성과 지구를 연결하는 천문학적 스케일의 엘리베이터 탑을 떠올렸다. 지상에서 공사를 시작하여 하늘을 향해 서서히 쌓아가면 가능할 수도 있을 것 같았다.

1957년에 러시아의 과학자 유리 아르츠타노프Yuri Artsutanov는 위에서 아래로 짓는 방식을 제안했다. 즉, 우주 엘리베이터의 목적지인 우주공간에서 공사를 시작하여 지구를 향해 지어 내려오자는 것이다. 평생을 지구상에서만 살아온 사람들은 언뜻 이해가 안 가겠지만, 정지궤도를 이용하면 얼마든지 가능하다. 지구로부터 약 57,600km 떨어진 곳에서 선회하는 위성의 공전주기는 지구의 자전주기와 정확하게 일치하기 때문에, 지구에서 보면 하늘에 정지해 있는 것처럼 보인다. 이런 위성에서 지구를 향해 케이블을 늘어뜨려서 땅에 닿게 하면 된다. 그러나 우주케이블이 끊어지지 않고 버티려면 장력이 약 60~100기가파스칼GPa 정도 되어야 하는데, 강철

케이블의 장력은 대략 2GPa에 불과하기 때문에 이런 식으로는 우주 엘리베이터를 구현할 수 없다.

그 후 아서 클라크의 소설 《낙원의 샘Foundations of Paradise》 (1979)과 로버트 하인라인의 소설 《금요일Friday》(1982)이 출간되면서 우주 엘리베이터는 다시 한 번 세간의 관심을 끌게 된다.

1991년에 니폰 일렉트릭사Nippon Electric의 수미오 이지마Sumio Iijima가 탄소나노튜브 개발에 성공하자 상황은 크게 달라졌다(탄소나노튜브의 원형은 1950년대에 개발되었으나, 당시에는 그다지 필요한 물건이 아니어서 관심을 끌지 못했다). 나노튜브는 강철케이블보다 훨씬 강하면서도 무게는 훨씬 가볍다. 실제로 강도를 측정해보면 우주 엘리베이터를 지탱하고도 남을 정도이다. 과학자들은 탄소나노튜브가 120GPa의 압력을 견딜 것으로 추정하고 있는데, 이 정도면 우주 엘리베이터의 소재로 쓰기에 충분하다. 이렇게 이론적 배경과 필요한 재료가 갖춰진 지금, 우주 엘리베이터는 꿈이 아닌 현실로 다가오고 있다.

1999년에 NASA는 1m 폭의 나노튜브 띠를 47,000km 상공까지 세워서 15톤짜리 물건을 운반하는 연구를 진지하게 실행한 적이 있다. 이것이 실현되면 우주여행에 들어가는 경비는 거의 1/10,000 수준으로 줄어든다. 우주개발 프로젝트는 항상 돈이 걸림돌이었는데, 이 정도면 가히 혁명적인 변화가 아닐 수 없다.

위성을 궤도에 올리는 데 1파운드(약 0.45kg)당 만 달러 이상이 소요된다(동일한 무게의 금값과 거의 비슷하다). 우주왕복선이 한 번의 임무를 수행할 때마다 들어가는 돈은 거의 7억 달러에 육박한다. 그러나 우주 엘리베이터가 가동되면 1파운드 당 1달러라는 '껌값'으로 임무를 수행할 수 있다. 만일 이것이 실현된다면 우주여행을 바라보는 시각 자체가 크게 달라질 것이다. 우주 엘리베이터를 타고 단추를 살짝 누르기만 하면 곧바로 우주로 갈 수 있다. 게다가 비용도 비행기표 값과 비슷하다.

하늘로 가는 엘리베이터를 짓기 전에 해결해야 할 문제가 있다. 현재 실험실에서 제작된 탄소나노튜브는 길이가 기껏해야 15mm 정도이다. 우주 엘리베이터를 설치하려면 수천km에 이르는 나노튜브부터 만들어야 한다. 과학적인 관점에서 보면 순전히 기술적인 문제에 불과하지만, 기술자들 입장에서는 결코 만만한 작업이 아니다. 많은 과학자들은 수십 년 이내에 초대형 나노튜브를 만들 수 있을 것으로 기대하고 있다.

나노튜브는 매우 예민한 물질이어서 불순물이 조금만 섞여도 긴 케이블에 심각한 문제가 초래된다. 이탈리아 튜린Turin에 있는 폴리테크닉Polytechnic의 니콜라 푸뇨Nicola Pugno의 계산에 의하면 단 하나의 원자가 배열에서 벗어나도 탄소나노튜브의 강도는 30%나 감소한다. 원자스케일의 오차가 누적되어 강도가 70% 이상 감소하면 더 이상 우주 엘리베이터를 지탱할 수 없게 된다.

NASA는 우주 엘리베이터에 대한 일반기업체의 관심을 촉진하기 위해 '빔 파워 챌린지Beam Power Challenge'와 '테터 챌린지Tether Challenge'라는 두 개의 공모전을 개최했다[이 공모전은 민간인 우주여행을 구현하는 사람에게 천만 달러의 상금을 걸었던 안사리 엑스-프라이즈Ansari X-prize를 모델로 한 것이다. 이 상금은 2004년에 스페이스쉽 원Spaceship One에게 돌아갔다]. 빔 파워 챌린지는 25kg 이상의 화물이 적재된 자동 승강기를 50m 길이의 줄 꼭대기까지 초당 1m 이상의 속도로 올려 보내는 것을 목표로 하고 있다. 언뜻 보기에는 쉬운 것 같지만, 여기에는 '모든 종류의 연료, 배터리, 전깃줄 사용금지'라는 제한조건이 걸려 있다. 단, 태양열을 활용하는 장치와 레이저, 그리고 마이크로파 에너지원은 허용된다. 이런 장비는 우주공간에서도 사용할 수 있기 때문이다.

테터 챌린지는 무게가 2g 이하인 2m짜리 줄로 전년 최고기록보다 50% 이상 무거운 물체를 운반하는 사람(또는 팀)에게 상금이 돌아간다. 이 공모전의 목적은 길이가 10만km를 넘으면서 튼튼한 재질의 줄을 개발하는 것으로, 세부항목에 15만 달러, 4만 달러, 그리고 만 달러의 상금이 걸려 있다(공모전 첫해인 2005년에 수상자가 나오지 않았을 정도로 어려운 과제이다).

우주 엘리베이터가 우주개발에 혁명적인 변화를 가져올 것이라는 점은 분명하지만, 여기에도 위험요소가 도사리고 있다. 예를 들어 지구근접궤도를 도는 위성들은 지구의 자전효과 때문에 궤도가 서서히 변하고 있는데, 이 효과가 누적되면 시속 30km(음속의 약 24배)의 속도로 우주 엘리베이터와 충돌할 수도 있다. 이런 사고를 미연에 방지하려면 앞으로 발사될 위성에 소형 로켓을 장착하여 우주 엘리베이터를 피해가도록 만들거나, 로켓을 엘리베이터에 설치하여 스스로 위성을 피하도록 만들어야 한다.

소형운석과의 충돌도 심각한 문제이다. 지구는 대기층이 둘러싸고 있어서 운석이 떨어져도 피해가 별로 없지만, 대기가 없는 공간에서 날아오는 운석은 실로 무시무시한 존재이다. 그런데 운석충돌은 딱히 예견할 방법이 없기 때문에 처음부터 보호막을 같이 설치해야 한다(이것 때문에 덩치가 엄청 커질 수도 있다). 또한 우주 엘리베이터는 대기권에도 걸쳐 있으므로 허리케인이나 조류, 폭풍 등 자연재해에 의한 피해도 방지해야 한다.

슬링샷 효과

물체를 광속에 가까운 속도로 가속시키는 또 한 가지 방법으로 '슬링샷 효과slingshot effect'라는 것이 있다. NASA는 외계행성을 찾는 탐사선을 띄울 때 목성과 같이 가까운 행성을 스쳐 지나가게 하여 장거리여행에 필요한 속도를 얻는다. 이렇게 하면 비싸기로 악명 높은 로켓연료를 크게 절약할 수 있다. 우주선 보이저호 Voyager도 이 항해법을 채택하여 태양계 끝에 있는 해왕성까지 갈 수 있었다.

프린스턴대학의 물리학자 프리먼 다이슨은 서로 상대방에 대하여 빠른 속도로 공전하는 두 개의 중성자별 중 하나에 우주선이 스쳐 지나가도록 만들면 광속의 1/3에 가까운 속도를 얻을 수 있다고 예측했다. 이런 식의 비행을 몇 번 반복하면 우주선은 거의 광속과 비슷한 속도를 얻게 된다. 강한 중력 때문에 어떤 부작용이 생길지 알 수 없지만, 적어도 이론적으로는 그렇다.

우리의 태양 근처를 근접비행하여 광속에 가까운 속도를 얻는다는 아이디어도 있다. 영화 〈스타트렉 Ⅳ: 귀환 항로〉에서 클링곤호를 탈취한 엔터프라이즈호의 승무원들이 태양 중력을 이용하여 빛보다 빠른 속도로 가속시킨 것도 이 방법을 사용한 사례라 할 수 있다(이들은 초광속 비행을 통해 과거로 가는데 성공한다. 물론 느리게 움직이는 우주선을 빛보다 빠르게 가속시키거나 과거로 가는 것은 영화에서나 가능한 일이다). 1951년에 개봉된 영화 〈세계가 충돌할 때When Worlds Collide〉에서는 지구와 소행성의 충돌을 눈앞에 두고 과학자들이 우주선을 가속시키는 거대한 롤러코스터를 만들어서 선택된 사람들과 동물을 태우고 거의 광속에 가까운 속도로 지구를 탈출한다.

그러나 방금 소개한 두 영화의 설정은 물리적으로 불가능하다. 에너지 보존법칙에 의하면 롤러코스터가 아래쪽으로 치닫다가 다시 위로 올라가서 처음 출발했던 높이에 도달하면 처음에 출발했던 속도로 되돌아가기 때문이다. 중력을 이용하여 태양을 선회하는 경우에도 태양 자체는 움직임이 거의 없으므로 처음 진입할 때의 속도와 탈출할 때의 속도는 같아야 한다. 중성자별을 이용한 가속이 가능한 이유는 이들이 매우 빠른 속도로 움직이고 있기 때문이다. 슬링샷 효과를 이용한 우주비행은 빠르게 움직이는 행성이나 별에서 운동에너지를 얻는다. 행성이나 별이 정지해 있으면 가속효과를 얻을 수 없다.

다이슨의 제안은 이론적으로 가능하지만 지금의 우주선으로는 중성자별까지 갈 수 없기 때문에 '미래에 구현될 기술'로 남겨놓아야 할 것 같다.

하늘로 쏘는 레일건

우주를 향해 물체를 초고속으로 날려보내는 또 하나의 기발한 방법으로 '레일건rail gun'이라는 것이 있다. 이것은 아서 클라크를 비롯한 작가들의 공상과학소설에 여러 번 등장했고 미국의 스타워즈 미사일 방어막 프로그램의 일환으로 신중하게 연구되기도 했다.

레일건은 연료나 화약이 아닌 전자기력을 이용하여 발사체를 추진하는 장치이다.

가장 단순한 레일건은 평행하게 나 있는 두 개의 전선(또는 레일)과 두 선에 걸쳐 U자형으로 놓여 있는 발사체로 이루어져 있다. 전류가 흐르는 도선이 자기장 속에 놓이면 힘을 받는다는 것은 150년 전에 살았던 마이클 패러데이도 알고 있던 사실이다(이것은 전기모터의 원리이기도 하다). 평행 도선에 수백만 암페어의 전류를 흘려보내면 레일 주변에 강력한 자기장이 형성되고, 이 자기장으로 인해 발사체는 엄청난 속도로 움직이기 시작한다.

레일건을 사용하면 짧은 활주거리에서 매우 빠른 속도로 물체를 발사할 수 있다. 이론적으로 간단한 레일건은 금속물체를 시속 29만km의 속도로 내던질 수 있는데, 이 정도면 하늘을 향해 발사하여 위성궤도에 진입시키는 것도 가능하다.

레일건은 화학로켓이나 총포류를 훨씬 능가하는 장점을 갖고 있다. 소총의 경우, 화약이 폭발하면서 생성된 기체가 총알을 밀어내는 속도는 충격파shock wave보다 빠를 수 없다. 쥘 베른Jules Verne의 고전소설《지구에서 달까지From Earth to the Moon》에서는 화약을 폭발시켜서 얻은 추진력으로 사람을 달까지 보내고 있지만, 이 방법으로는 출발속도가 너무 느려서 달은 고사하고 높은 산조차 오르기 어렵다. 그러나 레일건은 충격파라는 제한속도를 얼마든지 뛰어넘을 수 있다.

물론 레일건에 문제가 없는 것은 아니다. 출발속도가 지나치게 빠르면 공기저항력도 커져서 웬만한 물체는 납작해지고 말 것이다. 레일에서 출발한 물체가 공기와 부딪히는 것은 벽돌담에 부딪히는 것과 크게 다르지 않다. 뿐만 아니라 정지상태에서 갑자기 속도가 빨라졌다는 것은 가속도가 크다는 것을 의미하기 때문에, 질량에 가속도를 곱한 만큼의 관성력이 물체를 짓눌러서 치명적인 손상을 입히게 된다. 만일 발사체 속에 사람이 타고 있다면 목숨을 부지하기 어려울 것이다.

한 가지 해결책은 대기가 없는 달에 레일건을 설치하는 것이다. 진공 중에서 레일건은 자신의 위력을 유감없이 발휘할 수 있다. 그러나 이 경우에도 급작스런 출발 때문에 생기는 관성력g-force이 문제가 된다. '가속도'라는 면에서 보면 레일건은 레이저 항해와 정반대라고 할 수 있다. 레이저 항해는 처음부터 속도를 갑자기 내지 않고, 오랜 시간에 걸쳐 조금씩 가속하면서 필요한 속도에 서서히 접근해가기 때문이다. 레일건은 다량의 에너지를 작은 공간에 저장했다가 갑자기 발휘하는 장치이므로 위험이 따를 수밖에 없다.

발사체를 가까운 별로 쏘아보내는 레일건은 가격도 어마어마할 것이다. 비용을 줄이는 방법 중 하나는 지구에서 태양까지 거리의 2/3 되는 지점에 레일건을 설치하는 것이다. 평소에 저장해둔 태양

에너지를 한 번에 방출하면 10톤짜리 화물을 광속의 1/3로 발사할 수 있다. 이 경우에 가속도는 지구 중력가속도의 5천 배, 즉 5,000g가 되는데($g=9.8m/s^2$), 이런 무지막지한 가속도를 견딜 정도로 단단한 물체를 만드는 것은 또 다른 문제이다.

우주여행의 위험요소들

물론 우주여행을 휴일 날 피크닉 가는 기분으로 떠날 수는 없다. 사람을 화성에 보내는 것만 해도 엄청나게 많은 위험요소가 도사리고 있다. 평소에는 잘 느껴지지 않지만, 사실 지구는 생명체를 위한 온갖 안전장치가 갖춰진 천국 같은 행성이다. 오존층은 태양의 자외선을 차단해주고 지구자기장은 태양 플레어(solar flare, 태양의 표면에서 일어나는 일시적인 폭발)와 우주선cosmic ray을 막아준다. 뿐만 아니라 두터운 대기층은 지구로 떨어지는 온갖 종류의 운석들을 마찰열로 소진시켜서 충돌로 인한 피해를 방지해준다. 물론 온도와 기압도 생명체에게 알맞도록 적당한 수치를 유지하고 있다. 그러나 우주공간으로 나가면 살인적인 방사선과 벌떼처럼 날아다니는 운석 등 목숨을 위협하는 요소들이 사방에 널려 있다. 우리는 특별한 일이 없는 한 지구에서 평생을 살아가기 때문에 별다른 위협을 느끼지 않지만, 대부분의 우주공간은 생명체에게 너무나도 위험한 곳이다.

우주공간에서 마주치는 첫 번째 위험요소는 무중력이다. 이 문제를 오랜 세월 동안 연구해온 러시아 과학자들은 "인간의 몸이 무중력상태에 장기간 노출되면 무기물과 화학물질을 잃게 되는데, 그 속도가 예상했던 것보다 훨씬 빠르다"고 경고했다. 우주정거장에 1년 동안 근무했던 러시아 우주인은 사전에 엄격한 훈련을 받았음에도 불구하고 지구에 돌아왔을 때 갓난아기처럼 간신히 기어다닐 정도로 뼈와 근육이 퇴화되어 있었다. 우주에서 오랜 시간을 머물다 보면 어쩔 수 없이 근육과 골격이 퇴화되고 혈액 중 적혈구의 양이 감소하며 면역력이 약해지고 심장혈관계의 기능이 저하된다.

편도여행시간만 수개월에서 1년 가까이 걸리는 유인화성탐사선의 승무원은 목적지에 도착했을 때 신체기능이 극도로 약해져 있을 것이다. 화성만 해도 이 정도니, 가까운 별에 사람을 보내는 것은 엄두도 못 낼 일이다. 그러므로 미래의 우주선은 스스로 회전하여 원심력에 의한 인공중력을 만들어내도록 설계되어야 한다(물론 설계상의 복잡함과 이에 따른 추가비용도 감수해야 한다).

두 번째 위험요소는 시속 수만km의 가공할 속도로 우주 곳곳을 누비고 다니는 미소운석들이다. 여기에 피해를 입지 않으려면 우주선 외부에 보호막을 설치해야 한다. 임무를 마치고 돌아온 우주왕복선의 외피에는 미소운석과 충돌한 흔적이 곳곳에서 발견되곤 하는데, 크기는 작지만 운이 없었다면 대형사고를 일으킬 소지가 충분한 것들이다. 미래의 우주선은 승무원의 안전을 위해 훨씬 튼튼한 재질로 만들어야 할 것이다(지구로 귀환하다가 대기 중에서 폭발한 컬럼비아호도 결국은 부실한 외피에서 비롯된 참사였다).

우주공간에 퍼져 있는 방사능 수치도 과거에 예상했던 것보다 훨씬 높은 것으로 밝혀졌다. 예를 들어 태양에서 플레어가 일어나면 엄청난 양의 치명적인 플라즈마가 지구를 향해 날아온다. 우주정거장에 체류 중인 우주인들이 여기에 피해를 입지 않으려면 고에너지 입자의 침투를 막아주는 강력한 차단막으로 우주정거장 전체를 에워싸야 한다. 태양 플레어가 발생했을 때 우주유영을 하는 것도 치명적일 수 있다[하늘을 나는 민간용 비행기에도 시간당 1밀리렘(1/1,000렘: rem은 방사선량의 단위로서 'roentgen equivalent to man'의 약자이다)의 방사능이 쏟아지고 있다. 그러므로 LA에서 뉴욕으로 비행기를 타고 가는 사람은 병원에서 X-선을 촬영할 때 쪼이는 양만큼의 방사능에 노출되는 셈이다]. 우주공간에는 대기나 자기장과 같은 보호막이 없으므로 방사능이 심각한 문제를 초래할 수 있다.

가사상태

지금까지 제시한 미래형 우주선이 실제로 만들어졌다고 해도, 가까운 별까지 가려면 수십~수백 년이라는 긴 시간이 소요된다. 그런데 사람의 수명은 기껏해야 100년이고 복잡한 임무를 수행할 수 있는 기간은 50년을 넘지 않기 때문에, 여행 중에 승무원들이 후손을 낳아 임무를 물려줘야 한다. 그러나 여기에는 도덕적인 문제가 있다. 초기에 탑승할 승무원은 지원자들 중에서 뽑을 수 있지만, 여행 중에 태어난 후손들은 선택의 여지없이 부모의 임무를 물려받아야 한다. 즉, 이들은 지구에서 안락한 삶을 영위할 권리를 박탈당하는 셈이다. 이 문제를 해결할 방법은 없을까?

영화 〈에일리언Alien〉과 〈혹성탈출Planet of the Apes〉에서 한 가지 해결책을 찾을 수 있다. 두 영화의 공통점은 승무원들이 가사상태에 빠진 채 장기간 우주여행을 한다는 것이다. 체온을 서서히 내려서 어느 임계온도에 이르면 신체의 모든 기능이 정지하여 마치 잠든 것 같은 상태가 된다. 겨울잠을 자는 동물들은 매년 겨울을 이와 같은 상태로 보낸다. 어떤 물고기와 개구리는 얼음 속에서 꽁꽁 얼렸다가 녹이면 다시 살아나기도 한다.

물론 몸속의 체액과 혈액이 얼어붙었는데도 살아남을 생명체는 없다. 그래서 생물학자들은 얼었다가 되살아나는 동물들이 물의 빙점을 낮추는 천연의 '부동액antifreeze'을 몸속에서 생산한다고 믿고 있다. 물고기의 경우에는 단백질이, 개구리는 포도당이 부동액 역할을 하는 것으로 알려졌다. 혈액 속에 이런 단백질을 흘려보내는 물고기는 영하 2도의 차가운 바다에서도 살아남을 수 있다. 개구리는 오랜 진화를 겪으면서 몸속의 포도당 수치를 항상 높게 유지하여 얼음 속에서도 생존하는 비법을 터득했다. 혹독한 환경에서 개구리의 외피는 얼어붙을 수 있지만 몸속의 생체기관은 천천히, 꾸준하게 작동하고 있다.

그러나 포유류에게는 이와 같은 생존법이 어울리지 않는다. 예를 들어 사람의 피부가 얼어붙으면 세포의 내부에서 얼음 결정이 형성되고, 이것이 자라면 세포벽을 뚫고 나온다(자신의 몸을 액체질소에 담궈서 냉동인간이 되고 싶어 하는 사람들은 다시 한 번 생각해보는 게 좋을 것이다).

최근 들어 쥐나 개처럼 동면을 하지 않는 포유류를 가사상태에 빠뜨리는 실험에서 약간의 진전이 있었다. 2005년에 피츠버그대학의 과학자들은 개의 피를 모두 적출하고 특별히 제작된 차가운 용액을 혈관에 흐르게 한 채 한동안 방치했다가 소생시키는 데 성공했다. 이 개는 약 세 시간 동안 의학적 사망상태에 있다가 혈액을 주입하자 심장이 다시 뛰기 시작했다(대부분의 개들은 실험 후에도 건강한 상태를 유지했으나, 일부는 두뇌에 손상을 입은 것으로 알려졌다).

같은 해에 과학자들은 황화수소를 채워 넣은 상자에 쥐를 가둬놓고 체온이 13도까지 내려간 상태에서 6시간 동안 방치했다가 성공적으로 소생시켰다. 이때 쥐의 신진대사율은 평상시의 1/10까지 떨어졌다고 한다. 2006년에는 보스턴 메사추세츠 종합병원의 의사들도 쥐와 돼지를 황화수소 용액 속에서 가사상태에 빠뜨렸다가 소생시키는 데 성공했다.

가사상태에서 생명을 유지하는 기술은 큰 사고를 당한 사람이나 심장마비를 일으킨 환자를 치료할 때 매우 유용하다. 의사는 환자를 냉동시킴으로써 치료에 필요한 시간을 벌 수 있다. 그러나 수백 년 동안 우주를 항해하는 승무원들에게 이 기술을 적용하려면 앞으로 수십 년은 기다려야 할 것이다.

나노우주선

멀쩡한 사람을 굳이 가사상태에 빠뜨리지 않고 다른 별까지 가는 방법은 없을까? 지금의 기술로는 불가능하니, 일단 공상과학소설에서 실마리를 찾아보자. 한 가지 해결책은 나노기술로 만든 초소형 무인우주선을 띄우는 것이다. 지금까지 우리는 〈스타트렉〉의 엔터프라이즈호처럼 여러 명의 승무원을 태우고 어마어마한 연료를 소비하면서 다른 별을 향해 날아가는 대형 우주선을 고려해왔다.

그러나 현실적으로 생각해보면 사람을 태우지 않은 초소형 우주탐사선을 먼저 보내는 것이 현명한 선택이다. 우주선이 작으면 거의 광속으로 비행할 수 있고, 뜻밖의 재앙을 만나도 큰 손실이 없기 때문이다. 앞서 말한 대로 미래에는 나노기술이 충분히 발달하여 원자나 분자만 한 크기의 초소형 우주선을 만들 수 있을 것이다. 예를 들어 이온은 매우 가볍기 때문에 일상적인 전압에서 광속에 가까운 속도로 쉽게 가속될 수 있다. 에너지원으로는 강한 전자기장을 사용하면 된다. 나노봇을 이온화시켜서 전기장 속에 놓아두면 별다른 힘을 들이지 않고 광속에 가까운 속도로 발사할 수 있다. 우주공간에는 마찰이 없으므로 한번 가속된 나노봇은 목적지인 별을 향해 순항할 것이다. 우주선의 규모를 나노단위로 줄이면 대형 우주선에서 야기되는 대부분의 문제들이 일거에 해결된다. 사람이 타지 않은 지능형 나노우주선으로 별을 탐사한다면 일단 비용부터 엄청나게 줄일 수 있다.

나노우주선은 가까운 별을 탐사할 수도 있고, 태양항해 우주선을 추진하는 용도로 사용될 수도 있다. 미 공군의 우주항법 공학자였던 제럴드 노들리Gerald Nordley는 말한다. "바늘끝만 한 우주선 함대에 통신기능을 탑재할 수만 있다면 손전등만 한 빛에너지로도 비행이 가능하다."[9-2]

나노우주선도 나름대로 문제점을 안고 있다. 무엇보다도 우주공간에서 예상치 못한 전기장이나 자기장을 만났을 때 항로를 이탈한다는 것이 문제이다. 이런 일을 방지하려면 지구에서 출발할 때부터 높은 전압으로 빠르게 가속시켜야 한다. 그리고 나노우주선 탐사프로젝트의 성공확률을 높이려면 동일한 임무를 띤 수백만 대의 나노우주선을 한꺼번에 발사하는 것이 바람직하다. 가장 가까운 별을 탐사하기 위해 이렇게 많은 나노우주선을 보내는 것이 어떤 면에서 보면 낭비일 수도 있으나, 기술이 충분히 발달하여 싼 가격으로 대량생산이 가능해진다면 시도해볼 만하다. 우주공간에는 돌발변수가 워낙 많기 때문에, 수백만 대를 보낸다 해도 끝까지 살아남아서 임무를 완수하는 나노우주선은 몇 대에 불과할지도 모른다.

나노우주선은 어떻게 생겼을까? NASA의 국장을 지낸 댄 골딘 Dan Goldin은 '콜라 캔 크기만 한' 우주선 함대를 상상했고, 바늘만 할 것으로 예측하는 사람도 있다. 미국 국방성은 전장에서 실시간 정보를 수집하기 위해 '똑똑한 먼지 smart dust'라고 부르는 먼지 크기의 초소형 센서를 개발하고 있다. 이 기술이 발전하면 똑똑한 먼지군단을 가까운 별로 파견할 수도 있을 것이다.

현재 반도체업계에서 사용 중인 에칭기술을 도입하면 먼지 크기의 나노봇에 필요한 회로기판을 만들 수 있다. 이 기술은 30nm(원자 150개에 해당하는 크기)짜리 회로소자를 만들 수 있을 정도로 정밀하다. 이렇게 만들어진 나노봇을 달에 설치된 레일건이나 입자가속기를 통해 거의 광속에 가까운 속도로 발사하는 것도 생각해 볼만하다. 가격도 별로 비싸지 않아서 한번에 수백만 개씩 발사하여 다양한 임무를 수행할 수 있다.

이웃 태양계에 도달한 나노봇군단은 적막한 위성을 찾아 착륙을 시도한다. 위성의 중력은 지구보다 약할 것이므로 착륙이나 이륙도 쉽게 할 수 있다. 이들은 적절한 장소를 찾아 첫 번째 임무인 기지건설에 착수한다. 위성에서 광물질을 수집하여 나노공장을 건설하고, 강력한 라디오파를 지구로 송신하여 현지상황을 보고한다. 또는 하나의 나노봇이 수백만 개의 나노봇을 복제하여 다른 태양계를 찾아 동일한 과정을 반복하게 만들 수도 있다. 이들은 사람이 아닌 소모품이므로 목적지에 도달하여 임무를 마친 뒤에도 굳이 지구로 복귀할 필요가 없다.

과학자들은 방금 서술한 나노봇을 종종 '노이만 탐사기Neumann probe'로 부르곤 한다. 이 별칭은 독일의 저명한 수학자이자 컴퓨터의 원형인 튜링머신Turing machine의 수학적 기초를 닦았던 존 폰 노이만John von Neumann의 이름에서 따온 것이다. 튜링머신은 스스로 복제하는 기능이 있는데, 나노봇에 이 기능을 부여하면 가까운 별뿐만 아니라 은하 전체를 탐사할 수 있다. 수조 개에 달하는 나노봇들이 자기복제를 통해 기하급수로 늘어나면서 거의 광속에 가까운 속도로 우주를 누비는 광경을 상상해보라. 이런 식으로 수백 또는 수천 년이 지나면 은하 전체를 식민지로 만들 수도 있다.

미시건대학의 공학자이자 나노우주선 전문가인 브라이언 길크리스트Brian Gilchrist는 최근에 NASA의 고등개념연구원Institute for Advanced Concepts으로부터 50만 달러를 지원 받아 박테리아 크기의 엔진을 장착한 나노우주선을 개발하고 있다. 그는 반도체업계에서 사용 중인 에칭기술을 사용하여 나노우주선 수백만 개를 제작한다는 야심찬 계획을 세워놓았다. 이 나노우주선은 직경이 10마이크로미터 정도인 나노입자를 분출하면서 스스로 추진비행을 할 수 있는데, 그 원리는 이온엔진과 비슷하다. 즉, 전기장 속에 나노입자를 통과시켜서 에너지를 얻는 방식이다. 나노입자는 이온보다 수천 배나 무겁기 때문에 전형적인 이온엔진보다 훨씬 강한 추진력을 발휘한다. 따라서 길크리스트가 생각하는 나노엔진은 이온엔진의 장점을 모두 갖고 있으면서 추진력이 훨씬 강하다는 장점을 갖고 있다. 지금까지 그는 폭이 1cm인 실리콘 칩 하나에 10,000개의 추진엔진을 새기는데 성공했다. 일단은 나노우주선함대를 태양계에 띄워서 성능을 테스트한 후, 결과가 좋으면 가까운 별을 탐사할 예정이다.

길크리스트의 계획은 NASA에서 추진하고 있는 미래형 프로젝트 중 하나에 불과하다. 지난 수십 년 동안 웅크리고 있다가 최근에 기지개를 편 NASA는 항성간 여행을 새로운 모토로 삼아 외부인의 의견을 적극적으로 수용하고 있다. 현실성이 있건, 꿈같은 내용이건 또는 전문가이건 대학 1학년생이건 간에, 일단 아이디어가 참신하면 재정적 지원을 아끼지 않는 분위기다. 1990년대 초반부터 NASA는 고등우주추진연구 워크샵Advanced Space Propulsion Research Workshop을 정기적으로 개최하여 공학자와 물리학자들의 참여를 독려해왔다. 심지어는 행성간 여행과 양자역학을 접목시키는 추진물리학 진전프로그램Breakthrough Propulsion Physics program까지 야심차게 시도하고 있다. 사회적 공감대는 아직 미약한 편이지만, 이 분야의 선두주자들은 NASA와 긴밀한 관계하에 레이저항해술과 다양한 핵융합로켓을 개발 중이다.

  우주선 개발은 느리지만 꾸준하게 발전해왔다. 현재의 상황으로 미루어볼 때 금세기 말이나 다음세기 초쯤에는 가까운 별을 탐사하는 유인우주선이 발사될 것이다. 따라서 이것은 제1부류 불가능에 속한다.

  그러나 우주선의 파워를 혁신적으로 높이려면 반물질antimatter연료를 사용해야 한다. 언뜻 듣기에는 공상과학소설 같지만, 반물질은 이미 지구 곳곳에서 만들어지고 있다. 앞으로 반물질은 유인우주선의 가장 뛰어난 동력원으로 부상하게 될 것이다.

… 10

반물질과 반우주

정말로 놀라운 발견을 한 과학자는 "유레카!Eureka!"를 외치지 않고
"그것 참 흥미롭군…"이라고 중얼거린다.
—아이작 아시모프ISAAC ASIMOV

대다수가 믿는 사실을 누군가가 믿지 않을 때, 우리는 그를 '괴짜'라고 부른다.
그것으로 끝이다. 더 이상의 제지를 가할 수는 없다.
요즘은 그런 이유로 사람을 화형에 처할 수 없기 때문이다.
—마크 트웨인MARK TWAIN

개척자는 등에 지고 있는 화살을 보면 알 수 있다.
—비벌리 루빅BEVERLY RUBIK

    소설가 댄 브라운Dan Brown 하면 대부분의 사람들은 《다빈치 코드Da Vinci Code》를 떠올리겠지만, 이보다 먼저 발표했던 《천사와 악마Angels and Demons》도 베스트셀러 반열에 올랐었다. 이 소설에는 소수 극단론자들의 단체인 일루미나티Illuminati가 등장하는데, 이들은 유럽 입자가속기센터CERN에서 훔친 반물질로 반물질폭탄을 만들어서 바티칸을 폭파시킨다는 끔찍한 계획을 세운다. 이 부분에서는 "물질과 반물질이 서로 접촉하면 수소폭탄을 훨씬 능가하는 엄청난 폭발이 일어난다"는 설명이 곁들여져 있다. 물론 반물질폭탄은 소설 속의 허구에 불과하지만, 반물질 자체는 엄연히 존재하는 실체이다.
    엄청난 위력을 자랑하는 원자폭탄도 효율성을 따져보면 1%를 넘

지 않는다. 폭탄에 사용된 우라늄 중 극히 일부만이 에너지로 전환되기 때문이다. 그러나 반물질로 폭탄을 만들 수만 있다면, 그 효율은 정확하게 100%이다. 즉, 모든 질량이 에너지로 전환된다는 뜻이다. 효율로 보나 파괴력으로 보나 원자폭탄은 상대도 되지 않는다(좀 더 정확하게 말하면 반물질 속에 들어 있는 물질의 50%가 파괴력을 발휘하고, 나머지는 뉴트리노와 같이 감지되지 않는 입자의 형태로 사방에 흩어진다).

반물질은 오랜 세월 동안 물리학자들의 관심을 끌어왔다. 반물질 폭탄은 현실세계에 존재하지 않지만, 물리학자들은 강력한 원자충돌기를 이용하여 극소량의 반물질을 만들어낼 수 있다.

반원자와 반화학물질

20세기가 막 시작되었을 무렵에 물리학자들은 원자라는 것이 원궤도를 도는 '전자(electron, 음전하를 띠고 있음)'와 그 중심에 위치한 작은 '원자핵(nucleus, 양전하를 띠고 있음)'으로 이루어져 있다는 사실을 처음으로 알게 되었다. 그리고 얼마 지나지 않아 원자핵이 양전하를 띤 양성자proton와 전하가 없는 중성자neutron로 이루어져 있다는 사실도 알게 되었다.

1930년대에 이르러 각각의 입자마다 그들의 파트너에 해당하는 반입자가 존재한다는 사실이 알려지면서 물리학자들은 충격에 빠졌다. 반입자는 입자와 질량이 같고 전기전하의 부호가 반대이다. 최초로 발견된 반입자는 전자의 파트너인 반전자antielectron였다.

예상대로 반전자는 전자와 질량이 같으면서 양전하를 띠고 있었다 (전하의 절대값은 같고 부호만 다르다. 반전자는 양전자positron라는 이름으로 불리기도 한다). 양전자는 전하가 양수라는 것만 빼고 모든 물리적 특성이 전자와 동일하다. 물리학자들은 인공적으로 만든 구름상자 속에서 우주선의 사진을 찍다가 양전자를 발견했다(구름상자 속에서는 양전자의 궤적이 매우 뚜렷하게 보인다. 상자 속에 강한 자기장을 걸어주면 전자와 양전자는 서로 반대방향으로 휘어진다. 실제로 나는 고등학생 시절에 반물질이 그린 궤적을 사진으로 촬영한 적이 있다).

1955년에 버클리 캘리포니아대학의 물리학자들은 입자가속기 베바트론Bevatron을 이용하여 역사상 최초로 반양성자antiproton를 만들어내는데 성공했다. 역시 예상했던 대로 반양성자는 음전하를 띠고 있다는 것만 빼고 양성자와 동일한 특성을 갖고 있었다. 반전자와 반양성자의 존재가 확인되었으므로, 원한다면 반원자(antiatom, 반양성자 주위를 반전자가 돌고 있는 원자)도 만들 수 있게 된 것이다. 이론적으로는 반원자뿐만 아니라 반화학물질, 반인간, 반지구, 반우주 등 우리가 알고 있는 모든 물질 앞에 '반anti'자가 붙은 새로운 물질을 만들 수 있다.

지금의 기술로는 유럽 입자가속기센터CERN의 강입자충돌기LHC, Large Hadron Collider나 시카고 외곽에 있는 페르미연구소의 입자가속기를 가동하여 소량의 반수소antihydrogen를 만들 수 있다(입자가속기를 이용하여 고에너지 양성자빔을 표적샘플에 쏘면 아원자 입자들이 다량으로 생성되는데, 여기에 강력한 자기장을 걸어주면 반양성자의 속도가 크게 줄어들기 때문에 따로 골라낼 수 있다. 이들을 나트륨-22에서 자연적으로 방출된 반전자와 만나게 하면 반수소가 만들어진다. 원래 수소원자는 양성자 하나와 전자 하나로 이루어져 있으므로, 반양성자 하나와 반전자 하나로 이루어진 원자는 수소의 반물질, 즉 반수소가 된다]. 이렇게 만들어진 반원자는 완전한 진공상태에서 영원히 유지된다. 그러나 실제로는 용기의 벽을 이루고 있는 일상적인 원자와 충돌할 수밖에 없고, 이 과정에서 반원자는 에너지를 방출하면서 소멸된다.

1995년에 CERN의 물리학자들은 아홉 개의 반수소원자를 만들어냄으로써 입자물리학의 새로운 장을 열었다. 그리고 얼마 지나지 않아 페르미연구소에서도 반수소원자 100개를 만들어 세상을 놀라게 했다. 원리적으로는 아무리 복잡한 물질이라 해도 그에 대응되는 반물질을 만들 수 있다. 그러나 반물질 몇 온스(몇백 그램)를 만들려면 웬만한 국가 살림을 간단하게 거덜낼 정도로 엄청난 돈이 들어간다. 현재 전 세계의 실험실에서 만들어지는 반물질의 양을 모두 합해도 1억~십 억 분의 1g에 불과하며, 2020년까지 세 배로 늘어날 전망이다. 경제적인 면에서 볼 때 반물질은 매우 비효율적인 생산물이다. CERN에서는 2004년에 반물질 1조 분의 몇 그램을 만드는 데 무려 2천만 달러를 쏟아부었다. 이런 식으로 반물질 1g을 생산하려면 10경 달러(100×1천조 달러)가 소요된다. 하지만 돈이 문제가 아니다. 반물질 생산공장을 1천억 년 동안 쉬지 않고 가동해야 간신히 1g을 채울 수 있다! 간단히 말해서 반물질은 단위질량당 가격이 어떤 보석보다도 비싼 초고가품이다.

CERN의 담당자는 다음과 같이 말했다. "지금까지 CERN에서 생산된 반물질을 모두 끌어 모아서 물질과 접촉시켰을 때 얻을 수 있는 에너지는 전구 하나를 몇 분 동안 밝힐 수 있는 정도이다."

반물질을 만드는 것도 어렵지만 한 번 생산된 반물질을 보관하는 것도 엄청나게 어려운 과제이다. 반물질과 물질은 서로 만나기만 하면 에너지를 방출하면서 사라지기 때문이다(간단히 말해서 '폭발'이 일어난다). 반물질을 평범한 용기에 넣는 것은 자살행위나 다름없다. 반물질이 용기의 내벽과 닿는 순간 곧바로 폭발할 것이기 때문이다. 이렇게 위험천만한 반물질을 어디에 어떻게 보관해야 할까? 한 가지 방법은 반물질을 이온화시켜서 이온기체로 만든 후 자기 호리병(magnetic bottle, 진짜 병이 아니라 호리병 모양으로 형성된 자기장을 의미한다: 옮긴이) 속에 가두는 것이다. 자기장 속에 갇힌 반물질이온은 나선궤적을 그리면서 오락가락하기 때문에 용기의 벽에 닿는 것을 방지할 수 있다.

반물질엔진이 작동하려면 반물질을 반응용기 속으로 꾸준하게 유입시키면서 폭발을 제어할 수 있어야 한다. 기본적인 원리는 화학로켓과 크게 다르지 않다. 폭발과정에서 생성된 이온을 밖으로 분출하면 로켓은 앞으로 나아간다. 반물질엔진은 다른 어떤 엔진보다 효율이 높기 때문에 가장 유망한 미래형 엔진이라고 할 수 있다. TV 〈스타트렉〉 시리즈에서도 반물질은 엔터프라이즈호의 에너지원으로 사용되고 있다.

반물질 로켓

반물질 로켓 전문가인 펜실베이니아대학의 제럴드 스미스Gerald Smith는 "양전자 4mg(천 분의 4g)만 있으면 몇 주 이내에 화성으로 갈 수 있다"고 주장한다. 그의 계산에 의하면 반물질 연료는 같은 무게의 화학연료보다 십억 배 이상 많은 에너지를 함유하고 있다.

반물질 연료를 생산하는 첫 단계는 입자가속기로 반양성자빔을 만들어서 스미스가 특별히 고안한 '페닝트랩Penning trap'에 가두는 것이다. 이 과정이 끝나면 페닝트랩의 무게는 약 100kg이 되는데(이중 대부분은 액체질소와 액체헬륨이다), 이 안에는 약 1조 개의 반양성자가 자기장 속에 갇혀 있다(극저온에서 반양성자의 파장은 용기의 벽을 이루고 있는 원자의 파장보다 몇 배나 길기 때문에, 벽에 부딪혀도 소멸되지 않는다). 스미스의 계산에 따르면 페닝트랩은 반양성자를 약 5일 동안 보관할 수 있어야 한다(5일이 지나면 일상적인 원자와 섞이면서 소멸된다). 현재 스미스가 만든 패닝트랩은 약 10억 분의 1g의 반양성자를 보관할 수 있는데, 그의 목표는 저장량을 마이크로그램(100만 분의 1g) 수준으로 올리는 것이다.

반물질은 비교 대상이 없을 정도로 초고가품이지만, 다행히도 해가 갈수록 가격이 크게 떨어지고 있다(현재 시세는 1g 당 62조5천억 달러이다). 페르미연구소에 건설 중인 새로운 입자주입기가 완공되면 반물질 생산량이 연간 1.5나노그램에서 15나노그램으로 증가할 예정인데, 계획대로 된다면 가격은 더욱 내려갈 전망이다. 그러나 NASA의 헤럴드 게리쉬Herold Gerrish는 반물질의 가격이 1마이크로그램 당 5천 달러 수준으로 내려가야 현실성이 있다고 주장한다. 뉴멕시코주의 로스 알라모스에 있는 시너지스틱스 테크놀로지 Synergistics Technology 연구소의 스티븐 하우Steven Howe는 이렇게 말했다. "우리의 목적은 공상과학의 전유물인 반물질을 운송이나 의학에 적용하여 부가가치를 창조할 수 있도록 현실화시키는 것이다."[10-1]

현재 운용 중인 입자가속기들은 반물질을 만들어낼 수는 있지만 애초부터 반물질 생산을 목적으로 만든 장치가 아니기 때문에 효율이 크게 떨어진다. 그래서 스미스는 반양성자를 전문적으로 생산하는 입자가속기를 만들 것을 강력하게 권하고 있다. 일단 대량생산이 되어야 가격도 떨어질 것이기 때문이다.

앞으로 기술이 개선되어 대량생산이 가능해지면 반물질 로켓으로 행성이나 항성을 여행하는 날이 찾아올 것이다. 그러나 지금 당장은 현실성이 없으므로 반물질 로켓 설계도는 당분간 서랍 속에 넣어둬야 할 것 같다.

천연 반물질

지구에서 반물질을 생산하기가 어렵다면 우주공간에서 찾을 수도 있지 않을까? 그러나 불행히도 우주에 존재하는 반물질은 아주 극소량에 불과하다. 이 사실이 처음 알려졌을 때 물리학자들은 참으로 당혹스러웠다. 반물질이 그토록 희귀하다면, 우리의 우주가 반물질이 아닌 물질로 이루어져 있는 이유를 설명해야 하기 때문이다. 그 전에는 우주 초창기에 물질과 반물질의 양이 같았다고 가정해왔는데, 알고 보니 반물질보다 물질이 많았던 것이다.

이 문제에 그럴듯한 해답을 처음으로 제시한 사람은 구 소련에서 수소폭탄을 설계했던 안드레이 사하로프Andrei Sakharov였다. 그의 이론에 의하면 빅뱅이 일어난 직후에 물질과 반물질 사이에는 약간의 비대칭이 존재했다(즉, 물질이 반물질보다 조금 많았다). 이 약간의 대칭붕괴를 'CP위반CP violation'이라 한다. 물리학자와 천문학자들은 지금도 이 현상을 집중적으로 연구하고 있다. 사하로프는 물질과 반물질이 서로 상쇄를 일으켜 사라지고, 물질의 초과분이 지금의 우주를 이루고 있다고 생각했다. 우리의 몸을 구성하고 있는 모든 원자들은 물질과 반물질의 범우주적 상쇄과정에서 살아남은 자투리 물질인 셈이다.

사하로프의 이론은 소량의 반물질이 아직도 우주에 남아 있을 가능성을 열어놓고 있다. 그의 이론이 맞는다면 자연적으로 존재하는 반물질을 찾아서 반물질 엔진의 제작비용을 크게 줄일 수도 있을 것이다. 반물질을 찾는 것은 그리 어렵지 않다. 하나의 전자와 하나의 양전자가 만나면 약 1.02메가전자볼트(MeV)에 해당하는 감마선을 방출하면서 소멸된다. 그러므로 우주에서 이 에너지에 해당하는 감마선을 추적하면 천연 반물질이 있는 장소를 알아낼 수 있다.

노스웨스턴대학의 윌리엄 퍼셀William Purcell은 은하수의 중심 근처에서 반물질의 '샘'을 찾아냈다. 이곳에서 관측된 1.02메가전자볼트의 감마선은 반물질이 수소기체와 충돌하면서 발생한 것으로 추정된다. 이곳에 반물질이 정말로 존재한다면, 빅뱅 때 파괴되지 않고 살아남은 반물질의 샘이 우주의 다른 곳에도 존재할 수 있을 것이다.

러시아와 이탈리아, 독일, 스웨덴의 과학자들은 반물질이 있는 지역을 체계적으로 수색하기 위해 반물질 탐색전문 위성인 파멜라호 PAMELA, Payload for Antimatter-Matter Exploration and Light-Nuclei Astrophysics를 개발하여 2006년에 궤도에 진입시켰다. 과거에는 관측용 풍선이나 우주왕복선을 통해 반물질 관련정보를 수집했기 때문에 데이터의 분량이 일주일을 넘지 않았지만, 파멜라위성은 적어도 3년 이상 궤도에 머물면서 데이터를 수집할 예정이다. 연구팀의 일원인 로마대학의 피에르조르지오 피코차Piergioegio Picozza는 파멜라위성이 역사상 가장 뛰어난 반물질 탐색장치이며, 꽤 오랜 시간 동안 사용할 수 있을 것으로 예측했다.

파멜라위성은 초신성과 같은 일상적인 천체에서 방출되는 우주선과 함께 반물질로 이루어진 비정상적인 별(반항성)의 우주선도 감지할 수 있도록 설계되었다. 특히 반항성의 내부에서 생성될 것으로 예측되는 반헬륨antihelium을 탐지하는 데 초점이 맞춰져 있다. 오늘날 대부분의 물리학자들은 (사하로프의 생각대로) 빅뱅 직후에 모든 반물질이 물질과 만나면서 상쇄되었다고 믿고 있지만, 파멜라위성을 쏘아 올린 과학자들은 "초기의 상쇄과정에 연루되지 않은 반물질이 아직도 반항성의 형태로 남아 있다"는 가정을 내세우고 있다.

우주 깊은 곳에 반물질이 조금이라도 존재한다면 그중 일부만이라도 수거하여 우주선의 연료로 사용할 수 있을 것이다. NASA 산하의 고등개념연구원은 우주에서 반물질을 수집하여 항성간 우주선의 연료로 사용한다는 아이디어를 신중하게 고려하고 있으며, 최근에는 이 연구를 수행하는 '파일럿 프로그램Pilot Program'을 재정적으로 지원하고 있다. 프로그램의 책임자인 에이치바 테크놀로지 Hbar Technologies의 제럴드 잭슨Gerald Jackson은 말한다. "기본적으로 우리에게 필요한 것은 바다에서 고기를 잡듯이 반물질을 포획하는 어망이다."

반물질 포획장치는 중심점을 공유하는 세 개의 동심구同心球로 이루어져 있으며, 각각의 구는 격자모양의 선으로 이루어져 있다. 제일 바깥에 있는 구는 직경이 16km이며 양전하가 대전되어 있어서 양전하를 띤 양성자는 밀어내고 음전하를 띤 반양성자는 잡아당긴다. 이런 식으로 바깥쪽 구가 끌어 모은 반양성자들은 중간 구를 지나면서 속도가 느려지고, 지름이 100m가량 되는 안쪽 구에 도달하면 자기 호리병에 저장된다. 그 후 반양성자와 반전자를 결합시켜서 반수소를 만든다.

물질-반물질 반응을 제어하여 태양항해에 동력을 공급하면 반물질 30mg으로 명왕성까지 갈 수 있다. 잭슨의 계산에 의하면 켄타우로스 알파성까지 가는데 반물질 17g이면 충분하다. 그는 채취 가능한 반물질이 금성과 화성 궤도 사이에만 80g 정도 있을 것으로 예견했다. 그러나 반물질을 채취하는 초대형 탐사선이 워낙 복잡하고 값도 비싸기 때문에 금세기 말이나 다음 세기 초쯤 되어야 실현될 것으로 보인다.

일부 과학자들은 우주공간을 떠도는 운석에서 반물질을 채취할 것을 권하고 있다[지금은 고전이 된 만화 〈플래시 고든〉에서도 우주 공간을 떠돌아다니는 공포의 반물질 운석이 등장한다. "이 운석이 지구와 부딪히면 거대한 폭발이 일어나 흔적도 없이 사라진다"면서 지구인들이 공포에 떤다는 내용이었는데, 만화치고는 매우 그럴듯한 설정이었다].

천연 반물질을 발견하지 못한다면 지구의 실험실에서 충분한 양의 반물질이 만들어질 때까지 수십 년, 또는 수백 년을 기다려야 한다. 그러나 반물질 생산에 걸림돌이 되는 기술적 문제가 해결된다면 머지않아 반물질 로켓을 타고 다른 별로 가는 날이 찾아올 것이다.

반물질에 대해 지금까지 알려진 사실들과 관련기술의 현 수준을 종합해볼 때, 반물질 로켓은 제1부류 불가능에 속한다고 할 수 있다.

반물질의 기원

반물질이란 무엇인가? 자연은 왜 반물질이라는 것을 만들어서 소립자의 종류를 두 배로 늘여놓았는가? 대개의 경우 자연은 매우 효율적이고 절약정신이 투철해서 필요 없는 것을 만들지 않는다. 그런데 우리가 아는 한 반물질은 도무지 있을 필요가 없는 낭비적인 존재이다. 반물질이 존재한다면 반우주antiuniverse도 존재할 것인가?

이 질문에 대답하려면 반물질의 기원을 추적해야 한다. 반물질은 20세기 최고의 물리학자 중 한 사람이었던 폴 디락Paul Dirac이 1928년에 처음으로 발견했다. 그는 뉴턴의 뒤를 이어 케임브리지대학의 루카스 석좌교수를 역임했는데, 지금은 스티븐 호킹이 그 자리를 잇고 있다. 키가 크고 마른 체격이었던 디락은 1902년에 태어나 20대 초반의 나이에 양자혁명을 맞이했다. 당시 그는 전자공학을 전공하고 있었으나, 갑자기 몰아닥친 양자역학 붐에 지적 충격을 받아 물리학으로 관심을 돌렸다.

양자이론에 의하면 전자와 같은 입자들은 점입자가 아닌 파동이며, 이들의 거동은 그 유명한 슈뢰딩거의 파동방정식으로 서술된다(파동은 특정한 위치에서 입자가 발견될 확률을 의미한다).

그러나 디락은 슈뢰딩거의 방정식에서 결점을 발견했다. 이 방정식은 느린 속도로 움직이는 전자만을 서술하고 있었던 것이다. 전자의 속도가 빨라지면 아인슈타인의 상대론적 효과가 두드러지게 나타나는데, 슈뢰딩거의 파동방정식에는 상대성이론이 전혀 고려되어 있지 않았다.

디락은 곧바로 슈뢰딩거의 방정식에 상대론적 효과를 고려하는 작업에 착수했고, 1928년에 슈뢰딩거 방정식을 파격적으로 수정한 '상대론적 파동방정식'을 발표했다. 깡마른 26세의 젊은 청년이 전 세계 물리학계를 발칵 뒤집어놓은 것이다. 디락은 '스피너spinor'라는 고차원적 양을 교묘하게 다뤄서 전자가 만족하는 상대론적 방정식을 유도할 수 있었다. 신기한 수학적 객체가 갑자기 우주의 핵심으로 부상하면서 물리학자들은 새로운 개념에 적응하느라 비지땀을 흘려야 했다(과거의 물리학자들은 물리학에 혁명적인 변화가 일어나려면 그 당위성을 입증하는 실험데이터가 있어야 한다고 생각했다. 그러나 디락은 아름다운 수학적 개념이 물리학을 변화시킬 수 있다고 굳게 믿었으며, 이 믿음은 디락방정식을 통해 그대로 구현되었다. 여기서 잠시 그의 말을 들어보자. "기본적으로 물리학 방정식은 실험과 일치해야 한다. 그러나 더욱 중요한 것은 방정식 자체가 갖고 있는 '아름다움'이다… 누군가가 아름다움의 관점에서 영감 어린 방정식을 유도했다면, 그 자체로 진보를 이룬 것이나 다름없다."[10-2]).

디락은 새로운 방정식을 유도하면서 아인슈타인의 질량-에너지 방정식 $E=mc^2$에도 문제가 있음을 깨달았다. 요즘 이 방정식은 메디슨가의 광고판이나 아이들이 입는 티셔츠, 만화, 심지어는 슈퍼영웅들의 멋진 복장에까지 새겨져 있을 정도로 유명하지만, 사실 이것은 부분적으로 옳은 방정식이다. 모든 경우를 커버하려면 $E=\pm mc^2$으로 수정되어야 한다(마이너스 부호가 등장한 이유는 어떤 양의 수학적 제곱근을 고려해야 하기 때문이다. 임의의 숫자의 제곱근은 항상 양수와 음수, 두 개가 존재한다).

그러나 물리학자들은 '음의 에너지'라는 개념을 별로 좋아하지 않았다. 물리학의 기본공리에 의하면 모든 물체는 에너지가 가장 낮은 상태로 가려는 경향이 있기 때문에(그래서 물도 항상 낮은 곳으로 흐른다), 음의 에너지를 허용한다는 것은 매우 위험한 발상처럼 보였다. 디락의 주장대로 $E=\pm mc^2$을 수용한다면 결국 모든 전자는 음의 무한대 에너지로 떨어질 것이고, 디락의 이론은 안정성을 잃게 된다. 그래서 디락은 '디락의 바다Dirac sea'라는 새로운 개념을 도입했다. 즉, 모든 음에너지 상태가 이미 점유되어 있기 때문에 전자는 음에너지로 떨어지지 않고, 따라서 우주도 안정된 상태를 유지한다는 것이다. 가끔은 감마선이 음에너지 상태에 있는 전자와 충돌하는 경우가 있는데, 이럴 때마다 전자는 양에너지 상태로 튀어 올라

온다. 다시 말해서 감마선이 '일상적인 전자'와 '디락의 바다에 뚫린 구멍'을 낳는 것이다. 이 구멍은 진공 중에서 일종의 거품처럼 행동한다. 즉, 전하의 부호는 +이고 전자와 질량이 같은 또 하나의 입자처럼 행동한다는 뜻이다. 독자들도 눈치챘겠지만, 이 구멍이 바로 반전자(또는 양전자)에 해당한다. 디락의 이론에 의하면 반물질은 디락의 바다에 존재하는 거품들로 이루어져 있다.

반입자의 존재가 예견된 지 몇 년이 지난 후에 칼 앤더슨Carl Anderson이 실제로 반전자를 발견했고, 디락은 그 공로를 인정받아 1933년에 노벨상을 수상했다.

반물질이 존재하는 이유는 디락의 방정식이 두 가지 형태의 해를 갖고 있기 때문이다. 이중 하나는 물질에 해당되고 다른 하나가 반물질에 해당된다(이것은 특수상대성이론의 결과이기도 하다).

디락의 방정식은 반물질뿐만 아니라 전자의 스핀spin도 예견했다. 대부분의 소립자들은 회전하는 팽이처럼 자전하고 있는데, 특히 전자의 자전효과는 트랜지스터와 반도체에서 전자의 흐름을 결정하는 데 핵심적인 역할을 한다.

스티븐 호킹은 이런 말을 한 적이 있다. "디락이 자신의 방정식에 특허를 출원하지 않은 것은 참으로 안타까운 일이다. 만일 그가 디락방정식의 특허를 소유했다면 모든 TV와 워크맨, 비디오게임, 그리고 컴퓨터에서 특허권을 행사할 수 있었을 것이다."

물리학의 역사를 바꾼 디락방정식은 웨스트민스터 애비West-minster Abbey에 있는 그의 묘비에 새겨져 있다(아이작 뉴턴의 묘에서 그리 멀지 않다). 이토록 세상의 찬사를 한 몸에 받은 방정식은 아마도 디락의 방정식밖에 없을 것이다.

디락과 뉴턴

지금도 과학역사학자들은 디락이 떠올렸던 혁명적인 발상의 근원을 찾고 있다. 평소에 대체 어떤 생각을 하면서 살았기에 그토록 기발하고 천재적인 방정식을 유도할 수 있었을까? 사람들은 디락을 고전물리학의 원조인 뉴턴과 비교하곤 한다. 사실 뉴턴과 디락은 여러 가지 면에서 비슷한 점이 많다. 두 사람 다 케임브리지대학 출신이고 수학의 대가였으며, 20대의 젊은 나이에 혁명적인 이론을 정립하여 물리학의 역사를 바꿔놓았다. 그런데 뉴턴과 디락은 사회적인 사교성이나 친화력이 현저하게 떨어진다는 특이한 공통점도 갖고 있다. 이 두 사람은 단순한 대화조차 나누기 어려울 정도로 세상과 철저하게 격리되어 있었다. 극단적으로 수줍음이 많았던 디락은 누군가가 직설적인 질문을 하기 전에는 결코 입을 열지 않았으며, 어쩌다가 그의 입에서 나오는 말도 "네", "아니오" 또는 "모르겠는데요"가 전부였다.

또한 디락은 극도로 겸손했고 사람들의 입에 오르내리는 것을 몹시 싫어했다. 노벨 물리학상 수상자로 확정되었을 때, 그는 이러저러한 일로 사람들의 입방아에 오를 것을 염려하여 수상 거절을 심각하게 고려했을 정도였다. 그러나 만일 그가 노벨상을 거절했다면 사람들의 입방아는 더욱 심해졌을 것이다.

지금까지 출판된 뉴턴의 위인전에는 수은중독에서 정신병에 이르기까지 다양한 추측이 난무해왔다. 그런데 최근 들어 케임브리지대학의 심리학자인 사이먼 바론-코헨Simon Baron-Cohen이 뉴턴과 디락의 특이한 성품을 '아스퍼거 증후군Asperger's syndrom'으로 설명하여 세간의 관심을 끌고 있다. 이 병에 걸린 사람은 일종의 자폐증과 비슷한 증상을 보이는데, 영화 〈레인맨Rain Man〉에 등장하는 '바보 같은 천재'처럼 지적능력은 뛰어나지만 사회성은 거의 제로에 가깝다. 아스퍼거 증후군을 앓는 환자들은 말이 거의 없고 사람들과의 친화력이 현저하게 떨어지지만, 간혹 천재적인 계산능력을 발휘하는 경우도 있다. 그러나 통상적인 자폐증 환자와는 달리 사회의 구성원이 되어 생산적인 일을 할 수 있다는 것이 전문가들의 공통된 의견이다. 만일 뉴턴과 디락이 이런 병을 앓고 있었다면, 그들의 천재적인 사고력은 세상과 동떨어진 채 살아가는 대가로 신이 내려준 선물일지도 모르겠다.

반중력과 반우주

이제 우리에게는 디락의 이론이 있으므로 다양한 질문에 답할 수 있게 되었다. 중력의 반물질 파트너는 무엇인가? 반우주는 정말로 존재하는가?

앞에서 말한 바와 같이 반입자는 일상적인 입자와 반대부호의 전하를 갖고 있다. 그러나 전하가 없는 입자(빛의 입자인 광자와 중력을 전달하는 입자인 중력자가 여기 속한다)는 자기자신의 반입자가 될 수 있다. 예를 들어 중력자는 자신의 반입자이기도 하다. 다시 말해서 중력과 반중력은 동일하다는 뜻이다. 따라서 반물질은 지표면에서 위로 떠오르지 않고 일상적인 물질처럼 아래로 떨어진다(물리학자들은 이렇게 믿고 있지만 실험실에서 확인된 사례는 아직 없다).

디락의 이론은 더욱 심오한 질문에도 답을 제시해주고 있다. "자연에는 왜 반물질이 존재하는가? 그렇다면 어딘가에 반우주도 있다는 뜻인가?"

공상과학소설을 섭렵하다 보면 주인공이 우주 저편에서 지구와 똑같은 행성을 발견한다는 내용을 종종 볼 수 있다. 새로 찾은 행성은 지구와 완전히 똑같아 보이지만, 모든 것이 반물질로 이루어져 있어서 마치 거울을 보는 것 같다. 지구의 반행성인 이곳에는 반어린이들이 반도시에 살고 있다. 다행히도 반화학법칙은 모든 전하가 반대부호라는 것만 빼면 기존의 화학법칙과 똑같아서 그곳에 사는 사람들은 자신이 반물질로 이루어져 있다는 사실을 전혀 인식하지 못한다(물리학자들은 이것을 '전하반전charge-reversed' 또는 'C-반전'이라고 부른다. 모든 입자의 전하가 지금의 반대로 뒤바뀌어도 거시적인 세상은 달라지지 않는다).

또 다른 공상과학소설에는 지구와 똑같으면서 마치 거울을 보는 것처럼 왼쪽과 오른쪽이 뒤바뀐 행성이 등장한다. 이곳에 사는 사람들은 대부분 왼손잡이며, 심장은 오른쪽 가슴에 있다. 이들도 역시 좌우가 바뀐 거울우주에 살고 있다는 사실을 전혀 인식하지 못하고 있다(물리학자들은 이와 같은 거울우주를 '반전성parity이 뒤바뀐 우주' 또는

'P-반전 우주'라고 부른다).

반물질우주나 P-반전우주 같은 것이 정말로 존재할 수 있을까? 뉴턴의 운동방정식이나 아인슈타인의 장방정식 등 물리학의 중요한 방정식에서 전하의 부호를 모두 바꾸거나 좌-우를 뒤바꿔도 방정식의 형태는 달라지지 않는다. 그래서 물리학자들은 쌍둥이우주의 존재여부를 진지한 자세로 연구하고 있다. C-반전우주나 P-반전우주는 이론적으로 얼마든지 존재할 수 있기 때문이다.

노벨상 수상자이자 명강의로 유명한 리처드 파인만은 '반전된 우주'와 관련하여 다음과 같이 흥미로운 질문을 제기했다(질문을 요즘 버전으로 조금 수정했다: 옮긴이). "어느 날 당신이 우주인터넷 서핑을 하다가 외계행성에 사는 외계인과 접속되었다고 가정해보자. 당신은 그와 대화를 나눌 수는 있지만 카메라 영상의 포맷이 맞지 않아서 얼굴은 볼 수 없다. 이런 상황에서 그에게 '왼쪽'과 '오른쪽'의 의미를 설명할 수 있을까?" 물리법칙이 P-반전우주의 존재를 허용한다면 온갖 수단방법을 동원해도 왼쪽과 오른쪽을 설명할 방법은 없다.

몸의 생김새나 손가락, 팔, 다리의 개수 같은 정보는 쉽게 전달할 수 있다. 심지어는 외계인에게 당신이 알고 있는 화학이나 생물학 법칙도 알려줄 수 있다. 그러나 왼쪽과 오른쪽(또는 시계방향과 반시계방향)의 개념을 설명하려고 한다면 결코 성공할 수 없을 것이다. "심장이 있는 쪽이 왼쪽이다"라거나 "지구가 자전하는 방향, 또는 DNA분자가 꼬인 방향이 왼쪽이다"라는 식의 설명은 당신과 전혀 다른 세상에 살고 있는 외계인에게 아무런 도움도 되지 않는다.

그래서 중국 출신의 물리학자 양C. N. Yang과 리T. D. Lee가(당시 이들은 콜럼비아대학에서 연구 중이었다) 반전성이 보존되지 않는다는 사실을 발견했을 때 물리학계는 커다란 충격에 빠졌다. 이들은 소립자의 거동을 세밀히 분석한 끝에 거울반전, 또는 P-반전 우주가 존재할 수 없다는 결론에 도달했다. 당시 이 소식을 접한 한 물리학자는 "신이 실수를 범했다"며 충격을 감추지 못했다. 양과 리는 이 공로를 인정받아 1957년에 공동으로 노벨 물리학상을 받았다.

파인만은 "외계인에게 특별한 실험장치를 설치하도록 일러주고 결과를 관찰하면 음성통신만으로 왼쪽과 오른쪽의 차이를 설명할 수 있다"고 했다(예를 들어 코발트-60에서 방출되는 전자들 중에서 스핀이 왼쪽인 전자와 오른쪽인 전자의 개수는 동일하지 않다. 이것은 물리법칙의 결과이므로 좌-우 대칭성이 깨진 경우에 해당된다).

파인만의 설명은 계속된다. "통신을 통해 왼쪽과 오른쪽을 알려준 후 얼마의 세월이 흐른 뒤에 당신과 그 외계인은 우주공간에서 극적인 상봉을 했다. 당신은 그와 통신할 때 악수하는 법을 알려준 적이 있는데, 특히 '악수는 오른손으로 한다'는 점을 강조했었다. 만일 그가 당신을 만나서 오른손을 내민다면 당신의 '좌-우 교습법'이 제대로 전달되었다는 뜻이다. 이런 경우라면 안심하고 악수를 해도 무방하다. 그러나 만일 그가 자신에 찬 표정으로 왼손을 내민다면 어쩔 것인가? 이런 경우라면 왼쪽과 오른쪽이 반대로 전달된 것인데, 그가 보는 앞에서 수정해주고 다시 악수를 시도해도 괜찮을까? 아니다. 그랬다간 큰일난다. 당신이 지시해준 실험을 하고서도 왼쪽을 오른쪽으로 잘못 알고 있다면, 그 외계인이 사는 세상은 온통 반물질로 이루어져 있음이 분명하다. 그래서 실험결과가 반대로 나와 좌-우를 혼동하고 있는 것이다. 그렇다면 답은 자명하다. 인사고 뭐고 필요 없이 무조건 도망가야 한다. 그와 악수를 한다면 당신의 몸을 이루고 있는 물질과 외계인의 몸을 이루고 있는 반물질이 만나면서 초대형 폭발이 일어날 것이다!"(실험의 자세한 내용은 《파인만의 물리학강의Lectures on Physics》 제1권 52장 6~8절에 나와 있다: 옮긴이)

이상은 1960대식 설명이다. 당시에는 '우리의 우주'와 '좌-우가 반전되고 모든 물질이 반물질로 대치된 우주'의 차이점을 알지 못했다. 반전성과 전하의 부호가 '모두' 바뀐 우주는 우리가 알고 있는 물리학법칙을 따른다. 반전성 보존은 폐기되었지만 '전하와 반전성'은 우리의 우주에서 여전히 대칭을 이루고 있었다. 따라서 물리학자들은 CP-반전우주가 이론적으로 존재할 수 있다고 생각했다.

다시 말해서, 당신이 외계인과 음성통화를 하고 있다면 그에게 '정상적인 우주'와 '좌-우 및 전하가 모두 뒤집힌 우주(즉, 왼쪽과 오른쪽이 거울 속처럼 뒤바뀌고 모든 물질이 반물질로 대치된 우주)'의 차이점을 설명할 수 없다는 뜻이다.

그러나 1964년에 물리학자들은 또 한 번의 충격을 받게 된다. 알고 보니 CP-반전우주조차 존재할 수 없었던 것이다. 소립자의 특성을 면밀하게 조사한 결과, CP-반전우주에 사는 외계인에게 왼쪽과 오른쪽(또는 시계방향과 반시계방향)의 개념을 설명할 수 있다는 사실이 밝혀졌다. 이 사실을 알아낸 제임스 크로닌James Cronin과 발 피치Val Fitch도 1980년에 노벨상을 받았다.

〔많은 물리학자들은 CP-반전우주가 기존의 물리학법칙에 위배된다는 사실을 불편하게 생각했으나, 사실 이것은 우리에게 다행스러운 발견이었다. 만일 CP-반전우주가 가능했다면 빅뱅이 일어났을 때 물질과 반물질의 양이 정확하게 똑같아서, 상쇄가 일어난 후 우주에는 아무것도 남지 않았을 것이고 따라서 인간도 존재할 수 없었을 것이다! 물질과 반물질이 상쇄를 일으킨 후에도 자투리 물질이 남아서 온갖 은하와 행성, 그리고 인간이 존재한다는 사실 자체가 CP-비보존CP-violation을 증명하고 있다.〕

그렇다면 어떤 형태로든 반우주는 존재할 수 없다는 말인가? 아니다. 존재할 수 있다. 좌-우와 전하의 부호가 뒤바뀐 우주는 존재할 수 없지만, 어쨌거나 반우주는 존재할 수 있다. 단, 이 우주는 매우 특이한 성질을 갖고 있어야 한다. 반전성(좌-우)과 전하의 부호, 그리고 '시간이 흐르는 방향'이 일제히 반대로 뒤집힌 우주는 여전히 물리법칙을 만족한다. 다시 말해서 'CPT-반전우주'가 가능하다는 뜻이다〔여기서 T는 '시간되짚기time reversal'를 의미한다〕.

시간되짚기는 참으로 희한한 대칭이다. 시간이 거꾸로 가는 우주에서는 계란 프라이가 접시에서 프라이팬으로 옮겨진 후 다시 계란 껍질 속으로 들어가고, 깨진 조각이 합쳐지면서 말짱한 계란으로 둔갑한다. 뿐만 아니라 죽은 사람이 살아나서 점차 젊어지다가 어린아이가 되고, 결국은 어머니의 자궁 속으로 들어가면서 삶을 마감한다.

상식적으로 생각할 때 T-반전 우주는 도저히 존재할 수 없을 것 같다. 그러나 소립자의 거동을 서술하는 수학방정식을 들여다보면 반드시 그렇지만도 않다. 뉴턴의 운동방정식은 시간을 거꾸로 거슬러 올라가도 여전히 성립한다. 당구경기를 예로 들어보자. 충돌이 일어날 때마다 당구공은 뉴턴의 운동법칙에 따라 움직인다. 이 광경을 비디오카메라로 찍었다가 거꾸로 재생하면 매우 이상하게 보이겠지만, 뉴턴의 운동법칙에 위배되는 부분은 단 한 컷도 없다.

양자역학으로 가면 상황이 좀 더 복잡해진다. T-반전 자체는 양자역학의 법칙에 위배되지만, CPT가 모두 반전된 우주는 아무런 문제도 일으키지 않는다. 다시 말해서, 왼쪽과 오른쪽이 바뀌고 전하의 부호도 반대이면서 시간이 거꾸로 흐르는 우주는 정상적인 우주와 동일한 물리법칙을 만족한다는 뜻이다!('정상적'이라는 수식어를 쓰고는 있지만, 사실 어느 쪽이 정상인지는 아무도 알 수 없다: 옮긴이)

(그러나 아이러니하게도 우리는 CPT-반전우주에 사는 외계인과 정상적인 통신을 할 수 없다. 이들이 사는 행성에서는 시간이 거꾸로 흐르기 때문에, 모든 대화는 곧바로 미래 속으로 사라질 것이다. 즉, 이 외계인들은 무언가를 듣자마자 곧바로 잊어버리는 희한한 종족이다. CPT-반전우주가 물리적으로 가능하긴 하지만, 이들과 교류할 생각은 일찌감치 접는 게 좋다.)

지금까지 말한 내용을 요약하면 다음과 같다. 미래에 충분한 양의 반물질을 우주에서 채집하거나 지구에서 만들 수 있다면, 반물질 엔진을 장착한 우주선을 타고 우주를 여행할 수 있다. CP-비보존에 의해 물질과 반물질의 양에 약간의 불균형이 생겼고, 우주공간에는 포획 가능한 반물질이 존재할 수도 있다.

그러나 반물질 엔진의 기술적인 문제를 해결하려면 적어도 100년 이상은 기다려야 할 것 같다. 그래서 나는 이것을 제1부류 불가능으로 분류하고자 한다.

여기서 또 하나의 난해한 질문을 던져보자. 앞으로 수천 년이 지나면 빛보다 빠르게 달리는 것도 가능할까? "이 세상 어느 것도 빛보다 빠르게 달릴 수 없다"는 상대성이론의 교리에서 허점을 찾을 수 있을까? 놀랍게도 답은 "yes!"이다.

PART 2

제2부류_불가능

PHYSICS OF THE IMPOSSIBLE

빛보다 빠르게!

> 앞으로 생명체는 은하 전체, 또는 그 이상의 영역으로 퍼져나갈 것이다.
> 오늘날 생명체는 우주를 오염시키는 사소한 존재에 불과하지만,
> 앞으로 영원히 그런 존재로 남지는 않을 것이다.
> 이렇게 생각해야 마음이 편하다.
> ─천문학자 마틴 리스 경ASTRONOMER ROYAL SIR MARTIN REES

> 빛보다 빠르게 움직이는 것은 불가능하다.
> 그리고 굳이 빛보다 빠르게 달려봐야 모자만 벗겨질 뿐, 무슨 득이 있겠는가?
> ─우디 앨런WOODY ALLEN

    영화 〈스타워즈〉에서 우주선 '밀레니엄 팔콘Millennium Falcon'호는 우리의 영웅 루크 스카이워커와 한 솔로를 태우고 척박한 행성 타투인Tatooine을 이륙했다가 행성 주변을 돌고 있는 위협적인 제국함대와 마주친다. 제국함대의 함선들이 레이저포로 집중 사격을 가해오자 밀레니엄 팔콘을 보호하던 역장이 서서히 뚫리기 시작한다. 그러나 밀레니엄 팔콘은 더 뛰어난 무기가 있었다. 레이저포가 쏟아지는 와중에 한 솔로가 "초공간hyperspace으로 점프해야 살 수 있다"고 외치자 초광속기 엔진이 가동되기 시작한다. 그 순간 우주선을 에워싸고 있던 모든 별들이 스크린 중앙을 향해 빨려 들어가듯이 움직이면서 공간에 구멍이 열리고, 밀레니엄 팔콘은 그곳을 통해 초공간으로 진입한다. 이로써 우리의 영웅들은 순식간에 제국함대의

공격에서 벗어나 자유를 되찾는다.

이 이야기가 공상과학소설처럼 들리는가? 물론 두말하면 잔소리다. 〈스타워즈〉는 철저하게 흥미 위주로 만들어진 공상과학영화였다. 그런데 초공간이라는 게 과학적으로 타당한가? 그럴지도 모른다. 빛보다 빠르게 움직이는 초광속비행은 오랜 세월 동안 공상과학소설의 전유물이었지만, 지금은 과학자들도 그 가능성을 신중하게 고려하고 있다.

아인슈타인의 상대성이론에 의하면 빛의 속도는 그 어떤 물체도 넘볼 수 없는 궁극의 속도이다. 지구상에서 가장 강력한 입자가속기는 폭발하는 별의 중심이나 빅뱅에 버금가는 에너지를 발휘할 수 있지만, 소립자를 빛보다 빠르게 가속시키지는 못한다. 비유하자면 광속은 우주 고속도로의 속도 상한선인 셈이다. 따라서 멀리 있는 별까지 여행하겠다는 생각은 일찌감치 접는 게 좋을 것 같다.

글쎄… 과연 그럴까?

삶의 낙오자였던 아인슈타인

1902년, 23세의 아인슈타인은 '아이작 뉴턴 이후로 가장 뛰어난 물리학자'의 위상과는 거리가 멀어도 한참 먼 청년이었다. 이 무렵에 아인슈타인은 일생을 통틀어 가장 비참한 시기를 보내고 있었다. 당시 박사과정 학생이었던 그는 여러 대학에 강사지원서를 제출했다가 모두 거절당했고(나중에 안 사실이지만 주된 원인은 지도교수였던 하인리히 베버Heinrich Weber가 써준 형편없는 추천서 때문이었다. 아인슈타인은 그의 강좌를 수강 신청했다가 취소한 적이 여러 번 있었는데, 아마도 그에 대한 '보복성 해코지'였을 것으로 추정된다]. 그의 모친은 아인슈타인의 아이를 임신하고 있던 밀레바 마릭 Mileva Maric과의 결혼을 필사적으로 반대하고 있었다. 결국 둘 사이의 첫 딸은 사생아로 태어났고, 아인슈타인은 간신히 얻은 임시직장에서도 해고당했다. 게다가 직장에서 해고되던 바로 그날, 최소한의 생활비를 벌어왔던 가정교사 자리도 끊기고 말았다. 이 무렵에 아인슈타인이 친구에게 쓴 편지에는 "돈이 하도 궁해서 공부고 뭐고 다 때려치우고 세일즈맨이 되고 싶다"고 적혀 있다. 심지어는 가족들에게 보낸 편지에 "저는 가족들에게 짐만 되고 있고, 앞으로 성공할 가능성도 거의 없습니다. 저 같은 인간은 차라리 태어나지 않는 편이 나았을 겁니다…"라고 적어놓았다. 부친이 죽었을 때 아인슈타인은 "아버지는 나를 끝까지 완전한 낙오자로 생각하면서 눈을 감았을 것이다"라며 회한을 감추지 못했다.

그러나 낙오자에게도 약간의 행운이 찾아왔다. 한 친구가 스위스 특허청의 말단 사무원 자리를 알선해준 것이다. 이리하여 아인슈타인은 대학이나 연구소가 아닌 특허청에서 현대물리학의 역사를 바꿀 위대한 아이디어를 떠올리게 된다. 그는 특허관련 서류를 재빨리 처리한 후 어린 시절부터 머릿속에 맴돌았던 물리학 문제를 생각하면서 대부분의 시간을 보냈다.

아인슈타인의 천재성은 어디서 온 것인가? 그가 순수 수학적 사고력보다 물리학적 상상력(달리는 기차, 빨리 가는 시계, 길어진 막대 등)

에 더 뛰어난 재능을 보였다는 점에서 실마리를 찾을 수 있다. 생전에 아인슈타인은 이런 말을 한 적이 있다. "어린아이를 이해시키지 못하는 이론은 아무 짝에도 쓸모 없다." 다시 말해서 물리학 이론의 정수는 논리보다 시각적으로 이해되어야 한다는 뜻이다. 지금도 수많은 물리학자들이 수학의 정글 속에서 길을 잃은 채 헤매고 있다. 그러나 과거에 뉴턴이 그랬던 것처럼 아인슈타인도 '물리적 그림'을 떠올리는데 많은 노력을 기울였다. 일단 밑그림이 그려지면 수학은 자연스럽게 따라온다. 뉴턴이 생각했던 물리적 그림은 떨어지는 사과와 공전하는 달이었다. 사과를 아래로 잡아당기는 힘과 달을 궤도에 붙잡아두는 힘은 과연 같은 종류인가? 뉴턴은 스스로 이런 질문을 떠올린 후 'yes!'라는 결론을 내렸다. 그러자 우주를 덮고 있던 비밀스러운 베일이 벗겨지면서 천체의 움직임이 한눈에 들어왔고, 이 모든 것을 수학으로 표현하기 위해 미적분학calculus이라는 새로운 수학분야를 개척했다.

아인슈타인과 상대성이론

알베르트 아인슈타인이 1905년에 발표한 특수상대성이론의 핵심은 어린아이도 이해할 수 있는 간단한 그림으로 표현된다. 이 이론은 아인슈타인이 열여섯 살 때부터 생각해왔던 하나의 질문에서 시작되었다. "빛보다 빠르게 달리면 어떻게 될까?" 소년 아인슈타인은 지구와 하늘에 있는 모든 물체의 거동이 뉴턴의 역학과 맥스웰의 전자기이론으로 설명된다는 사실을 잘 알고 있었다. 당시 이 이론들은 물리학을 떠받치는 두 개의 거대한 기둥이었다.

아인슈타인은 뉴턴과 맥스웰의 이론이 상호 모순된다는 중요한 사실을 깨달았다. 하나가 살아남으려면 나머지 하나는 폐기되어야 했다.

뉴턴의 물리학에 의하면 당신은 빛보다 빠르게 움직일 수 있다. 빛의 속도는 마차나 달구지의 속도와 마찬가지로 특별한 구석이 전혀 없기 때문이다. 따라서 빛을 조금 앞서서 동일한 속도로 달린다면 빛의 앞부분이 정지해 있는 것처럼 보일 것이다. 그러나 청년 아인슈타인은 정지된 빛을 본 사람이 아무도 없다는 사실을 떠올렸다. 근 250년 동안 물리학의 권좌를 지켜왔던 뉴턴의 물리학에서 결정적인 오류를 발견한 것이다.

아인슈타인은 취리히 공과대학에 입학하여 맥스웰의 이론을 공부하다가 마침내 해답을 찾아냈다. 그리고 여기에는 맥스웰조차 몰랐던 놀라운 비밀이 숨어 있었다. 아무리 빠른 속도로 빛을 쫓아가도, 빛의 속도는 누구에게나 항상 똑같다는 것이었다. 당신이 빛과 같은 방향으로 움직이건, 반대방향으로 움직이건 간에 당신의 눈에 보이는 빛의 속도는 조금도 달라지지 않는다! 고전적인 상식으로는 도저히 이해할 수 없지만, 어쨌거나 빛은 이토록 희한한 성질을 갖고 있었다. 드디어 아인슈타인은 어린 시절부터 품어왔던 의문을 해결했다. "당신은 빛과 나란히 달릴 수 없다. 당신이 아무리 빠르게 움직여도 빛은 당신으로부터 항상 같은 속도로 도망가고 있기 때문이다."

뉴턴의 고전역학은 매우 단단하게 조여진 시스템이다. 여기서 실오라기 하나만 느슨해져도 전체 시스템이 붕괴될 수 있다. 뉴턴의 이론에 의하면 시간은 우주 어디서나 균일하게 흐른다. 지구에서의 1초는 금성이나 화성에서의 1초와 정확하게 같다. 이와 마찬가지로 지구에서 잰 1m와 명왕성에서 잰 1m도 다를 이유가 없었다. 그러나 빛의 속도가 관측자의 운동상태에 상관없이 항상 일정하다면 시간과 공간에 대한 기존의 개념은 심각한 위협을 받게 된다. 빛의 속도가 누구에게나 동일하려면 시간과 공간에 변형이 가해질 수밖에 없다.

아인슈타인의 특수상대성이론에 따르면 빠르게 움직이는 우주선 내부의 시간은 지구에서의 시간보다 느리게 흘러간다. 관측자의 이동속도에 따라 시간의 흐름이 달라지는 것이다. 뿐만 아니라 로켓의 길이는 지구에 있을 때보다 짧아지는데, 짧아지는 정도는 로켓의 속도에 따라 다르다(속도가 빠를수록 길이가 많이 줄어든다. 그러나 이들은 비례하는 관계가 아니라 다소 복잡한 수식을 통해 연결된다). 그리고 움직이는 로켓은 질량도 커진다. 지구에 있는 망원경으로 이 로켓을 관측한다면 승무원이 차고 있는 시계가 느리게 가고 로켓 안에 있는 모든 사람들이 마치 슬로우모션처럼 천천히 움직이며, 모든 사물이 로켓의 진행 방향을 따라 납작해진 것처럼 보일 것이다.

로켓의 속도가 빛의 속도와 같다면 그 안의 시간은 완전히 정지하고 로켓의 몸체가 사라지면서 질량은 무한대가 된다. 길이가 0으로 줄어들었는데 질량이 무한대일 수는 없으므로 아인슈타인은 우주 안에 존재하는 그 어떤 것도 빛보다 빠르게 이동할 수 없다고 결론지었다(물체의 속도가 빨라질수록 질량이 증가한다는 것은 운동에너지가 질량의 형태로 변환된다는 것을 의미한다. 즉, 에너지와 질량은 서로 비례하는 관계에 있으며, 이 관계를 수식으로 나타낸 것이 바로 그 유명한 $E=mc^2$이다. 수학에 익숙한 사람은 단 몇 줄이면 증명할 수 있다).

아인슈타인이 $E=mc^2$을 유도한 후로, 이 혁명적인 아이디어를 검증하거나 응용하는 실험이 거의 수백만 건 이상 실행되었다. 예를 들어 현재 위치를 몇 미터 이내의 오차 범위 안에서 알려주는 GPS 시스템도 상대론적 효과를 고려하지 않으면 무용지물이 된다(GPS는 미군의 핵심장비이기 때문에, 국방성의 고위 장교들도 물리학자들에게 상대성이론 강의를 듣고 있다). GPS 위성에 탑재된 시계는 아인슈타인이 예견한 대로 지구에 있는 시계보다 느리게 간다.

특수상대성이론의 효과가 가장 분명하게 시각화되어 나타나는 곳이 바로 입자가속기(원자충돌기)이다. 이곳에서 입자는 거의 광속에 가까운 속도까지 가속된다. 스위스 제네바 근처에 있는 유럽입자가속기센터CERN에서는 대형 강입자충돌기LHC, Large Hadron Collider가 가동되고 있는데, 여기서 양성자의 에너지는 수조 전자볼트까지 올라가며, 속도는 거의 광속에 가깝다.

로켓공학자들은 광속의 한계를 별로 심각하게 생각하지 않는다. 현재 생산되는 로켓은 아무리 빨라 봐야 시속 수만km를 넘지 않기 때문이다. 그러나 앞으로 100~200년이 지나면 가까운 별을 탐사하는 것이 중요한 현안으로 떠오를 것이고, 그때가 되면 광속이라는 한계가 심각한 걸림돌로 작용하게 될 것이다.

아인슈타인 이론의 허점

지난 수십 년 동안 물리학자들은 "광속을 초과할 수 없다"는 아인슈타인의 범우주적 원리에서 어떤 허점이나 예외조항을 찾기 위해 부단히 노력해왔다. 그동안 별의별 희한한 아이디어를 총동원한 끝에 약간의 소득을 거두긴 했지만, 그다지 유용한 결과는 아니었다. 예를 들어 하늘을 향해 손전등을 들고 동쪽에서 서쪽으로 빠르게 움직이면 하늘에 맺힌 영상은 빛보다 빠르게 이동할 수 있다. 손목을 움직여서 손전등을 반대방향으로 돌리는 데는 1초도 걸리지 않지만, 그사이에 빛의 영상은 동쪽 지평선 끝에서 서쪽 지평선 끝까지 수백 광년이 넘는 거리를 이동하기 때문이다. 그러나 이것은 그다지 쓸모가 없는 결과이다. "빛보다 빠르게 움직일 수 있는가?"라는 질문 속에는 "빛보다 빠르게 정보를 전달할 수 있는가?"라는 의미가 함축되어 있기 때문이다. 손전등을 아무리 흔들어도 이런 식으로는 빛보다 빠르게 정보를 전달할 수 없다. 하늘에 맺힌 빛의 영상은 광속보다 빠를 수 있지만, 거기에는 아무런 정보도, 에너지도 담겨 있지 않다.

빛보다 빠르게 움직이는 또 한 가지 방법은 거대한 가위를 만드는 것이다. 중심점에서 날이 충분히 길게 뻗어 있으면 가위를 닫을 때 날의 끝이 광속보다 빠르게 움직일 수 있다. 물론 이것을 구현하려면 가위의 길이가 몇 광년은 되어야 한다. 그러나 가위의 교차점에는 어떠한 에너지나 정보도 담겨 있지 않기 때문에, 초대형 가위도 무용지물이긴 마찬가지다.

이 책의 4장에서 언급한 바와 같이, EPR-실험에서는 정보가 빛보다 빠르게 전달될 수 있다(이 실험에서는 동일한 위상으로 진동하는 두 개의 전자가 사용되었다. 이들은 결맞음상태coherent에 있으므로 서로 반대방향으로 진행하면 이들 사이에 정보가 빛보다 빠르게 전달될 수 있다. 그러나 이 정보는 무작위로 만들어지기 때문에 쓸모가 없다. 즉, EPR-효과를 이용하여 우주선을 다른 별로 보내는 것은 불가능하다).

상대성이론의 가장 큰 허점은 아인슈타인 스스로 만들었다. 그는 1915년에 특수상대성이론을 훨씬 능가하는 일반상대성이론을 발표했는데, 그 핵심 아이디어는 아이들이 타고 노는 회전목마에서 탄생했다고 전해진다. 앞서 말한 대로 물체의 속도가 광속에 접근할수록 이동방향의 길이는 짧아진다(즉, 납작해진다). 그러나 회전하는 원판에서는 바깥쪽 부분이 안쪽 부분보다 빠르게 움직이고 있기 때문에 (원판의 중심부는 정지된 상태이다), 길이의 수축비율이 다르게 나타난다. 빠르게 회전하는 원판의 가장자리에 막대를 올려놓으면 길이가 많이 줄어들지만 중심부에 놓은 막대는 길이가 거의 변하지 않는다. 따라서 회전하는 원판은 평평한 상태를 유지하지 못하고 휘어지게 된다. 가속운동(원운동) 자체가 원판의 시간과 공간을 휘어지게 만드는 것이다.

일반상대성이론에서 시간과 공간은 늘어나거나 수축될 수 있다. 심지어 어떤 특별한 상황에서는 시공간이 빛보다 빠르게 늘어나기도 한다. 우주는 137억 년 전에 빅뱅이라는 대 폭발과 함께 탄생했는데, 이때 우주의 팽창속도는 광속보다 빨랐다(그렇다고 해서 특수상대성이론의 '광속초과금지령'을 어긴 것은 아니다. 팽창한 것은 별이 아니라 별과 별 사이의 공간이기 때문이다. 팽창하는 공간은 아무런 정보도 전달하지 못한다).

여기서 중요한 것은 특수상대성이론이 국소적으로 적용된다는 점이다. 우리가 있는 곳 근처나 태양계 규모에서는 특수상대성이론이 성립한다. 이것은 탐사위성을 통해 확인된 사실이다. 그러나 광역적인 스케일(우주적 규모)에서는 일반상대성이론을 적용해야 한다. 일반상대성이론에서 시간과 공간은 하나로 엮인 직물織物, fabric이며, 이 직물은 빛보다 빠르게 뻗어나갈 수 있다. 또한 직물의 어딘가에 시간과 공간을 우회하는 '구멍'이 존재할 수도 있다.

이러한 사실들로 미루어볼 때, 일반상대성이론은 빛보다 빠른 운동을 허용하는 듯하다. 초광속비행은 다음의 두 가지 방법으로 구현될 수 있다.

1. 공간 늘이기: 당신의 뒤쪽에 있는 공간을 늘이고 앞쪽에 있는 공간을 수축시키면 빛보다 빠르게 움직인 것 같은 효과를 낼 수 있다. 사실 당신은 전혀 움직이지 않았지만 공간이 변형되었기 때문에 눈 깜짝할 사이에 멀리 있는 별까지 도달할 수 있다.
2. 공간 찢기: 1935년에 아인슈타인은 웜홀wormhole의 개념을 도입했다. 웜홀은 《이상한 나라의 앨리스》에 나오는 마술거울처럼 우주의 두 지점을 연결하는 통로이다. 우리는 초등학교 시절에 '두 점을 연결하는 가장 짧은 선은 직선'이라고 배웠다. 그러나 이 정리가 항상 옳은 것은 아니다. 종이를 돌돌 말아서 두 점이 맞닿게 만들면 두 점을 연결하는 가장 짧은 경로는 더 이상 직선이 아니다. 종이에 구멍

을 뚫어서 두 점을 연결하면 직선보다 훨씬 짧은 경로를 만들 수 있는데, 이것이 바로 웜홀이다.

워싱턴대학의 물리학자 매트 비세르Matt Visser는 이렇게 말했다. "상대성이론을 연구하는 학자들은 그동안 공상과학소설에서만 볼 수 있었던 초광속비행이나 웜홀 등을 본격적으로 연구하기 시작했다."[11-1]

영국 왕립학회의 천문학자인 마틴 리스 경의 발언은 더욱 급진적이다. "웜홀과 여분차원, 그리고 양자컴퓨터는 우리의 우주 전체를 '살아 있는 우주'로 바꿔줄 과감한 시나리오가 될 것이다."[11-2]

알큐비어 드라이브와 음에너지

공간을 늘이는 대표적인 사례로 '알큐비어 드라이브Alcubierre drive'라는 것이 있다. 1994년에 물리학자 미구엘 알큐비어Miguel Alcubierre가 아인슈타인의 일반상대성이론에 착안하여 떠올렸던 이 아이디어는 영화 〈스타트렉〉에 나오는 우주선 추진시스템과 매우 비슷하다. 이 우주선을 조종하는 파일럿은 '워프 버블warp bubble'이라 부르는 기포 속으로 들어가 자리를 잡는다. 이곳에 앉아 있으면 우주선이 광속을 초과해도 모든 것이 정상적으로 보인다. 심지어 조종사는 자신이 전혀 움직이지 않고 있다고 느낄 정도이다. 그러나 워프 버블의 외부에서는 놀라운 일이 벌어지고 있다. 버블의 앞쪽에 있는 공간이 크게 압축되면서 시공간 전체가 왜곡되는 것이다. 물론 버블의 내부에 앉아 있는 조종사에게는 시간도 정상적으로 흐른다.

알큐비어는 영화〈스타트렉〉에서 영감을 얻어 초광속비행술을 떠올렸다고 한다. "〈스타트렉〉의 등장인물들은 워프드라이브(초광속비행)나 공간왜곡 등을 일상적인 용어처럼 아무렇지 않게 사용하고 있다. 사실 우리에게도 공간을 왜곡시키는 이론이 주어져 있는데, 그것이 바로 일반상대성이론이다. 나는 이 개념을 적용하여 초광속비행을 구현할 수 있다고 믿는다."[11-3] 아마도 이것은 아인슈타인 방정식의 해를 구하는 데 TV 프로그램이 일조한 최초의 사례일 것이다.

알큐비어가 제안한 우주비행술은 영화〈스타워즈〉에 나오는 우주선 '밀레니엄 팔콘'의 비행술과 비슷하다. "실제로 초광속비행을 할 때 나타나는 현상은 영화에서 나온 장면과 비슷하다. 우주선의 앞쪽에 있는 별들은 기다란 줄무늬를 그리고, 우주선의 뒤쪽에는 아무것도 보이지 않는다. 별에서 방출되는 빛은 항상 광속으로 달리는데, 우주선이 그것보다 빠르게 움직이고 있기 때문에 뒤쪽은 완전한 어둠, 그 자체일 것이다."[11-4]

알큐비어 드라이브의 핵심은 우주선을 초광속으로 추진하는 에너지이다. 일반적으로 물리학자들은 우주선의 추진이론을 세울 때 '양의 에너지'에서 시작한다. 물론 이런 방식으로는 결코 빛의 속도를 초과할 수 없다. 그러나 빛보다 빠른 속도를 구현하려면 먼저 연료부터 바꿔야 한다. 약간의 계산과정을 거치면 '음질량negative mass'이나 '음에너지negative energy'가 필요하다는 것을 알 수 있는데, 만일 이런 것이 존재한다면 우주에서 가장 신비한 물질로 기록될 것이다. 과거에 물리학자들은 공상과학물에 등장하는 음에너지나 음질량을 단순한 허구로 취급해왔다. 그러나 이것은 초광속비행에 필수적인 요소이며, 실제로 존재할 가능성도 있다.

그동안 과학자들은 음물질negative matter을 찾기 위해 우주 곳곳을 뒤져왔으나 아직은 별 소득이 없는 상태이다(반물질과 음물질은 완전히 다른 별개의 물질이다. 반물질은 실제로 존재하고 양의 에너지를 가지며 전하의 부호가 물질과 반대지만, 음물질은 존재 자체가 아직 입증되지 않았다). 음물질은 참으로 희한한 존재이다. 보통 '물질'하면 당연히 질량이나 무게가 떠오르는데, 음물질은 '아무것도 없는 것'보다 가볍다. 즉, 진공보다 가볍기 때문에 진공 중에서도 '뜬다'. 만일 우주초기에 음물질이 존재했다면 공간을 타고 이리저리 떠다녔을 것이다. 운석은 우주공간을 떠돌다가 행성의 중력에 끌려 충돌하지만, 음물질은 반대로 행성을 피해다닌다. 별이나 행성의 중력이 음물질을 잡아당기지 않고 밀어내기 때문이다. 그러므로 음물질이 존재한다 해도 그것을 찾으려면 지구 같은 행성이 아닌 깊은 우주공간으로 날아가야 한다.

음물질을 찾는 방법 중 하나는 '아인슈타인 렌즈Einstein lenses' 효과를 이용하는 것이다. 빛이 별이나 은하 근처를 지나가면 강한 중력에 의해 궤적이 휘어진다. 이것은 일반상대성이론이 낳은 중요한 결과 중 하나이다. 1912년에 아인슈타인은 은하가 망원경의 렌즈와 비슷한 역할을 할 수도 있다고 예견했다(일반상대성이론은 그로부터 3년 후인 1915년에 발표되었다). 멀리 있는 천체에서 방출된 빛들이 은하 근처를 통과할 때 강한 중력에 끌려 한 점으로 수렴하는 경우가 있는데, 이것이 고리형 패턴을 형성하여 지구에 도달하는 것을 아인슈타인 렌즈 효과라 한다. 요즘은 이 현상을 '아인슈타인 고리 Einstein rings'라고 부르기도 한다. 아인슈타인 렌즈 효과는 1979년에 처음 관측된 후로 천문학자들에게 없어서는 안 될 중요한 관측수단으로 자리잡았다[대표적인 사례로 암흑물질dark matter을 들 수 있다. 과거 한때 천문학자들은 암흑물질을 관측하는 것이 불가능하다고 생각했다(암흑물질은 눈에 보이지 않으면서 질량을 갖고 있는 신기한 물질로서 은하 전체를 에워싸고 있으며, 우주에 존재하는 '눈에 보이는 물질'보다 10배가량 많은 것으로 추정된다). 그러나 NASA의 과학자들은 빛이 암흑물질을 통과할 때 경로가 휘어지는 현상을 이용하여(빛이 유리를 통과할 때 굴절되는 것과 같은 이치이다) 암흑물질의 분포도를 작성해냈다].

그러므로 아인슈타인 렌즈를 이용하여 우주공간에서 음물질이나 웜홀을 찾을 가능성도 있다. 음물질이 빛의 경로를 어떤 식으로 변형시킬지는 확실치 않지만, 어쨌거나 변형이 일어나면 허블우주망원경에 포착될 것이다. 아직은 아인슈타인 렌즈로부터 음물질이나 웜홀의 영상을 얻지 못했지만, 관측은 꾸준하게 진행되고 있다. 미래의 어느 날 허블망원경이 음물질이나 웜홀의 영상을 잡아낸다면, 물리학계는 또 한 번 충격에 빠질 것이다.

음에너지는 음물질과 달리 실제로 존재하는 양이다. 1933년에 헨드릭 카시미르Hendrik Casimir는 양자이론에 입각하여 "평행하게 마주 보고 있는 두 개의 금속판은 전기전하가 없어도 서로 끌어당긴다"는 다소 기이한 주장을 했다. 상식적으로 생각하면 두 금속판 사이에는 아무런 일도 일어나지 않아야 정상이지만, 평행판 사이의 진공은 완전히 빈 상태가 아니라 '가상입자virtual particle'들이 수시로 나타났다가 사라지고 있다.

아무것도 없는 진공 중에서 전자와 양전자가 돌연히 나타났다가 아주 짧은 시간 후에 소멸하여 진동으로 되돌아간다. 과거의 과학자들은 빈 공간이라는 것이 말 그대로 '아무것도 없는 완전한 무無의 상태'라고 생각했으나, 알고 보니 양자적 행동이 어지럽게 펼쳐지는 혼돈의 무대였다. 언뜻 생각해보면 아무것도 없는 진공에서 물질과 반물질이 갑자기 나타난다는 것이 에너지보존법칙에 위배되는 듯하지만, 양자역학의 불확정성원리는 아주 짧은 시간 동안 입자의 돌연한 출현을 허용하고 있다. 그리고 평균적으로는 에너지 보존법칙도 성립한다.

카시미르는 가상입자들이 진공 중에 압력을 만들어낸다는 사실을 알아냈다. 두 평행판 사이는 공간이 좁기 때문에 압력이 낮지만 바깥쪽은 공간이 커서 상대적으로 압력이 높다. 따라서 두 평행판은 서로 가까이 가려는 경향을 보이게 된다.

두 평행판이 멀리 떨어져 있으면 에너지가 0인 상태이다. 그러나 평행판이 가까이 접근하면 이로부터 에너지를 추출할 수 있다. 즉, 평행판으로부터 운동에너지를 빼냈으므로 평행판은 음에너지를 갖게 되는 것이다.

음에너지는 1948년에 실험실에서 처음 발견되었고, 그 결과도 카시미르의 예견과 일치했다. 따라서 음에너지와 카시미르효과는 더 이상 공상과학소설이 아니라 과학적으로 입증된 사실이다. 그런데 문제는 카시미르효과가 너무나 미미하게 나타난다는 것이다. 실험실에서 이 에너지를 관측하려면 완벽한 환경에서 최첨단 장비를 동원해야 한다(일반적으로 카시미르에너지는 두 평행판 사이 거리의 4제곱에 반비례한다. 즉, 거리가 가까워질수록 에너지는 빠르게 증가한다). 1996년에 로스 알라모스 국립연구소의 스티븐 라뮈르Steven Lamoreaux는 카시미르효과를 가장 정밀하게 측정했는데, 이때 두 평행판 사이에 작용하는 인력은 개미 몸무게의 약 3만 분의 1이었다.

알큐비어의 이론이 발표된 후로 물리학자들은 초광속비행에서 나타나는 몇 가지 신기한 현상을 발견했다. 우주선 안에 있는 승무원들은 바깥세계와 인과적으로 단절된 상태이다. 이는 곧 자신의 의지에 따라 초광속비행 버튼을 누를 수 없음을 의미한다. 또한 버블 안에 들어간 승무원은 바깥에 있는 사람과 통신을 주고받을 수 없다. 시간표에 맞춰 레일을 따라 달리는 열차처럼, 시공간에는 '미리 준비된 고속도로'가 깔려 있어야 한다. 초광속우주선은 승무원 마음대로 속도나 방향을 바꿀 수 없으며, 이미 존재하는 '파동'이나 '압축된 공간'을 타고 미리 준비된 '휘어진 시공간'을 따라 움직이는 수밖에 없다. 알큐비어는 이렇게 말했다. "초광속우주선이 길을 잃지 않으려면 고속도로처럼 이미 만들어진 비행경로를 따라가야 하고, 그곳에는 신비한 물질을 만들어내는 장치가 있어야 한다."[11-5]

아인슈타인 방정식에는 이보다 더 이상한 해도 존재한다. 어떤 질량이나 에너지가 주어지면 아인슈타인 방정식을 이용하여 시공간이 휘어지는 정도를 계산할 수 있다(연못에 돌을 던졌을 때 돌의 크기와 질량을 알면 수면에 생성되는 물결을 미리 계산할 수 있는 것과 같은 이치이다). 그런데 이 방정식은 거꾸로 응용될 수도 있다. 즉, 이상한 시공간에서 출발하여 질량이나 에너지의 분포를 알아낼 수도 있다는 뜻이다(연못의 수면에 일어나는 물결로부터 역추적하여 물결을 일으킨 원인(돌멩이)의 구조를 알아내는 것과 비슷하다]. 알큐비어는 이와 같은 방법으로 자신의 방정식을 유도했다. 그는 초광속 운동과 양립할 수 있는 시공간에서 출발하여 반대방향으로 계산을 수행한 끝에, 그와 같은 시공간이 존재하기 위해 요구되는 에너지를 알아낼 수 있었다.

웜홀과 블랙홀

'공간 늘이기' 이외에 광속을 능가하는 또 한 가지 방법은 우주의 두 지점을 연결하는 웜홀을 이용하여 공간을 찢는 것이다. 웜홀의 개념을 최초로 도입한 소설은 루이스 캐럴Lewis Carroll이라는 필명을 사용했던 찰스 도지슨Charles Dodgson의 《거울나라의 앨리스 Through the Looking Glass》였다. 이 소설에서 앨리스의 거울은 옥스퍼드의 한 마을과 마법의 세계를 연결하는 통로였다. 앨리스는 거울 속으로 손을 집어넣었다가 갑자기 다른 세계로 이동했다. 수학자들은 이것을 '다중연결공간multiply connected space'이라고 부른다.

물리학에 웜홀의 개념이 처음 도입된 것은 아인슈타인의 일반상대성이론이 발표된 다음해인 1916년의 일이었다. 당시 독일 군대에 복무 중이었던 물리학자 칼 슈바르츠실트Karl Schwartzschild는 하나의 점으로 이루어진 별(pointlike star, 점항성)에 대한 아인슈타인 방정식의 해를 구했는데, 이 별에서 멀리 떨어진 곳에 형성되는 중력장은 일상적인 별의 중력장과 거의 비슷한 것으로 나타났다. 실제로 아인슈타인은 슈바르츠실트가 구한 해를 이용하여 별 근처에서 빛의 궤적이 휘어지는 정도를 계산했다. 슈바르츠실트 해는 당시 천문학계에 뜨거운 반향을 불러일으켰고, 오늘날에도 아인슈타인 방정식을 만족하는 가장 유명한 해로 알려져 있다. 지난 수십 년 동안 물리학자들은 점항성의 주변에 형성되는 중력장을 실제로 존재하는 별(크기가 유한한 별)이 만드는 중력장의 근사적인 해로 사용해왔다.

그러나 슈바르츠실트가 점항성을 가정하여 구한 해 속에는 거의 한 세기 동안 물리학자들을 끊임없이 놀라게 만들었던 괴물 같은 천체가 숨어 있었으니, 그것이 바로 모든 것을 빨아들인다는 우주의 구멍, 즉 '블랙홀black hole'이었다. 슈바르츠실트 해는 마치 트로이의 목마를 연상케 한다. 겉으로 보면 신이 내려준 선물 같지만, 그 안에는 온갖 괴물과 유령들이 도사리고 있다. 이들 중 좋은 면만 취할 수 있다면 좋겠지만 현실은 그렇지가 않다. 한쪽 면을 수용하려면 다른 쪽도 똑같이 받아들여야 한다. 슈바르츠실트가 구한 해에 의하면, 점항성에 가까이 접근했을 때 이상한 일이 벌어진다. 별의 주변은 눈에 보이지 않는 구球로 둘러싸여 있는데[이것을 사건지평선event horizon이라 한다], 이곳을 한 번 지나치면 영원히 되돌아올 수 없다. 마치 바퀴벌레를 잡는 끈끈이처럼, 들어갈 수는 있지만 나올 수가 없는 것이다. 일단 사건지평선을 통과하면 그것으로 끝이다(사건지평선을 넘어간 후 다시 밖으로 탈출하려면 빛보다 빠른 속도로 내달려야 한다. 물론 이것은 불가능하다).

　누군가가 블랙홀의 사건지평선에 가까이 다가가면 강력한 조력潮 力이 작용하며 몸이 길게 늘어날 것이다. 똑바로 선 자세를 유지한 다면 다리에 작용하는 중력이 머리에 작용하는 중력보다 압도적으 로 강하여 온몸이 국수처럼 잡아당겨지다가 결국에는 갈가리 찢겨 나가게 된다. 그리고 몸을 이루고 있던 원자들조차 중력을 이기지 못하고 분해될 것이다.

　A라는 사람이 사건지평선에 접근하고 있고, 이 광경을 먼 곳에서 B가 바라보고 있다고 가정해보자. 그러면 B의 눈에는 A의 모든 행 동이 서서히 느려지는 것처럼 보인다. 그러다가 A의 몸이 사건지평 선에 닿는 순간부터는 시간이 아예 멈춘 것처럼 보인다!

　뿐만 아니라 사건지평선을 통과한 A는 수십억 년 동안 블랙홀에 갇힌 채 그 속을 맴돌고 있는 빛을 보게 될 것이다(몸이 이미 분해되었 으므로 이런 광경을 실제로 볼 수는 없다. 우리는 그저 상상만 할 수 있을 뿐이 다: 옮긴이). 이것은 마치 블랙홀의 탄생시점부터 모든 과거를 담고 있는 동영상을 보는 것과 비슷하다.

　결국 A는 블랙홀을 향해 똑바로 떨어지다가 문득 자신이 우주의 다른 곳에 와 있음을 깨닫는다. 이것이 바로 아인슈타인이 1935년 에 처음 도입했던 '아인슈타인-로젠의 다리Einstein-Rosen bridge'로 서, 요즘 과학자들은 '웜홀'이라고 부른다.

　아인슈타인을 비롯한 당시의 물리학자들은 별이 괴물 같은 천체 로 바뀔 수는 없다고 믿었다. 1935년에 아인슈타인은 회전하는 기 체와 먼지가 블랙홀로 압축될 수 없음을 증명하는 논문을 발표했다.

그는 블랙홀의 중심에 웜홀이 숨어 있다고 해도, 그런 이상한 존재가 자연적으로 발생할 수는 없다고 굳게 믿었다. 천문학자 아서 에딩턴Arthur Eddington은 이런 말을 한 적이 있다. "별이 그토록 불합리한 방식으로 행동하는 것을 막아주는 어떤 법칙이 반드시 있을 것이다." 블랙홀은 아인슈타인 방정식을 만족하는 엄연한 해解, solution들 중 하나임이 분명했지만, 당시에는 블랙홀의 자연적인 형성 과정을 설명하는 이론이 존재하지 않았다.

이 모든 상황은 로버트 오펜하이머J. Robert Oppenheimer와 그의 제자였던 하틀랜드 스나이더Hartland Snyder에 의해 극적인 변화를 맞이하게 된다. 이들은 1935년에 블랙홀이 자연적으로 생성될 수 있음을 증명하는 논문을 발표하여 학계의 비상한 관심을 끌었다. 별이 핵융합 원료를 모두 소진하면 중력에 의해 수축되다가 결국 자신의 무게를 이기지 못하고 내파內破된다. 중력이 충분히 커서 별의 크기가 사건지평선보다 작아지면 자연스럽게 블랙홀이 된다(오펜하이머는 별이 내파되는 과정에서 원자폭탄의 원리를 떠올렸다. 원자폭탄은 구형으로 뭉친 플루토늄이 내파되는 원리에 기초한 것이다. 몇 년 후 그는 맨해튼 프로젝트에 참여하여 2차 세계대전을 종식시키는데 기여하게 된다).

그 후 1963년에 뉴질랜드 출신의 수학자 로이 케르Roy Kerr는 가장 현실적인 블랙홀의 사례를 연구하여 또 한 번의 혁명을 불러일으켰다. 수축되는 천체는 크기가 작아질수록 더 빠르게 회전하는 경향이 있다. 이것은 피겨스케이트 선수가 제자리에 서서 회전할 때 손을 안으로 오므려서 회전속도를 증가시키는 것과 같은 이치이다. 그 결과 블랙홀은 엄청나게 빠른 속도로 회전하게 된다.

케르는 회전하는 블랙홀이 슈바르츠실트의 예견처럼 점항성으로 수축되지 않고 회전하는 고리모양이 된다는 사실을 알아냈다. 이 고리에 접하는 물체는 예외 없이 죽음을 맞이하지만, 고리의 안쪽으로 진입하면 죽지 않고 그냥 떨어지기만 하다가 아인슈타인-로젠의 다리(웜홀)를 거쳐 다른 우주에 도달한다. 다시 말해서 회전하는 블랙홀은 앨리스의 거울을 에워싸는 창틀과 비슷하다.

누군가가 웜홀을 통하여 다른 우주에 진입한 후 다시 회전하는 고리 속으로 들어가면 또 다른 우주로 진입하게 될 것이다. 회전하는 고리를 통과할 때마다 매번 다른 평행우주parallel universe로 이동하게 된다. 원리적으로는 무한히 많은 평행우주가 존재할 수 있으며, 이들은 층을 이룬 채 겹겹이 쌓여 있다. 케르는 "마술 같은 고리를 통과하면 반지름과 질량이 음수인 완전히 다른 우주로 진입하게 된다"고 했다.[11-6]

그러나 여기에는 미묘한 문제가 숨어 있다. 사실 블랙홀은 '횡단할 수 없는' 웜홀의 한 사례이다. 즉, 사건지평선을 통과하는 것은 되돌아올 수 없는 편도여행을 의미한다. 사건지평선과 케르의 고리를 통과하면 두 번 다시 고리로 되돌아올 수 없으며, 이전에 통과했던 사건지평선으로 복귀할 수도 없다.

그러나 1988년에 칼텍의 킵 손Kip Thorne과 그의 동료들은 횡단할 수 있는 웜홀(진입과 탈출을 자유롭게 할 수 있는 웜홀)의 사례를 찾아냈다. 이들이 찾아낸 해 중에는 비행기여행처럼 안전해 보이는 웜홀도 있었다.

일반적으로 웜홀의 입구는 중력에 의해 완전히 뭉개져 있다. 따라서 웜홀로 진입을 시도하는 것은 자살행위나 다름없다. 그래서 과학자들은 웜홀을 이용한 초광속비행이 불가능하다고 생각해왔다. 그러나 웜홀의 입구에 음질량이나 음에너지가 존재한다면 사람이 통과할 수 있을 정도로 충분한 시간 동안 열려 있을 수도 있다. 다시 말해서 음질량이나 음에너지는 알큐비어 드라이브와 웜홀의 존재에 반드시 필요한 요소이다.

지난 몇 년 사이에 웜홀을 허용하는 아인슈타인 방정식의 해가 여러 개 발견되었다. 그런데 웜홀이라는 것이 정말로 존재할까? 아니면 수학적 허구에 불과한 것일까? 웜홀이 존재한다고 해도, 그곳에 접근하려면 몇 가지 심각한 문제를 극복해야 한다.

우선 첫째로, 사람이 통과할 수 있을 정도로 웜홀의 입구를 안전하게 유지하려면 거대한 별이나 블랙홀에 맞먹는 양물질(일상적인 물질)과 음물질이 있어야 한다. 워싱턴대학의 물리학자 매트 비세르는 이렇게 말했다. "웜홀의 입구를 1m 크기로 확장하려면 목성만 한 규모의 음물질이 있어야 한다. 목성 자체를 우리 마음대로 다루는 것도 어려운데, 그만한 크기의 음물질을 다룬다는 것은 도저히 불가능하다."[11-7]

캘리포니아 공과대학(칼텍)의 킵 손은 말한다. "사람이 통과할 수 있을 정도로 웜홀의 입구를 크고 안정적으로 유지해주는 신비의 물질이 과연 존재할 것인가? 내가 보기에 물리학 법칙은 이런 물질의 존재를 허용하는 것 같다. 그러나 우주공간에 웜홀을 만들고 유지하는 기술을 개발하는 것은 또 다른 문제이며, 지금의 과학수준으로는 도저히 이룰 수 없는 꿈같은 이야기다."[11-8]

두 번째 문제는 웜홀이 얼마나 안정적인지 가늠하기가 어렵다는 점이다. 웜홀에서 방출되는 복사에너지가 사람을 죽일 수도 있고, 사람이 들어간 직후에 웜홀이 붕괴될 수도 있다.

세 번째 문제는 블랙홀로 빨려 들어간 빛이 청색편이를 일으킨다는 점이다. 즉, 빛은 사건지평선에 가까워질수록 에너지가 커진다. 그러다가 사건지평선에 도달하는 순간 빛에너지가 무한대로 커져서 근처에 있는 사람이나 로켓을 순식간에 날려버릴 수도 있다.

위에 열거한 문제점들을 좀 더 자세히 분석해보자. 첫 번째 문제는 시공간을 찢을 정도로 충분한 에너지를 확보하는 것이었다. 가장 간단한 방법은 주어진 물체를 사건지평선보다 작게 압축시키는 것이다. 예를 들어 태양의 사건지평선 직경은 약 3.2km이다. 즉, 태양이 압축되어 블랙홀이 되려면 지금의 질량을 유지한 채 직경 3.2km 이하로 수축되어야 한다는 뜻이다(그러나 태양은 중력이 약해서 이 정도 크기까지 압축될 수 없다. 즉, 우리의 태양은 완전히 죽은 후에도 블랙홀이 될 수 없다. 인공적으로 충분한 압력을 가할 수만 있다면 어떤 물체도 블랙홀로 만들 수 있다. 심지어는 사람도 블랙홀이 될 수 있다. 그러나 지금의 기술로는 이와 같이 강한 압력을 행사할 방법이 없다).

좀 더 현실적이 방법은 배터리나 레이저빔의 에너지를 모아서 한 점에 집중시키는 것이다. 또는 거대한 입자가속기로 두 가닥의 빔을 만들어서 충돌시키면 순간적으로 시공간이 찢어질 수도 있다.

플랑크에너지와 입자가속기

시간과 공간을 불안정하게 만들기 위해 필요한 에너지의 양을 이론적으로 계산해보면 10억×1019전자볼트eV 정도인데, 이 값을 플랑크에너지Planck energy라고 한다. 이 값은 현재 세계에서 가장 강력한 입자가속기인 강입자충돌기(LHC, 스위스 제네바의 외곽에 설치되어 있음)가 발휘할 수 있는 최대 에너지의 1,000조 배에 달한다. 강입자충돌기는 양성자를 거대한 '도넛' 안에서 수조 전자볼트(10^{12}eV)까지 가속시킬 수 있다. 이 정도면 빅뱅 이후 발생한 최대 에너지에 해당하지만, 플랑크에너지에 비교하면 새 발의 피도 안 된다.

강입자충돌기의 뒤를 이을 차세대 입자가속기로는 국제선형충돌기ILC, International Linear Collider를 들 수 있다. ILC는 원형궤적이 아닌 직선경로를 따라 입자를 가속시키는 장치인데, 여기서 가속된 전자빔을 양전자와 충돌시키면 엄청난 양의 에너지가 뿜어져 나온다. 세계에서 가장 큰 선형가속기로 기록될 ILC는 길이가 약 30~40km로써 스탠퍼드에 있는 선형입자가속기보다 10배나 길다. 앞으로 모든 공사가 순조롭게 진행된다면 10년쯤 후에 가동되기 시작할 것이다.

ILC에서 생성되는 에너지는 5천억~1조 전자볼트 규모로서 최대 14조 전자볼트까지 낼 수 있는 강입자충돌기보다 출력이 작은 것 같지만, 그 내막을 들여다보면 반드시 그렇지만도 않다. 강입자충돌기 속에서 일어나는 양성자 충돌은 양성자의 구성입자인 쿼크quark 사이에서 일어나는데, 쿼크가 연루된 충돌은 14조 전자볼트보다 훨씬 작다. 이런 면에서 ILC는 강입자충돌기보다 강력하다고 할 수 있다. 그리고 전자는 더 이상의 세부구조가 없기 때문에 전자와 양전자의 충돌은 훨씬 단순 명료하다.

앞에서 말한 대로 은하 전체의 에너지를 활용하는 Ⅲ단계 문명은 하나의 별에서 생성되는 에너지만을 활용하는 Ⅱ단계 문명보다 100억 배나 많은 에너지를 소비한다. 그리고 Ⅱ단계 문명의 에너지 소비량도 하나의 행성을 에너지원으로 살아가는 Ⅰ단계 문명의 100억 배에 달한다. 앞으로 100~200년이 지나면 지금의 0단계 문명은 Ⅰ단계로 진입할 것이다.

이런 점에서 볼 때 플랑크에너지에 도달하는 것은 너무도 요원한 이야기다. 대부분의 물리학자들은 10^{-33} cm라는 극미의 영역에서[이것을 플랑크길이Planck distance라고 한다] 공간이 텅 비어 있거나 매끄럽지 않고 이상한 거품으로 가득 차 있다고 믿고 있다. 이 작은 영역에서는 미세한 거품들이 수시로 발생했다가 다른 거품과 충돌하면서 다시 진공으로 되돌아가고 있다. 이렇게 진공 속에서 어지럽게 움직이는 거품들을 '가상우주virtual universe'라고 하는데, 이것은 전자와 양성자처럼 갑자기 나타났다가 사라지는 가상입자와 비슷한 개념이다.

양자세계에서 출몰하는 거품은 너무나 작아서 우리의 눈에 보이지 않는다. 그러나 충분한 양의 에너지를 한 점에 집중시켜서 플랑크에너지 수준까지 키우면 거품의 크기가 커진다. 그러면 거품으로 가득 차 있는 시공간을 직접 눈으로 볼 수 있게 되는데, 각 거품들은 '아기우주baby universe'로 연결되는 웜홀에 해당한다.

과거에는 아기우주라는 것이 '수학이 낳은 지적 호기심'에 불과했지만, 오늘날의 물리학자들은 우리의 우주가 아기우주에서 시작되었을 가능성을 신중하게 고려하고 있다.

물론 이것은 단순한 가설에 불과하지만, 충분한 양의 에너지를 한곳에 집중시켜서 우리의 우주와 아기우주를 연결하는 웜홀에 도달하는 과정 자체는 물리학법칙에 위배되지 않는다.

공간에 구멍을 뚫을 수만 있다면 현대의 기술문명에 커다란 혁명을 불러올 것이다. 그러나 이것은 III단계 문명에서나 가능한 일이다. 현재 일부 학자들은 테이블에 올려놓을 수 있는 크기의 원자충돌기를 연구하고 있다. '웨이크필드 탁상용 가속기Wakefield table-top accelerator'라 불리는 이 장치는 하전입자에 레이저를 발사하는 식으로 작동되는데, 이론적으로는 수십억 기가전자볼트까지 도달할 수 있다. 스탠퍼드 선형입자가속기 센터와 영국의 러더퍼드 애플턴 연구소Rutherford Appleton Laboratory, 그리고 파리에 있는 에꼴 폴리테크닉École Polytechnique에서 관련실험을 수행한 결과, 짧은 거리에서 레이저빔과 플라즈마를 주입하면 엄청난 에너지를 얻을 수 있음이 밝혀졌다.

2007년에 스탠퍼드 선형입자가속기센터와 UCLA, 그리고 서던캘리포니아대학USC의 물리학자와 공학자들은 단 1m 거리에서도 대형 입자가속기의 두 배에 달하는 에너지를 얻을 수 있다는 놀라운 사실을 알아냈다. 이들은 3.2km짜리 관을 통해 420억 전자볼트의 전자빔을 '재연소장치afterburner'로 쏘아보냈다. 전자는 88cm짜리 플라즈마상자로 이루어진 재연소장치 속에서 420억 전자볼트의 에너지를 추가로 획득하여 처음 값의 두 배가 되었다(플라즈마상자는 리튬기체로 채워져 있다. 전자가 이곳을 통과하면 플라즈마파동을 일으키면서 흔적이 남게 되고, 이 흔적이 다시 전자빔 속으로 흘러들어 전자를 진행방향으로 추진시키면서 에너지가 배가 된다). 물리학자들은 이 놀라운 실험을 통해 전자를 가속시켜서 얻을 수 있는 1m당 에너지를 기존 기록의 3천 배까지 끌어올렸다. 현존하는 가속기에 재연소장치를 추가하면 비용을 거의 들이지 않고 출력을 두 배까지 끌어올릴 수 있다.

  현재 웨이크필드 탁상용 가속기의 최고기록은 1m당 2조 전자볼트이다. 이 결과를 긴 거리에 적용하는 데에는 다소 무리가 있지만 (레이저를 쏘았을 때 빔의 안정성을 유지하는 것이 가장 큰 문제이다), 이론적으로 이와 같은 가속기를 10광년까지 늘이면 플랑크에너지에 도달할 수 있다. 물론 이 정도로 거대한 가속기를 건설할 수 있는 문명은 III단계 문명뿐이다.

  웜홀과 늘어난 공간은 초광속비행을 실현해줄 가장 그럴듯한 후보이다. 그러나 이것을 구현하는 기술이 얼마나 안정적인지는 두고 봐야 알 것 같다. 안정성을 확보한다 해도, 이런 장치가 작동되려면 엄청난 양의 에너지(또는 음에너지)가 필요하다.

  III단계 문명이 우주 어딘가에 존재한다면 이와 같은 기술을 이미 확보하고 있을 것이다. 우리의 문명이 이 단계로 발전하려면 적어도 수천 년은 족히 기다려야 한다. 그리고 양자세계에서 시공간을 지배하는 법칙도 아직 확립되지 않은 상태이기 때문에, 나는 초광속비행을 제2부류 불가능으로 분류하고 싶다.

… ⑫

시간여행

시간여행이 가능하다면, 미래에서 날아온
시간여행객들은 다들 어디에 있는가?
—스티븐 호킹 STEPHEN HAWKING
"필비가 말했다. "시간여행은 전혀 논리적이지 않아."
그러자 시간여행객이 말했다. "무슨 논리?"
—H. G. 웰즈 H. G. WELLS

 G. 스프륄G. Spruill의 소설 《야누스의 방정식Janus Equation》은 시간여행의 역설을 다룬 대표적인 작품으로 꼽힌다.[12-1] 시간여행의 비밀을 알아낸 천재적인 수학자가 한 여자를 만나 그녀의 과거에 대해 아무것도 모른 채 사랑에 빠진다. 얼마 후 그는 자신의 연인이 과거에 외모를 크게 바꾸는 성형수술을 받았으며, 원래는 남자였는데 성전환수술을 통해 여자가 되었다는 충격적인 사실을 알게 된다. 그리고 마침내 알아서는 안 될 최종비밀까지 알게 된다. '그녀'는 미래에서 온 자기자신이었던 것이다! 결국 그는 다른 사람이 아닌 자기자신과 사랑을 나눴던 셈이다. 그렇다면 한 가지 의문이 떠오른다. 이들 사이에 아이가 태어났다면 어찌 될 것인가? 이 아이가 과거로 가서 수학자가 되었다가 소설의 첫머리와 똑같은 일을 겪으면

서 아버지이자 어머니, 그리고 아들이자 딸이 되는 것이 과연 가능할까?(아무리 소설이라고 해도, 성전환수술을 통해 여자가 된 예전의 남자는 절대로 임신을 할 수 없다. 1955년에 발표된 R. 하인라인의 소설 《너희는 모두 좀비다All You Zombies》도 이와 거의 비슷한 내용을 담고 있다: 옮긴이)

과거 바꾸기

시간은 전 우주에서 가장 커다란 신비이다. 우리 모두는 자신의 의지와 무관하게 시간이라는 강의 흐름을 따라 어쩔 수 없이 흘러가고 있다. 서기 400년경에 성 오거스틴Saint Augustine은 시간의 역설적인 특성에 대해 다음과 같이 적어놓았다. "과거는 이미 흘러갔고 미래는 아직 오지 않았다. 그런데 어떻게 과거와 미래가 존재할 수 있는가? 현재가 과거로 이동하지 않고 항상 현재에 머무른다면 시간은 사라지고 영원永遠이 그 자리를 대신할 것이다."[12-2] 성 오거스틴의 논리를 계속 파고 들어가다 보면 시간이라는 개념 자체가 모호해진다. 과거는 흘러갔고 미래는 존재하지 않으며, 현재는 찰나에 불과하기 때문이다(당시 성 오거스틴은 "시간은 신에게 어떤 영향을 미치는가?"라는 신학적 질문을 제기했고, 이 질문은 지금까지도 골치 아픈 화두로 남아 있다. 전지전능한 신조차도 시간의 흐름에 무기력한 존재인가? 다시 말해서, 신도 다른 신과의 약속시간에 늦으면 허겁지겁 서둘러야 하는가? 성 오거스틴은 "신은 전지전능한 존재이기 때문에 시간의 흐름으로부터 벗어나 있다"고 결론지었다. '시간을 벗어난 존재'라는 개념 자체가 비논리적이긴 하지만, 현대의 물리학자들도 이와 비슷한 개념을 다루고 있다).

성 오거스틴과 마찬가지로 우리는 가끔씩 시간의 신비함을 떠올리면서 시간과 공간의 차이를 궁금해하곤 한다. 공간에서는 앞뒤로 자유롭게 움직일 수 있는데, 시간은 왜 한쪽 방향으로만 흘러가는가? 내가 죽은 후에도 미래라는 것이 과연 존재할까? 인간의 수명은 유한하지만, 자신이 죽은 후에 어떤 일이 일어날지 누구나 한 번쯤은 생각해본 적이 있을 것이다.

시간여행을 향한 인간의 열망은 인류의 역사만큼 오래되었겠지만, 시간여행과 관련된 최초의 글을 남긴 사람은 18세기의 사무엘 매던Samuel Madden이었다. 그가 1733년에 발표한 소설 《20세기의 추억Memories of Twentieth Century》에서는 한 천사가 1997년에서 250년 전인 1747년으로 날아와 영국대사에게 미래세계의 이야기를 들려준다.

이와 비슷한 스토리는 다른 작품에서도 쉽게 찾아볼 수 있다. 1838년에 발표된 단편소설 《미싱 원스 코치Missing One's Coach》에서는 스승을 기다리던 무명의 화자가 어느 날 갑자기 천년 전의 과거로 뛰어 넘어가서 한 수도승을 만나 향후 천년의 역사를 들려준다. 그리고 또다시 이상한 힘에 끌려 현재로 되돌아왔으나, 시간여행을 하는 동안 스승을 잃게 되었다는 이야기다.

1843년에 출간된 찰스 디킨즈의 소설 《크리스마스 캐롤Christman Carol》도 따지고 보면 시간여행에 관한 이야기다. 여기서 구두쇠 스크루지는 과거와 미래를 넘나들며 별로 바람직하지 않은 자신의 모습을 목격한다.

줄거리 속에 시간여행을 최초로 도입한 미국 소설은 마크 트웨인의 1889년 작 《아서 왕궁의 코네티컷 양키Connecticut Yankee in King Arthur's Court》일 것이다. 19세기에 미국의 한 양키가 돌연 시간여행을 하여 아서왕이 다스리던 서기 528년으로 떨어진다. 그는 죄수로 수감되어 화형 당할 위기에 처했으나, 다행히도 바로 그날 일식이 있었다는 사실을 이미 알고 있었기에 "나는 태양을 사라지게 할 수 있다"고 호언장담한다. 잠시 후 정말로 일식이 일어나자 겁에 질린 군중들은 "자유를 줄 테니 태양을 돌려달라"고 애원한다.

그러나 뭐니 뭐니 해도 시간여행을 중요 테마로 택했던 최초의 소설은 허버트 조지 웰즈Herbert George Wells의 고전 《타임머신Time Machine》일 것이다. 타임머신을 타고 80만 년 미래로 간 주인공은 인류가 두 부류의 종족으로 나뉘어져 있음을 알게 된다. 미래의 지구는 따뜻한 햇살 아래에서 춤을 추며 한가롭게 과일을 따먹고 사는 일로이족Elois과 지하세계에 살면서 밤마다 지상으로 올라와 일로이족을 사냥하는 물록족Moorlocks으로 양분되어 있었다(물록족은 일로이족을 먹고사는 식인종족이었다).

그 후로 시간여행은 〈스타트렉〉에서 〈백 투 더 퓨처〉에 이르기까지 공상과학물의 단골메뉴로 자리잡았다. 영화 〈슈퍼맨 I〉에서 우리의 영웅 슈퍼맨은 자신이 근무하는 신문사의 동료인 로이스 레인이 죽자 하늘로 날아올라 초광속으로 지구를 맴돌아서 시간이 거꾸로 흐르게 만든다. 지구의 자전이 서서히 느려지다가 멈추고, 결국은 자전방향이 바뀌면서 과거로 거슬러간다는 설정이다. 해변에서는 파도가 거꾸로 일고 무너진 댐이 기적적으로 복구되며, 결국은 죽었던 로이스 레인도 되살아난다.

과학적 관점에서 볼 때 시간여행은 불가능하다. 뉴턴의 우주에서는 시간이 한쪽 방향으로만 흐르기 때문이다. 시위를 떠난 화살처럼, 흘러간 시간은 결코 돌이킬 수 없다. 또한 뉴턴의 시간은 범우주적으로 균일하여 지구에서의 1초는 우주 전역에 걸쳐 똑같이 1초다. 그러나 '균일한 시간개념'은 아인슈타인의 특수상대성이론이 알려지면서 곧바로 폐기되었다. 상대성이론에 의하면 시간은 굽이쳐 흐르는 강물처럼 별이나 은하를 만날 때마다 빨라지기도 하고 느려지기도 하는 '우주의 강'이었다. 1초라는 시간단위는 우주 곳곳에서 저마다 다른 간격을 갖고 있었던 것이다.

앞에서 말한 바와 같이 빠른 속도로 움직이는 로켓 안에서는 아인슈타인의 특수상대성이론에 의해 시간이 느리게 흐른다. 흔히 공상과학작가들은 "빛보다 빠르게 움직이면 과거로 갈 수 있다"고 생각하는 경향이 있는데, 사실 이것은 이치에 맞지 않는다. 빛의 속도에 도달하면 움직이는 물체의 질량이 무한대가 되기 때문이다. 그러므로 어떤 로켓도 빛보다 빠르게 비행할 수 없다. 〈스타트렉 IV: 귀환 항로에서 엔터프라이즈호의 승무원들은 클링곤제국의 우주선을 타고 태양의 중력으로 슬링샷 효과를 유발하여 1960년대의 샌프란시스코로 시간여행을 시도하는데, 이것은 분명히 물리학법칙에 위배되는 설정이다.

그러나 미래로 가는 시간여행은 물리적으로 가능하다. 이것은 수백만 번의 실험을 거쳐 입증된 사실이다. 조지 웰즈의 소설 《타임머신》의 경우처럼, 미래로 가는 것을 금지하는 물리법칙은 없다. 예를 들어 어떤 우주선이 거의 광속에 가까운 속도로 비행하여 가장 가까운 별에 도착했다고 가정해보자. 그동안 지구에서는 4년의 세월이 흘렀지만, 우주선에 탄 조종사가 느끼는 시간은 (예를 들면) 1분 정도에 불과하다. 우주선의 속도가 너무 빨라서 그 안의 시간이 매우 느려졌기 때문이다. 따라서 그는 지구에서 볼 때 4년이라는 시간만큼 미래로 간 셈이다〔실제로 우주왕복선의 승무원들은 비행할 때마다 시간여행을 경험하고 있다. 지구 위에서 시속 28,000km로 날아가는 왕복선 안에서는 시간이 흐르는 속도가 조금 느려진다. 이들이 우주정거장에서 수 년 동안 장기근무를 한 후 지구로 귀환하면 몇 분의 1초가량 미래로 간 셈이 된다. 지금까지 가장 먼 미래로 갔던 사람은 러시아의 우주인 아프데예프Avdeyev인데, 그는 우주공간에 748일 동안 머물면서 0.02초가량 미래로 갔다〕.

이와 같이 미래로 가는 타임머신은 아인슈타인의 특수상대성이론에 위배되지 않는다. 그런데 타임머신을 타고 과거로 갈 수는 없는 것일까?

만일 과거로의 시간여행이 가능하다면 역사를 기록하는 것 자체가 불가능해진다. 역사가들이 엄밀한 검증을 거쳐 과거사를 아무리 열심히 기록해놓아도, 아무나 마음만 먹으면 과거로 날아가서 쉽게 바꿀 수 있기 때문이다. 과거행 타임머신이 만들어지면 역사학자들은 졸지에 실업자가 되고, 모든 사람은 과거를 마음대로 바꿀 수 있는 능력을 얻게 된다. 예를 들어 타임머신을 타고 공룡이 살던 시대로 갔다가 장차 인류의 조상이 될 조그만 포유동물을 실수로 밟아 죽였다면, 그 사소한 행동 하나 때문에 인류가 탄생하지 못할 수도 있다. 그뿐만이 아니다. 역사적인 사건이 일어났던 장소에는 때맞춰 미래에서 날아온 시간관광객들이 가장 좋은 카메라 앵글을 잡느라 북새통을 이룰 것이다.

시간여행: 물리학자의 놀이터

블랙홀의 수학과 시간여행에 가장 능통한 사람은 아마도 스티븐 호킹일 것이다. 상대성이론을 전공한 학자들은 흔히 젊은 시절에 수리물리학 분야에서 두각을 나타내곤 하는데, 사실 스티븐 호킹은 그다지 뛰어난 젊은이가 아니었다. 물론 그는 매우 명석한 두뇌의 소유자였으나, 담당교사는 호킹이 공부에 집중하지 못하여 장차 자신의 잠재력을 충분히 발휘할 수 없을 것으로 생각했다. 호킹은 1962년에 옥스퍼드대학 학부를 졸업하면서 자신이 루게릭병(ALS, 근위축성측삭경화증)을 앓고 있다는 충격적인 사실을 알게 된다. 담당의사는 호킹의 근육이 서서히 기능을 상실하다가 얼마 지나지 않아 죽게 될 것이라고 예견했다. 불과 20세의 청년이 이런 말을 듣고 얼마나 상심했을지 짐작이 가고도 남는다. 이제 곧 죽을 운명이라면 물리학 박사학위를 받은들 그게 다 무슨 소용인가?

그러나 호킹은 정신적 충격을 극복하고 생전 처음으로 강한 집중력을 발휘하기 시작했다. "어차피 오래 살지 못할 것이므로, 짧은 시간 동안 무언가를 반드시 이룩하겠다"는 강한 집념이 발동한 것이다. 그가 필생의 연구과제로 선택한 것은 난해하기로 소문난 일반상대성이론이었다. 그리고 1970년대 초반에 기념비적인 논문을 연달아 발표하여 세상을 깜짝 놀라게 했다. 이 논문에 의하면 아인슈타인 이론에 등장하는 특이점은 상대성이론이 갖고 있는 근본적인 특성이기 때문에 쉽게 제거될 수 없다(특이점이란 블랙홀의 중심부나 빅뱅이 일어나던 순간과 같이 중력이 무한대인 점을 말한다). 그 후 1974년에 호킹은 블랙홀이 완전히 검지 않고 복사에너지를 서서히 방출한다는 '호킹복사Hawking radiation' 이론을 제안하여 또 한 번 세상을 놀라게 했다. 이것은 양자이론을 일반상대성이론에 적용한 최초의 논문으로서, 호킹이 이루어낸 가장 뛰어난 업적으로 평가받고 있다.

의사의 예견대로 루게릭병은 호킹의 팔과 다리를 서서히 무력화시켰고, 심지어는 성대에도 문제가 생겨 말조차 제대로 할 수 없었다. 그러나 병세가 당초의 예상보다 느리게 진행된 덕분에 보통 사람들의 생활사를 거의 모두 겪을 수 있었다. 그는 결혼하여 세 아이의 아버지가 되었으며(지금은 할아버지가 되었다), 1991년에 이혼한 후 4년 뒤에 재혼했다(두 번째 아내는 그에게 음성발생장치를 만들어준 사람의 전처였다). 그리고 2006년에 두 번째 아내와도 이혼을 했으니, 웬만한 사람을 능가할 정도로 산전수전을 다 겪은 셈이다. 2007년에는 "호킹이 제트기를 타고 무중력상태를 체험하여 일생일대의 소원을 풀었다"는 기사가 일간지에 대서특필되기도 했다. 이제 그는 우주공간으로 나가는 것을 목표로 삼을 정도로 진취적인 삶을 살고 있다.

현재 호킹의 몸은 완전히 마비되어 휠체어 없이는 아무것도 할 수 없는 상태이며, 눈동자를 움직여서 사람들과 소통하고 있다. 몸은 움직일 수 없지만, 그래도 호킹은 농담을 좋아하고 논문도 쓰고, 강연도 하고, 학술적 논쟁에도 적극적으로 참여하고 있다. 지금도 그는 눈동자를 이리저리 움직이면서 신체장애가 없는 과학자들보다 훨씬 창조적인 생각을 하고 있을 것이다[호킹의 동료이자 케임브리지대학 천문학과 교수인 마틴 리스는 나에게 이런 말을 한 적이 있다. "이 분야에서 세계 최고의 자리를 유지하려면 어렵고 지루한 계산에 많은 시간을 투자해야 한다. 그런데 호킹은 장애가 있기 때문에 제자들에게 계산을 대신 시켜도 외부인의 눈총을 받지 않는다. 그래서 그는 다른 학자들이 계산에 몰두하는 동안 창조적이고 참신한 아이디어 개발에 전념할 수 있다."]

1990년에 호킹은 타임머신에 대하여 그의 동료가 쓴 논문을 읽고 곧바로 회의적인 반응을 보였다. 그가 시간여행을 부정적으로 생각한 이유는 예나 지금이나 미래에서 온 시간여행객을 만났다는 사람이 단 한 명도 없었기 때문이다. 미래에 과학이 획기적으로 발달하여 시간여행이 일요일 소풍처럼 일상화되었다면, 다양한 미래에서 타임머신을 타고 날아온 관광객들이 사방을 돌아다녀야 하지 않겠는가? 지금 이 시대는 별다른 구경거리가 없어서 손님이 없다고 쳐도, 과거의 역사적 현장에는 미래에서 온 관광객이 적어도 한 명쯤은 발견되어야 할 것 같은데, 역사책을 아무리 뒤져봐도 그런 기록은 없다.

호킹은 전 세계 물리학계를 향해 "시간여행을 금지하는 물리법칙이 있어야 한다"고 주장했다. 역사학자들을 위해 역사를 보호하려면 시간여행을 금지하는 '역사보호추론Chronology Protection Conjecture' 같은 것이 물리학법칙에 있어야 한다는 주장이다.

그러나 물리학자들이 아무리 열심히 찾아봐도, 물리학법칙에는 시간여행을 금지하는 조항이 없었다. 이는 곧 시간여행이 우리가 알고 있는 물리학 법칙에 부합된다는 것을 의미한다. 물리학법칙으로 시간여행이 불가능함을 증명할 수 없게 되자 생각이 바뀐 호킹은 런던신문에 다음과 같은 기사를 실었다. "시간여행은 가능할 수도 있지만, 별로 실용적이지 않다."

한때 변두리 과학으로 취급되던 시간여행은 최근 들어 이론물리학의 주무대로 진출했다. 칼텍의 물리학자 킵 손은 시간여행에 대한 자신의 의견을 다음과 같이 피력했다. "과거에 시간여행은 공상과학의 전유물이었다. 신중한 과학자들은 '타임머신'이라는 말을 마치 전염병 피하듯이 기피해왔으며, 굳이 그와 관련된 글을 쓸 때는 필명이나 가명을 사용했다. 심지어 과학자들은 공상과학소설에 관심이 있어도 남들 몰래 숨어서 읽곤 했다. 그러나 지금은 세상이 변해도 너무나 많이 변했다! 요즘은 전문 학술지에서도 시간여행을 주제로 한 논문을 쉽게 찾을 수 있다. 그것도 이름만 대면 누구나 알 만한 학자들이 쓴 논문이다. 상황이 왜 이렇게 변했을까? 시간이라는 중요한 테마를 공상과학작가들에게 마냥 맡겨놓을 수 없다는 것을 물리학자들이 뒤늦게나마 깨달았기 때문일 것이다."[12-3]

이 모든 혼란은 아인슈타인 방정식에서 비롯되었다. 아인슈타인의 장방정식에는 여러 종류의 타임머신 해가 존재한다(그러나 이 해들이 양자역학에도 부합되는지는 아직 확인되지 않았다). 아인슈타인의 이론에는 '닫힌 시간꼴 곡선closed time-like curves'이라는 생소한 용어가 자주 등장하는데, 쉽게 풀어쓰면 '과거로의 시간여행을 허용하는 경로'라는 뜻이다. 닫힌 시간꼴 곡선경로를 따라가면 출발하기 전의 세계, 즉 과거로 갈 수 있다.

첫 번째 타임머신은 웜홀과 관련되어 있다. 아인슈타인의 방정식에는 서로 멀리 떨어져 있는 두 지점을 연결하는 해가 여러 개 존재한다. 그런데 아인슈타인의 이론에서는 시간과 공간이 긴밀하게 얽혀 있어서, 하나의 웜홀이 두 개의 시간과 연결될 수도 있다. 일단 웜홀 진입에 성공하면 (적어도 수학적으로는) 과거로 갈 수 있다. 그리고 출발점으로 되돌아오면 출발하기 전의 당신과 만나게 된다. 그러나 앞서 지적한 대로 블랙홀의 중심에 있는 웜홀을 통과하는 것은 되돌아올 수 없는 편도여행이다. 물리학자 리처드 고트Richard Gott는 이렇게 말했다. "과거로 가는 시간여행이 가능하다는 데에는 의심의 여지가 없다. 하지만 과연 그가 여행을 끝내고 돌아와서 친구들에게 자랑을 늘어놓을 수 있을까? 나는 이 점이 의심스럽다."[12-4]

타임머신의 두 번째 형태는 '회전하는 우주'이다. 1949년에 수학자 쿠르트 괴델Kurt Gödel은 시간여행을 포함하는 아인슈타인 방정식의 해를 처음으로 구했다. 회전하는 우주에서 빠른 속도로 움직이면 과거로 거슬러 올라가 출발하기 전의 본인과 만날 수 있다. 천문학자들이 고등과학원을 방문했을 때, 괴델은 그들에게 우주가 회전하고 있음을 입증하는 증거가 발견되었는지 물어보곤 했다. 그러나 천문학자들이 "우주가 팽창하고 있다는 것은 분명한 사실이지만, 우주의 스핀은 아마도 0일 것이다"라고 대답하면 괴델은 실망감을 감추지 못했다(스핀이 0이 아니라면 시간여행이 일상사가 되고, 우주의 역사는 붕괴될 것이다).

세 번째 타임머신도 있다. 무한히 길면서 회전하고 있는 원통의 표면을 따라 걸어가다 보면 출발하기 전으로 되돌아올 수 있다(이와 관련된 해는 괴델의 해가 발견되기 전인 1936년에 반 스토쿰W. J. van Stockum에 의해 발견되었다. 그러나 스토쿰은 자신이 찾은 해가 시간여행을 가능하게 만들어준다는 사실을 알지 못했다). 이런 곳에서 5월 1일날 오월제 춤을 추면서 돌아다니다 보면 달력이 아직 4월에 머물러 있음을 알게 될 것이다(그러나 원통이 무한히 길어야 하고 회전속도도 엄청나게 빨라야 하기 때문에 실제로 만드는 것은 불가능하다).

1991년에 프린스턴대학의 리처드 고트는 거대한 '우주적 끈gigantic cosmic string'에 기초한 또 하나의 시간여행 사례를 제안했다(우주적 끈은 빅뱅의 잔해일 것으로 추정된다). 그는 두 개의 거대한 우주적 끈이 충돌할 때 그 주변을 여행하면 과거로 갈 수 있다고 주장했다. 이 타임머신은 무한히 긴 실린더나 회전하는 우주, 또는 블랙홀 등이 없어도 작동된다는 장점을 갖고 있다(그러나 우주공간을 떠다니는 거대한 우주적 끈을 발견해야 하고, 이들이 조건에 딱 맞게 충돌해야 한다. 그리고 과거에는 아주 잠시 동안만 머무를 수 있다). 고트는 다음과 같이 말했다. "이 방법을 통해 과거로 가서 1년을 머물려면 끈의 질량-에너지가 은하 전체의 반 이상은 되어야 한다."[12-5]

가장 그럴듯한 타임머신은 11장의 끝 부분에서 언급했던 '횡단 가능한 웜홀'이다. 사람이 자유롭게 들락거릴 수 있는 웜홀이 존재한다면 과거와 미래 사이를 마음대로 왕래할 수 있다. 횡단 가능한 웜홀은 이론상 초광속비행뿐만 아니라 시간여행도 가능하게 해준다. 단, 이런 웜홀이 안정한 상태로 유지되려면 음에너지가 있어야 한다.

횡단 가능한 웜홀 타임머신은 두 개의 방으로 나뉘어 있으며, 각 방은 아주 작은 간격을 둔 두 개의 동심구로 이루어져 있다. 여기서 바깥쪽 구를 압축시키면 두 구 사이에 카시미르 효과Casimir Effect가 발생하면서 음에너지가 생성된다. Ⅲ단계 문명이라면 이 방법을 이용하여 두 방 사이를 웜홀로 연결할 수 있을 것이다. 그다음은 첫 번째 방을 거의 광속에 가깝게 우주공간으로 발사한다. 그러면 방 안의 시간이 느리게 흘러서 두 방의 시계는 더 이상 일치하지 않게 된다. 즉, 두 방의 시간이 달라졌고, 이들 사이는 웜홀로 연결되어 있다.

당신이 두 번째 방에 앉아 있다면 웜홀을 지나 첫 번째 방으로 갈 수 있다. 그런데 첫 번째 방은 시간이 느리게 갔으므로, 당신은 과거로 간 셈이다.

물론 여기에도 문제는 있다. 웜홀의 크기가 원자보다 훨씬 작다는 것도 문제이고, 충분한 양의 음에너지를 생산하려면 두 동심구 사이의 간격을 플랑크 길이 이내로 줄여야 한다. 그리고 이런 식으로는 타임머신이 만들어진 시점보다 더 먼 과거로 갈 수 없다. 먼 과거에는 두 방의 시계가 똑같이 흘렀기 때문이다(미래에 타임머신이 이런 방식으로 만들어진다면 호킹이 주장하는 '시간관광객 부재설'은 설득력을 상실한다: 옮긴이).

시간역설

시간여행은 기술적 및 사회적인 면에서 온갖 문제점을 양산한다. 래리 드와이어Larry Dwyer는 시간여행 때문에 생기는 법적, 도덕적 문제를 다음과 같이 지적했다. "과거의 자신(또는 미래의 자신)을 구타한 시간여행자를 처벌할 수 있는가? 다른 사람을 죽인 후 과거로 도주한 시간여행자를 끝까지 추적하여 죗값을 치르게 해야 하는가? 이미 결혼한 유부남이 5천 년 전의 과거로 가서 또 결혼했다면, 아직 태어나지도 않은 조강지처를 위해 그에게 중혼죄를 적용해야 하는가?"[12-6]

가장 골치 아픈 문제는 시간여행이 낳는 논리적 역설이다. 예를 들어 누군가가 자신이 태어나기 전으로 돌아가서 자신의 부모를 살해한다면 그의 존재는 어떻게 되는가? 소위 '할아버지 역설'로 불리는 이 상황은 논리적으로 생각할 때 도저히 일어날 수 없고, 일어나서도 안 된다.

이 역설적인 상황을 해결하는(또는 피하는) 세 가지 방법이 있다. 첫째는 누군가가 과거로 갔다고 해서 역사를 마음대로 바꿀 수 있는 게 아니라 '이미 일어났던' 일만 되풀이할 수 있다고 생각하는 것이다. 이런 경우 시간여행자에게는 자유의지라는 것이 없다. 그저 과거에 이미 일어났던 사건을 반복할 수 있을 뿐이다. 그러므로 당신이 타임머신을 발명한 후 과거로 날아가서 젊은 자신에게 시간여행의 비밀을 알려주고 싶다면, 당신은 과거에 '미래에서 온 나'로부터 시간여행의 비밀을 전수 받은 경험이 이미 있어야 한다. 즉, 당신이 알고 있는 시간여행의 비밀은 미래에서 온 것이고, 그것은 피할 수 없는 운명이었다(그러나 이런 식으로 생각하면 당신이 시간여행의 원리를 어떻게 알아냈는지, 그 과정을 설명할 방법이 없다).

두 번째 해결법은 과거로 갔을 때 자유의지를 발휘할 수는 있지만, 역설적인 상황이 발생하지 않도록 자유의지에 한계를 두는 것이다. 당신이 과거로 가서 부모에게 총을 겨눌 때마다 방아쇠를 당기지 못하도록 어떤 신기한 힘이 작용한다는 식이다. 러시아의 물리학자 이고르 노비코프Igor Novikov는 이 해결책을 적극적으로 지지했던 사람이다(그는 우리가 천장에 매달린 채 걷고 싶어도 그런 짓을 못하게 방지하는 물리법칙이 존재하는 것처럼, 우리가 태어나기 전의 과거로 가서 부모를 죽이지 못하게 방지하는 물리법칙이 존재한다고 주장했다. 부모를 향해 방아쇠를 당기려고 할 때마다 어떤 신비한 힘이 작용하여 역설적인 상황이 발생하는 것을 막아준다는 논리이다).

세 번째는 역설적인 상황이 발생할 때마다 우주가 여러 개로 갈라진다고 생각하는 것이다. 이 경우에 당신은 과거로 가서 당신의 부모를 살해할 수 있다. 그러나 이 사건은 원래 당신이 살고 있던 우주가 아닌 또 다른 평행우주에서 발생한 사건이다. 이 책의 후반부에서 다중우주multiverse를 다룰 때 다시 언급되겠지만, 이 상황은 양자이론에도 부합된다.

영화 〈터미네이터 3〉은 위에서 언급한 두 번째 해결법을 채택했다. 기계가 세상을 지배하게 된 미래세계에서 소수의 생존자들이 저항군을 조직하여 기계군단과 전쟁을 벌인다. 기계들은 저항군의 리더인 존 코너를 죽이려 하지만 보안이 워낙 치밀하여 목적을 이룰 수 없게 되자 살인 전문 로봇인 터미네이터를 과거로 보내서 존 코너의 어머니(사라 코너)를 살해하려고 한다. 그러나 우여곡절을 겪은 끝에 존 코너가 태어나고 터미네이터는 임무를 완수하지 못한다. 그러나 결국 이 세계는 컴퓨터와 기계에 의해 완전히 파괴된다. 이미 역사가 그렇게 될 운명이었기 때문이다(그렇다면 미래의 기계군단은 왜 터미네이터를 과거로 보냈을까? "세계 각지에 핵탄두가 발사되는 것을 막을 수 없다"는 사실을 이미 알고 있었다면, 존 코너의 탄생을 막을 수 없다는 것도 알고 있었을 텐데 말이다: 옮긴이).

1985년에 개봉되어 선풍적인 인기를 끌었던 영화 〈백 투 더 퓨처〉에서는 세 번째 해결책을 제시하고 있다. 브라운 박사라는 괴짜 과학자가 드로리안 스포츠카에 플루토늄 연료를 주입하여 과거로 가는 타임머신을 만든다. 영화의 주인공 마이클 제이 폭스(극중 이름은 '마티 맥플라이'였다)는 이 차를 타고 과거로 갔다가 우연히 자신의 어머니를 만나게 되는데, 고교생인 그녀는 아무런 영문도 모른 채 자신의 아들을 사랑하게 된다. 자, 지금부터가 문제이다. 마티 맥플라이의 어머니가 같은 학교 동창생인 미래의 남편(마티의 아버지)에게 퇴짜를 놓으면 이들은 결혼을 하지 않을 것이고, 결국 마티 맥플라이라는 인간은 존재할 수 없게 된다.

영화의 2편에서 브라운 박사는 역설적인 상황을 그럴듯한 논리로 설명한다. 그는 칠판에 현재의 시간흐름을 나타내는 수평선을 하나 긋고, 여기서 갈라져 나온 또 하나의 수평선을 그 밑에 그린다. 즉, 과거가 바뀌는 순간 모든 것이 평행우주로 넘어간 것이다. 그렇다면 우리의 우주는 이미 존재하고 있는 여러 개의 다중우주들 중 하나인 셈이다. 과연 그럴까? 이 문제는 다음 장에서 자세히 다루기로 한다.

어쨌거나 이런 식으로 설명하면 시간여행에서 파생되는 모든 역설들이 일거에 해결된다. 당신이 과거로 가서 아직 결혼하지 않은 어머니(또는 아버지)를 살해하는 것은 가능하다. 당신이 죽인 사람은 당신의 어머니와 동일한 기억과 성격을 갖고 있으며, 유전자도 당신의 어머니와 동일한 사람이다. 그러나 그녀는 다른 우주에서 '젊은 나이에 살해된' 여성으로 남을 뿐, 당신의 어머니는 아니었다.

다중세계 해석을 수용하면 시간여행에서 야기되는 중요한 문제들 중 적어도 하나는 해결할 수 있다. 물리학자에게 (음에너지 이외에) 가장 심각한 문제는 타임머신이나 웜홀 입구로 진입할 때 치사량을 훨씬 넘는 복사에너지가 시간여행자에게 쏟아진다는 점이다. 왜 그럴까? 시간여행 입구로 유입된 복사에너지는 여행자와 함께 과거로 이동하여 우주공간을 표류하다가 시간이 흘러 여행시점이 찾아오면 또다시 웜홀 입구로 유입된다. 과거와 현재의 연결고리가 단절되지 않는 한 이와 같은 과정은 무한히 반복되기 때문에, 결국 웜홀 안에는 엄청난 양의 복사에너지가 누적되어 시간여행객을 죽일 것이다. 그러나 다중세계 해석을 채택하면 이 문제를 간단히 해결할 수 있다. 즉, 타임머신을 타고 과거로 유입된 복사에너지가 다시 미래의 타임머신으로 돌아가지 않고 아예 다른 우주로 가버리는 것이다. 시간여행을 시도할 때마다 복사에너지가 과거로 유입되겠지만, 이들은 각기 다른 우주로 배분되기 때문에 치명적인 누적효과는 발생하지 않는다.

1997년에 물리학자 버나드 케이Bernard Kay와 매릭 래지코프스키Marek Radzikowski, 그리고 로버트 왈드Robert Wald가 한 자리에 모여 토론을 벌이다가 "시간여행을 금지하는 물리법칙이 존재한다"는 호킹의 주장에서 잘못된 점을 찾아냈다. 이들은 "단 하나의 장소만 제외한다면, 시간여행은 기존의 모든 물리법칙에 부합된다"는 결론을 내렸다. 시간여행에서 야기되는 모든 문제점들은 (웜홀입구 근처에 있는) 사건지평선에 집중되어 있다. 이곳은 아인슈타인의 이론이 붕괴되면서 양자적 효과가 나타나기 시작하는 경계선이다. 따라서 타임머신으로 들어갈 때 나타나는 복사에너지효과를 계산하려면 아인슈타인의 일반상대성이론과 양자버전의 복사이론을 동시에 적용해야 하는데, 두 이론의 결합을 시도할 때마다 특정 물리량이 무한대가 되는 등 터무니없는 답이 얻어진다.

바로 이 시점에서 '만물의 이론'이 등장한다. 웜홀 타임머신이 안고 있는 온갖 문제점들(웜홀의 안정성, 치명적인 복사에너지, 웜홀입구의 붕괴 등)은 사건지평선에 집중되어 있으며, 이곳에서는 아인슈타인의 이론이 통하지 않는다.

따라서 시간여행의 원리를 이해하려면 사건지평선에 적용되는 물리학을 알아야 하는데, 소위 말하는 '만물의 이론'만이 이것을 해낼 수 있다. 그래서 대부분의 물리학자들은 "중력과 시공간을 서술하는 완벽한 이론이 주어지면 시공간과 관련된 모든 의문을 해결할 수 있다"는데 동의하고 있다.

만물의 이론이 완성된다면 우주에 존재하는 네 종류의 힘은 하나의 체계로 통일되고, 타임머신 속으로 진입했을 때 발생하는 일도 수학적으로 예측할 수 있다. 복사에너지효과는 어떤 식으로 나타나며 웜홀의 입구는 얼마나 안정적인가? 이 질문에 답할 수 있는 것은 오직 만물의 이론뿐이다. 그리고 이론이 완성된 후에도 실제로 타임머신을 제작하여 실험가동을 하려면 수백 년을 더 기다려야 할 것이다.

시간여행의 법칙은 웜홀 물리학과 밀접하게 관련되어 있다. 따라서 시간여행은 제2부류 불가능에 해당된다고 할 수 있다.

13

평행우주

> 피터가 말했다. "아니, 교수님. 모든 곳에 또 다른 세상이 있다구요? 그럼 우리 코앞에도 있다는 말인가요?" 그러자 교수가 중얼거렸다. "당연하지…. 대체 요즘 선생들은 아이들한테 뭘 가르치는 거야?"
> ─C. S. 루이스C. S. LEWIS, 《나니아 연대기》
>
> 내 말 좀 들어 봐. 우리 이웃에 엄청나게 좋은 우주가 있대. 당장 가보자구!
> ─커밍스E. E. CUMMINGS

우리가 살고 있는 우주 바깥에 또 다른 우주가 정말로 존재할까? TV 시리즈 〈스타트렉〉의 '거울아, 거울아Mirror, Mirror' 편에서 엔터프라이즈호의 커크 선장은 우연히 평행우주로 이동한다. 그곳은 악마제국이 행성연합을 다스리면서 약탈과 탄압을 일삼는 끔찍한 우주였다. 부선장 스팍Spock은 이 우주에서 험악한 인상을 주는 수염을 기르고 있었고, 커크 자신은 난폭한 무리를 이끄는 해적이 되어 정적과 암살자들을 소탕하고 있었다.

우리는 '또 하나의 우주'를 떠올릴 때마다 "만일 내가…"라는 가정과 함께 온갖 흥미로운 상상 속으로 빠져든다. 만화책 《슈퍼맨》 시리즈에도 평행우주의 개념이 등장하는데, 개중에는 슈퍼맨의 고향인 크립톤행성이 파괴되지 않은 우주도 있고, 슈퍼맨의 정체가 온순한 성품의 클라크 켄트였음이 밝혀지는 우주도 있으며, 그가 로이스 레인과 결혼하여 슈퍼베이비는 낳는 우주도 있다. 그런데 평행우주는 그저 상상에 불과한 것일까? 아니면 물리적인 근거가 있는 것일까?

대부분의 고대사회에는 이와 비슷한 개념이 존재했다. 고대인들은 이 세상을 관장하는 신들이 우리와는 다른 세상에서 살고 있다고 생각했다. 가톨릭 교회에서는 천국과 지옥, 그리고 연옥을 이야기하고, 불교신자들은 열반을 비롯한 여러 가지 정신세계가 따로 있다고 믿는다. 그런가 하면 힌두교에서는 별도의 세상이 수천 개나 존재한다.

기독교신학자들은 오랜 세월 동안 "천국은 어디에 있는가?"라는 질문에 시달리다가 "신은 우리가 접할 수 없는 고차원공간에 존재한다"는 답을 제안했다. 그런데 고차원공간이라는 것이 정말로 존재한다면, 놀랍게도 신의 속성들이 대부분 자연스럽게 설명된다. 고차원세계에 사는 존재들은 언제든지 이 세상에 나타났다가 사라질 수 있으며, 벽이나 담을 부수지 않고 통과할 수도 있다.

최근 들어 평행우주는 이론물리학의 뜨거운 논쟁거리 중 하나로 떠올랐다. 흔히 평행우주라고 하면 "우리가 사는 곳과 완전히 똑같으면서 더 많은 가능성을 간직한 곳"을 떠올리지만, 실존 가능성이 있는 평행우주는 우리의 짐작과 많이 다르다. 물리학자들이 벌이고 있는 논쟁의 중심에는 '현실성'이 자리잡고 있다.

현재 과학계에서 가장 관심을 끌고 있는 평행우주는 다음 세 종류로 분류할 수 있다.

a. 초공간hyperspace, 또는 고차원공간
b. 다중우주multiverse
c. 양자적 평행우주

초공간

가장 오랜 기간 동안 논쟁의 대상이 되어왔던 평행우주는 고차원공간이다. 다들 알다시피 우리는 3차원공간(길이, 넓이, 깊이)에 살고 있다. 공간 속에서 물체를 어떻게 이동시키건 간에, 모든 위치는 세 개의 좌표로 표현된다. 이 세 개의 좌표만 있으면 우리의 코끝에서부터 가장 먼 은하까지, 우주에 있는 모든 물체의 위치를 파악할 수 있다.

공간의 네 번째 차원은 상식적으로 납득이 가지 않는다. 예를 들어 방 안에서 피어난 연기가 방 안을 가득 채우는 과정을 관찰해보면, 연기는 결코 다른 차원으로 새나가지 않고 방의 가로, 세로, 높이를 서서히 점유해나간다. 우주의 어떤 곳에서도 물체가 갑자기 다른 차원으로 사라지는 경우는 없다. 따라서 다른 고차원이 존재한다고 해도, 그 크기는 원자보다 작아야 한다.

공간차원은 고대 그리스 기하학의 기초가 되었다. 예를 들어 아리스토텔레스의 저서 《천체에 관하여On the Heavens》에는 다음과 같이 적혀 있다. "선은 한 방향으로 크기를 갖고, 면은 두 방향으로 크기를 갖는다. 그리고 육면체는 세 가지 방향으로 크기를 갖고 있다.

이것 외에 다른 방향으로 크기를 갖는 물체는 이 세상에 존재하지 않는다." 서기 150년에 알렉산드리아의 프톨레미Ptolemy는 고차원이 불가능하다는 사실을 최초로 '증명'했다. 그의 저서 《거리On Distance》에 적혀 있는 증명과정은 다음과 같다. 우선 서로 직교하는 직선 세 개를 긋는다(방의 구석에서 교차하는 세 개의 선과 비슷하다). 여기에 다른 어떤 직선을 추가해도 기존의 선들과 모두 수직을 이룰 수 없다. 따라서 네 번째 차원은 존재하지 않는다(사실 프톨레미는 네 번째 차원이 불가능하다는 것을 증명한 게 아니라, "사람의 두뇌로는 네 번째 차원을 상상할 수 없다"는 것을 증명한 셈이다. 책상 위에 놓여 있는 PC는 지금도 초공간에서 부지런히 계산을 수행하고 있다!).

그 후로 근 2천 년 동안 네 번째 차원을 언급하는 수학자는 조롱거리가 될 것을 감수해야 했다. 1685년에 수학자 존 월리스John Wallis는 네 번째 차원을 "키메라(사자의 머리와 염소의 몸, 그리고 뱀의 꼬리를 가진 불을 뿜는 괴수: 옮긴이)나 켄타우로스(반인반마: 옮긴이)처럼 괴물 같은 존재"라고 단언했다. 19세기에 '수학의 왕자'로 불렸던 천재수학자 칼 가우스Karl Gauss는 네 번째 차원을 포함하는 수학을 개발하여 많은 계산을 수행했지만 사후에 쏟아질 비난을 염려하여 상당 부분을 공개하지 않았다. 그러나 가우스는 우리의 우주가 정말로 그리스 기하학에서 말하는 3차원 공간인지를 확인하기 위해 비밀리에 실험을 수행했다. 그중 하나가 바로 '랜턴 실험'인데, 원리는 다음과 같다. 세 명의 제자에게 손전등을 하나씩 쥐어주고 각자 다른 산봉우리로 올라가게 한다. 꼭대기에 도착한 제자들이 상대방을 향해 손전등을 켜서 빛줄기가 삼각형을 이루게 한 다음, 가우스가 나서서 세 꼭지점의 각도를 측정한다. 만일 공간이 매끈한 3차원이 아니라면 세 각의 합은 180도와 다르게 나올 것이다. 그러나 애석하게도 손전등으로 만든 세 각의 합은 항상 180도였다. 그래서 가우스는 다음과 같은 결론을 내렸다. "그리스 표준기하학에 약간의 오차가 있다 해도 그 양은 아주 작을 것이므로 손전등같이 무딘 장비로는 관측할 수 없다."

가우스는 고차원 수학에 관한 집필을 수제자인 게오르그 베른하르트 리만Georg Bernhard Riemann의 일로 남겨놓았다(수십 년 후에 아인슈타인의 일반상대성이론이 발표되면서 리만의 저술은 엄청난 인기를 누렸다). 1854년에 리만은 한 강연석상에서 휘어진 공간과 고차원 공간의 기하학을 세상에 처음으로 소개했고, 이것은 '리만기하학'이라는 이름으로 오늘날까지 막강한 위력을 발휘하고 있다.

1800년대 말엽이 되자 리만의 혁명적인 수학은 전 유럽에 알려졌고 '네 번째 차원'은 예술가와 음악가, 작가, 철학자, 화가 등 다양한 분야에서 초유의 관심사로 떠올랐다. 예술역사학자인 린다 달림플 헨더슨Linda Dalrymple Henderson의 말에 의하면 피카소가 '큐비즘cubism'을 창안할 때에도 네 번째 차원에서 영감을 떠올렸다고 한다(피카소의 그림에 등장하는 여인들을 보면 두 눈이 앞에 있으면서 코는 옆에 달려 있는데, 이것은 4차원 영상을 시각화한 것이다. 4차원 공간에서 3차원을 내려다보면 여인의 얼굴과 코, 그리고 얼굴의 뒷면이 동시에 보인다). 헨더슨은 자신의 저서에 다음과 같이 적어놓았다. "블랙홀과 마찬가지로 네 번째 차원은 과학자들도 이해할 수 없는 신비를 간직하고 있다. 그러나 네 번째 차원은 우리에게 블랙홀을 비롯한 그 어떤 과학적

가설보다 많은 영향을 미쳤다. 단, 1919년 이후의 상대성이론은 예외이다."[13-1]

4차원의 시각화를 시도한 화가는 피카소만이 아니었다. 살바도르 달리Salvador Dali의 그림 〈십자가에 매달린 예수Christus Hypercubius〉에는 허공에 떠 있는 기이한 모양의 십자가에 매달린 예수가 표현되어 있는데, 사실 이 십자가는 4차원-육면체tesseract를 시각화한 것이다. 또한 그는 '기억의 지속Persistence of Memory'이라는 작품에서 시간을 네 번째 차원으로 간주하여 녹아내린 듯한 시계를 그려 넣었다. 프랑스의 화가 마르셀 뒤샹Marcel Duchamps의 '계단을 내려오는 누드Nude descending Staircase'에는 계단을 걸어 내려오는 사람의 다리가 여러 개의 정지화면을 겹쳐놓은 것처럼 표현되어 있는데, 이것도 시간을 네 번째 차원으로 표현한 대표작으로 꼽힌다. 오스카 와일드Oscar Wilde의 소설 《캔터빌의 유령The Canter-ville Ghost》에서는 네 번째 차원에 살면서 인간을 사냥하는 유령이 등장한다.

웰즈의 소설 《투명인간》과 《플래트너 이야기The Plattner Story》, 그리고 《기이한 방문The Wonderful Visit》에서도 네 번째 차원이 등장한다(특히 《기이한 방문》은 훗날 수많은 공상과학소설과 할리우드 영화의 기초가 되었다. 우리의 우주가 다른 평행우주와 충돌하여 다른 우주에 살던 천사가 우리 세계로 떨어진다. 그는 사냥꾼에게 사로잡혔다가 사람들의 탐욕과 옹졸함, 이기심에 환멸을 느끼고 결국에는 스스로 목숨을 끊는다).

로버트 하인라인의 소설 《짐승의 수The Number of the Beast》는 네 명의 용감한 사람들이 어느 미친 교수의 차원이동용 스포츠카를 타고 평행우주를 넘나든다는 내용인데, 여기서는 평행우주가 다소 농담 같은 분위기로 표현되어 있다.

　TV 시리즈 〈슬라이더Slider〉에서는 한 소년이 책을 읽다가 평행우주로 '미끄러져 들어가는' 장치를 떠올린다[이 소년이 읽던 책은 다름 아닌 《초공간Hyperspace》이었다].

　그러나 물리학의 역사를 돌이켜볼 때 네 번째 차원은 오랜 세월 동안 미지의 대상으로 남아 있었다. 그러나 1919년에 테오도르 칼루자Theodor Kaluza가 고차원의 존재를 암시하는 논문을 발표한 후로 상황은 달라지기 시작했다. 그는 아인슈타인의 일반상대성이론을 5차원 공간에 적용시켜보았다(5차원 공간이란 1차원의 시간과 4차원 공간의 조합을 의미한다. 그런데 물리학자들은 시간을 네 번째 차원으로 간주해왔기 때문에 공간의 네 번째 차원을 '다섯 번째 차원'이라고 부른다). 다섯 번째 차원이 아주 작은 영역에 숨어 있다고 가정했더니 아인슈타인의 방정식이 마치 마술처럼 두 부분으로 나뉘어졌다. 그중 하나는 아인슈타인의 표준 상대성이론 방정식과 일치했고, 다른 하나는 맥스웰 방정식이 되었다!

　이것은 정말로 기적 같은 결과였다. 어쩌면 빛의 은밀한 비밀이 다섯 번째 차원에 숨겨져 있을지도 모를 일이었다! 아인슈타인도 칼루자의 해를 접하고 충격을 감추지 못했다. 그의 논리를 잘 다듬으면 빛과 중력을 하나로 통합할 수 있을 것 같았다(당시 아인슈타인은 칼루자의 논문을 받아들고 인정을 해줄 것인지 말 것인지 한동안 망설였다고 한다. 결국 칼루자의 논문은 근 2년 만에 아인슈타인의 인정을 받고 출판되었다). 아인슈타인은 칼루자에게 보내는 편지에 다음과 같이 적어놓았다. "5차원 원통형 세계에서 통일장이론을 펼친다는 아이디어는 선뜻 이해가 가지 않습니다…. 그러나 나는 기본적으로 당신의 아이디어를 크게 환영하는 쪽입니다. 당신의 새로운 통일이론은 정말 놀랍습니다."13-2

그 무렵 물리학자들은 다음과 같은 질문의 해답을 찾고 있었다. "빛이 파동이라면, 그 속에서 대체 무엇이 파동 치고 있는가?" 빛은 텅 빈 공간 속에서 수십 억 광년의 거리를 이동할 수 있지만, 대부분의 우주공간은 아무것도 없는 진공상태이다. 그렇다면 진공 속에서 무엇이 파동 치고 있는가? 우리는 칼루자의 이론에서 구체적인 해답을 찾을 수 있다. "빛은 다섯 번째 차원에서 파동 치고 있다. 빛의 특성을 정확하게 설명하고 있는 맥스웰방정식은 다섯 번째 차원의 파동방정식에 해당한다."

얕은 연못에서 헤엄치고 있는 물고기들을 떠올려보자. 이들은 오직 좌우만 바라보면서 앞뒤로 헤엄치고 있으므로 세 번째 차원이 있다는 것을 전혀 인식하지 못할 것이다. 이들에게 세 번째 차원은 불가능한 것처럼 보인다. 그러던 어느 날, 연못에 비가 내렸다. 물고기들은 여전히 세 번째 차원을 인식하지 못하지만 연못의 수면에 물결이 이는 모습을 볼 수는 있을 것이다. 이와 마찬가지로 칼루자의 이론은 빛을 '다섯 번째 차원을 통과하면서 나타나는 물결'로 설명하고 있다. 또한 칼루자는 "다섯 번째 차원은 어디에 있는가?"라는 질문에도 답을 제시했다. 그는 "다섯 번째 차원은 아주 작은 영역 속에 돌돌 말려 있기 때문에 보이지 않는다"고 생각했다(2차원 종이를 돌돌 말아서 아주 가느다란 원통을 만들었다고 상상해보라. 이 원통을 멀리서 바라보면 1차원 선처럼 보일 것이다. 원통의 표면은 2차원이지만 그중 하나의 차원이 작은 영역 속에 돌돌 말려 있기 때문에 1차원 물체처럼 보이는 것이다. 차원이 숨어 있다는 것은 바로 이런 의미이다).

칼루자의 논문이 처음 발표되었을 때 물리학자들은 흥분을 감추지 못했으나, 다음해인 1920년부터 심각한 반론이 제기되기 시작했다. 다섯 번째 차원은 얼마나 작으며, 어떤 식으로 말려 있는가? 이 질문에 답할 수 있는 사람은 어디에도 없었다.

그 후로 수십 년 동안 아인슈타인은 칼루자의 이론을 간간이 연구해왔다. 그러나 아인슈타인이 1955년에 세상을 떠나자 칼루자의 이론은 학자들의 기억 속에서 서서히 잊혀져갔다. 한때는 물리학계에서 선풍적인 인기를 끌었지만, 30여 년이 지난 후에는 물리학의 역사책에 '신기한 주석' 정도로 남게 된 것이다.

끈이론

이 모든 상황은 초끈이론 superstring theory이 등장하면서 극적인 변화를 맞이하게 된다. 1980년대에 물리학자들은 소립자의 바다에 빠져 허우적거리고 있었다. 강력한 입자가속기로 소립자와 원자를 충돌시킬 때마다 새로운 입자가 쏟아져 나왔기 때문이다. 상황이 얼마나 절망적이었는지, 로버트 오펜하이머는 이런 말까지 했을 정도였다. "이제 노벨 물리학상은 그해에 새로운 소립자를 단 한 개도 발견하지 않은 물리학자에게 줘야 한다!"[학계에서는 새로운 소립자가 발견될 때마다 그리스식 명칭을 부여했다. 그래서 엔리코 페르미Enrico Fermi는 이런 말을 한 적이 있다. "내가 소립자의 이름을 다 외울 수 있다면 물리학자가 아니라 식물학자가 되었을 것이다."
13-3 물리학자들은 수십 년 동안 혼신의 노력을 기울인 끝에 그 많은 소립자들을 '표준모형Standard Model'이라는 동물원 속에 체계적으로 가둘 수 있었다. 이 작업이 완성되기까지 수십 억 달러의 돈과 수천 명에 달하는 공학자와 물리학자들의 땀이 투입되었으며, 그 와중에 20명의 노벨상 수상자가 배출되었다. 표준모형은 원자세계에서 수많은 실험결과와 정확하게 일치하는 완벽한 이론처럼 보였다.

표준모형은 실험적인 면에서 큰 성공을 거두었지만, 한 가지 심각한 결점을 갖고 있었다. 스티븐 호킹은 이것을 가리켜 "엉성한 임시변통"이라고 했다. 표준모형은 19개의 변수(각종 입자의 질량과 결합상수)와 36개의 쿼크-반쿼크, 그리고 뉴트리노, 양-밀즈 글루온, 힉스보존, W-보존, Z-입자 등 수많은 입자들로 이루어져 있다. 이것만 해도 번잡하기 그지없는데, 더욱 실망스러운 것은 표준모형에 중력이 전혀 고려되어 있지 않다는 점이다. 자연이 가장 근본적인 단계에서 이토록 무질서하고 품위 없이 운영될 것 같지는 않다. 표준모형은 '그것을 낳아준 엄마한테나 사랑 받을 수 있는' 이론이었다. 그래서 물리학자들은 그들이 채택한 가정을 처음부터 다시 분석하기 시작했다. 자연이 아무리 복잡하다고는 하지만, 가장 근본적인 이론이 이토록 중구난방일 수는 없었다. 무언가가 크게 잘못된 것이 분명했다.

20세기 물리학이 이루어낸 가장 큰 업적은 모든 기초물리학을 두 개의 위대한 이론으로 요약한 것이다. 두 개의 이론이란 수많은 물리학자들의 합동작품인 양자이론(표준모형으로 표현됨)과 아인슈타인의 개인작품인 일반상대성이론(중력을 서술하는 이론)이다. 놀랍게도 물리학의 모든 근본적인 지식은 이 두 개의 이론에 담겨 있다. 양자이론은 입자들이 환상적인 춤을 추면서 수시로 나타났다가 사라지고 한 입자가 동시에 두 장소에 존재하는 등 기이하기 그지없는 미시세계의 특성을 서술하는 이론이다. 그리고 일반상대성이론은 블랙홀과 빅뱅 등 큰 스케일에서 일어나는 현상을 서술하는 이론으로서, 휘어진 곡면의 수학, 즉 리만기하학을 주된 언어로 사용한다. 양자이론과 일반상대성이론은 사용하는 수학이 다르고 가정도 다르며 물리학적 그림도 판이하게 다르다. 마치 자연은 서로 의사소통이 되지 않는 두 개의 손을 갖고 있는 듯하다. 뿐만 아니라 이 두 개의 이론은 물과 기름처럼 섞이지 않는 것으로 악명을 떨쳐왔다. 지난 50여 년 동안 수많은 물리학자들이 두 이론을 화해시켜보려고 온갖 방법을 다 동원해보았으나, 물리적 의미가 전혀 없는 무한대라는 답만 얻어질 뿐이었다.

그러나 초끈이론이 등장하면서 상황은 완전히 변했다. 이 이론에 의하면 전자를 비롯한 모든 입자들은 고무줄처럼 진동하는 끈이며, 끈의 진동모드에 따라 입자의 종류가 결정된다. 초끈이론은 이와 같은 가정에서 출발하여 지금까지 발견된 수백 종류의 입자의 특성을 설명하고 있다. 아인슈타인의 이론은 끈의 에너지가 가장 낮은 진동모드 중 하나에 해당된다.

이 분야를 연구하는 물리학자들은 초끈이론을 '만물의 이론'이라고 부른다. 아인슈타인이 근 30년 동안 찾아 헤매다가 결국 실패했다는 전설적인 이론의 자리를 초끈이론이 넘보고 있는 것이다. 생전에 아인슈타인은 물리학의 모든 법칙을 하나의 이론으로 통일하기 위해 많은 노력을 기울였다. 간단히 말해서, 그는 창조주의 마음을 읽으려 했던 것이다. 만일 초끈이론이 양자역학과 일반상대성이론을 통합하는데 성공한다면 2천 년 과학 역사상 가장 뛰어난 이론으로 영원히 기록될 것이다.

그런데 초끈이론이 내세우고 있는 끈은 참으로 희한한 존재여서, 특정 차원의 시공간에서만 진동할 수 있다. 이 특정한 차원이 4차원이라면 더할 나위 없이 좋았겠지만, 안타깝게도 끈이 존재할 수 있는 곳은 10차원 시공간이었다. 다른 차원에서 초끈이론을 전개하면 대번에 수학체계가 붕괴되어버린다.

물론 우리가 살고 있는 우주는 4차원이다(3차원 공간+1차원 시간). 따라서 초끈이론이 맞는다면 나머지 6차원은 칼루자의 다섯 번째 차원처럼 눈에 보이지 않는 영역에 숨어 있을 것이다.

최근 들어 이론물리학자들은 고차원의 존재를 증명하거나 반증하기 위해 신중한 노력을 기울이고 있다. 고차원공간이 존재한다는 것을 입증하는 가장 간단한 방법은 뉴턴의 중력법칙에서 미세한 오류를 찾는 것이다. 우리는 고등학교 시절에 "우주로 멀리 날아갈수록 지구의 중력은 약해진다"고 배웠다. 좀 더 정확하게 말하자면 중력의 세기는 두 물체 사이의 거리의 제곱에 반비례한다. 그러나 중력법칙이 이와 같은 형태를 띠게 된 것은 우리가 3차원 공간에 살고 있기 때문이다(커다란 가상의 구가 지구를 에워싸고 있다고 상상해보라. 지구의 중력은 구면의 모든 곳에서 똑같은 크기로 퍼져 있다. 따라서 가상의 구가 클수록 구면에 작용하는 중력은 작아진다. 그런데 구의 면적은 반지름의 제곱에 비례하므로, 구면에 퍼져 있는 중력은 거리의 제곱에 반비례한다).

만일 우주공간이 3차원이 아니라 4차원이었다면 중력은 거리의 세제곱에 반비례했을 것이다. 그리고 공간이 n차원이면 중력은 거리의 $n-1$제곱에 반비례해야 한다. 중력이 거리의 제곱에 반비례한다는 뉴턴의 중력법칙은 천문학적 거리스케일에서 매우 정밀하게 검증되었다. 그 덕분에 우리는 탐사위성을 태양계 외곽의 정확한 지점까지 보낼 수 있는 것이다. 그러나 뉴턴의 중력법칙을 아주 짧은 거리에서 테스트한 것은 극히 최근의 일이었다.

2003년에 콜로라도대학의 연구팀이 초단거리에서 중력의 역제곱법칙을 검증하는 실험을 최초로 시도했으나 새로운 결과를 얻지는 못했다. 적어도 콜로라도 근방에서는 평행우주가 존재하지 않았던 것이다. 그러나 이들의 실험은 다른 물리학자들을 자극하여 더욱 정밀한 후속실험이 연달아 실행되었다.

2008년에 가동을 시작한 LHC(대형 강입자 충돌기)는 새로운 형태의 입자인 초입자superparticle를 찾고 있다(초끈이 진동을 격렬하게 하면 초입자가 된다. 우리 주변에 보이는 사물들은 온화하게 진동하는 초끈으로 이루어져 있다). 만일 초입자가 발견된다면 우주를 바라보는 관점에 혁명적인 변화가 일어날 것이다. 초끈이론의 관점에서 보면 표준모형은 가장 낮은 에너지에서 진동하는 초끈이론의 한 버전에 불과하다.

킵 손은 이렇게 말했다. "2020년쯤 되면 물리학자들은 초끈이론으로부터 양자중력이론을 만들어낼 것이다."

초끈이론은 고차원우주 이외에 또 하나의 평행우주를 예견하고 있는데, 그것이 바로 '다중우주multiverse'이다.

다중우주

끈이론도 나름대로 고민거리를 안고 있다(저자는 초끈이론super-string theory과 끈이론을 혼용해서 쓰고 있다. 초끈이론은 끈이론에 초대칭 supersymmetry을 도입한 이론으로, 보존끈bosonoc string과 페르미온끈 fermionic string을 모두 포함한다. 특별한 언급이 없는 한, 저자가 말하는 끈이론은 '초끈이론'을 의미한다: 옮긴이). 자연을 서술하는 끈이론이 하나가 아니라 다섯 개나 존재하기 때문이다. 끈이론은 양자이론과 중력을 하나로 통합하는데 성공했지만, 그 방법이 무려 다섯 가지나 된다. 대부분의 물리학자들은 단 하나의 '만물의 이론'을 원하고 있으므로, 이것은 참으로 난처한 상황이 아닐 수 없다. 아인슈타인은 생전에 이런 말을 한 적이 있다. "신은 왜 우주를 지금과 같은 형태로 창조했는가? 우주를 창조할 때 다른 선택의 여지는 없었는가?" 그는 모든 만물의 이치를 설명하는 통일장이론이 단 하나뿐이라고 굳게 믿었다. 그런데 왜 끈이론은 다섯 개나 존재하는가?

1994년에 이론물리학계는 또 한 번의 혁명을 겪게 된다. 프린스턴 고등연구원의 에드워드 위튼Edward Witten과 케임브리지대학의 폴 타운센드Paul Townsend는 다섯 개의 끈이론이 "어떤 11차원 이론을 각기 다른 방향에서 바라본 결과"라는 놀라운 사실을 알아냈다. 11차원의 관점에서 바라보면 다섯 개의 이론들이 하나로 통합된다! 결국 끈이론은 하나였던 것이다. 단, 11차원 봉우리의 꼭대기에 올라가야 하나로 통합된 장관을 볼 수 있다.

11차원으로 가면 '멤브레인(membrane, 구의 표면과 비슷한 개념)'이라는 새로운 수학적 객체가 등장한다. 11차원에서 10차원으로 내려오면 하나의 멤브레인에서 시작하여 다섯 개의 끈이론들이 나타난다. 즉, 11차원에서 10차원을 향해 멤브레인을 어떤 식으로 이동하느냐에 따라 각기 다른 끈이론이 대응되는 것이다.

(이것을 시각화하기 위해 적도를 고무줄로 감아놓은 비치볼을 떠올려보자. 적도의 윗부분과 아래 부분을 가위로 잘라내면 고무줄(끈)만 남는다. 이와 마찬가지로 11번째 차원을 돌돌 말면 멤브레인의 적도만 남게 되는데, 이것이 바로 끈에 해당한다. 이 '돌돌 마는' 과정을 수학적으로 구현하는 방법이 다섯 가지이기 때문에, 다섯 개의 10차원 끈이론이 얻어지는 것이다.)

11번째 차원은 우리에게 새로운 우주개념을 제시하고 있다. 우리의 우주 자체가 11차원 공간을 떠다니는 멤브레인일지도 모른다. 게다가 모든 차원이 작은 영역에 한정되어 있을 필요도 없다. 개중에는 무한히 길게 뻗어 있는 차원도 존재할 수 있다.

이것은 우리의 우주가 다중우주 속에 하나의 우주로 존재할 가능성을 시사한다. 무수히 많은 비누방울이나 막(멤브레인)이 표류하는 모습을 상상해보라. 개개의 비누방울은 11차원 초공간을 표류하고 있는 하나의 우주에 해당한다. 비누방울은 서로 뭉칠 수도 있고 분리될 수도 있으며, 갑자기 나타나거나 사라질 수도 있다. 또한 우리는 우연히 이들 중 한 비누방울의 표면에서 살고 있다.

MIT의 막스 테그마크Max Tegmark는 이렇게 말했다. "앞으로 50년이 지나면 평행우주는 당연한 사실로 받아들여질 것이다. 100년 전의 과학자들이 다른 은하의 존재를 놓고 열띤 논쟁을 벌였다가 지금은 당연한 사실로 인정하듯이, 평행우주도 이와 비슷한 수순을 밟게 될 것이다."[13-4]

끈이론이 예견하는 우주는 과연 몇 개나 될까? 안타깝게도 상대성이론과 양자이론에 모두 부합되는 우주는 수조×조 개에 이른다. 한 계산에 따르면 우주의 수가 10^{100}개일 것으로 예상된다.

이 우주들 사이에서 일상적인 통신은 이뤄질 수 없다. 우리의 몸을 이루고 있는 원자들은 끈끈이에 들러붙은 파리와 비슷하다. 우리는 우리의 멤브레인 우주를 따라 나 있는 3차원공간 안에서 자유롭게 움직일 수 있지만, 그보다 차원이 높은 초공간으로 도약할 수는 없다. 모든 것이 '3차원 공간 끈끈이'에 들러붙어 있기 때문이다. 그러나 시공간의 휘어짐을 야기하는 중력은 우주와 우주 사이를 자유롭게 넘나들 수 있다.

은하를 에워싸고 있으면서 눈에 보이지 않는 암흑물질이 평행우주를 떠다니는 일상적인 물질이라고 주장하는 이론도 있다. 웰즈의 소설 《투명인간》에서는 투명인간의 원리를 "사람의 몸이 네 번째 차원으로 도약하면 3차원 생물의 시야에서 사라진다"는 식으로 설명하고 있다. 두 장의 종이가 나란하게 떠 있고, 각 종이에 2차원 생명체가 살고 있다고 상상해보라. 그중 한 생명체가 어떻게든 두 종이 사이의 빈 공간으로 도약하면, 원래 종이 위에 살고 있던 생명체들의 눈에는 갑자기 사라진 것처럼 보일 것이다. 그리고 빈 공간을 지나 맞은편 종이로 옮겨간다면, 그는 다른 우주로 이동한 것이다.

이와 비슷한 논리를 적용해보면 암흑물질은 우리의 우주 위에 떠 있는 다른 멤브레인 우주의 평범한 은하일 수도 있다. 그렇다면 앞서 말한 대로 중력은 우주와 우주 사이를 가로질러 작용하기 때문에 우리는 이 은하의 중력을 느낄 수 있다. 그러나 빛은 한 우주에서 다른 우주로 넘어갈 수 없으므로 은하의 모습은 보이지 않는다. 이런 식으로 '중력은 느껴지지만 눈에 보이지 않는' 은하는 암흑물질의 특성과 완전히 일치한다(암흑물질이 초끈의 다른 진동모드일 가능성도 있다. 원자와 빛 등 우리 주변에 있는 모든 것들은 초끈의 가장 낮은 진동모드에 해당하는데, 암흑물질은 그다음 진동모드에서 나타나는 물질일 수도 있다).

대부분의 평행우주들은 전자나 뉴트리노 등 소립자의 기체로 차 있는 '죽은 우주'일 것이다. 이런 우주에서는 양성자가 안정된 상태를 유지하지 못하여, 우리가 알고 있는 모든 물질들은 서서히 붕괴된다. 따라서 대부분의 우주에는 원자와 분자로 이루어진 복잡한 물질이 존재하지 않을 것이다.

그런가 하면 일부 평행우주에서는 우리가 알고 있는 것보다 훨씬 복잡한 물질이 존재할 수도 있다. 양성자와 중성자, 그리고 전자로 이루어진 일상적인 원자가 아니라, 훨씬 복잡하고 다양한 원자들이 안정된 물질을 구성하고 있을지도 모른다.

이 멤브레인 우주들은 서로 충돌하여 우주적 폭발을 일으킬 수도 있다. 프린스턴의 일부 물리학자들은 "137억 년 전에 두 개의 거대한 멤브레인 우주가 충돌했으며, 그 충격의 여파로 우리의 우주가 탄생했다"고 믿고 있다. 놀라운 것은 WMAP위성이 보내온 관측자료들이 이들의 주장을 뒷받침하고 있다는 점이다[이것을 빅 스플랫 Big Splat이론이라고 한다].

다중우주이론은 자연에 존재하는 상수들이 지금과 같은 값으로 세팅되어 있는 이유를 나름대로 설명하고 있다. 입자들 사이의 결합상수나 입자의 질량과 전하 등 다양한 물리상수들은 희한하게도 생명체가 살아가기에 딱 알맞은 값으로 세팅되어 있다. 만일 핵력이 지금보다 강했다면 태양이 너무 빨리 타 없어져서 지구에 생명이 탄생하지 못했을 것이고, 핵력이 지금보다 약했다면 태양이 빛을 발하지 못하여 역시 생명체가 존재할 수 없었을 것이다. 또한 중력이 지금보다 강했다면 우주는 짧은 시간에 대붕괴(빅 크런치, Big Crunch)를 맞이했을 것이고, 중력이 지금보다 약했다면 우주는 너무 빠르게 팽창하여 꽁꽁 얼어붙었을 것이다(빅 프리즈, Big Freeze). 자연에 존재하는 상수의 값은 이런 식으로 생명체에게 꼭 맞게 조절되어 있는데, 그 이유를 설명하는 방법은 두 가지밖에 없다. 하나는 "우주에 생명체가 살아갈 수 있도록 조물주가 상수 값을 미리 조절해놓았다"고 생각하는 것이고, 또 하나는 "수십억 개의 평행우주들 중에서 대부분은 상수 값이 적절치 못하여 죽은 우주가 되었고, 우리의 우주가 모든 조건을 만족하여 생명체가 번성하고 있다"고 생각하는 것이다. 프리먼 다이슨의 말대로, "우리의 우주는 애초부터 생명체가 태어날 것을 예측하고 있었던 것 같다."

케임브리지대학의 마틴 리스 경은 물리상수들이 적절한 값으로 세팅되어 있다는 사실 자체가 다중우주의 증거라고 했다. 생명체에게 알맞도록 조절된 물리상수는 모두 다섯 개가 있는데(각 힘의 크기 등), 그는 다중우주의 대부분이 생명체에게 부적절한 상수를 갖고 있는 것으로 믿고 있다.

이것을 흔히 '인류발생론적 원리anthropic principle'라고 한다. 여기에는 약원리와 강원리가 있는데, 약원리는 우주의 환경이 생명체에게 적합하도록 맞춰져 있다는 것이고(무엇보다도, 이런 말을 할 수 있는 인간이 지금 이곳에 존재한다는 것이 그 증거이다), 강원리는 인간이라는 존재가 우주의 설계의도나 탄생목적의 부산물이라는 것이다. 현재 대부분의 천문학자들은 약원리를 선호하고 있다. 그러나 인류발생학적 원리가 명백한 사실을 재서술한 것에 불과한지, 아니면 이로부터 새로운 발견이나 결과를 도출할 수 있는 새로운 원리인지는 아직 분명치 않다.

양자이론

고차원공간과 다중우주 이외에 또 한 가지 가능한 평행우주가 있다. 표준 양자역학에서 예견된 양자적 우주가 바로 그것이다. 아인슈타인은 이 개념을 엄청나게 싫어했고, 현대의 물리학자들은 이것 때문에 아직도 골머리를 앓고 있다. 양자역학이 낳은 역설적인 상황은 다루기가 너무 어려워서, 양자전기역학을 완성하여 노벨상을 수상했던 리처드 파인만조차 "이 세상에 양자역학을 이해하는 사람은 없다"고 단언했을 정도이다.

양자역학은 논리 자체가 역설적임에도 불구하고 역사상 가장 성공적인 물리학이론이기도 하다(이론과 실험의 오차가 관측 값의 10억 분의 1 이내이다). 뉴턴의 고전물리학은 물체의 운동에 대하여 엄밀하고 정확한 답을 제시하는 반면, 양자이론은 오직 확률만을 계산할 수 있을 뿐이다. 현대문명의 기적이라 할 수 있는 레이저와 인터넷, 컴퓨터, TV, 휴대전화, 레이더, 전자오븐 등은 바로 이 확률에서 탄생한 작품이었다.

양자역학의 역설적 구조를 보여주는 가장 유명한 사례가 그 유명한 '슈뢰딩거의 고양이'이다(양자역학을 창시한 장본인이 양자역학의 확률적 해석을 궁지로 몰아넣는 역설을 제안했다는 사실 자체도 역설적이다). 슈뢰딩거는 양자역학의 해석법에 대하여 다음과 같은 말을 남겼다. "이 빌어먹을 양자도약에 의지하는 수밖에 없다면, 나는 여기에 연루된 것을 두고두고 후회할 것이다."[13-5]

슈뢰딩거의 고양이 역설은 다음과 같이 진행된다. 여기 고양이 한 마리가 상자 속에 들어 있다. 상자 안에는 총 한 자루가 고양이를 겨누고 있는데, 방아쇠는 가이거 계수기(방사능의 세기를 측정하는 장치: 옮긴이)에 연결되어 있고 그 옆에 우라늄 조각이 놓여 있다. 우라늄 원자가 붕괴되면 가이거 계수기가 작동하면서 총의 방아쇠가 당겨지고, 불쌍한 고양이는 죽게 된다. 우라늄원자는 붕괴될 수도 있고, 붕괴되지 않을 수도 있다. 따라서 고양이는 죽을 수도 있고 살 수도 있다. 여기까지는 상식적인 이야기다.

그러나 양자이론으로 우라늄원자의 붕괴 여부를 알 수는 없다. 우리가 알 수 있는 것은 오직 '붕괴될 확률'뿐이다. 우리에게는 붕괴된 원자의 파동함수와 붕괴되지 않은 원자의 파동함수로 표현되는 두 개의 확률이 주어져 있다. 물론 원자는 붕괴되거나 붕괴되지 않거나, 둘 중 하나겠지만 상자를 열어 보기 전까지는 둘 중 어떤 결과가 초래되었는지 알 길이 없다. 그러므로 고양이의 상태를 서술하려면 고양이가 처할 수 있는 두 개의 상태를 더해야 한다. 즉, 고양이는 죽지 않았으며, 그렇다고 살아 있는 것도 아니다. 고양이의 상태는 산 고양이와 죽은 고양이의 중첩으로 표현된다!

파인만은 이렇게 말했다: "양자역학은 상식에서 완전히 벗어난 희한한 방식으로 자연을 서술하고 있는데도 실험결과와 신기할 정도로 잘 일치한다. 그러므로 우리는 자연 자체가 상식에서 완전히 벗어나 있음을 인정하는 수밖에 없다."[13-6]

아인슈타인과 슈뢰딩거는 이 결과에 크게 당황했다. 특히 '객관적 실체'를 굳게 믿었던 아인슈타인은 모든 물체가 정확한 하나의 상태를 점유한다고 생각했다. 그에게 '다양한 가능성의 합'이란 도저히 수용할 수 없는 난센스일 뿐이었다. 그러나 우리가 누리고 있는 현대문명은 양자역학의 이 희한한 해석에서 탄생했다. 확률적 해석이 없었다면 현대의 전자공학은 불가능했을 것이다(뿐만 아니라 우리의 몸을 이루고 있는 원자도 존재할 수 없다. 일상적인 세계에서 '반쯤 죽었다'는 말은 '많이 다쳤지만 아직 살아 있다'는 의미로 통하지만, 양자세계에서는 '반은 죽고 반은 살아 있는' 상태가 얼마든지 존재할 수 있다. 양자세계에서 우리는 태아, 어린아이, 청소년, 성공한 사업가 등 모든 가능성의 합으로 존재한다).

물리학자들은 이 골치 아픈 역설을 해결하기 위해 몇 가지 방법을 제안했다. 양자역학의 본산이었던 코펜하겐학파의 해석은 다음과 같다. "상자의 뚜껑을 열었다는 것은 물리계를 관측했다는 뜻이고,

중첩되어 있던 상태는 관측행위에 의해 여러 가지 가능성 중 하나의 명확한 상태로 결정된다. 따라서 상자를 열면 살아 있는 고양이나 죽은 고양이, 둘 중 하나만을 볼 수 있다." 다시 말해서, 관측이 개입되는 순간 파동함수가 붕괴되어 하나의 상태가 선택되고, 그때부터 상식이 통한다는 것이다. 우리가 물리계를 관측하기만 하면 그때부터 파동은 사라지고 입자만이 남는다. 즉, (살아 있거나 죽은) 고양이는 더 이상 파동함수로 서술되지 않는다.

그렇다면 원자스케일의 미시세계와 인간이 살고 있는 거시세계 사이에는 '눈에 보이지 않는 명확한 경계'가 존재하는 셈이다. 원자세계에서 모든 것은 확률파동으로 서술되며, 원자는 동시에 여러 곳에 존재할 수 있다. 한 장소에서 파동함수의 값이 클수록 그곳에서 입자가 발견될 확률은 커진다. 그러나 큰 물체의 경우에는 파동함수가 붕괴되어 명확한 상태로 존재하며, 여기에는 기존의 상식이 별 탈 없이 적용된다.

(아인슈타인은 자신의 집을 방문한 손님에게 달을 가리키며 이렇게 묻곤 했다. "창밖에 뜬 달을 보세요. 쥐 한 마리가 바라봤기 때문에 저 달이 존재하는 것일까요?" 코펜하겐학파의 학자들은 주저 없이 대답했을 것이다. "그럼요!")

대학의 학부와 대학원에서 통용되는 대부분의 물리학 교과서는 코펜하겐학파의 해석을 정설로 다루고 있지만, 많은 물리학자들은 그렇게 생각하지 않는다. 현재의 나노기술은 주사형 터널 현미경 scanning tunneling microscope을 이용하여 개개의 원자를 마음대로 다루는 수준까지 발전했다. 이런 점에서 보면 미시세계와 거시세계를 분리하는 '벽' 같은 것은 존재하지 않는 것 같다. 두 세계는 연속적으로 연결되어 있다.

현재로선 이 문제를 해결할 만한 지배적 의견이 없는 상태이다. 그러나 마땅한 해결책이 없다고 해서 문제가 덮어지는 것은 아니다. 관측과 관련된 문제는 현대물리학의 핵심부에 그대로 남아 있다. 지금도 학회장에서는 수많은 물리학자들이 이 문제를 놓고 열띤 논쟁을 벌이고 있는데, 개중에는 소수이긴 하지만 '우주적 의식cosmic consciousness'이 전 우주에 퍼져 있다고 주장하는 사람들도 있다. 물체는 관측이 행해졌을 때 비로소 존재하기 시작하고, 관측 행위는 의식을 가진 존재에 의해 이루어진다. 그래서 이들은 "우리가 어떤 상태에 놓일 것인지"를 결정하는 우주적 의식이 존재한다고 믿고 있다. 노벨상 수상자인 유진 위그너Eugene Wigner도 "관측 행위가 역설적인 상황을 낳는 것은 신이나 우주적 의식이 존재한다는 증거이다"라고 말한 적이 있다[위그너는 자신의 책에 "의식意識을 언급하지 않고서는 양자이론의 체계를 제대로 세울 수 없다"고 적어놓았다. 그가 심취했던 힌두교의 베단타철학Vedanta에 의하면 이 우주에는 모든 만물을 포용하는 무형의 의식이 존재한다].

관측역설을 해결하는 또 한 가지 방법은 '다중세계many worlds'의 개념을 도입하는 것이다.[13-7] 1957년에 휴 에버레트Hugh Everett가 처음 제안했던 아이디어에 의하면, 고양이의 생사가 결정될 때 우주는 둘로 분리된다. 그중 하나의 우주에는 고양이가 살아 있고, 다른 하나의 우주에는 고양이가 죽어 있다. 그렇다면 우주는 양자적 사건이 일어날 때마다 가지를 쳐서, 결국 엄청나게 많은 다중세계가 공존하게 된다. 고양이는 살거나 죽거나 두 가지 경우밖에 없기 때문에 관측이 이루어졌을 때 우주가 둘로 분리되지만, 다양한 가능성을 가진 물리계에 관측이 행해지면 여러 개의 우주가 가지를 쳐나간다. 그리고 여기에는 어떤 우주도 존재할 수 있다. 우주의 형태가 황당할수록 가능성은 적어지지만, 어쨌거나 존재할 수는 있다. 개중에는 2차 세계대전에서 나치가 승리하여 세계를 지배하는 우주도 있고 스페인의 무적함대가 말 그대로 무패행진을 계속하여 전 세계가 스페인어를 공용어로 사용하는 우주도 있다. 다시 말해서 파동함수가 붕괴되지 않고 여러 개의 우주로 갈라진 채 그 형태를 유지한다는 것이다.

MIT의 물리학자 앨런 구스Alan Guth는 "엘비스가 살아 있는 우주도 있고, 앨 고어Al Gore가 대통령으로 즉위한 우주도 있다"고 했다. 또한 노벨상 수상자인 프랭크 윌첵Frank Wilczek은 이렇게 말했다. "나와 조금씩 다른 무수히 많은 복사본들이 무수히 많은 평행우주에서 조금씩 다른 삶을 살고 있으며, 지금도 매 순간마다 수많은 복사본들이 탄생하고 있다."13-8

물리학자들 사이에서 널리 퍼져 있는 관점 중에 '결어긋남decoherence'이라는 것이 있다. 이 이론에 의하면 우리의 파동함수는 무수히 많은 평행우주의 파동함수와 결어긋난 상태에 있기 때문에(즉, 파동함수의 진동모드가 다르기 때문에) 서로 통신을 교환하거나 접촉할 수 없다. 당신이 살고 있는 방 안에는 당신을 포함하여 공룡, 외계인, 해적, 유니콘 등의 파동함수가 공존하고 있는데, 이들은 자신을 제외한 다른 존재를 전혀 인식할 수 없기 때문에 오직 자신만이 유일한 '실체'라고 하늘같이 믿고 있다는 것이다.

노벨상 수상자인 스티브 와인버그는 이 상황이 방 안에서 라디오 주파수를 맞추는 것과 비슷하다고 했다. 당신의 방은 세계 각지에서 송출된 라디오전파로 가득 차 있지만, 당신의 라디오가 오직 한 가지 방송만 수신할 수 있다면 다른 전파는 존재 자체가 무의미해진다. 각 방송국에서 송출되는 전파가 '결어긋난 상태'에 있기 때문이다(그래서 와인버그는 다중세계를 '아무것도 해결할 수 없는 무기력한 이론'이라고 했다).

우주의 악당들이 행성연합을 장악하여 다른 행성을 약탈하고 생명을 무차별 학살하는 끔찍한 우주가 정말로 존재하고 있을까? 가능성은 얼마든지 있다. 그러나 다행히도 우리의 우주는 그런 우주와 결어긋난 상태에 있기 때문에 제아무리 악당이라 해도 당신에게 해를 입히지는 못할 것이다.

양자적 우주

휴 에버레트가 자신의 '다중세계이론'을 발표했을 때, 일부 물리학자들은 당황했고 대부분은 별다른 관심을 보이지 않았다. 텍사스대학의 물리학자 브라이스 드위트Bryce DeWitt는 "나 자신이 여러 개로 갈라지는 것을 느낀 적이 없기 때문에" 에버레트의 이론을 인정하지 않았다. 그러나 에버레트는 "갈릴레오가 지구의 자전을 주장할 때에도 당시 사람들은 자전을 느낄 수 없다는 이유로 반대했다"면서 자신의 주장을 굽히지 않았다(후에 드위트는 에버레트에게 설득되어 다중세계이론의 가장 강력한 지지자가 되었다).

그 후로 수십 년 동안 다중세계이론은 물리학자들 사이에서 점차 잊혀져 갔다. 학계에 수용되기에는 내용이 너무 비현실적이었기 때문이다. 에버레트가 프린스턴대학에 재학할 때 그의 지도교수였던 존 휠러John Wheeler는 다중세계이론에 "불필요한 군더더기가 너무 많다"고 결론지었다. 그러나 요즘 물리학자들은 우주 자체에 양자이론을 적용하면서 에버레트의 이론에 관심을 기울이고 있다. 우주 전체에 불확정성원리를 적용하다 보면 다중우주의 개념이 자연스럽게 도입되기 때문이다.

'양자우주론quantum cosmology'이라는 말을 처음 접하는 사람에게는 용어 자체가 모순적으로 들릴 수도 있다. 양자이론은 원자와 같이 작은 세계를 설명하는 물리학이론이고 우주론의 대상은 우주 전체이기 때문이다. 그러나 이 점을 생각해보라. 빅뱅이 일어나던 무렵에 우주는 원자보다 작았다. 그런데 전자는 확률에 입각한 파동방정식(디락방정식)을 만족하며, 동시에 여러 곳에 존재할 수 있다. 이렇게 전자가 양자역학의 법칙을 따르고 있으므로, 우주가 한때 전자보다 작았다면 우주도 동시에 여러 곳에 존재할 수 있다. 즉, 양자우주론은 다중세계이론으로 자연스럽게 귀결되는 것이다.

닐스 보어의 코펜하겐 해석을 우주 전체에 적용하면 당장 문제가 발생한다. 전 세계 물리학 교과서에 정설처럼 소개되어 있는 코펜하겐학파의 해석은 관측을 행하고 파동함수를 붕괴시키는 '관측자'에 크게 의존하고 있다. 물론 관측행위는 거시적 세계를 정의하는데 가장 근본적인 요소이다. 그러나 우주 전체를 관측하는 관측자가 어떻게 우주의 '바깥'에 존재할 수 있겠는가? 만일 우주가 하나의 거대한 파동함수로 서술된다면, 그 안에 있는 관측자가 무슨 수로 우주의 파동함수를 붕괴시킨다는 말인가? 두말할 것도 없이 "우주에 속해 있는 관측자는 우주의 파동함수를 붕괴시킬 수 없다." 이것이 바로 코펜하겐 해석의 문제점이다.

다중세계이론을 수용하면 이 문제가 아주 쉽게 해결된다. 우주는 붕괴되지 않으며, 여러 개의 우주(상태)가 동시에 존재한다. 그리고 모든 평행우주의 파동함수는 '마스터 파동함수master wavefunction'로부터 정의된다. 양자우주론에 의하면 우주는 진공 중에서 일어나는 양자적 요동quantum fluctuation에 의해 시공간의 작은 거품에서 탄생했다. 시공간의 거품 속에 들어 있는 대부분의 아기우주들은 빅뱅을 일으킨 후 곧바로 빅 크런치Big Crunch(대붕괴)를 겪으면서 사라졌다. 이와 같이 아무것도 없는 진공 속에서도 아기우주들이 수시로 탄생하고 있지만, 스케일이 너무 작아서 지금의 관측장비로는 그 존재를 확인할 수 없다. 그런데 어떤 이유에서인지 작은 거품 하나가 빅 크런치를 겪지 않고 계속 팽창하여 현재의 우주가 되었다. 그래서 앨런 구스는 우리의 우주를 공짜 점심에 비유하기도 했다(무료인 것 같지만 알고 보면 결코 싼값이 아니라는 뜻이다: 옮긴이).

양자역학이 전자나 원자의 운동을 서술하는 슈뢰딩거 파동방정식에서 출발하듯이, 양자우주론은 우주적 파동함수에 작용하는 드위트-휠러 방정식DeWitt-Wheeler equation에서 출발한다. 슈뢰딩거의 파동함수는 모든 시간과 공간에서 정의되어 있으므로, 파동함수를 알고 있으면 임의의 시간과 장소에서 해당입자가 발견될 확률을 계산할 수 있다. 그러나 우주적 파동함수는 시간과 공간이 아니라 모든 가능한 우주에 대해 정의되어 있다. 어떤 특정한 우주에 대한 우주적 파동함수 값이 크다면, 우주가 그와 같은 상태로 진화할 가능성이 크다는 뜻이다.

스티븐 호킹은 이 관점을 지지하고 있다. 그는 우리의 우주가 다른 우주보다 특별한 존재라고 주장한다. 우리의 우주는 파동함수의 값이 크고 다른 우주는 거의 0에 가깝지만 0은 아니다. 따라서 다른 우주들이 다중우주의 상태로 존재할 확률도 작긴 하지만 0이 아니다(그중에서 우리의 우주가 가장 큰 확률을 갖고 있다). 현재 호킹은 이 논리를 이용하여 인플레이션(팽창)의 기원을 설명하려는 시도를 하고 있다. 이 이론에 의하면 "팽창하는 우주가 팽창하지 않는 우주보다 확률이 크기 때문에" 우리의 우주는 팽창하고 있다.

우리의 우주가 시공간의 거품에서 탄생했다는 이론은 실험적 검증이 불가능하지만 몇 가지 관측결과와 일치하는 면이 있다. 지금까지 관측된 바에 의하면 우주에 존재하는 양전하와 음전하의 총량은 관측 오차의 범위 안에서 정확하게 같은 것으로 알려져 있다. 우리는 우주공간에서 중력이 가장 큰 힘이라는 사실을 당연하게 받아들이고 있지만, 사실 이것은 양전하와 음전하가 정확하게 상쇄되어 전기력이 작용하지 않기 때문에 나타난 결과이다. 만일 지구에 양전하와 음전하의 균형이 조금 어긋나 있다면, 지구는 전기력에 산산이 분해될 것이다. 양전하와 음전하가 균형을 이루고 있는 이유를 설명하는 가장 간단한 방법은 우리의 우주가 아무것도 없는 무無의 상태에서 출발했다고 생각하는 것이다. 아무것도 없으면 당연히 전하도 없었을 것이기 때문이다.

우리의 우주가 시공간의 거품에서 탄생했음을 보여주는 두 번째 증거는 '스핀spin'이 0이라는 점이다. 쿠르트 괴델은 은하의 스핀을 모두 더하여 우주가 회전하고 있다는 것을 증명하려고 했지만, 현재 천문학자들은 우주의 총 스핀이 0이라는데 별다른 이견을 달지 않는다. 이것도 우주가 무에서 탄생했다는 가설로 설명할 수 있다.

세 번째 증거는 우주에 존재하는 물질과 에너지의 양이 너무나도 적다는 점이다. 우주의 크기를 감안할 때, 물질-에너지의 양은 거의 0에 가깝다. 물질이 갖고 있는 양에너지와 중력과 관련된 음에너지를 더하면 서로 상쇄되는 듯하다. 일반상대성이론에 의하면 유한하고 닫힌 우주의 물질-에너지 총량은 정확하게 0이 되어야 한다(만일 우리의 우주가 열려 있으면서 무한히 크다면 물질-에너지가 거의 0인 이유를 설명할 수 없다. 그러나 인플레이션 이론은 우리 우주의 물질-에너지 총량이 매우 작다는 것을 강하게 시사하고 있다).

우주들 사이의 접촉?

그렇다면 다음과 같은 질문을 제기하지 않을 수 없다. "몇 가지 형태의 평행우주가 존재할 가능성을 배제할 수 없다면 다른 우주와 접촉하거나 그곳을 방문할 수 있는가? 또는 다른 우주에 사는 생명체들이 우리 우주를 방문할 수도 있지 않을까?"

앞서 말한 대로 다른 우주들은 우리의 우주와 결어긋난decoherent

상태에 있을 것이므로 직접적인 접촉은 불가능하다. 우리의 우주를 구성하는 원자들은 주변의 다른 원자들과 무수히 많은 충돌을 겪으면서 파동함수가 조금씩 붕괴되고, 그로 인해 평행우주의 개수도 줄어든다. 따라서 우리의 우주와 결맞음 상태에 있는 다른 우주가 존재할 가능성은 거의 없으며, 원자들 사이의 충돌이 반복될수록 그 확률은 더욱 줄어든다. 우리의 몸은 '조금씩 붕괴된' 수조 개의 원자들로 이루어져 있는데, 이 효과가 모두 더해져서 '완전히 붕괴된 하나의 상태'에 놓여 있는 듯한 환영을 만들어낸다. 아인슈타인이 말했던 '객관적 실체'도 우리의 몸을 이루고 있는 원자들이 서로 부딪힐 때마다 가능한 우주의 수가 줄어든다는 사실로부터 비롯된 일종의 환상이다.

이것은 초점이 맞지 않은 카메라렌즈를 통해 어떤 영상을 바라보는 것과 비슷하다. 미시세계에서는 모든 것이 흐릿하고 불확정적이다. 그러나 카메라의 초점을 맞출 때마다 영상은 점점 또렷해진다. 이것은 수조 개의 원자들이 작은 충돌을 겪으면서 가능한 우주의 개수가 줄어드는 과정과 비슷하다. 흐릿한 미시세계는 이런 과정을 통해 거시세계로 매끄럽게 이어지는 것이다.

그러므로 다른 양자적 우주와 접촉할 가능성은 0이 아니지만 원자들 사이의 충돌에 의해 빠른 속도로 줄어든다. 우리의 몸은 엄청나게 많은 원자로 이루어져 있으므로, 공룡이나 외계인이 살고 있는 다른 우주와 접촉할 가능성은 거의 0에 가깝다. 이런 사건이 일어나려면 우주의 나이보다 훨씬 긴 세월을 기다려야 한다.

이와 같이 양자적 평행우주와 접촉할 가능성을 완전히 배제할 수는 없지만, 우리의 우주가 그들과 결어긋난 상태에 있기 때문에 그런 일은 거의 일어나지 않는다고 봐도 무방하다. 그러나 우주론에서는 또 다른 형태의 평행우주가 등장한다. 욕조에 떠다니는 비누방울처럼 여러 개의 우주들이 동시에 존재하고 있다. 여기서 다른 우주와 접촉하는 것은 앞에서 다뤘던 접촉과는 또 다른 문제이다. 물론 쉽지는 않겠지만 Ⅲ단계 문명에서는 가능할 수도 있다.

앞서 말한 바와 같이 우주공간에 구멍을 뚫거나 시공간의 거품을 확대하려면 플랑크에너지 수준의 에너지가 필요하며, 이 단계에서 기존의 물리학은 더 이상 적용되지 않는다. 이 에너지 수준에서는 시간과 공간이 불안정해지기 때문에, 우리의 우주를 떠나 다른 우주로 진입하는 기회가 될 수도 있다(물론 다른 우주가 분명히 존재하고, 이동과정에서 목숨이 유지된다는 가정하에 그렇다).

이것은 물리학자들에게 국한된 문제가 아니다. 우주의 모든 생명체는 언젠가 우주의 종말에 직면할 것이기 때문이다. 우주를 서술하는 이론은 결국 죽어 가는 우주로부터 생명체를 구하는 이론으로 진화하게 될 것이다. WMAP위성이 최근에 보내온 사진에 의하면 우주의 팽창속도는 점점 더 빨라지고 있다. 이런 추세로 가면 모든 생명체와 우주는 대동결과 함께 소멸할 것이다. 이때가 되면 모든 별들이 빛을 잃고 우주는 죽은 별과 블랙홀, 그리고 중성자별만 남은 암흑천지가 된다. 심지어는 죽은 천체를 이루고 있는 원자들마저 붕괴되고, 에너지가 완전히 고갈되어 온도는 절대온도 0K에 가깝게 내려갈 것이다. 물론 이런 환경에서는 어떤 생명체도 살아남을 수 없다.

발달된 문명이 존재한다면 우주가 이 시점에 가까워졌을 때 다른 우주로 탈출을 모색할 것이다. 이들은 우주와 함께 얼어죽거나 다른 우주로 탈출하거나, 둘 중 하나를 선택하는 수밖에 없다. 물리법칙대로라면 생명체는 죽을 수밖에 없지만, 다행히도 탈출의 여지는 남아 있다.

Ⅲ단계 문명은 태양계나 성단만 한 규모의 초대형 입자가속기로 에너지를 한 점에 집중시켜서 플랑크에너지에 도달할 수 있을 것이다. 이 정도 에너지면 웜홀 등 다른 우주로 통하는 통로를 만들기에 충분하다. Ⅲ단계 문명인들은 이런 식으로 죽어 가는 우주를 뒤로하고 다른 우주로 이주하여 처음부터 다시 시작할 능력을 갖고 있을 것이다.

실험실에서 탄생한 아기우주?

지금까지 언급한 아이디어들이 공상과학소설 같다고 생각하는 독자들도 있겠지만, 물리학자들은 그 가능성을 신중하게 고려해왔다. 예를 들어 빅뱅이 어떻게 일어났는지 이해하려면 최초의 폭발을 일으킨 원인을 추적해야 한다. 다시 말해서, 우리는 다음과 같은 질문을 제기해야 한다. "실험실에서 인공적으로 아기우주를 만들 수 있는가?" 인플레이션 우주론의 창시자 중 한 사람인 스탠퍼드대학의 안드레이 린데Andrei Linde는 이렇게 말했다. "이제 우리는 신을 단순한 창조주가 아닌 훨씬 복잡한 존재로 다시 정의해야 한다."

사실 이것은 새로운 아이디어가 아니다. 몇 년 전에 물리학자들이 빅뱅이 일어나는데 필요한 에너지의 양을 계산했을 때, 사람들은 곧바로 의문을 떠올렸다. 실험실에서 다량의 에너지를 한 지점에 집중시키면 어떻게 될까? 미니 빅뱅이 일어날 정도로 에너지를 한 곳에 집중시킬 수 있을까?

충분한 양의 에너지를 한 지점에 집중시키면 시공간이 붕괴되면서 블랙홀이 만들어진다. 그러나 1981년에 앨런 구스와 안드레이 린데는 인플레이션 이론을 제안했고, 우주론학자들로부터 열렬한 지지를 받았다. 이 이론에 의하면 빅뱅은 이전에 생각했던 것보다 훨씬 빠르게 진행되었다(인플레이션 이론은 우주가 균일한 이유 등 우주론의 많은 난제들을 일거에 해결했다. 지금까지 얻어진 관측자료에 의하면 우주공간은 거의 모든 곳에서 균일하다. 그런데 빅뱅의 역사는 그 여파가 우주 전역에 전달될 정도로 충분히 길지 않기 때문에, 과거의 천문학자들은 우주가 균일한 이유를 설명하지 못했다. 인플레이션 이론은 상대적으로 균일했던 시공간의 작은 조각이 팽창하여 지금의 우주가 되었다고 주장한다). 구스는 시간이 시작될 때 시공간의 작은 거품이 존재했고, 그것이 팽창하여 지금의 우주가 되었다는 가정하에 인플레이션 이론을 전개해 나갔다.

인플레이션 이론은 우주론이 직면한 문제들을 한꺼번에 해결했고 WMAP이나 COBE 등 다양한 위성들이 보내온 관측자료와도 잘 일치하기 때문에, 현재로선 빅뱅의 비밀을 밝혀줄 가장 유력한 후보로 꼽히고 있다.

그러나 인플레이션 이론은 또 다른 질문을 낳는다. 초창기의 거품은 왜 팽창했는가? 인플레이션이 진정되면서 지금과 같은 우주가 된 이유는 무엇인가? 인플레이션은 다시 일어날 수 있는가? 인플레이션 시나리오는 우주론의 최첨단 이론임에도 불구하고, 인플레이션이 일어난 이유와 멈춘 이유에 대해서는 아무런 설명도 제시하지 못하고 있다.

이 질문의 해답을 찾기 위해 MIT의 앨런 구스와 에드워드 파리 Edward Fahri는 1987년에 다음과 같은 질문을 제기했다. "발달된 문명을 가진 종족들은 자신의 우주를 어떻게 팽창시킬 것인가?" 이 질문에 답할 수 있다면 우주가 팽창하게 된 원인도 알 수 있다는 것이 이들의 주장이다.

구스와 파리는 충분한 에너지를 한 점에 집중시키면 작은 시공간 거품이 자발적으로 형성된다는 사실을 알아냈다. 그러나 거품이 너무 작으면 다시 원래의 시공간으로 돌아간다. 거품이 충분히 커야 팽창을 시작하여 우주로 진화할 수 있다는 것이다.

새로운 우주가 탄생하는 곳을 바깥에서 바라보면 500킬로톤(5만 톤)짜리 핵폭탄이 폭발하는 장면과 비슷할 것이다. 마치 작은 거품이 우주에서 사라지면서 작은 핵폭발이 일어나는 것처럼 보인다. 그러나 거품 속에서는 새로운 우주가 팽창하고 있다. 비누방울이 여러 개로 갈라지거나 하나의 방울에서 다른 방울이 봉오리처럼 싹트는 장면을 상상해보라. 이렇게 생성된 작은 비누방울은 빠르게 팽창하여 커다란 방울이 될 수 있다. 이와 마찬가지로 하나의 우주 안에서 시공간이 거대한 폭발을 일으켜 새로운 우주가 태어날 수도 있다.

1987년 이후로 많은 이론가들은 작은 거품이 팽창하여 우주가 된다는 아이디어를 신중하게 고려해왔다. 그중에서 가장 널리 수용된

이론은 '인플라톤inflaton'이라는 새로운 입자가 시공간을 불안정하게 만들어서 거품의 생성과 팽창을 유도한다는 이론이다.

물리학자들은 2006년부터 자기홀극magnetic monopole을 가진 아기우주의 탄생가능성을 놓고 열띤 논쟁을 벌여오고 있다. N극 또는 S극만 있는 홀극-입자는 아직 발견된 적이 없지만, 초기우주에는 풍부하게 존재했을 것으로 추정된다. 이 입자는 질량이 너무 커서 실험실에서 만들 수는 없다. 그러나 홀극에 더욱 큰 에너지를 주입하면 아기우주가 발화하여 실제 우주로 팽창하는 광경을 볼 수 있을지도 모른다.

물리학자들은 왜 우주를 창조하려고 하는가? 린데는 "스스로 신이 되기를 원하기 때문"이라고 했다. 그러나 내가 보기에는 먼 훗날 우리의 우주가 수명을 다했을 때 확실한 피난처를 미리 만들어둔다는 의미도 있는 것 같다.

우주의 진화?

일부 물리학자들은 이 아이디어를 거의 공상과학 수준으로 발전시켜서 "어떤 지적 생명체가 우리의 우주를 창조했다"는 가설을 신중하게 고려하고 있다.

구스와 파리의 시나리오에 따르면 충분히 발달된 문명은 우리의 우주와 물리상수(전자와 양성자의 전하, 네 가지 힘의 결합상수 등)가 똑같은 아기우주를 만들 수 있다. 그렇다면 이 문명인들이 물리상수가 조금 다른 우주를 만들 수도 있지 않을까? 이렇게 탄생한 우주는 시간을 따라 진화하면서 이전과 조금씩 다른 모습으로 변해갈 것이다.

물리상수를 우주의 DNA로 간주했을 때, 발달된 문명을 가진 존재들은 DNA가 조금씩 다른 우주를 여러 개 만들 수도 있을 것이다. 그렇다면 생명체에게 가장 적합한 DNA를 가진 우주에는 생명체가 만연하게 될 것이다. 물리학자 에드워드 해리슨Edward Harrison은 리 스몰린Lee Smolin의 아이디어를 계승하여 우주적 '자연선택론'을 제안했다. 즉, 다중우주 중에서 가장 좋은 DNA를 가진 우주가 가장 크게 번성한다는 것이다. 우주의 DNA가 생명체에게 적합해야 발달된 문명을 잉태할 수 있고, 결국 그들에 의해 후속 아기우주가 만들어질 수 있기 때문이다. 간단히 말해서 '우주적 적자생존이론'인 셈이다.

이것이 사실이라면 우리 우주의 물리상수가 생명체에게 알맞은 값으로 세팅되어 있는 이유를 설명할 수 있다. 여러 개의 다중우주들 중에서 그와 같은 우주가 가장 크게 번성하고 있기 때문이다('우주의 진화'라는 아이디어는 인류발생학적 원리의 문제점을 해결할 수는 있지만, 어떤 방법으로도 증명되거나 반증될 수 없다는 근본적인 문제점을 안고 있다. 사실 여부를 확인하려면 만물의 이론이 완성될 때까지 기다려야 한다).

현재의 과학수준으로는 평행우주의 실존여부를 판단할 수 없다. 평행우주가 물리법칙에 위배되진 않지만 아직은 확인 자체가 불가능하다. 따라서 이것은 제2부류 불가능에 속한다고 할 수 있다. 아마도 이 이론은 Ⅲ단계 문명이 소유한 과학기술의 근간을 이루게 될 것이다.

PART 3

제3부류_불가능

PHYSICS OF THE IMPOSSIBLE

영구기관

> 과학이론은 다음 네 단계의 평가를 거쳐 사람들에게 수용된다.
> 1. 그건 아무짝에도 쓸모없는 난센스다.
> 2. 흥미롭긴 하지만 정설에 어긋난다.
> 3. 사실이긴 하지만 별로 중요하지 않다.
> 4. 그것 봐, 내가 항상 그렇게 말해왔잖아!
> —J. B. S. 할데인 J. B. S. HALDANE, 1963

아이작 아시모프의 고전소설 《신들 자신 The Gods Themselves》에서 서기 2070년에 한 무명의 화학자가 우연한 기회에 역사상 최고의 발명품을 개발한다. 소위 '전자펌프 Electric Pump'라 불리는 이 장치만 있으면 아무런 비용도 들이지 않고 에너지를 무한정 생산할 수 있다. 이로써 그는 인류문명을 에너지 위기로부터 구원한 역대 최고의 과학자로 추대된다. 아시모프는 이를 두고 "전 세계에 최고의 선물을 안겨준 산타클로스나 알라딘의 램프"라고 표현했다.[14-1] 그 화학자가 설립한 회사는 세계에서 가장 부유한 기업으로 등극하고, 석유나 가스, 석탄, 핵원료 등 기존의 에너지원을 공급하던 기업들은 모두 파산한다.

전 세계에 공짜 에너지가 넘쳐 나고, 인류문명은 새로운 발명품의 위력에 한껏 도취된다. 모든 사람들이 위대한 성취를 축하하고 있는데, 한 물리학자만은 마음이 편치 않았다. 그는 스스로 자문한다. "이 공짜 에너지는 대체 어디서 온 것인가?" 결국 그는 비밀을 알아낸다. 사람들이 무분별하게 쓰고 있는 에너지는 전혀 공짜가 아니었다. 그것은 우리의 우주와 평행우주를 연결하는 통로를 타고 흘러들어오고 있었는데, 에너지원 역할을 하는 연쇄반응이 우리의 태양과 은하의 수명을 단축하여 태양은 곧 초신성이 되고, 그 여파로 지구도 곧 끝장날 운명이었던 것이다.

에너지 손실 없이 영원히 작동하는 영구기관은 유사 이래 모든 발명가와 과학자, 그리고 온갖 사기꾼들의 영원한 성배聖杯였다. 이보다 더 좋은 것은 투입된 에너지보다 더 많은 에너지를 생산하는 장치인데, 아시모프의 소설에 등장하는 전자펌프가 이 범주에 속한다. 입력보다 출력이 많으면 장치를 오래 돌릴수록 이득이므로, 공짜 에너지를 무한정 쓸 수 있게 된다. 이 얼마나 환상적인가!

고도로 산업화된 현대사회는 화석연료를 거의 다 소모하여 심각한 위기에 처해 있다. 현대문명을 유지하려면 다른 에너지원을 하루속히 찾아야 한다. 연일 치솟는 유가와 저하되는 생산성, 그리고 폭발하는 인구와 오염된 대기 등… 이 모든 문제를 극복하려면 새로운 형태의 에너지가 반드시 필요하다. 요즘은 각국의 정부와 민간단체들도 대체에너지에 지대한 관심을 보이고 있다. 지구촌 전체가 '에너지 위기감'을 공유하게 된 것이다.

지금도 소수의 발명가들은 이런 분위기를 타고 "공짜 에너지를 무한정 생산하는 기계를 만들겠다"고 공언하면서 투자자를 모으고 있다. 물론 과거에도 영구기관에 평생을 바친 발명가는 헤아릴 수 없을 정도로 많았다. 개중에는 원리가 매우 그럴듯하여 에디슨의 후계자로 지목된 사람도 있었다.

가능성 여부를 떠나서, 영구기관은 가장 널리 알려진 기계장치이다. 과학에 아무리 관심이 없는 사람도 영구기관이 뭐 하는 기계인지는 잘 알고 있을 것이다. TV 만화 〈심슨가족The Simpsons〉 시리즈의 'PTA 해산하다The PTA Disbands' 편에서 리사가 학교교사들이 파업을 한 사이에 영구기관을 발명하자 호머가 단호하게 말한다. "리사, 이리로 들어와…. 단, 이 집에서는 열역학의 법칙을 따라야 해!"

컴퓨터게임 〈심스, 제노사가 에피소드Ⅰ, Ⅱ The Sims, Xenosaga EpisodeⅠ, Ⅱ〉와 〈울티마Ⅵ: 가짜 예언자UltimaⅥ: The False Prophet〉, 그리고 니켈로디언Nickelodeon(미국 어린이 전문 케이블 TV방송: 옮긴이)에서 방영하는 〈인베이더 짐Invader Zim〉에서도 영구기관이 중요한 테마로 등장한다.

에너지가 그렇게 귀한 것이라면, 영구기관이 만들어질 가능성은 정확하게 얼마나 되는가? 영구기관은 애초부터 불가능한 물건인가? 물리법칙에 어떤 맹점이 있어서, 이 부분을 수정하고 나면 영구기관을 만들 수도 있지 않을까?

에너지를 통해 바라본 인류의 역사

문명화된 사회에서 에너지는 필수적이다. 인류의 역사는 에너지라는 렌즈를 통해 일목요연하게 조망할 수 있다. 인류가 지구상에 처음 출현하여 지금까지 흐른 시간을 100이라고 했을 때, 99.9의 시간을 식량을 뒤지거나 짐승을 사냥하면서 떠돌아다녔다. 따라서 원시인의 삶은 매우 야만적이었고 수명도 짧았을 것이다. 이들이 사용한 개인에너지는 자신의 근육이 발휘할 수 있는 정도, 즉 1/5마력이 전부였다. 원시인의 화석을 분석해보면 뼈가 극도로 닳거나 크게 손상되어 있는데, 그 원인은 아마도 자신의 완력에 의지하여 생존했기 때문일 것이다. 원시인의 평균수명은 20년이 채 되지 않았다.

마지막 빙하기가 끝난 후, 그러니까 지금으로부터 약 1만 년쯤 전부터 인류는 농사를 짓고 가축을 사육하기 시작했다. 특히 말을 기르면서부터 개인이 발휘할 수 있는 에너지가 1~2마력으로 증가했고, 이로부터 인류는 첫 번째 혁명적인 변화를 겪게 된다. 이들은 말이나 소를 이용하여 넓은 농지를 혼자 경작할 수 있게 되었으며, 하루에 수십km를 이동하거나 수백kg에 달하는 짐(바위나 곡식 등)을 운반할 수도 있게 되었다. 이리하여 인류는 역사상 처음으로 잉여에너지를 갖게 되었고, 그 결과는 '도시의 건설'로 나타났다. 에너지가 남는다는 것은 여러 분야의 장인匠人과 건축가, 토목기사, 작가 등 다양한 직종의 사람들이 도시에서 생계를 유지할 수 있음을 의미한다. 따라서 도시의 삶은 에너지 소모량의 증가와 함께 더욱 풍요로워졌다. 이 무렵에 사막과 정글에서 피라미드와 제국이 건설되고,

인간의 평균수명은 약 30세로 늘어났다.

　인류역사의 두 번째 대혁명은 지금으로부터 약 300년 전에 일어났다. 각종 기계가 발명되고 증기의 힘이 알려지면서 한 사람이 발휘할 수 있는 에너지가 거의 10마력까지 증가한 것이다. 사람들은 증기기관차를 타고 단 며칠 만에 대륙을 횡단할 수 있게 되었으며, 드넓은 농경지는 사람이 아닌 기계의 힘으로 경작할 수 있게 되었다. 이와 함께 수송수단이 크게 발달하여 도시에 고층건물이 들어서기 시작했고, 생활환경이 개선되면서 인간의 평균수명도 더욱 길어졌다. 통계자료에 의하면 1900년에 미국인의 평균수명은 거의 50세였다.

　지금 우리는 역사상 세 번째 혁명인 정보혁명기의 한복판에 살고 있다. 그동안 인구는 폭발적으로 증가했고 전기사용량은 대책 없이 늘어나고 있는데, 공급 가능한 에너지는 한정되어 있다. 요즘 한 사람이 사용할 수 있는 에너지는 무려 1천 마력에 달한다. 우리는 수백 마력을 발휘하는 자동차를 생활필수품으로 생각하고 있다. 급증하는 에너지수요와 한정된 에너지자원 - 이런 상황에서 영구기관에 관심을 갖는 것은 당연한 일이다.

영구기관의 역사

　영구기관을 찾는 인류의 여정은 고대부터 시작되었다. 역사에 기록된 최초의 영구기관은 8세기에 바바리아(지금의 독일 바이에른 지방)

에서 시도되었다. 이때 만들어진 장치는 향후 천년 동안 시도될 수 백 가지 영구기관의 모태가 된다. 이것은 바닥에 대형자석을 깔아놓고 그 위에 소형자석이 여러 개 붙어 있는 바퀴를 매달아서(마치 놀이공원의 대관람차처럼 생겼다) 자석의 힘으로 돌아가는 장치였다. 이것을 만든 장인은 바퀴에 붙어 있는 자석들이 바닥에 있는 자석을 지나갈 때마다 인력과 척력이 번갈아 작용하여 별도의 에너지를 공급하지 않아도 바퀴가 영원히 돌아간다고 생각했을 것이다.

1150년에 인도의 철학자 바스카라Bhaskara도 기발한 영구기관을 만들었다. 그는 바퀴의 테두리에 무거운 추를 걸어서 불균형을 유도하여 영원히 돌아가는 장치를 만들었다. 바퀴가 회전할 때마다 테두리에 매달린 추가 어떤 일을 한 후 다시 원위치로 되돌아오면, 그 후부터는 모든 과정이 똑같이 반복된다. 바스카라는 이 장치를 이용하면 비용을 들이지 않고 영원히 동력을 공급할 수 있다고 주장했다.

바바리아의 장인과 바스카라의 작품을 비롯하여 후대에 만들어진 대부분의 영구기관들은 동일한 원리에 기초하고 있다. "에너지를 투입하지 않고 바퀴를 한 번만이라도 돌릴 수 있으면 영원한 운동이 가능하다"는 원리이다(물론 이 과정에서 무언가 유용한 일을 할 수 있어야 한다. 그런데 이런 장치들을 실제로 만들어서 가동해보면 예외 없이 에너지가 손실되어 한 바퀴를 채 돌지 못하거나, 한 바퀴를 돈다고 해도 유용한 일을 하지 못한다).

르네상스시대에는 영구기관에 대한 관심이 한층 더 높아졌다. 1635년에 영구기관 특허가 최초로 승인되었고, 1712년에 요한 베슬러Johan Bessler는 그때까지 만들어진 3백 여 종의 모형을 분석한 끝에 독창적인 영구기관을 설계했다(전하는 바에 의하면 나중에 한 하녀가 나서서 베슬러의 영구기관이 사기극임을 폭로했다고 한다). 르네상스를 대표하는 위대한 예술가이자 뛰어난 과학자였던 레오나르도 다 빈치도 영구기관에 지대한 관심을 보였다. 그는 공식석상에서 영구기관 발명가들을 '뜬구름을 좇는 사람들'이라며 비난했지만, 사실은 개인적으로 은밀하게 영구기관을 연구하고 있었다. 다 빈치의 스케치북에는 원심력펌프와 회전식 굴뚝갓을 이용하여 불 위에서 꼬챙이를 돌리는 영구기관 설계도가 남아 있다.

그 후 영구기관을 만들었다고 주장하는 사람들이 어찌나 많았는지, 파리의 왕립과학원 측에서는 영구기관과 관련된 제안을 더 이상 수용하지 않겠다고 선언했을 정도였다.

영구기관 역사 전문가인 아서 오드-흄Arthur Ord-Hume은 천재적인 발상과 부단한 노력으로 영구기관에 매달려온 과거의 발명가들에게 찬사를 보내면서도, 한편으로는 이런 생각을 갖고 있다. "그래도 연금술사들은… 실패했을 때 물러설 줄 안다."

장난과 사기극

영구기관은 누구나 관심을 보이는 물건이었으므로, 이와 관련된 장난과 사기극도 많았다. 1813년에 찰스 레드히퍼Charles Redheffer는 뉴욕시에 영구기관을 전시하여 군중들을 깜짝 놀라게 했다(후에 로버트 풀턴Robert Fulton이 레드히퍼의 영구기관을 조사하다가 교묘하게 숨겨놓은 케이블을 발견했다. 이 케이블은 천장까지 뻗어 있었고, 그곳에 숨어 있는 사람이 손을 놀려 기계를 구동시켰다].

영구기관을 향한 열망은 과학자와 공학자들도 예외가 아니었다. 1870년에 《사이언티픽 아메리칸Scientific American》의 편집자들은 윌리스E. P. Willis라는 사람이 만든 기계에 감쪽같이 속아 넘어갔다. 당시 이 잡지에는 "역사상 가장 위대한 발명"이라는 머릿기사와 함께 윌리스가 만들었다는 영구기관이 대서특필되었는데, 후에 다른 과학자들이 이 장치를 분석하다가 교묘하게 감춰져 있는 동력원을 발견했다.

영구기관으로 가장 큰 사기극을 벌였던 사람은 아마도 존 에른스트 워렐 켈리John Ernst Worrell Kelly일 것이다. 그는 1872년에 자신이 영구기관을 만들었다며 투자자들을 속여서 5백만 달러라는 거금을 착복했다. 켈리는 과학적 배경지식이 거의 없었음에도 불구하고 에테르ether(빛의 매개체로 알려져 있던 가상의 물질)에 의해 가동된다는 가짜 영구기관을 만들어서 '수력 공기진동 액포 엔진Hydro Pneumatic Pulsating Vacuo Engine'이라는 거창한 이름까지 붙여놓았다. 그는 자신이 사는 집에 이 장치를 설치해놓고 사람들을 불러모아 가동되는 장면을 보여주었으며, 여기 현혹된 순진한 투자자들은 기꺼이 지갑을 열었다.

얼마 후 제정신을 차린 일부 투자자들이 켈리를 사기혐의로 고소했고, 유죄판결을 받은 그는 잠시 감옥생활을 했으나 대부분의 여생을 부자로 살았다. 캘리가 만들었다는 영구기관의 비밀은 결국 그가 죽은 후에 밝혀지게 된다. 생전에 그가 살던 집을 철거하다가 마루

밑에서 튜브가 발견된 것이다. 마루에서 벽을 타고 지하실까지 뻗어 있는 이 튜브를 통해 압축공기가 주입되었고, 지하실에 감춰놓은 플라이휠이 에너지를 공급하고 있었다.

심지어는 미국 해군과 대통령까지도 영구기관에 관심을 보였다. 1881년에 존 갬지John Gamgee라는 사람이 액체 암모니아로 작동되는 기계를 발명했는데, 차가운 암모니아가 기화하여 기압이 높아지면서 피스톤을 작동시킨다는 원리였다. 만일 이 장치가 예상대로 작동된다면 바다의 열을 이용한 영구기관을 만들 수 있었다. 미 해군은 바다의 에너지를 무한정 활용할 수 있다는 아이디어에 크게 매료되어 당시 미국 대통령이었던 제임스 가필드James Garfield에게 보고했다. 그러나 정작 시제품을 만들어 가동해보니 기화된 암모니아가 다시 액체로 전환되지 않아서 완전한 순환을 이루지 못했고, 결국 갬지의 발명품도 일회성 해프닝으로 끝나고 말았다.

그 후로도 영구기관을 발명했다는 주장이 끊이지 않자 급기야 미국 특허청USPTO은 시제품이 없는 영구기관 특허접수를 거부하기 시작했다. 그러나 제시된 모형 중에는 특허심사관이 아무리 살펴봐도 허점을 발견할 수 없어서 어쩔 수 없이 특허권을 인정한 제품도 있었다. 미국 특허청의 담당자는 영구기관 발명특허를 출원할 때 시제품을 요구하는 것은 특허청의 공식 입장이 아니라고 했다(그래서 "미국 특허청이 내 영구기관 발명품을 인정했다"며 순진한 투자자들을 현혹시키는 사기꾼들이 더욱 극성을 부렸다).

그러나 과학적인 관점에서 볼 때 영구기관을 만들려는 열망이 헛된 것만은 아니었다. 물론 제대로 작동되는 영구기관은 단 하나도 없었지만, 수많은 발명가들의 피땀 어린 노력에 자극을 받은 물리학자들은 열기관의 특성을 신중하게 연구하기 시작했다[이와 같은 사례는 화학분야에서도 찾아볼 수 있다. 중세의 연금술사들은 '현자의 돌philosopher's stone(비금속을 황금으로 바꿀 수 있다고 믿었던 중세의 연금술사들이 신비의 재료에 붙인 이름: 옮긴이)'을 찾기 위해 많은 시간을 허비했으나, 여기에 자극을 받은 화학자들이 연금술의 진위여부를 파고들다가 화학의 기본법칙을 발견할 수 있었다].

1760년대에 존 콕스John Cox는 기압계로 대기압의 변화를 감지하여 영원히 작동하는 시계를 발명했는데, 근 250년이 지난 지금까지도 잘 돌아가고 있다. 이것은 '기압의 변화'라는 자연현상을 에너지원으로 사용한 장치이므로, 지구에 대기가 사라지지 않는 한 영원히 작동될 것이다.

과학자들은 콕스의 시계와 같은 영구기관을 분석한 끝에 "외부에서 에너지가 유입되기 때문에 작동된다"는 결론을 내렸다. 사람이 관리를 하지 않아도 잘 움직이기 때문에 언뜻 보기엔 영구기관 같지만, 사실은 에너지보존법칙의 범주를 넘지 않는다는 것이다. 이로부터 탄생한 것이 바로 "물질과 에너지의 총량은 창조되지도, 파괴되지도 않는다"는 열역학 제1법칙이었다. 열역학은 세 개의 기본법칙에 기초하고 있는데, "엔트로피entropy(무질서도)의 총량은 항상 증가한다(대충 말하자면, 열은 항상 더운 곳에서 찬 곳으로 흐른다는 말과 비슷하다)"는 제2법칙과 "절대온도 0K(영하 273도)에는 도달할 수 없다"는 제3법칙이 그것이다.

우주를 게임장에 비유하고 에너지를 얻는 것이 게임의 목적이라고 했을 때, 위에 열거한 세 개의 법칙은 다음과 같이 일상적인 언어로 표현할 수 있다.

"아무것도 없는 곳에서 무언가를 얻을 수는 없다."(제1법칙)
"무슨 짓을 해도 수지 타산을 맞출 수 없다."(제2법칙)
"도중에 게임을 그만둘 수도 없다."(제3법칙)

(물리학자들은 이 법칙들이 절대적인 진리는 아니라고 조심스럽게 말한다. 그러나 지금까지 열역학법칙에서 벗어난 사례는 단 한 번도 발견된 적이 없다. 이 법칙을 반증하고 싶다면 한 가지 실험을 수천 년 동안 수행해야 할 것이다. 열역학법칙에서 벗어날 가능성은 잠시 후에 언급될 것이다.)

열역학을 떠받치는 세 개의 법칙들은 19세기 물리학이 낳은 위대한 유산임이 분명하지만, 한 사람의 뛰어난 과학자를 비극으로 몰고 간 원인이 되기도 했다. 열역학의 체계를 세우는 데 지대한 공헌을 했던 독일의 물리학자 루드비히 볼츠만Ludwig Boltzman은 이 법칙에서 야기된 논쟁에 휘말려 신경쇠약에 시달리다가 스스로 목숨을 끊고 말았다.

루드비히 볼츠만과 엔트로피

볼츠만은 키가 작았지만 크고 두툼한 가슴에 덥수룩한 수염을 기르고 있어서 겉으로 보기에는 매우 강인한 인상을 주는 사람이었다.

그러나 그는 자신의 이론에 쏟아지는 온갖 공격과 비방을 혼자 감내하면서 심리적으로 회복할 수 없는 큰 상처를 받게 된다. 17세기에 탄생한 뉴턴의 물리학은 19세기에 이르러 확고부동한 진리로 자리 잡았다. 그러나 볼츠만은 당시 학계의 커다란 논쟁거리였던 원자론에 뉴턴의 이론이 엄밀하게 적용되지 않았다는 사실을 잘 알고 있었다. 그 무렵에는 세계 물리학계를 이끌던 석학들 중에서도 원자론에 반대하는 사람들이 꽤 많이 있었다(지금부터 불과 100년 전만 해도 다수의 과학자들은 원자라는 것이 그럴듯한 발상이긴 하지만 실제로 존재하지 않는다고 하늘처럼 믿고 있었다. 현실 세계에 존재하기에는 크기가 너무 작다는 것이 그들이 내세우는 이유였다. 현대를 사는 독자들은 상상이 잘 안 갈 것이다).

뉴턴은 물체의 운동을 결정하기 위해 필요한 것이 인간의 정신이나 바람이 아니라 '역학적 힘'이라는 사실을 확실하게 증명해보였다. 그 후 볼츠만은 아주 단순한 가정 하나에서 출발하여 기체의 운동을 서술하는 여러 개의 법칙을 우아한 방법으로 유도했다. 그 가정이란 모든 기체들이 당구공처럼 생긴 원자로 이루어져 있으며, 모든 원자는 뉴턴의 운동법칙을 따른다는 것이었다. 볼츠만이 볼 때 기체로 가득 찬 상자는 수조 개의 작은 금속구로 가득 찬 상자와 크게 다를 것이 없었다. 그는 개개의 금속구들이 벽에 부딪히거나 서로 충돌할 때에도 뉴턴의 법칙에 따라 움직인다고 생각했다. 물리학역사에 길이 남을 그의 논문에는 이 간단한 가정으로부터 기체의 운동을 서술하는 여러 법칙들이 완벽한 논리로 증명되어 있으며〔제임스 클럭 맥스웰도 볼츠만과 별도로 이 작업을 완수했다〕, 이로부터 통계역학statistical mechanics이라는 새로운 물리학 분야가 탄생했다.

열역학법칙이 알려지면서 그동안 모르고 있었던 물질의 특성들이 제1법칙으로부터 무더기로 유도되기 시작했다. 뉴턴의 법칙은 에너지보존을 전제하고 있으므로, 원자끼리 충돌할 때에도 에너지는 보존되어야 했다. 즉, 수조 개의 원자들이 상자 안에서 정신없이 충돌하고 있을 때에도 총에너지는 여전히 보존된다는 뜻이다. 에너지보존법칙은 그동안 수많은 실험을 통해 사실로 입증되었지만, 사실은 열역학 제1법칙으로부터 자연스럽게 유도되는 결과이다.

그러나 원자론은 19세기 물리학자들에게 여전히 논쟁의 대상이었으며, 특히 철학자 에른스트 마흐Ernst Mach는 원자론을 주창하는 학자들을 무자비할 정도로 깔아뭉갰다. 심성이 여리고 예민했던 볼츠만은 본의 아니게 이 논쟁의 한 복판에 서서 원자론을 극렬하게 반대하는 극성분자들의 온갖 비난과 비신사적인 공격을 고스란히 받아내야 했다. 그들이 원자론을 반대했던 이유는 "관측될 수 없는 것은 존재하지 않는다"는 근시안적인 믿음 때문이었다. 볼츠만은 인신공격에 시달렸을 뿐만 아니라 심혈을 기울인 논문이 학술지 편집자에게 거절당하는 수모를 겪기도 했다. 당시 독일의 유명학술지 편집자들은 원자와 분자가 이론적인 가설일 뿐, 실제로 존재하지 않는다고 믿었기 때문이다.

끊임없는 비방과 인신공격에 시달리다 몸과 마음이 극도로 황폐해진 볼츠만은 1906년에 아내와 딸이 해변가에서 수영을 즐기는 동안 밧줄에 목을 매달아 스스로 삶을 마감했다. 더욱 안타까운 것은 1년 전인 1905년에 알베르트 아인슈타인이라는 젊은 물리학자가 원자의 존재를 증명하는 논문을 이미 발표했다는 사실이다.

총 엔트로피는 항상 증가한다

볼츠만을 비롯한 여러 물리학자들의 업적 덕분에, 우리는 영구기관을 '1종'과 '2종'의 두 종류로 분류할 수 있게 되었다. 1종 영구기관은 열역학 제1법칙에 위배되는 기관으로서, 투입된 에너지보다 많은 에너지를 생산하도록 설계된 영구기관이 여기에 속한다. 이런 장치들은 제작자가 에너지원을 은밀한 곳에 숨기고 있거나, 외부에서 에너지가 유입되고 있는데도 제작자가 그 사실을 미처 깨닫지 못한 경우이다. 지금까지 물리학자들이 1종 영구기관을 분석한 결과, 여기서 예외가 되는 사례는 단 한 번도 없었다.

2종 영구기관은 좀 더 미묘한 구석이 있다. 이 장치들은 열역학 제1법칙(에너지보존법칙)을 만족하지만 제2법칙에는 위배된다. 이론적으로 따져보면 2종 영구기관은 열 손실이 전혀 없어야 한다. 다시 말해서 열효율이 100%라는 뜻이다.[14-2] 그러나 열역학 제2법칙에 의하면 이런 장치는 존재할 수 없다. 모든 열기관은 반드시 열 손실이 있기 마련이고, 이로 인해 우주의 무질서도(또는 엔트로피)는 증가한다. "제아무리 효율이 높은 장치라고 해도 낭비되는 열이 반드시 있어야 한다"는 것이 제2법칙의 결과이다.

총 엔트로피가 항상 증가한다는 것은 자연의 법칙이자 인류의 역사이기도 하다. 제2법칙에 의하면 무언가를 짓는 것보다 부수는 것이 훨씬 쉽다. 멕시코의 아즈텍Aztec 제국처럼 수천 년에 걸쳐 형성된 문명도 단 몇 달 만에 초토화될 수 있다. 과거 스페인의 점령자들이 기마병과 소총을 앞세워 마야제국을 침공했을 때 실제로 이런 일이 일어났었다.

거울을 볼 때마다 얼굴의 주름과 흰 머리카락이 늘어나는 것도 제2법칙의 필연적인 결과이다. 생물학자들의 설명에 따르면 노화현상이란 인간의 세포나 유전자에 '유전적 오류'가 서서히 누적되어 나타나는 현상이다. 다시 말해서 세포의 기능이 서서히 저하됨에 따라 늙어간다는 뜻이다. 노화, 부식, 부패, 붕괴, 분해 등과 같은 현상들은 제2법칙에 의해 나타난 결과이다.

천문학자 아서 에딩턴Arthur Eddington은 열역학 제2법칙에 대해 다음과 같이 말했다. "내가 보기에 엔트로피가 항상 증가한다는 열역학법칙은 다른 모든 법칙에 우선하는 최상위의 법칙이다…. 만일 당신이 세운 이론이 열역학 제2법칙에 어긋난다면, 더 이상 미련을 갖지 말고 포기할 것을 권한다. 그런 이론을 고집해봐야 처절한 실패만이 돌아올 뿐이다."

지금도 일부 혈기왕성한 공학자들(또는 똑똑한 사기꾼들)은 영구기관 개발에 매달리고 있으며, 개발에 성공했다는 소식도 종종 들려오곤 한다. 최근에 나는 〈월스트리트 저널〉의 한 기자로부터 자신이 영구기관을 만들었다며 투자자들을 설득하여 수백만 달러의 자본을 유치한 발명가에 대해 평을 해달라는 요청을 받았다. 아니나 다를까, 과학적 배경지식이 전혀 없는 유력 경제일간지의 기자들이 그의 발명품을 신문에 대서특필해 놓은 상태였다. 궁금증이 동하여 그 신문의 머릿기사를 보니 "천재인가, 아니면 괴짜인가?"라는 문구가 커다랗게 찍혀 있었다.

고등학교를 나온 사람이라면 물리학이나 화학시간에 "영구기관은 불가능하다"는 사실을 분명히 배웠을 것이다. 그러나 투자자들은 물리학의 기본법칙을 완전히 무시한 발명품에 현혹되어 흔쾌히 거금을 쏟아부었다(한 사람이 수백만 달러 규모의 사기를 쳤다는 뉴스는 별로 새로울 것도 없다. 사기꾼은 태곳적부터 줄곧 있어 왔으니까. 내가 놀란 것은 이 발명가가 돈 많은 투자자들을 너무나 쉽게 속였다는 점이다. 기초물리학에 대한 지식이 그 정도로 부실했다는 말인가?). 나는 "바보와 바보의 돈은 쉽게 흩어진다"는 속담과 "귀가 얇은 사람은 지금도 매 순간마다 태어나고 있다"는 바넘P. T. Barnum의 격언을 인용하여 간략한 평을 써주었다. 그러자 〈파이낸셜 타임즈〉와 〈이코노미스트〉, 그리고 〈월스트리트 저널〉에는 가짜 영구기관으로 사기를 쳤던 과거의 사례들을 소개하는 장문의 기사가 실렸다.

세 가지 법칙과 대칭

그러나 이 모든 것은 더욱 심오한 질문을 떠올리게 한다. "왜 열역학법칙들은 다른 법칙에 우선하는가?" 이 질문은 열역학 제1법칙이 발견된 후로 과학자들의 뇌리를 떠나지 않았다. 이 질문에 답할 수만 있다면 열역학법칙을 피해 가는 방법도 알 수 있을 것이고, 그 여파는 가히 세상을 뒤흔들고도 남을 것이다.

나는 대학원 학생시절에 에너지보존법칙의 근원을 깨닫고 한동안 입을 다물지 못했다. 물리학의 기본원리 중에 '뇌더의 정리Noether's theorem'라는 것이 있는데, 그 내용인즉 "물리계가 어떤 대칭성을 갖고 있으면 거기 해당하는 보존량이 항상 존재한다"는 것이다[이 정리는 1918년에 수학자 에미 뇌더Emmy Noether가 증명했다]. 우주를 다스리는 법칙이 시간이 흘러도 변하지 않는다는 사실로부터 얻어지는 것이 바로 에너지보존법칙이다(또한 어떤 방향으로 이동해도 물리학의 법칙이 변하지 않는다는 사실로부터 운동량보존법칙이 얻어지며, 공간을 회전시켜도 물리법칙이 달라지지 않는다는 사실로부터 각 운동량보존법칙이 얻어진다).

이 사실을 처음 알았을 때 내가 받았던 충격은 말로 표현하기 어려울 정도였다. 그때 문득 내 머릿속에는 수십 억 광년 떨어진 곳에서 날아온 빛의 스펙트럼이 지구에서 발생한 빛의 스펙트럼과 완전히 똑같다는 사실이 떠올랐다. 태양이나 지구가 존재하지도 않던 수십억 년 전에 우주의 끝에서 방출된 빛이 오늘날 지구에 있는 수소, 헬륨, 탄소, 네온 등에서 방출되는 빛과 동일한 스펙트럼을 갖고 있다는 것은 그 기나긴 세월이 흐르는 동안 물리학의 기본법칙이 전혀 변하지 않았음을 의미한다. 시간뿐만이 아니다. 별과 지구는 거리상으로 수십 억 광년이나 떨어져 있는데도 동일한 물리법칙이 적용되고 있다.

나는 "에너지보존법칙이 영원히 지속되지 않더라도, 적어도 지난 수십억 년 동안은 변하지 않았다"는 사실을 깨달았다. 내가 아는 한 물리학의 기본법칙 중에서 시간에 따라 변하는 것은 없다. 이것이 바로 에너지보존법칙의 근원이었던 것이다.

뇌더의 정리는 현대물리학에 지대한 영향을 미쳤다. 물리학자가 새로운 이론을 개발할 때에는 그것이 우주의 기원에 관한 이론이건,

쿼크를 비롯한 소립자에 관한 이론이건, 또는 반물질에 관한 것이건 간에, 제일 먼저 주어진 물리계가 갖고 있는 대칭성부터 확인한다. 누가 뭐라 해도 대칭성은 새로운 이론의 앞길을 결정하는 확고한 지침이다. 과거의 물리학자들은 대칭을 이론의 부산물쯤으로 생각했다. 보기에는 제법 깜찍하고 아름답지만, 이론 자체에는 별로 도움이 되지 않는다고 생각하여 별다른 관심을 보이지 않았다. 그러나 오늘날의 물리학자들은 대칭이라는 것이 이론의 근본적인 특성을 정의하는 핵심정보임을 잘 알고 있다. 그래서 물리학자들은 새로운 이론을 세울 때 제일 먼저 대칭을 규명한 후 주변 논리를 펼쳐나간다.

〔그러나 안타깝게도 에미 뇌더는 볼츠만이 그랬던 것처럼 반대론자들의 소모적인 논쟁에 시달렸다. 게다가 여자라는 이유로 종신교수직을 거부당하는 차별까지 감수해야 했다. 뇌더의 조언자이자 당대 최고의 수학자였던 다비드 힐베르트David Hilbert는 뇌더를 차별하는 대학 관계자들을 향해 이렇게 외쳤다. "여긴 대체 뭐 하는 곳입니까? 대학이 무슨 목욕탕이라도 된답니까?"〕

대칭과 보존법칙의 원리는 또 하나의 불편한 질문을 야기시킨다. 에너지보존법칙이 '시간에 따른 물리법칙의 불변성'에서 비롯된 것이라면, 어떤 비정상적인 환경에서는 성립하지 않을 수도 있지 않을까? 물리법칙의 대칭성이 우리가 모르는 의외의 장소에서 붕괴되어 있다면 에너지보존법칙은 우주적 스케일에서 성립하지 않을 수도 있다.

이런 일이 일어나는 한 가지 방법은 물리학의 법칙이 시간이나 거리에 따라 변하는 것이다(아시모프의 소설《신들 자신》에서는 우리의 우주와 평행우주를 연결하는 구멍 때문에 시간 및 공간대칭이 붕괴된다. 그 결과 구멍 근처에서 물리학의 법칙이 달라지고, 열역학법칙도 더 이상 성립하지 않게 된다. 이와 같이 시공간에 웜홀이 존재한다면 그 근처에서 에너지는 보존되지 않을 것이다).

에너지보존법칙을 무력하게 만드는 또 한 가지 경우는 아무것도 없는 곳에서 무언가가 나타나는 것이다. 오늘날 물리학자들은 이 현상을 진지하게 연구하고 있다.

진공에서 에너지를 얻다?

골치 아픈 질문을 하나 던져보자. "아무것도 없는 무無의 상태에서 에너지를 추출할 수 있을까?" 사실 진공은 완전히 빈 상태가 아니라, 복잡다단한 현상이 끊임없이 벌어지고 있는 '양자적 각축장'에 가깝다. 물리학자들이 이 사실을 최근에 와서야 인식하기 시작했다.

20세기의 '기이한 천재'로 알려진 니콜라 테슬라Nikola Tesla는 이 아이디어를 적극 지지했던 사람이다(테슬라는 발명왕 에디슨의 부하직원에서 출발하여 결국 그의 가장 큰 경쟁자가 되었다).[14-3] 또한 그는 진공 중에 은밀하게 존재하는 '영점에너지zero-point energy'의 개념도 적극적으로 수용했다. 만일 그런 것이 정말로 존재한다면, 진공은 아무런 물질도 없이 텅 빈 공간이 아니라 무한한 에너지의 보고인 셈이다.

테슬라는 세르비아의 작은 마을에서 태어나 1884년에 동전 한 잎 없이 미국으로 이주했다. 원래는 에디슨 전등회사의 파리지사에서 사회생활을 시작했다가 지사장의 추천을 받아 뉴욕에 있는 본사로 발령을 받은 것이다. 그는 당시 발명왕으로 유명세를 누리고 있던 토머스 에디슨Thomas Edison의 조수가 되었으나, 두뇌가 워낙 명석하여 결국은 경쟁관계로 갈라서게 된다. 그리고 역사학자들이 '전류전쟁'이라고 부르는 진흙탕 싸움에서 에디슨과 테슬라는 한바탕 진검승부를 벌였다. 당시 에디슨은 직류모터로 전기제국을 건설한다는 야망을 불태웠고 테슬라는 교류의 원조로 통했다. 그는 교류전기가 전송 거리 등 여러 면에서 에디슨의 직류보다 훨씬 우월하다는 것을 증명해 보였고, 결국 전류전쟁은 교류를 지지했던 테슬라와 그의 고용주인 조지 웨스팅하우스George Westinghouse의 승리로 끝났다. 오늘날 지구 전역에 깔려 있는 전기공급 시스템은 에디슨이 아닌 테슬라의 아이디어에 기초한 것이다.

테슬라의 발명품과 그가 소유했던 특허는 모두 합해서 700개가 넘는다. 그중에는 현대 전자공학의 이정표가 되었던 걸작도 포함되어 있다. 일부 역사학자들은 테슬라가 구글리엘모 마르코니Guglielmo Marconi(최초의 라디오발명자로 알려져 있음)보다 앞서서 라디오를 발명했으며, 빌헬름 뢴트겐Wilhelm Roentgen보다 먼저 X-선을 발명한 것으로 믿고 있다(마르코니와 뢴트겐은 둘 다 노벨상을 받았다. 특히 뢴트겐은 '노벨 물리학상 1호 수상자'로 역사에 남아 있다).

또한 테슬라는 진공 중에서 에너지를 무한정 추출할 수 있다고 굳게 믿었으나, 애석하게도 이에 관한 기록은 남아 있지 않다. 언뜻 생각해보면 영점에너지(또는 진공에 포함된 에너지)는 열역학 제1법칙에 위배되는 것처럼 보인다. 물론 영점에너지는 뉴턴의 고전역학과 상충되지만, 최근 들어 물리학계의 핫이슈로 떠오르고 있다.

과학자들은 WMAP위성 등 다양한 위성이 보내온 관측자료를 분석한 끝에 우주의 73%가 순수한 진공에너지인 '암흑에너지dark energy'로 이루어져 있다는 놀라운 결론에 도달했다. 이는 곧 은하들 사이의 빈 공간이 방대한 에너지 저장소임을 의미한다(암흑에너지는 은하를 통째로 밀어낼 정도로 규모가 크다. 이런 추세가 계속된다면 우주는 대동결을 맞이하기 전에 갈가리 찢어질 것이다).

암흑에너지는 우주공간 어디에나 존재하며, 심지어는 당신의 방과 당신의 몸속에도 있다. 우주공간에 퍼져 있는 암흑에너지의 양은 모든 은하와 별의 에너지를 합한 것보다 훨씬 많다. 지구에 존재하는 암흑에너지의 양도 계산할 수 있는데, 영구기관에 적용하기에는 너무 작은 양이다. 테슬라는 암흑에너지를 제대로 예견했지만 그 양을 제대로 산출하지는 못한 것 같다.

현대물리학의 가장 큰 취약점 중 하나는 위성으로 관측 가능한 암흑에너지의 총량을 예측할 수 없다는 것이다. 최신 원자물리학을 이용하여 우주에 존재하는 암흑에너지를 계산해보면 실제 관측된 양과 10^{120}배나 차이가 난다!(10^{120}은 1 뒤에 0이 120개 붙은 수이다) 이것은 과학 역사상 이론과 실험이 가장 큰 차이를 보인 사례이다.

아무것도 없는 무無에서 에너지를 얻을 수는 있지만, 그 양이 얼마나 되는지 계산할 수는 없다. 그러나 이것은 우주의 운명을 좌우하는 요인이기 때문에, 앞으로 현대물리학이 반드시 해결해야 한다. 지금은 암흑에너지를 설명하는 이론도 없고, 그 양을 계산할 방법도 없다. 다만 관측자료가 암흑에너지의 존재를 명백하게 입증하고 있을 뿐이다.

테슬라가 예견했던 대로 진공은 에너지를 갖고 있다. 그러나 아마도 그 양이 너무 작아서 일상생활에 활용하기는 어려울 것이다. 은하들 사이의 빈 공간에는 엄청난 양의 에너지가 숨어 있지만, 지구 근처에서 구할 수 있는 진공에너지는 극소량에 불과하다. 더욱 난처한 것은 이 에너지의 양을 아무도 계산할 수 없고, 출처도 모른다는 점이다.

나는 에너지보존법칙이 심오한 우주적 원인에서 비롯되었다고 생각한다. 만일 이 법칙에서 벗어난 사례가 한 건이라도 발견된다면 우주의 진화에 관한 이론은 크게 수정되어야 한다. 또한 암흑에너지도 물리학자들이 풀어야 할 숙제로 남아 있다.

진정한 영구기관을 만들려면 열역학의 법칙들을 우주적 스케일에서 재검토해야 한다. 그래서 나는 영구기관을 제3부류 불가능으로 분류하고 싶다. 즉, 영구기관은 완전히 불가능하거나 우주적 스케일에서 물리학의 기본법칙에 큰 변화가 일어나야 가능한 도구이다. 그리고 암흑에너지는 현대과학의 가장 중요한 난제로 남아 있다.

예지력

> 역설이란 유난히 사람들의 관심을 끄는 진리이다.
> ―니콜라스 팔레타 NICHOLAS FALLETTA

 미래를 미리 감지하는 예지력이나 초감각 같은 것이 정말로 존재할까? 현존하는 모든 종교에는 한결같이 이와 비슷한 개념이 등장한다. 고대 그리스와 로마의 현인들과 구약성서의 선지자들이 그런 사람이었다. 그러나 앞날을 내다보는 능력이 항상 좋은 것만은 아니었다. 그리스신화에 등장하는 트로이의 공주 카산드라Cassandra가 바로 그런 경우였다. 빼어난 미모를 자랑했던 그녀는 태양의 신 아폴로의 관심을 끌게 된다. 아폴로는 카산드라의 환심을 사기 위해 미래를 내다볼 수 있는 능력을 선물로 주었으나 그녀는 아폴로의 구애를 거절했다. 이에 격분한 아폴로는 자신이 준 선물에 약간의 변형을 가하여 카산드라의 예언을 아무도 믿지 않게 만들어버렸다. 그래서 카산드라가 트로이의 멸망을 예견했을 때 사람들은 그녀의 말을 귀담아 듣지 않았다. 그녀는 적군의 목마가 트로이성을 침투한다는 것과 아가멤논의 죽음을 예언했고 심지어는 자신이 죽는다는 것도 알고 있었으나, 사람들은 주의를 기울이기는 커녕, 오히려 그녀를 감방에 가두었다.

16세기의 노스트라다무스와 20세기의 에드가 케이시Edgar Cayce는 자신이 시간의 베일을 벗길 수 있다고 주장했던 대표적 예언자이다. 이들의 예언이 적중했다고 믿는 사람들도 있지만(2차 세계대전, J.F. 케네디의 암살, 공산국가의 붕괴 등), 서술방식이 하도 모호하고 비유적이어서 그 반대의 해석도 얼마든지 가능하다. 특히 노스트라다무스가 남긴 4행시는 마음만 먹으면 어떤 해석도 내릴 수 있을 정도로 추상적이다. 예를 들면 다음과 같은 식이다.

세상의 중심에서 엄청난 불길이 솟아오르고
'새로운 도시' 주변에서 세상은 부들부들 떤다.
두 고귀한 존재가 득 없는 싸움을 벌이니,
봄의 요정이 강을 붉게 물들인다.

일부 사람들은 이것이 2001년 9월 11일에 있었던 세계무역센터 붕괴사건을 예견한 것이라고 주장하지만, 테러가 발생하기 전까지만 해도 이 문구는 전혀 다른 의미로 해석되었다. 사실 이렇게 모호한 예언은 어떤 식으로도 해석될 수 있다.

왕의 죽음이나 제국의 붕괴에 관한 글을 쓰는 작가들에게 예지력은 아주 편리한 도구이다. 셰익스피어의 4대 비극 중 하나인 《맥베스Macbeth》에서 예지력은 극 전반에 걸쳐 매우 중요한 테마로 등장한다. 맥베스는 우연히 마주친 세 명의 마녀들로부터 자신이 스코틀랜드의 왕이 된다는 예언을 듣고 평소 품었던 잔인한 야망을 본격적으로 드러내기 시작한다. 그는 자신의 길을 가로막는 적들을 무자비하게 살육하고 라이벌이었던 맥더프Macduff의 무고한 아내와 아이들까지 잔인하게 죽인다.

맥베스는 온갖 만행을 저지른 후 기어이 왕이 되었다. 그러나 맥베스의 폭정을 저주하는 소리가 전국에 퍼지고 곳곳에서 반란이 일어나자 맥베스는 다시 마녀를 찾아가 예언해줄 것을 요구한다. 마녀는 "버넘의 숲이 그대의 성을 공격하지 않는 한 결코 전쟁에서 지지 않을 것이며, 여성으로부터 출생한 사람은 결코 그대에게 해를 입힐 수 없다"고 예언하였다. 이 말을 들은 맥베스는 안도의 한숨을 내쉰다. 숲은 절대로 움직일 수 없고, 모든 남자는 여자의 몸에서 태어나기 때문이다. 그러나 어이없게도 버넘의 숲이 움직이기 시작했다. 맥더프의 군사들이 숲 속에서 나뭇가지로 위장한 채 매복하고 있다가 맥베스를 공격하기 시작한 것이다. 그렇다면 두 번째 예언은 어떻게 된 것인가? 알고 보니 맥더프는 자연분만이 아닌 제왕절개로 태어난 사람이었다.

과거의 예언서들은 다양한 해석이 가능하기 때문에 검증 자체가 불가능하지만, 진위여부를 확실하게 알 수 있는 예언이 하나 있다. 특정 날짜에 세상이 멸망한다는 예언이 바로 그것이다. 신약성서의 마지막 책인 요한계시록에는 종말에 나타나게 될 현상들이 생생하게 묘사되어 있다. 예수의 적(적그리스도)의 출현과 함께 혼돈과 파괴가 온 천지를 뒤덮고, 그 와중에 예수가 재림한다는 내용이다. 과거부터 기독교 근본주의자들은 '종말의 날'의 정확한 연대와 날짜를 알기 위해 노력해왔다.

중세의 한 예언가가 지구종말의 날을 구체적으로 예언하여 세계적인 혼란이 야기된 적도 있다. 점성술사였던 그는 1524년 2월 20일에 수성, 금성, 화성, 목성, 토성이 일렬로 늘어서면서 지구에 큰 홍수가 일어나 세상이 멸망한다고 주장했고, 이 한 마디에 전 유럽은 패닉상태에 빠졌다. 영국에서는 거의 2천 명이 절망에 빠져 집을 버린 채 피신했고, 성 바돌로매 성당 근처에는 두 달 분의 식량과 물을 저장할 수 있는 요새가 건설되기도 했다. 뿐만 아니라 독일인과 프랑스인들은 홍수에서 살아남기 위해 필사적으로 방주를 건설했고, 폰 이글레하임 백작Count Von Iggleheim이라는 사람은 3층 규모의 초대형 방주를 지어 재난에 대비했다. 그런데 정작 종말의 날이 되자 비만 조금 왔을 뿐 대홍수의 기미는 전혀 보이지 않았고, 군중들의 공포는 순식간에 분노로 돌변했다. 자신의 재산을 모두 처분한 사람들은 극도의 배신감과 분노에 휩싸여 이성을 잃었으며, 격노한 군중들은 위기감을 조성했던 이글레하임 백작을 돌로 때려죽였다. 그리고 이 난리통에 수백 명의 사람들이 밟혀 죽는 참사가 발생했다.

종말론에 관심을 갖는 사람은 기독교인뿐만이 아니다. 서머나 Smyrna 지방의 부유한 유태인의 아들 사바타이 제비Sabbatai Zevi는 1648년에 "나는 메시아이며, 이 세상은 1666년에 멸망한다"고 예언했다. 출중한 외모에 넘치는 카리스마, 그리고 카발라Kabbalah(중

세 유대교의 신비주의: 옮긴이)의 비서秘書를 줄줄 외우고 있던 그의 주변에는 열성적인 추종자들이 모여들기 시작했고, 급기야 유럽 전역에 영향력을 행사하는 강력한 단체로 성장했다. 1666년 봄에는 프랑스와 네덜란드, 독일, 헝가리 등지에서 몰려온 유대인들이 사바타이 제비를 메시아로 추앙하며 세상을 떠날 준비를 마쳤다. 그러나 그해 말에 제비는 콘스탄티노플의 대재상에게 체포되어 감옥에 수감되었다. 사형이 언도될 것을 직감한 그는 재빨리 유대인 옷을 벗고 머리에 터키식 터번을 쓰면서 이슬람으로의 개종을 선언했으며, 그를 따르던 수만 명의 추종자들은 능란한 처세술과 무책임한 발언에 환멸을 느끼고 뿔뿔이 흩어졌다.

과거에 선지자들이 남긴 예언은 지금까지도 영향력을 발휘하고 있다. 미국에서는 윌리엄 밀러William Miller가 "1843년 4월 3일에 세상의 종말이 온다"고 주장한 적이 있는데, 때마침 1833년에 하늘에서 유성이 쏟아져 내리는 바람에 그의 주장은 한층 더 설득력을 얻게 되었다.

이 일이 있은 후 '밀러라이트'라는 단체가 생겨났고, 밀러를 따르는 수만 명의 추종자들은 경건한 마음으로 종말을 기다렸다. 그러나 문제의 '1843년 4월 3일'이 무사히 넘어갔는데도 밀러라이트는 해체되지 않고 몇 개의 작은 그룹으로 분리되었다. 당시 밀러라이트의 영향력이 너무나 컸기 때문에, 여기서 갈라져 나온 소그룹들은 아직도 종교계에 영향을 미치고 있다. 이들 중 규모가 가장 컸던 그룹이 이름을 바꿔서 1863년에 발족한 종교단체가 바로 '제7일 안식일 재림교Seventh-Day Adventist Church'이다. 이 교파는 현재 전 세계에 약 1,400만 명의 신도를 거느리고 있으며, 예수의 재림을 핵심교리로 삼고 있다.

밀러라이트에서 갈라져 나온 또 하나의 분파를 이끌었던 찰스 테이즈 러셀Charles Taze Russell은 지구종말의 날을 1874년으로 수정하여 또 한 번의 드라마를 연출했으나 그날마저 아무 일 없이 지나가자 자신의 예언을 또다시 수정하여 "이집트의 대피라미드를 분석한 결과 진정한 종말의 날은 1914년에 온다"고 주장했다. 이 단체는 현재 '여호와의 증인'이라는 이름으로 활동하고 있으며, 신도 수는 600만 명이 넘는 것으로 알려져 있다.

밀러라이트의 다른 분파들은 아직도 종말을 예언하고 있다. 그들이 예언한 날짜가 별 탈 없이 지나가면 또다시 작은 분파로 갈라질 것이다. 제7일 안식일 재림교에서 1930년대에 갈라져 나온 '다윗분파Branch Davidian'는 데이비드 코레시David Koresh라는 젊은 목사를 중심으로 텍사스주 웨이코Waco의 한 건물에 집단생활을 하면서 종말론을 외치다가 1993년에 마약단속반과 FBI가 들이닥치자 스스로 불을 질러 어린아이 27명을 포함한 76명이 목숨을 잃었다(사망자 명단에는 코레시도 끼어 있었다).

미래를 볼 수 있을까?

사람의 예지력을 과학적인 방법으로 증명할 수 있을까? 우리는 이 책의 12장에서 시간여행이 물리학의 법칙에 위배되지 않는다는 사실을 알았다. 그러나 이것은 Ⅲ단계 문명에서나 가능한 일이다. 그건 그렇다 치고, 예언자들은 정말로 미래를 보고 와서 그런 말을 하는 것일까?

라인연구센터에서 실행된 다양한 실험결과에 의하면 일부 사람들은 정말로 미래를 보는 것 같기도 하다. 엎어진 카드의 숫자를 꽤 잘 알아맞히는 사람이 실제로 있기 때문이다. 그러나 동일한 실험을 여러 번 반복하다 보면 결국 이들의 적중률도 일반인과 비슷한 수준으로 떨어진다.

사실 예지력은 "원인이 결과보다 시간적으로 앞선다"는 인과율에 위배되기 때문에, 현대물리학과 조화를 이루기 어렵다. 우리가 사는 세상에서 결과가 원인보다 먼저 나타날 수는 없다. 지금까지 발견된 모든 물리학법칙들은 한결같이 인과율을 만족하고 있다. 따라서 인과율에 위배되는 사례가 단 하나라도 발견된다면 물리학의 기초는 심각한 위협을 받게 된다. 뉴턴의 운동법칙은 다분히 인과적이면서 포괄적이다. 어떤 임의의 시간에서 우주에 존재하는 모든 입자의 위치와 속도를 알고 있다면, 운동방정식으로부터 우주의 모든 미래를 알아낼 수 있다. 그러므로 계산을 통해 미래를 알아내는 것은 원리적으로 가능하다. 충분히 큰 컴퓨터만 있으면 모든 미래를 계산할 수 있다. 따라서 뉴턴의 우주는 거대한 시계와 비슷하다. 태초에 조물주가 태엽을 감아놓았고, 지금은 그 태엽이 서서히 풀리면서 그가 정해놓은 법칙을 따라 진행되는 중이다. 즉, 뉴턴의 물리학에는 예지력이 끼어들 여지가 전혀 없는 것이다.

과거로 흐르는 시간

그러나 맥스웰의 이론으로 넘어가면 상황이 훨씬 복잡해진다. 맥스웰방정식을 빛에 대해 풀면 두 개의 해가 얻어지는데, 그중 하나는 한 곳에서 다른 곳을 향해 정상적으로 이동하는 '뒤처진 파동 retarding wave'이고, 나머지 하나는 빛이 과거를 향해 달려가는 '앞서가는 파동 advanced wave'이다. 두 번째 해는 미래에서 출발하여 과거로 도달하는 빛을 나타낸다!

지난 한 세기 동안 공학자들은 과거로 진행하는 '앞서가는 파동'을 수학적인 부산물쯤으로 생각했다. 뒤처진 파동이 라디오나 마이크로파, TV, 레이더, X-선 등 다양한 현상들을 정확하게 예견하고 있었으므로, 나머지 해는 별 생각 없이 무시해버렸다. 뒤처진 파동이 너무나 완벽하고 아름다웠기 때문에, 굳이 '못생긴 쌍둥이'까지 챙길 이유가 없었던 것이다. 괜히 긁어서 부스럼을 만들 이유가 어디 있겠는가?

그러나 물리학자들에게는 앞서가는 파동이 심각한 골칫거리였다. 맥스웰방정식은 현대물리학의 기념비적인 업적이었으므로, 빛이 미래로 가건 과거로 가건 간에, 방정식에서 얻어진 모든 해는 철저히 분석되어야 했다. 그리고 아무리 생각해봐도 과거로 가는 파동을 무시할 이유를 찾을 수가 없었다. 그렇다면 자연은 왜 가장 근본적인 단계에서 이토록 희한한 답을 우리에게 제시하고 있는가? 조물주의 심술궂은 농담일까? 아니면 무언가 심오한 의미가 담겨 있는 것일까?

신비론자들은 미래에서 과거로 가는 파동이 '미래에서 오는 메시지'일 가능성이 있다고 주장했다. 이 파동을 잘 활용하면 메시지를 과거로 보내서 우리의 선조들에게 앞으로 닥칠 위험을 미리 알려줄 수 있지 않을까? 예를 들어 "증권파동이 일어날 것이니 조심하라"는 메시지를 할아버지가 청년이었던 1929년으로 보낼 수만 있다면, 우리 집은 지금보다 훨씬 부자가 될 수도 있을 것이다. 물론 파동이 과거로 간다고 해서 시간여행을 하듯 당신까지 과거로 따라갈 수 있는 건 아니다. 우리는 단지 메시지만 보낼 수 있을 뿐이다. 그래도 과거의 사람들에게 위험을 미리 알려줄 수만 있다면 그것만으로도 대단한 성과일 것이다.

과거로 가는 파동의 미스터리를 해결한 사람은 양자전기역학QED의 원조인 리처드 파인만이었다. 그는 20대의 젊은 나이에 원자폭탄을 만드는 맨해튼 프로젝트에 참여했고, 전쟁이 끝난 후 로스 알라모스를 떠나 프린스턴대학에서 존 휠러의 지도하에 연구를 진행했다. 파인만은 전자의 운동을 서술하는 디락방정식을 분석하던 중 흥미로운 사실을 발견한다. 디락방정식에서 시간이 흐르는 방향과 전자의 전하를 반대로 바꿔도 방정식은 달라지지 않았다. 이는 곧 '미래로 진행하는 전자'와 '과거로 진행하는 반전자(양전자)'가 물리적으로 완전히 동일하다는 뜻이다! 그러나 당시 원로 교수들은 파인만의 해석이 수학적 트릭에 불과하다며 그의 아이디어를 무시해버렸다. 사실 과거로 간다는 것이 무의미하게 들리긴 하지만, 디락의 방정식은 이 점에서 매우 단호하고도 명백했다. 파인만은 자연이 과거로 진행하는 해를 허용한다는 사실을 알아낸 것이다. 그것은 바로 반물질의 운동을 서술하고 있었다. 만일 그가 좀 더 연륜이 많은 물리학자였다면 이 이상한 해를 그냥 쓰레기통으로 던져버렸을지도 모른다. 그러나 젊고 패기만만했던 파인만은 과거로 가는 파동을 계속 파헤쳐서 끝장을 보기로 마음먹었다.

수수께끼 속으로 깊이 파고들수록 더욱 이상한 사실들이 속속 발견되었다. 일반적으로 전자와 반전자가 충돌하면 감마선을 방출하면서 사라진다. 그는 두 개의 물체가 충돌하여 폭발적인 에너지를 방출하고 무無로 돌아가는 과정을 연구노트에 다이아그램으로 그려보았다.

그런데 여기서 반전자의 전하부호를 바꾸면 시간을 거꾸로 거슬러 가는 전자가 된다. 이것을 다시 다이아그램으로 표현하면 전체적인 모양에는 변화가 없고, 시간의 흐름을 표시하는 화살표의 방향만 반대로 뒤집힌다. 이렇게 그려놓고 보면 전자가 시간을 따라 움직이다가 갑자기 과거로 진행하는 모양이 된다. 시간의 순방향을 따라 진행하던 전자가 갑자기 시간축을 따라 U-턴을 하여 과거로 진행하고, 그 과정에서 에너지가 방출된다. 다시 말해서 이들은 '같은' 전자였던 것이다. 전자와 반전자가 만나서 소멸되는 과정은 미래를 향해 가던 하나의 전자가 갑자기 방향을 틀어서 과거로 진행하는 것과 동일한 과정이었다!

이로써 파인만은 반물질이 감추고 있던 진정한 비밀을 알아냈다. 알고 보니 반물질은 '시간을 거꾸로 거슬러 가는 일상적인 물질'이었다. 그리고 모든 입자에 반입자파트너가 존재하는 이유도 분명해졌다. 모든 입자는 과거로 거슬러갈 수 있고, 과거로 가는 입자는

'미래로 가는 반입자'라는 가면을 쓰고 있었던 것이다(이 해석은 앞에서 언급한 '디락의 바다'와 동일하면서 더 간단하다. 그래서 물리학자들은 요즘도 파인만의 해석을 채택하고 있다).

한 덩어리의 반물질이 물질과 충돌하여 거대한 폭발을 일으켰다고 가정해보자. 이 과정에서 수조 개의 전자와 수조 개의 반전자가 소멸한다. 그러나 '미래로 가는 반전자'의 시간과 전하의 부호를 뒤집어서 '과거로 가는 전자'로 대치하면 위의 과정은 동일한 전자가 과거와 미래 사이를 수조 번 오락가락하면서 에너지를 방출한 것과 동일하다.

여기서 우리는 또 하나의 신기한 결과와 마주치게 된다. 물질은 한 덩어리나 있는데, 전자는 달랑 하나뿐이다. 하나의 전자가 시간을 오락가락하고 있다. 이 전자가 시간축에서 U-턴을 하면 반전자가 되고, 여기서 또 U-턴을 하면 다른 전자가 된다.

(파인만은 지도교수인 휠러와 함께 우주 전체가 '과거와 미래를 오락가락하는' 단 하나의 전자로 이루어져 있을 가능성을 신중하게 고려해보았다. 빅뱅의 혼돈 속에서 단 하나의 전자만이 생성되었다고 상상해보라. 이 전자가 수조 년 후에 최후를 맞이하게 되면 시간축에서 U-턴을 시도하여 감마선을 방출하고 과거로 돌아간다. 이렇게 빅뱅이 일어났던 시점으로 되돌아오면 또다시 U-턴을 시도하여 시간을 따라 미래로 흘러간다. 이런 식으로 하나의 전자가 빅뱅과 종말의 날 사이에서 U-턴을 반복하고 있다. 그렇다면 지금 우리가 살고 있는 21세기의 우주는 이 전자가 거쳐 간 하나의 시간단면에 해당된다. 즉, 이 시간에 미래로 가고 있는 것은 전자이고 과거로 가는 것은 반전자이며, 이들의 집합이 지금의 우주를 이루고 있다. 다소 생소한 이론이긴 하지만, 이런 식으로 생각하면

양자역학에서 제기된 수수께끼인 "모든 전자가 완전히 동일한 이유"를 설명할 수 있다. 지금까지 알려진 바에 의하면 모든 전자는 완전히 똑같아서 식별표를 붙일 수 없다. 여러 개의 전자에 서로 다른 이름을 붙이거나 번호를 붙이는 것이 불가능하다는 뜻이다. 왜냐하면 전자는 개성이라는 것이 전혀 없기 때문이다. 동물학자들은 야생동물의 습성을 연구할 때 각 개체마다 식별표를 붙여서 구별하지만, 전자를 연구하는 물리학자는 그럴 수가 없다. 우주 전체가 단 하나의 전자-과거와 미래를 오락가락하는 전자-로 이루어져 있다고 생각하면 그 이유를 이해할 수 있다.)

반물질의 정체가 '과거로 가는 물질'이라면, 그 편에 메시지를 전달할 수 있을까? 지금의 주식시세를 과거의 나에게 알려줘서 대박을 터뜨릴 수 있지 않을까?

애석하게도 답은 "No!"이다.

반물질을 물질의 색다른 형태로 간주하고 실험을 실행하면 모든 결과가 인과율을 만족한다(즉, 원인이 결과보다 시간적으로 앞서서 일어난다). 그리고 반전자의 시간을 반대로 뒤집어서 과거로 보내는 것은 수학적인 연산일 뿐 물리학 자체는 조금도 변하지 않으며, 실험결과도 달라지지 않는다. 따라서 전자가 시간을 오락가락한다는 것은 분명히 옳은 해석이다. 그러나 전자가 과거로 가는 것은 '과거를 바꾸기 위해' 가는 것이 아니라 '과거를 실현하기 위해' 가는 것이다. 양자이론의 타당성을 위해 미래에서 과거로 가는 해가 필요한 것은 사실이지만, 이들이 인과율에서 벗어나는 경우는 없다(오히려 과거로 가는 파동을 제외시키면 인과율이 만족되지 않는다. 파인만은 "앞서가는 파동(과거로 가는 파동)과 뒤처진 파동(미래로 가는 파동)의 기여도를 모두 더하면 인과율에 위배되는 항들이 깨끗하게 상쇄된다"는 사실을 증명했다. 따라서 인과율이 유지되려면 반물질이 반드시 있어야 한다. 반물질이 없다면 인과율은 당장 와해되고 말 것이다].

파인만은 이 기발한 아이디어의 근원을 끝까지 추적하여 전자를 서술하는 양자이론을 기어이 완성했다. 그가 창안한 양자전기역학 quantum electrodynamics, QED은 역사상 가장 정확한 과학이론으로서, 이론과 실험의 오차 범위가 100억 분의 1도 되지 않는다. 그는 이 업적을 인정받아 1965년에 줄리안 슈빙거Julian Schwinger, 도모나가 신이치로Tomonaga Sinichiro와 함께 노벨상을 받았다.

(파인만은 노벨상 수상연설에서 다음과 같이 말했다. "저는 젊은 시절에 아름다운 소녀와 사랑에 빠지듯 과거로 가는 파동과 사랑에 빠졌습니다. 이제 그 소녀는 어머니가 되었고, 슬하에 많은 자녀를 두었는데, 그 아이들 중 하나가 바로 양자전기역학입니다.")

미래에서 온 타키온

미래에서 온 '앞서가는 파동'(여러 차례에 걸쳐 양자역학에 유용한 존재임이 확인되었다) 이외에, 양자역학에는 또 하나의 기이한 개념이 존재한다. 〈스타트렉〉에 단골처럼 등장하는 '타키온tachyon'이 바로 그것이다. 〈스타트렉〉의 작가들은 무언가 새로운 에너지로 마술 같은 효과를 내고 싶을 때 타키온을 내세우곤 한다.

타키온은 모든 물체가 빛보다 빠르게 움직이는 희한한 세상에서 살고 있다. 뿐만 아니라 타키온은 에너지를 잃을수록 속도가 더욱 빨라지고, 에너지를 몽땅 잃으면 속도가 무한대에 이른다. 그러나 타키온이 에너지를 얻으면 속도가 점점 느려져서 점차 광속에 가까워진다.

타키온의 특성 중 가장 기이한 것은 질량이 허수라는 점이다(허수는 음수의 제곱근으로, i라는 기본단위로 표현된다). 아인슈타인의 방정식에서 질량 m을 im으로 대치하면 놀라운 변화가 일어난다. 갑자기 모든 입자들이 빛보다 빠르게 움직이는 것이다!

이 결과는 비정상적인 상황을 초래한다. 타키온이 물질 사이를 헤쳐나가면 원자와 충돌하면서 에너지를 잃는다. 그런데 앞서 말한 대로 에너지를 잃을수록 속도가 빨라지기 때문에 충돌 횟수도 그만큼 많아진다. 그리고 충돌이 잦아지면 더욱 많은 에너지를 잃어서 속도는 더욱 빨라지고, 이 효과가 누적되다 보면 결국 타키온은 무한대의 속도를 얻게 된다!

(타키온은 반물질이나 음물질과 전혀 다른 존재이다. 반물질은 양의 에너지를 갖고 있으며 빛보다 느리게 움직이고 입자가속기를 통해 만들어질 수 있다. 또한 이론에 의하면 반물질은 중력에 의해 끌려가고, 시간을 거슬러 가는 물질과 물리적으로 완전히 동일하다. 음물질은 음의 에너지를 갖고 있으며 역시 빛보다 느리게 움직이고 중력에 의해 밀려난다. 음물질은 아직 발견된 사례가 없지만, 충분한 양을 모을 수 있다면 타임머신의 연료로 사용 가능하다. 그러나 타키온은 빛보다 빠르게 움직이면서 허수의 질량을 갖고 있으며, 중력에 의해 끌리는지 밀려나는지조차 확실치 않다. 물론 타키온도 실제로 발견된 적이 없다.)

컬럼비아대학의 제럴드 파인버그Gerald Feinberg와 오스틴텍사스

대학의 조지 수다르산George Sudarshan은 타키온을 신중하게 연구하는 물리학자이다. 실험실에서 타키온이 발견된 사례는 한 번도 없지만, 인과율이 위배되는 사례가 발견되면 타키온의 존재를 간접적으로 증명할 수 있다. 심지어 파인버그는 물리학자들이 레이저의 스위치를 켜기 전에 레이저빔이 나타나는지 확인해볼 것을 권하고 있다. 전원을 켜기 전에 빛이 관측된다면 타키온의 존재가 입증된다는 것이 그의 설명이다.

공상과학소설에서는 과거의 예언자에게 메시지를 보낼 때 타키온이 사용된다. 그러나 이것이 실제로 가능한지는 분명치 않다. 예를 들어 파인버그는 '미래로 가는 타키온의 방출'이 '과거로 가는 타키온의 흡수'와 동일한 사건이기 때문에(이 상황은 반물질의 경우와 비슷하다), 인과율에 위배되지 않는다고 주장한다.

대다수의 물리학자들은 빅뱅이 일어나던 무렵에 인과율을 위배하는 타키온이 존재했을 수도 있지만 지금은 더 이상 존재하지 않는 것으로 간주하고 있다. 그러나 빅뱅을 유발하는데 타키온이 근본적인 역할을 했을 가능성도 있다. 그래서 빅뱅을 설명하는 특정이론에서는 타키온이 중요한 요소로 취급되고 있다.

타키온은 또 다른 특이한 성질을 갖고 있다. 어떤 이론이든 타키온을 도입하기만 하면 진공상태(주어진 물리계에서 에너지가 가장 작은 상태)가 불안정해진다. 이론에 타키온이 포함되어 있으면 '가짜 진공false vacuum'에 놓이게 되고, 물리계가 불안정해지면서 진짜 진공으로 붕괴된다.

호수의 물을 가득 담고 있는 댐을 상상해보자. 이것이 방금 말한

'가짜 진공'에 해당한다. 외관상 댐은 안정된 것처럼 보이지만, 댐보다 낮은 에너지상태가 분명히 존재한다. 댐에 균열이 생겨서 물이 흘러나오면 가장 낮은 곳으로 계속 흘러갈 것이고, 더 이상 내려갈 곳이 없는 해수면에 이르면 안정된 상태를 찾는다. 이것이 바로 '진짜 진공'이다.

이와 마찬가지로 빅뱅이 일어나기 전의 우주는 타키온이 포함된 가짜 진공상태였을 수도 있다. 그러나 이것은 '최저에너지상태'가 아니므로 계는 불안정할 수밖에 없다. 이럴 때 시공간을 이루는 직물에 아주 작은 '균열'이 생겨서 점점 커지면 시공간의 거품이 불거져 나온다. 거품의 바깥에는 여전히 타키온이 존재하고 있지만, 내부에는 타키온이 모두 사라진 상태이다. 그 후 이 거품이 팽창하여 지금의 우주가 되었고, 그 안에는 당연히 타키온도 존재하지 않는다. 이것이 빅뱅을 설명하는 한 가지 방법이다.

우주론 학자들은 우주의 팽창이 타키온에서 시작되었다는 이론을 신중하게 연구하고 있다. 인플레이션 이론에 의하면 우주는 아주 작은 시공간 거품에서 시작되었다. 물리학자들은 우리의 우주가 가짜 진공에서 시작되었으며, 초창기의 인플레이션장은 타키온이었던 것으로 믿고 있다. 그런데 타키온이 진공을 불안정하게 만들어서 작은 거품들이 형성되었고, 그중 한 거품의 내부는 진짜 진공상태였다. 그리고 이 거품이 빠르게 팽창하여 지금의 우주가 되었다. 거품 우주의 내부에는 처음부터 타키온이 없었기 때문에, 지금도 우리의 우주에서는 타키온을 발견할 수 없다. 타키온은 빛보다 빠르게 움직이고 인과율이 성립하지 않는 이상한 양자상태에 있다. 그러나 이들은 오래전에 사라졌고, 아마도 자신들만의 우주를 탄생시켰을지도 모른다.

독자들에게는 지금까지 한 이야기가 도저히 검증될 수 없는 탁상공론처럼 들릴 수도 있다. 그러나 2008년에 강입자충돌기LHC가 가동되면 가짜 진공이론이 제일 먼저 검증될 것이다. LHC의 가장 큰 목적은 표준모형 최후의 입자인 '힉스보존Higgs boson'을 발견하는 것이다. 이 입자가 발견되면 입자물리학의 마지막 퍼즐조각이 제자리를 찾게 된다(그러나 LHC는 가동 즉시 심각한 고장을 일으켜 실험일정에 커다란 차질을 빚고 있다: 옮긴이). 힉스입자는 매우 중요하면서도 신기루 같은 존재여서, 노벨상 수상자인 레온 레더만Leon Lederman은 '신의 입자The God Particle'라고 불렀다.

물리학자들은 힉스입자가 원래 타키온에서 비롯되었다고 믿고 있다. 가짜 진공에서는 어떤 입자도 질량을 갖지 않는다. 그러나 힉스보존이 진공을 불안정하게 만들어서 우주는 새로운 진공상태로 전이되었고, 여기서 힉스보존은 일상적인 입자로 바뀌었다. 이렇게 타키온이 일상적인 입자로 변한 후, 모든 입자는 지금 우리가 알고 있는 질량을 획득하게 되었다. 그러므로 힉스보존이 발견되면 표준모형이론이 완성될 뿐만 아니라, 과거 한때 타키온이 존재했다가 일상적인 입자로 바뀌었다는 가설도 증명된다.

결론적으로 말해서, 예지력은 인과율이 철통같이 지켜지는 뉴턴의 법칙에 부합되지 않는다. 그리고 양자이론에서는 과거로 가는 물질, 즉 반물질이 존재하지만 이 경우에도 인과율은 위배되지 않는다. 오히려 양자역학에서 반물질은 인과율을 안전하게 보호하는 역할을 한다. 타키온은 인과율에서 벗어난 것처럼 보이지만, 물리학자들은 타키온이 빅뱅을 유발시키고 우리의 우주에서 사라진 것으로 추정하고 있다.

따라서 예지력은 앞으로 꽤 긴 세월 동안 불가능으로 남을 것이다. 그래서 나는 이것을 제3부류 불가능으로 분류하고자 한다. 만일 예지력이 재현 가능한 실험을 통해 사실로 입증된다면 현대물리학에는 일대 지각변동이 일어날 것이다.

에필로그

불가능의 미래

> 물리적으로 가능함에도 불구하고
> 그것을 실행에 옮기지 않을 기술문명은 없다.
> ─프리먼 다이슨 FREEMAN DYSON
> 운명은 기회가 아닌 선택에 달려 있다.
> 그것은 기다림의 대상이 아니라 성취의 대상이다.
> ─윌리엄 제닝스 브라이언 WILLIAM JENNINGS BRYAN

'영원히 밝혀질 수 없는 진리'라는 것이 과연 존재할까? 문명이 아무리 발달해도 도저히 도달할 수 없는 지식의 영역이 과연 존재할까? 지금까지 이 책에서 다룬 다양한 주제들 중 영구기관과 예지력만이 제3부류 불가능으로 분류되었다. 이것이 전부인가? 제3부류 불가능에 속하는 기술이 또 있지 않을까?

순수수학에서는 절대로 불가능한 것이 분명히 존재한다. 대표적인 예가 컴퍼스와 자만을 이용하여 일반각을 3등분하는 것이다. 이 과제는 1837년에 불가능한 것으로 증명되었다.

대수학과 같이 단순한 체계에도 불가능은 존재한다. 앞에서 말한 바와 같이 대수학의 기본 가정하에서 펼쳐진 모든 대수적 진술을 증명하는 것은 불가능하다. 대수학은 완벽한 체계가 아니기 때문이다.

대수학에는 '대수학 자체를 포함하는 더 큰 체계'로 옮겨가야 비로소 증명할 수 있는 참인 진술이 항상 존재한다.

이와 같이 수학에서는 일부 불가능한 것도 있지만, 물리학에서 '완전히 불가능하다'고 단정짓는 것은 위험한 일이다. 노벨상 수상자인 알버트 마이클슨Albert Michelson은 1894년에 시카고대학 라이어슨 물리연구소Ryerson Physical Lab의 개소식에 초대되어 다음과 같은 연설을 했다. "현재 물리학의 중요한 사실과 법칙들은 이미 다 발견되어 확고한 진리로 자리잡았습니다. 앞으로 새로운 사실이 발견되어 이 진리가 다른 것으로 대치될 가능성은 거의 없습니다…. 앞으로 우리 물리학자들이 할 일은 소수점 아래 숫자의 개수를 늘여서 정확도를 향상시키는 것입니다."

마이클슨이 이런 연설을 하고 얼마 지나지 않아 1900년에 양자혁명이 일어났고, 1905년에는 상대성이론이 또 한차례의 혁명을 주도했다. 지금 당장 물리법칙에 위배되어 불가능해 보이는 것도, 법칙이 달라지면 얼마든지 가능해질 수 있다는 점을 명심해야 한다.

1825년에 프랑스의 철학자 오귀스트 꽁트Auguste Comte는 그의 저서인 《실증철학 강의Cours de Philosophie》에서 "과학자들은 별이 무엇으로 이루어져 있는지 결코 알 수 없다"고 주장했다. 물론 당시의 과학자들은 별의 특성에 대해 아는 것이 전혀 없었으므로 반론에 시달릴 염려가 없는 '안전한 주장'이었다. 별들은 너무 멀리 떨어져 있기 때문에 과학자가 그곳을 방문하는 것은 불가능하다고 생각했을 것이다. 그러나 꽁트의 책이 출간되고 몇 년이 지난 후에 과학자들은 (분광학을 이용하여) 태양이 수소로 이루어져 있다고 선언했다.

그리고 지금은 수십억 년 전에 방출된 빛의 스펙트럼선을 분석하여 거의 모든 별의 물리-화학적 특성을 알아낼 수 있게 되었다.

그 외에도 꽁트는 과학자들을 향해 다음과 같은 '불가능의 목록'을 제시했다.

- 그는 "물체의 궁극적인 구조는 인간 지식의 한계를 넘어서 있다"고 주장했다. 다시 말해서, 물질의 진정한 특성은 결코 규명될 수 없다는 뜻이다.
- 그는 "생물학과 화학은 결코 수학으로 설명될 수 없다"고 주장했다. 체계가 너무 복잡해서 단순한 수학으로 환원될 수 없다고 생각한 것이다.
- 그는 "우주를 연구하는 것은 인간의 삶에 아무런 영향도 줄 수 없다"고 주장했다.

19세기에는 기초과학에 대한 지식이 미천한 상태였으므로 위와 같은 항목들을 '불가능'으로 단정지을 수도 있었을 것이다. 당시 과학자들은 물질과 생명의 비밀에 대해 아는 바가 거의 없었다. 그러나 지금은 원자론이 물질의 세부구조를 정확하게 설명해주고 있으며, DNA와 양자이론은 생명과 화학의 비밀을 만천하에 드러냈다. 또한 우리는 우주에서 날아온 운석이 지구 생명체에 막대한 영향을 끼쳤을 뿐만 아니라, 후속생명체의 존재방식까지 결정했다는 사실을 잘 알고 있다.

천문학자 존 바로우John Barrow는 말한다. "역사학자들은 꽁트의 철학이 향후 프랑스과학의 쇠퇴에 부분적으로 영향을 미친 것으로 간주하고 있다."[1]

수학자 다비드 힐베르트David Hilbert는 그의 저서에서 꽁트의 주장을 일축하며 다음과 같이 적어놓았다. "꽁트가 해결되지 않은 문제를 찾지 못한 이유는 그런 문제라는 것이 아예 존재하지 않기 때문이다."[2]

지금도 일부 과학자들은 꽁트가 그랬던 것처럼 새로운 불가능을 제시하고 있다. 그들은 빅뱅 이전의 상황과 빅뱅이 일어난 이유는 결코 알 수 없으며, 만물의 이론도 완성될 수 없다고 주장한다.

물리학자 존 휠러는 자신의 저서에 빅뱅과 관련된 미스터리를 언급하면서 다음과 같이 적어놓았다. "200년 전에 누군가가 과학자에게 '지구에 생명이 어떻게 생겨났는지 알 수 있을까요?'라고 물었다면 당장 이런 대답이 돌아왔을 것이다. '말도 안 돼요! 그건 절대 불가능합니다!' 그렇다면 오늘날의 과학자에게 '우주가 어떻게 생겨났는지 이해할 수 있을까요?'라고 묻는다면 어떤 대답이 돌아올까? 나는 지금의 상황이 200년 전과 크게 다르지 않다고 생각한다."[3]

천문학자 존 바로우는 이렇게 말했다. "빛의 속도가 모든 속도의 한계인 것처럼, 우주에 대한 우리의 지식에도 한계가 있다. 우리는 우주가 유한한지 무한한지 알 수 없으며 우주에 시작이나 끝이 있는지도 알 수 없다. 또한 물리학의 법칙이 어디에서나 동일한 형태로 적용되는지, 우주가 정돈된 상태인지 아닌지도 알 수 없다…. 우주와 관련된 근본적인 질문의 해답은 영원히 찾지 못할 것이다."[4]

바로우의 주장대로 우리는 우주의 진정한 특성을 결코 알 수 없을 것이다. 그러나 질문을 조금씩 수정해가면서 우주의 비밀에 점진적으로 다가갈 수는 있다. 지금 당장 불가능한 목록을 지식의 한계로 간주하지 말고 다음 세대 과학자들을 위한 도전과제로 남겨두는 것이 바람직하다고 생각한다. 한계란 파이의 껍질처럼 깨지기 위해 존재하는 것이다.

빅뱅 이전의 우주를 관측하다

현재 빅뱅의 비밀을 밝혀줄 차세대 관측장비가 한창 건설 중에 있다. 지금 갖고 있는 장비로는 빅뱅 후 30만 년(원자가 형성되기 시작한 시기)에 방출된 마이크로 복사파만을 감지할 수 있을 뿐이다. 여기서 얻은 데이터로는 빅뱅 초기의 상황을 추적할 수 없다. 초기에 방출된 복사는 너무 뜨겁고 무작위적이어서 유용한 정보를 담고 있지 않기 때문이다.

그러나 다른 형태의 복사를 관측하여 빅뱅에 접근하는 방법도 있다. 예를 들어 뉴트리노를 추적하면 거의 빅뱅이 일어났던 시점까지 접근할 수 있다(뉴트리노는 태양계만 한 크기의 납덩어리를 아무렇지 않게 통과할 정도로 투과성이 뛰어나다. 즉, 다른 입자와 상호작용을 거의 하지 않는다는 뜻이다). 뉴트리노복사는 우리를 빅뱅 후 몇 초가 지난 시점까지 데려다줄 것이다.

그러나 뭐니 뭐니 해도 빅뱅의 비밀을 밝혀줄 가장 그럴듯한 후보는 시공간의 직물을 따라 이동하는 '중력파gravity wave'일 것이다.

시카고대학의 물리학자 록키 콜브Rocky Kolb는 말한다. "우주공간의 배경에 깔려 있는 뉴트리노를 관측하면 빅뱅 후 몇 초가 지난 시점까지 추적할 수 있다. 그러나 팽창과정에서 생성된 중력파를 관측하면 빅뱅 후 10^{-35}초까지 거슬러갈 수 있다."[5]

1916년에 아인슈타인이 그 존재를 처음으로 예측했던 중력파는 앞으로 우주론 분야에서 가장 중요한 탐사도구로 자리잡게 될 것이다. 역사적으로 볼 때, 인류가 새로운 복사에너지를 활용할 때마다 천문학의 새로운 장이 열리곤 했다. 첫 번째 복사에너지는 갈릴레오가 태양계를 관측할 때 사용했던 빛이었고, 두 번째는 은하의 중심에서 블랙홀을 발견하는데 결정적인 기여를 했던 라디오파였다. 앞으로 중력파 감지기가 이들의 뒤를 이어 창조의 비밀을 밝혀줄 것이다.

어떤 면에서 보면 중력파는 '반드시 존재해야 하는' 파동이다. 이 점을 이해하기 위해 오래된 질문 하나를 떠올려보자. "태양이 갑자기 사라진다면 어떤 일이 일어날 것인가?" 뉴턴의 물리학에 의하면 우리는 태양의 부재를 '즉각적으로' 느낄 수 있다. 태양이 사라지는 바로 그 순간에 지구는 공전궤도를 벗어나 우주공간으로 내던져질 것이다. 왜냐하면 뉴턴의 중력이론에 의하면 중력이 전달되는 데 털끝만큼의 시간도 걸리지 않기 때문이다. 뉴턴이 생각했던 중력은 전 우주공간에 '즉각적으로' 영향력을 행사하는 힘이었다. 그러나 아인슈타인은 "우주 안에 존재하는 그 어떤 것도 빛보다 빠르게 이동할 수 없다"고 했으므로 중력도 빛보다 빠르게 전달될 수 없다. 사실 중력은 빛과 동일한 속도로 전달되며, 지구와 태양 사이의 거리는 약 1억5천만km이므로 지구(또는 지구의 생명체)가 태양의 부재를 느끼려면 8분 20초가량을 기다려야 한다. 다시 말해서, 태양에서 생성된 구형의 '충격파'가 모든 방향으로 뻗어나가다가 그중 일부가 지구에 도달한다는 뜻이다. 이 충격파가 아직 도달하지 않은 곳은 '태양이 사라졌다'는 정보가 도달하지 않은 지역이므로 하늘 위에 태양이 멀쩡하게 빛나고 있을 것이다. 그러나 중력파의 내부(중력파가 이미 도달한 곳)에서 태양은 이미 사라지고 없다(빛의 속도와 중력파의 속도가 같기 때문에, 시야에서 태양이 사라지는 순간 태양의 중력도 사라진다: 옮긴이).

중력파가 존재하는 또 다른 증거는 커다란 침대시트에서 찾을 수 있다. 아인슈타인의 일반상대성이론에 의하면 시공간은 사람 때문에 휘어진 침대시트처럼 특정한 곡률에 따라 휘어져 있다. 침대시트의 한 곳을 손에 쥐고 위아래로 빠르게 흔들면 물결모양의 파동이 시트의 표면을 따라 특정한 속도로 퍼져나간다. 이와 마찬가지로 중력파는 시공간이라는 직물을 따라 퍼져나가는 파동으로 간주할 수 있다.

중력파는 현대물리학에서 가장 빠르게 변하는 논제 중 하나이다. 지난 2003년에 세계에서 가장 큰 중력파검출기인 LIGO(Laser Interferometer Gravitational Wave Observatory)가 가동되기 시작했다. 제작비만 무려 3억6천5백만 달러가 들어간 이 검출기는 워싱턴주의 핸포드Hanford와 루이지애나주의 리빙스턴 패리쉬Livingston Parish에 각각 설치되어 있으며, 총 길이는 4km에 이른다. 물리학자들은 LIGO가 서로 충돌하는 중성자별이나 블랙홀에서 방출된 중력파를 감지해줄 것으로 기대하고 있다.

 2015년에는 빅뱅의 순간에 발생했던 중력파를 감지하기 위해 완전히 새로운 형태의 위성이 발사될 예정이다. 이 프로젝트의 주된 목적은 세 개의 위성으로 이루어진 LISA(Laser Interferometer Space Antenna)를 태양에 가까운 궤도로 보내서 빅뱅이 일어났던 무렵에 발생한 중력파를 탐지하는 것으로, 현재 NASA와 유럽우주항공국이 공동으로 추진하고 있다. 이 위성에 탑재될 감지기는 빅뱅이 일어나고 수조 분의 1초 후에 방출된 중력파까지 감지할 수 있을 정도로 정밀하다. 빅뱅 때 발생한 중력파가 아직도 우주를 떠돌고 있다면 위성에서 발사된 레이저빔을 교란시킬 것이고, 교란된 정도를 정밀하게 분석하면 갓 태어난 아기우주의 사진을 재현할 수 있다.

 LISA는 지구에서 4천8백만km 떨어진 태양 주변 궤도를 공전하는 세 개의 위성으로 이루어져 있다. 이들은 서로 480만km의 거리를 두고 삼각대형을 이룬 채 공전하도록 설계되었으며, 각 위성은 레이저빔을 통해 서로 연결된다. 이 프로젝트가 예정대로 진행된다면 과학 역사상 가장 큰 규모의 관측장비가 될 것이다.

 각 위성에서 발사되는 레이저빔의 출력은 0.5와트밖에 안 된다. 그러나 다른 두 위성에서 쏘아보낸 레이저빔을 분석하면 빛의 간섭패턴을 알 수 있다. 만일 그 근처를 지나는 중력파가 레이저빔을 교란시킨다면 간섭패턴에 변화가 생길 것이다. 각 위성들은 이 변화를 감지하여 중력파의 존재를 파악하도록 설계되어 있다(중력파는 위성을 진동시키는 등 관측장비에 직접적인 영향을 주지 않고 위성들 사이의 공간만 변형시킨다).

레이저빔의 강도는 매우 약하지만, 그 정밀도는 상상을 초월한다. LISA는 10억×1조 분의 1에 해당하는 미세한 진동도 감지할 수 있다. 이 정도면 원자의 1/100에 해당하는 크기이다. 또한 이 레이저빔은 '관측 가능한 우주의 끝'이라 할 수 있는 90억 광년 거리에서 날아온 중력파까지 감지할 수 있다.

LISA의 정밀도를 잘 활용하면 현재 제안되어 있는 여러 개의 '빅뱅 이전 시나리오'를 간접적으로나마 검증할 수 있다. 현재 이론물리학자들의 가장 큰 관심 중 하나는 빅뱅 이전에 있었던 우주의 특성을 알아내는 것이다. 지금까지는 인플레이션 이론이 빅뱅 후 우주의 진화과정을 그런대로 잘 설명하고 있지만, 이것만으로는 빅뱅이 일어난 이유를 설명할 수 없다. 빅뱅 전의 우주를 추정하는 여러 개의 가설들은 나름대로 빅뱅 때 방출된 중력복사의 양을 이론적으로 예견하고 있는데, 그 값이 이론마다 차이가 있다. 예를 들어 빅 스플랫 이론Big Splat theory에서 예견되는 빅뱅복사의 양은 일부 인플레이션 이론의 예상치와 다르게 나타난다. 따라서 LISA가 중력파탐지에 성공한다면 몇 개의 가설을 배제시킬 수 있다. 물론 이것은 직접적인 검증이 아니지만, 최소한 '크게 틀린 가설'을 골라낼 수는 있을 것이다.

물리학자 킵 손은 그의 저서에 다음과 같이 적어놓았다. "빅뱅의 특이점에서 발생한 중력파는 2008~2030년 사이에 발견될 가능성이 높다. 그 후로는 우주론의 새로운 시대가 열려 2050년경까지 계속될 것이다. 빅뱅 특이점의 구체적인 특성이 알려지면 끈이론이 진정한 양자중력 이론인지의 여부도 밝혀질 것이다."[6]

만일 LISA가 빅뱅 이전의 우주이론들을 검증하는 데 실패한다면, 그 후속 탐지장치인 '빅뱅 옵저버Big Bang Observer, BBO'에 희망을 걸어볼 수 있다. 2025년 발사를 목표로 개발 중인 BBO는 중성자별과 블랙홀 등 태양 질량의 1,000배 이내인 모든 연성계 binary system (서로 상대방을 중심으로 공전하는 이중행성계: 옮긴이)를 관측할 예정이다. 그러나 BBO의 주된 목적은 빅뱅 후 인플레이션 위상에서 발생한 중력파를 감지하는 것이다. 어떤 면에서 보면 BBO는 인플레이션 이론을 검증하기 위해 특별 제작된 탐사위성이라고 볼 수도 있다.

BBO의 디자인은 LISA와 비슷한 점이 많다. BBO도 세 개의 위성으로 이루어져 있고, 각 위성들은 서로 5만km의 거리를 유지한 채 태양주변의 궤도를 돌게 되어 있으며(위성들 사이의 거리가 LISA보다 훨씬 가깝다), 300와트짜리 레이저빔을 발사할 수 있다. 또한 BBO가 주로 관측하게 될 중력파의 진동수는 LIGO와 LISA의 중간 영역이어서, 확실한 분업이 이루어질 것으로 기대된다(LISA는 10~3,000헤르츠, LIGO는 10마이크로헤르츠~10밀리헤르츠의 중력파를 감지하도록 설계되어 있다. BBO의 관측 영역은 이들을 모두 포함할 정도로 넓다).

킵 손의 예측은 계속된다. "2040년이 되면 물리학자들은 양자중력이론을 완성하여 가장 근본적인 질문에 답할 수 있게 될 것이다… 빅뱅 특이점이 형성되기 전에는 무엇이 존재했는가? '빅뱅 이전'이라는 것이 과연 있긴 있었는가? 우리의 우주 외에 다른 우주도 존재하는가? 만일 존재한다면 우리의 우주와 어떤 관계이며 그들과 어떻게 연결될 수 있는가? 고도로 발달한 문명사회는 웜홀과

항성간 여행, 시간여행 등을 구현할 수 있을까? 2040년에는 이 모든 질문에 명쾌한 답을 제시할 수 있게 될 것이다."[7]

우주의 종말

시인 엘리엇T. S. Eliot은 묻는다. "먼 훗날 우주는 폭발하면서 최후를 맞이할 것인가?" 로버트 프로스트도 비슷한 질문을 던졌다. "우리 모두는 불로 멸망할 것인가? 아니면 얼음에 덮여 사라질 운명인가?" 가장 최근에 얻어진 천문관측 데이터에 의하면 앞으로 우주의 온도는 절대온도 0K까지 하강할 것으로 예상된다. 그야말로 더 이상 내려갈 곳이 없는 최저온도이다. 제아무리 발달된 문명을 가진 생명체라고 해도, 이런 환경에서는 생존할 수 없다. 그런데 과연 관측 데이터를 100% 신뢰할 수 있을까?

또 다른 '불가능'을 제시하는 사람도 있다. "우주가 종말을 맞이한다고 해도, 그것은 앞으로 수조 년 후에나 벌어질 수 있는 일이다. 이토록 까마득한 미래를 무슨 수로 예견한다는 말인가?" 지금까지 얻어진 관측결과에 의하면 암흑에너지나 진공에너지가 은하들 사이의 간격을 벌리고 있으며, 간격이 멀어지는 속도도 점점 빨라지는 듯하다. 따라서 우주는 빠르게 팽창하고 있으며, 이에 따라 온도가 꾸준히 하강하여 결국에는 '대동결Big Freeze'이라는 최후를 맞이하게 될 것이다. 그러나 그때까지 팽창이 계속된다는 보장은 없다. 미래의 어느 시점에 팽창을 멈추고 수축모드로 바뀔 수도 있다.

예를 들어 빅 스플랫 시나리오에서는 두 개의 멤브레인이 충돌하여 새로운 우주가 탄생하는데, 이 충돌은 주기적으로 일어날 수도 있다. 만일 그렇다면 대동결을 향해 가는 듯한 현재의 팽창모드는 일시적인 추세에 불과하며, 언젠가는 다시 수축모드로 전환될 것이다.

현재 우주의 팽창을 가속시키는 원인은 암흑에너지로 추정되는데, 여기서 한 단계 더 깊은 원인을 추적하면 아인슈타인이 도입했던 우주상수cosmological constant에 이른다. 그러므로 우주의 끝을 예견하려면 먼저 우주상수나 진공에너지의 근원을 이해해야 한다. 우주상수는 이름 그대로 변하지 않는 '상수'인가? 아니면 시간에 따라 변하는가? 지금으로선 알 길이 없다. WMAP위성이 보내온 자료에 의하면 우주상수가 현재 진행 중인 가속팽창의 원인으로 추정되지만, 그 값이 영원히 지속될지는 아무도 알 수 없다.

이 문제의 근원은 아인슈타인이 우주상수를 처음 도입했던 1916년까지 거슬러 올라간다(일반상대성이론은 1915년에 발표되었다). 그는 일반상대성이론의 핵심인 장방정식의 해가 팽창하거나 수축하는 역동적인 우주를 서술한다는 사실을 깨닫고 몹시 당혹스러웠다. 아인슈타인이 생각하는 우주는 '변하지 않고 항상 그곳에 있는' 정적인 우주였기 때문이다. 그래서 그는 정적인 우주해를 얻기 위해 자신의 방정식에 우주상수를 끼워 넣었다.

아인슈타인은 벤틀리의 역설Bentley paradox에 깊은 관심을 갖고 있었다. 리버렌드 리처드 벤틀리Reverend Richard Bentley는 1692년에 아이작 뉴턴에게 보낸 편지에서 정곡을 찌르는 질문을 던졌다.

"우주는 왜 붕괴되지 않는가?" 우주가 서로 중력을 행사하는 유한한 개수의 별들로 이루어져 있다면 상대방을 계속 잡아당기다가 결국에는 한 점으로 뭉쳐야 한다! 뉴턴은 이 편지를 받고 완전히 할 말을 잃었다. 자신이 세운 중력이론의 허점이 노출되었기 때문이다. "끌어당기는 중력을 서술하는 모든 이론은 불안정할 수밖에 없다."-이것이 바로 고전 중력이론의 아킬레스건이었다. 별의 개수가 유한하고, 이들이 서로 중력을 행사하고 있다면 우주는 중력에 의한 붕괴를 피할 길이 없다.

뉴턴은 벤틀리에게 보내는 답장에 다음과 같은 답변을 제시했다. "안정된 우주를 창조하는 유일한 방법은 무한개의 별을 균등하게 분포하는 것이다. 그러면 개개의 별들이 모든 방향으로 당겨지기 때문에 모든 힘이 상쇄되어 안정된 상태를 유지할 수 있다." 이 정도면 그런대로 깔끔한 설명이었지만, 당대의 천재였던 뉴턴은 그것이 궁색한 변명임을 누구보다 잘 알고 있었다. 그토록 아슬아슬하게 균형을 이루고 있는 우주는 카드로 쌓은 집과 같아서 약간의 진동만 생겨도 순식간에 와해된다. 뉴턴이 제시한 우주는 "안정한 상태에 있긴 하지만 약간의 동요만 일어나도 금방 붕괴되는" 준안정적인 metastable 우주였던 것이다. 결국 뉴턴은 "전능한 신이 주기적으로 별의 위치를 조금씩 조정해주고 있기 때문에 우주는 안정한 상태를 유지한다"는 결론을 내렸다.

원래 뉴턴은 우주를 '태초에 신이 태엽을 감아놓은 거대한 시계'라고 생각했다. 그 시계는 모든 미래가 결정되어 있었고, 신의 도움이 없어도 뉴턴의 법칙을 따라 영원히 작동되어야 했다. 그러나 그는 중력이론의 모순을 제거하기 위해 어쩔 수 없이 신을 개입시켰다.

일반상대성이론의 핵심인 아인슈타인의 장방정식에 의하면 우주는 팽창하거나 수축되어야 한다. 그러나 이 이론이 처음 발표되었던 무렵에 대부분의 천문학자들은 우주가 정적이며 영원히 변하지 않는다고 굳게 믿고 있었다. 그래서 아인슈타인은 천문학자들의 의견과 관측결과를 존중하여 (사실은 본인도 그렇게 믿고 있었다) 자신의 방정식에 우주상수가 포함된 항을 끼워 넣었다. 이 항이 있으면 별들을 서로 밀쳐내는 반중력이 중력과 균형을 이뤄서 우주의 붕괴를 피할 수 있게 된다(반중력은 진공 중에 포함된 에너지에 대응된다. 우주공간은 대부분 비어 있으므로 방대한 양의 진공에너지가 존재한다). 아인슈타인은 인력과 척력이 정확하게 상쇄되도록 우주상수의 값을 조절했다.

그러나 1929년에 미국의 천문학자 에드윈 허블Edwin Hubble은 우주가 팽창하고 있다는 사실을 너무도 확실하게 증명했고, 아인슈타인은 '내 인생 최대의 실수'라며 자신이 도입했던 우주상수를 철회해버렸다. 그런데 희한한 것은 70년이 지난 지금 그 문제의 우주상수가 새롭게 주목받고 있다는 점이다. 요즘 물리학자들은 우주상수가 우주에 존재하는 물질-에너지 총량의 73%를 제공하는 원천일 것으로 추정하고 있다(우리의 몸을 이루고 있는 일상적인 물질은 우주 전체의 0.03%에 불과하다). 이들의 짐작이 맞는다면 아인슈타인의 실수가 우주의 운명을 좌우하게 되는 셈이다.

우주상수는 대체 어디서 온 것일까? 그 근원을 아는 사람은 아무도 없다. 아마도 우주창조의 순간에는 극렬한 팽창이 일어날 정도로 반중력이 충분히 컸을 것이다. 그런데 어느 순간부터 알 수 없는 원인에 의해 반중력이 완전히 사라져버렸다(그 후로도 팽창은 계속되었지만 팽창속도가 현저하게 느려졌다). 그리고 빅뱅 후 80억 년이 지났을 때 반중력이 다시 나타나서 은하들을 서로 밀어내고 우주팽창을 가속화시키고 있다.

그렇다면 우리의 능력으로는 우주의 궁극적인 운명을 알 수 없는 것일까? 나는 그렇지 않다고 생각한다. 대다수의 물리학자들은 우주상수의 값이 궁극적으로 양자적 효과에 의해 결정된다고 믿고 있다. 초기버전의 양자이론에 입각하여 우주상수를 대충 계산해보면 관측을 통해 예견된 값과 무려 10^{120}배의 차이를 보인다. 과학 역사를 아무리 뒤져봐도 이론과 실험이 이토록 큰 차이를 보인 사례는 없었다.

그러나 물리학자들은 양자중력이론이 완성되면 이 황당한 차이를 극복할 수 있을 것으로 믿고 있다. 우주상수는 아인슈타인의 이론을 양자적으로 보정補正하는 과정에서 나타나기 때문에, 입자물리학의 표준모형과 함께 우주상수까지 포함하는 '만물의 이론'이 있어야 정확한 계산을 할 수 있다는 것이다.

따라서 우주의 궁극적인 운명을 결정하려면 만물의 이론이 반드시 있어야 한다. 그런데 아이러니하게도 일부 물리학자들은 만물의 이론을 '절대로 완성될 수 없는 불가능한 이론'으로 생각하고 있다.

만물의 이론?

앞에서 언급한 대로 끈이론은 만물의 이론을 구현해줄 가장 유력한 후보로 꼽히고 있지만, 반대 진영의 주장도 만만치 않다. 끈이론을 지지하는 MIT의 막스 테그마크 교수는 "2056년이 되면 하나로 통합된 물리법칙이 멋지게 새겨진 티셔츠를 누구나 입고 다니게 될 것"이라고 자신 있게 말한다.[8] 그러나 "끈이론은 행렬의 선두에 선 군악대조차 아직 도착하지 않은 상태"라며 강하게 비난하는 물리학자도 많다. 그들은 "신문이나 TV 다큐멘터리를 통해 끈이론을 아무리 열심히 홍보한다 해도, 검증 가능한 물리량을 단 하나도 계산하지 못했다는 사실만은 숨길 수 없다"고 주장한다. 심지어 일부 비평가들 중에는 끈이론이 '만물의 이론theory of everything'이 아니라 '아무것도 아닌 이론theory of nothing'이라고 주장하는 사람도 있다. 2002년에 스티븐 호킹은 수학의 불완전성정리incompleteness theorem를 인용하면서 "만물의 이론은 수학적으로 불가능하다"고 주장하여 열띤 논쟁을 야기시켰다.

물론 이 논쟁은 물리학자들끼리의 싸움이었다. 물리학자로서 품을 수 있는 최고의 꿈에 과연 도달할 수 있는가? 이미 그 길로 접어든 사람은 낙관적인 주장을 펼쳤고, 다른 길을 가는 물리학자들은 끈이론을 강하게 비난했다. '자연법칙의 통일'은 지난 수천 년 동안 철학자와 물리학자들의 한결같은 꿈이었다. 기원전 5세기에 살았던 소크라테스는 이런 말을 남겼다. "이것은 왜 존재하는가? 저것은 왜 저러한가? 그것은 왜 사라졌는가? 이 모든 의문을 해결한 자는 최고의 지혜를 터득한 현자이다."

만물의 이론을 향한 인류의 열정은 기원전 500년까지 거슬러 올라간다. 그리스의 피타고라스학파는 음악에 숨어 있는 수학법칙을 찾아냈다. 그들은 현악기 줄의 진동패턴과 마디를 분석한 끝에 음악이라는 것이 단순한 수학법칙에 기초하고 있다는 놀라운 사실을 알아냈다. 그리고 여기서 한 걸음 더 나아가 "모든 자연현상은 진동하는 현의 화음으로 설명할 수 있다"고 생각했다(따지고 보면 피타고라스는 현대 끈이론의 원조였던 셈이다).

20세기 물리학의 대가들도 거의 예외 없이 만물의 이론에 매달렸다. 그러나 프리먼 다이슨의 말처럼 "물리학의 전당은 수많은 통일이론의 시체들로 더럽혀졌다."

1928년의 어느 날, 〈뉴욕타임즈〉에는 다음과 같은 머릿기사가 대서특필되었다. "위대한 발견을 목전에 둔 아인슈타인, 모든 접촉을 끊고 은둔 중." 이 뉴스가 전해지자 각종 매스컴들은 만물의 이론이 곧 탄생할 것처럼 난리법석을 떨었다. 그 기사에는 "아인슈타인은 연구에 박차를 가하고 있고, 100여 명의 기자들이 일주일 동안 숨을 죽인 채 결과를 기다리고 있다"고 적혀 있었다. 아닌 게 아니라, 수많은 기자들이 베를린에 있는 아인슈타인의 집 근처로 모여들어 밤을 새워가면서 목이 빠지게 특종을 기다렸고, 당사자인 아인슈타인은 더욱 굳게 문을 걸어 잠갔다.

천문학자 아서 에딩턴이 아인슈타인에게 쓴 편지 중에는 이런 내용도 있다. "지금 런던에서 가장 큰 백화점의 쇼윈도우에는 당신이 쓴 논문이 전시되어 있습니다. 여섯 페이지가 보기 좋게 순서대로 배열되어 있더군요. 군중들이 벌떼처럼 모여들어서 당신의 논문을 읽고 있습니다."(에딩턴은 1923년부터 통일장이론을 연구하기 시작하여 남은 여생을 여기에 바쳐오다가 1944년에 사망했다.)

양자역학의 창시자 중 한 사람인 에르빈 슈뢰딩거는 1946년에 자신의 통일장이론을 발표하는 기자회견을 열었는데, 이 자리에는 아일랜드공화국의 총리였던 에이먼 데 발레라Eamon De Valera까지 참석했다. 그때 한 기자가 "만일 당신의 이론이 틀린 것으로 판명되면 어떻게 하시겠습니까?"라고 묻자 슈뢰딩거는 "저는 이 이론이 옳다고 확신합니다. 물론 틀린 것으로 밝혀지면 저는 둘도 없는 바보가 되겠지요. 하지만 그런 일은 없을 겁니다"라고 자신 있게 대답했다(그러나 나중에 아인슈타인이 틀린 곳을 지적하자 슈뢰딩거는 크게 좌절했다).

통일장이론에 가장 혹독한 비난을 퍼부었던 물리학자는 단연 볼프강 파울리Wolfgang Pauli였다. 그는 아인슈타인에게 "신이 갈라놓은 것을 인간이 붙일 수는 없다"며 통일장이론을 깎아내렸고, 누군가가 반쯤 완성된 통일장이론을 보여주면 "그건 틀렸다고 말할 수조차 없을 정도로 엉터리다!It's not even wrong!"라고 잘라 말하곤 했다. 그러나 통일장이론에 이토록 가혹했던 파울리조차도 1950년대에 베르너 하이젠베르크와 공동으로 통일장이론을 발표했다.

파울리는 1958년에 컬럼비아대학에서 '하이젠베르크-파울리 통일장이론'을 발표했다. 그때 닐스 보어가 청중석에서 회의적인 표정을 지으며 앉아 있다가 갑자기 벌떡 일어나 소리쳤다. "당신의 이론은 완전히 헛소리요! 지금 청중석에는 당신의 이론이 '헛소리'라고 생각하는 사람들과 '말도 안 되는 끔찍한 헛소리'라고 생각하는 두 부류만 있을 뿐, 다른 사람은 없소이다!" 보어의 비평은 가히 충격적이었다. 그동안 제기된 그럴듯한 통일장이론은 모두 틀린 것으로 판명되었기 때문에, 진짜 통일장이론은 기존의 이론과 화끈하게 달라야 했다. 그런데 하이젠베르크-파울리 통일장이론은 지나칠 정도로 정상적이고 평범했으므로, 보어가 보기에는 맞을 가능성이 거의 없었던 것이다(그해에 하이젠베르크는 한 라디오 방송에 출연하여 자신의 이론에 기술적인 세부사항 몇 가지만 보충하면 완벽해진다고 단언했다. 이 말을 듣고 심기가 몹시 불편해진 파울리는 편지지에 텅 빈 사각형을 그려서 하이젠베르크에게 보냈는데, 그 밑에는 다음과 같은 주석이 달려 있었다. "내가 생각하는 물리적 세계는 이렇게 생겼습니다. 기술적인 세부사항 몇 가지가 빠져 있을 뿐입니다!").

끈이론에 쏟아진 비난

현재 만물의 이론에 가장 근접한 이론은 끈이론이다(사실은 만물의 이론에 도달할 수 있는 유일한 후보이기도 하다).[9] 그러나 모든 물리학자들이 끈이론을 환영하지는 않았다. 반대론자들은 "좋은 대학에서 종신교수직을 얻으려면 무조건 끈이론과 관련된 논문을 써야 한다. 끈이론을 연구하지 않으면 직장을 얻기 힘들다. 끈이론은 일시적 유행일 뿐, 물리학의 발전에 도움이 되는 이론은 아니다"라고 주장한다.

나는 이런 비평을 들을 때마다 웃음이 나온다. 모든 분야가 그렇듯이, 물리학도 유행과 사조에 영향을 받을 수밖에 없기 때문이다. 과학의 역사를 돌이켜볼 때, 최첨단의 지식을 담고 있는 위대한 이론들은 세월 따라 오르락내리락하는 치마의 길이처럼 학계의 유행에 따라 운명이 좌우되곤 했다. 사실 몇 년 전만 해도 끈이론은 유행의 희생양이 되어 역사의 뒤안길로 사라질 뻔했다.

끈이론은 1968년에 두 명의 젊은 물리학자 가브리엘 베네치아노 Gabriel Veneziano와 스즈키 마히코 Suzuki Mahiko의 상상력으로 탄생했다. 이들은 소립자의 충돌을 서술하는 어떤 수학공식과 한창 씨름을 벌이던 중 이 공식이 진동하는 끈의 충돌로부터 유도된다는 사실을 깨달았다. 그러나 이 무렵에는 쿼크의 구조와 강한 상호작용을 연구하는 양자색역학 quantum chromodynamics, QCD가 이론물리학계를 점령하고 있었기에 이들의 발견은 1974년까지 아무런 관심도 끌지 못했다. 어쩌다가 끈이론에 관심을 갖는 학자들도 얼마 지나지 않아 QCD로 옮겨가곤 했다. 이론물리학자가 충분한 연구비와 일자리를 확보하고 학계에서 인정까지 받으려면 좋든 싫든 쿼크모형을 연구해야 했다.

나 자신도 이 시절의 암울했던 분위기를 생생하게 기억하고 있다. 당시에는 자신의 장래를 걱정하지 않을 정도로 무모하거나 고집 센 사람들만이 끈이론에 투신할 수 있었다. 게다가 끈이 10차원에서만 진동할 수 있다는 비보가 알려지면서, 끈이론은 완전히 농담거리로 전락하고 말았다. 끈이론의 선구자인 칼텍의 존 슈바르츠 John Schwartz는 같은 학교의 교수였던 리처드 파인만과 엘리베이터에서 마주쳤을 때 종종 이런 말을 듣곤 했다. "하이, 존! 오늘은 몇 차원에서 살고 계신가?" 당시 물리학자들 사이에는 이런 농담까지 유행했다. "끈이론 학자를 만날 수 있는 곳은 구직자 상담소뿐이다."[쿼크이론을 창시하여 노벨상을 수상했던 머리 겔만은 언젠가 나에게 이런 말을 한 적이 있다. "그때 끈이론에 매달리는 칼텍의 연구원들이 하도 불쌍해서 '위험에 처한 끈이론학자 보호운동'을 펼쳤지. 그 덕에 존(슈바르츠) 같은 친구들도 밥줄을 연명할 수 있었을걸?]

지금은 수많은 젊은 학자들이 너 나 할 것 없이 끈이론으로 몰려들고 있다. 그래서 스티브 와인버그는 다음과 같은 예견을 내놓았다. "끈이론은 궁극의 이론을 구현할 가능성이 있는 유일한 이론이다. 젊고 똑똑한 이론물리학자들이 그렇게 많이 모여서 복닥대고 있는데, 만물의 이론이 어떻게 완성되지 않을 수 있겠는가?"

끈이론은 검증 불가능한가?

현재 끈이론에 쏟아지고 있는 가장 큰 비평은 이론의 진위여부를 검증할 수 없다는 점이다. 비평가들은 "끈이론을 실험적으로 검증하려면 은하계만 한 입자가속기가 필요하다"고 주장한다.

그러나 비평가들은 중요한 사실 하나를 놓치고 있다. 대부분의 과학은 직접적인 접촉을 통하지 않고 간접적인 방법으로 진행된다. 우리는 태양을 직접 방문하여 성분검사를 하지 않아도, 스펙트럼 분석을 통해 태양이 수소로 이루어져 있다는 사실을 잘 알고 있다.

블랙홀의 경우도 마찬가지다. 존 미셸John Michell은 1783년에

《왕립협회 철학회보Philosophical Transactions of the Royal Society》에 기고한 글에서 "별 중에는 중력이 너무 커서 빛조차도 빠져나오지 못하는 별이 존재할 수도 있다"고 주장했다(이것은 블랙홀의 존재를 예견한 최초의 논문이었다). 그러나 미셸의 '검은 별' 이론은 관측이 불가능하다는 이유로 한 세기 반이 넘도록 서랍 속에 묻혀 있었다. 심지어는 아인슈타인조차도 그런 검은 별이 자연스럽게 형성될 수 없음을 증명하는 논문을 쓰기도 했다(1939년). 과학자들은 "검은 별이 실제로 존재한다고 해도 빛이 방출되지 않으면 관측할 수 없고, 관측할 수 없으면 검증이 불가능하다. 따라서 그런 천체는 연구 대상이 될 수 없다"고 생각했다. 그러나 오늘날 지구 주변을 돌고 있는 허블망원경은 블랙홀의 증거를 수시로 찾아내고 있다. 지금 우리는 모든 은하의 중심에 블랙홀이 있다고 굳게 믿고 있다. 그렇다고 해서, 현대의 과학자들이 블랙홀을 직접 관측한 것은 아니다. 블랙홀에 관한 모든 증거는 간접적인 관측을 통해 얻어진 것이다. 즉, 블랙홀 주변에서 소용돌이치고 있는 응축원반accretion disk을 분석하면 블랙홀의 존재를 간접적으로 확인할 수 있다.

뿐만 아니라 '검증 불가능한' 이론이 결국 검증 가능해진 사례는 과학역사에서 쉽게 찾아볼 수 있다. 데모크리투스Democritus의 원자론은 무려 2천 년 동안 가설로 남아 있었고, 심지어 볼츠만 같은 19세기 물리학자들은 원자론을 믿는다는 이유로 극심한 비난에 시달리다가 스스로 목숨을 끊기도 했다. 그러나 지금은 원자의 존재를 증명하는 정도가 아니라 아예 원자를 사진으로 찍는 세상이 되었다. 파울리는 1930년에 뉴트리노의 개념을 도입했는데, 이 입자는 태양계만 한 납덩어리를 그냥 통과할 정도로 투과성이 뛰어나서 관측이 불가능한 것으로 간주되었다. 심지어는 파울리 자신도 "나는 물리학계에 커다란 죄를 지었다. 절대로 관측될 수 없는 입자를 도입했기 때문이다"라고 고백할 정도였다. 그 후 뉴트리노는 근 20년 동안 공상과학물과 비슷한 취급을 받아왔다. 그러나 지금은 실험실에서 뉴트리노 입자빔을 만들 정도로 일반화되었다.

끈이론학자들은 끈이론을 간접적으로 검증하는 몇 가지 방법을 제안했는데, 그 내용을 정리하면 다음과 같다.

- 대형 강입자충돌기LHC를 이용하면 초끈이론에서 예견되는 초입자를 만들어낼 수 있다(이것이 실현되면 초대칭이론도 검증된다).
- LISA(2015년 발사 예정)와 그 후속 위성인 BBO가 발사되면 끈이론의 한 버전인 '빅뱅 전 우주이론pre-big bang theory'을 검증할 수 있다.
- 현재 일단의 물리학자들은 뉴턴의 중력법칙을 밀리미터 단위의 거리에서 정밀하게 측정하여 고차원의 존재를 확인하고 있다(만일 공간에 네 번째 차원이 존재한다면 중력은 거리의 제곱에 반비례하지 않고 거리의 세제곱에 반비례할 것이다). 끈이론의 최신버전인 M-이론M-theory은 11차원을 예견하고 있다.
- 지구는 암흑물질의 우주적 바람 속에서 움직이고 있다. 현재 전 세계의 수많은 연구실에서는 암흑물질을 탐색하는 실험이 한창 진행되고 있다. 끈이론의 예측에 의하면 암흑물질은 끈의 고에너지 진동모드에 해당한다[포티노photino 등].
- LHC보다 훨씬 강력한 에너지를 가진 우주선을 분석하면 미니 블랙

홀을 비롯하여 다양한 미지의 물체의 존재를 확인할 수 있다. 우주선 실험과 LHC는 표준모형을 넘어선 새로운 영역으로 우리를 안내할 것이다.

· 일부 물리학자들은 빅뱅이 일어날 때 폭발력이 너무 커서 작은 끈이 천문학적 스케일로 커졌을 가능성을 제시하고 있다. 투프츠대학의 물리학자 알렉산더 빌렌킨Alexander Vilenkin은 자신의 저서를 통해 다음과 같이 주장했다. "천문학적 규모로 거대한 초끈이 존재할 수도 있다. 만일 밤하늘에서 이런 초끈이 발견된다면 초끈이론은 그 즉시로 검증된다."[10](그러나 빅뱅의 잔해로 우주를 떠돌아다니는 초대형 초끈이 발견될 확률은 지극히 작다.)

물리학은 불완전한가?

1980년에 스티븐 호킹은 "우리는 이론물리학의 끝을 보고 있는가?"라는 제목으로 강연을 하여 만물의 이론을 찾는 물리학자들에게 다시 한 번 활기를 불어넣었다. 그는 이 강연에서 "이곳에 와 있는 (젊은) 사람들은 죽기 전에 완벽한 물리학이론을 접할 수 있을 것이다. 앞으로 20년 이내에 궁극의 이론이 완성될 확률은 50%이다"라고 자신 있게 선언했다. 그러나 그로부터 20년이 지난 2000년이 되어도 만물의 이론은 나타나지 않았고, 호킹은 과거의 예상을 수정하여 "2020년까지 만물의 이론이 완성될 확률은 50%"라고 주장했다.

그러나 2002년에 호킹은 괴델의 불완전성정리를 언급하면서, 자신의 생각에 치명적인 오류가 있음을 인정했다. "유한한 개수의 원리로 체계화될 수 있는 궁극적인 이론이 존재하지 않는다고 하면 많은 사람들은 실의에 빠질 것이다. 사실은 나도 그런 사람들 중 하나였다. 그러나 나는 생각을 바꿨다⋯. 괴델의 정리가 수학자들에게 끊임없이 연구 과제를 던져주는 것처럼, 물리학에서는 M-이론이 그와 같은 역할을 하게 될 것이다."

사실 이것은 새로운 주장이 아니다. 수학은 원래 불완전하고 물리학의 언어는 수학이므로 검증될 수 없는 물리학적 진실은 항상 존재하며, 따라서 만물의 이론도 검증될 수 없다. 괴델의 불완전성정리가 '모든 수학적 선언을 증명하려는' 그리스인들의 꿈을 날려버렸듯이, 물리학자들은 만물의 이론에 영원히 도달할 수 없을 것이다.

프리먼 다이슨은 자신의 저서에 다음과 같이 적어놓았다. "괴델은 순수수학의 탐구과제가 결코 소진되지 않는다는 사실을 증명했다. 유한한 개수의 공리axiom와 추론법칙으로는 수학 전체를 포괄할 수 없다⋯. 나는 물리학에서도 이와 같은 상황이 펼쳐지기를 바란다. 나의 예측이 옳다면 물리학과 천문학도 결코 소진될 수 없다. 아무리 세월이 흘러도 새로운 현상과 새로운 정보, 그리고 새로운 세계는 항상 존재하기 마련이다. 그리고 이와 함께 인간의 활동과 의식, 기억도 점차 그 영역을 넓혀 갈 것이다."

천체물리학자 존 바로우는 다이슨의 논리를 이렇게 요약했다. "과학은 수학에 기초하고 있으며, 수학은 모든 진리를 발견할 수 없다. 그러므로 과학은 태생적으로 모든 진리를 발견할 수 없다."[11]

이런 논리가 정말로 맞는지는 알 수 없지만, 그 속에 오류가 존재할 가능성은 있다. 대부분의 수학자들은 연구를 수행할 때 불완전성 정리를 그냥 무시해버린다. 불완전성정리는 자기자신을 포함하는 명제를 분석하면서 출발하기 때문이다. 예를 들어 다음과 같은 명제들은 다분히 역설적이다.

    이 문장은 거짓이다.
    나는 거짓말쟁이다.
    이 명제는 증명될 수 없다.

  첫 번째 문장의 경우, 진술 내용이 참이면 거짓이라는 뜻이 되고, 진술 내용이 거짓이면 참이 된다. 두 번째 문장에서도 내가 진실을 말하고 있으면 나는 거짓말을 한 셈이 되고 거짓말을 했으면 진실을 말한 셈이 된다. 그리고 마지막 문장이 참이면 참이라는 것을 증명할 수 없다.

  〔두 번째 문장은 그 유명한 '거짓말쟁이의 역설'이다. 크레타섬의 철학자 에피멘데스Epimendes는 "크레타 사람들은 모두 거짓말쟁이다!"라고 선언했다. 그러나 성 바울Saint Paul은 이 말속에 숨어 있는 역설적 상황을 간과하고 디도Titus에게 다음과 같은 편지를 써보냈다. "크레타의 한 예언자가 '크레타 사람들은 항상 거짓말만 한다'고 공언했다. 내가 보기에도 크레타인들은 게으르고 악한 사람들이다. 따라서 그의 말은 사실임이 분명하다." 성 바울은 에피멘데스도 크레타인이라는 사실을 간과한 것이다.〕

  불완전성정리는 "이 문장은 대수학의 공리로 증명될 수 없다"는 명제와 함께 수많은 '자기참조형self-referential' 역설을 낳았다.

그러나 호킹은 만물의 이론이 불가능하다는 것을 증명하기 위해 불완전성정리를 이용했다. 그는 이 정리가 수학의 '자기참조성'을 지적하고 있고, 물리학은 수학을 도구로 사용하고 있기 때문에 똑같은 질병을 앓을 수밖에 없다고 주장했다. 독자들도 잘 알다시피 모든 물리학이론은 실험(관측)을 통해 검증되어야 한다. 그러나 모든 관측에는 '관측자'가 개입되어 있고, 관측자와 관측과정은 따로 분리될 수 없으므로 물리학은 필연적으로 자기참조형 형식을 띠게 된다(관측자와 관측과정을 분리하려면 관측자는 우주 바깥으로 나가야 한다). 관측자의 몸도 결국은 원자와 분자로 이루어져 있으므로, 그의 몸은 자신이 실행 중인 실험의 일부가 될 수밖에 없다.

그러나 호킹의 지적을 피해 가는 방법이 아예 없는 것은 아니다. 괴델의 정리에 내재되어 있는 역설적 상황을 피하기 위해 수학자들은 자신의 연구에서 자기참조형 명제를 사용하지 않는다. 괴델 이후의 수학자들은 불완전성정리를 무시한 상태에서 엄청난 발전을 이룩해왔다. 최근에 이루어진 수학적 업적들은 자기참조형 명제를 전혀 사용하지 않는다.

이와 마찬가지로, 관측자와 관측대상의 분리 여부와 상관없이 모든 관측결과를 설명하는 만물의 이론을 구축할 수도 있을 것이다. 이 이론이 빅뱅의 기원부터 관측 가능한 우주에 이르기까지 모든 것을 설명해준다면, 관측자와 관측대상의 상호작용은 그다지 중요한 문제가 아니다. 진정한 만물의 이론이라면, 이론에서 내려진 모든 결론이 관측자와 관측대상의 분리 여부와 무관해야 한다.

자연이 몇 개의 원리에 기초하고 있다 하더라도, 자연에 대한 탐구과제는 수학의 경우처럼 무궁무진할 수도 있다. 한 가지 예를 들어보자. 다른 행성에서 온 외계인이 체스를 배우고 싶어 하는데, 그와 말이 통하지 않는다. 그래서 당신은 그가 보는 앞에서 다른 친구와 체스를 두기 시작했다. 그러면 그 외계인은 얼마 지나지 않아 폰pawn과 비숍bishop, 그리고 왕king이 움직이는 규칙을 알아낼 것이다. 그런데 체스의 규칙은 유한하면서도 간단하지만, 벌어질 수 있는 가능한 게임의 수는 가히 천문학적 숫자이다. 이와 마찬가지로 자연을 다스리는 법칙은 유한할 수도 있지만, 그 법칙이 적용되는 방식은 무궁무진할 가능성이 높다. 우리의 목적은 그 많은 경우들을 일일이 규명하는 것이 아니라, 몇 개 안 되는 법칙을 찾아내는 것이다.

우리는 이미 상당히 많은 자연현상을 설명하는 완벽한 이론을 갖고 있다. 빛을 서술하는 맥스웰방정식에서 결함이 발견된 적은 단 한 번도 없었으며, 표준모형은 흔히 "거의 모든 것의 이론"으로 불리고 있다. 전능한 조물주가 손을 놀려서 한동안 중력이 작용하지 않도록 만들었다면, 표준모형은 모든 현상을 설명하는 만물의 이론처럼 보일 것이다. 이론 자체는 그리 아름답지 않지만 성능만큼은 완벽하다. 불완전성정리가 엄연히 존재하고 있는데도, 완벽한 만물의 이론(중력은 제외)이 존재하는 것이다.

10억 광년 이상 멀리 떨어져 있는 천체에서 쿼크와 뉴트리노의 미시세계에 이르기까지, 무려 10^{43}의 스케일에 걸쳐 일어나는 그 다양한 자연현상들을 한 장의 종이 위에 단 몇 개의 물리법칙으로 요약할 수 있다는 것은 거의 기적에 가깝다. 그 종이 위에는 아인슈타인의 중력이론과 표준모형을 대표하는 단 두 개의 방정식이 적혀 있다. 나는 이것이 자연의 궁극적인 단순함과 아름다움을 보여주는 생생한 증거라고 생각한다. 우주는 지금보다 훨씬 무작위적이고 변덕스러울 수도 있었을 텐데, 아무튼 우리의 우주는 전체적으로 조화롭고 아름답다.

노벨상 수상자인 스티브 와인버그는 만물의 이론을 찾는 탐구과정을 지구의 북극점 찾기에 비유했다. 수백 년 전의 뱃사람들은 북극점이 없는 지도에 의지하여 뱃길을 찾아갔다. 그들이 사용했던 모든 나침반은 한결같이 지도에 없는 특정 장소를 가리키고 있었으나, 그곳에 가본 사람은 아무도 없었다. 이와 마찬가지로, 현재 우리가 갖고 있는 모든 데이터와 이론들은 일제히 만물의 이론을 가리키고 있다. 우리가 갖고 있는 과학의 지도에는 단지 그 하나가 빠져 있을 뿐이다.

우리의 손으로 쥘 수 없고 우리의 상상력을 넘어서 있는 무언가는 항상 존재하기 마련이다(전자의 정확한 위치, 또는 모든 물체가 빛보다 빠르게 움직이는 세계 등). 그러나 나는 자연의 기본법칙이 유한하며, 인간의 능력으로 알아낼 수 있다고 믿는다. 미래의 물리학은 차세대 입자가속기와 중력파탐색기 등 새로운 기술에 힘입어 과거 어느 때보다 흥미롭게 펼쳐질 것이다. 우리는 종점에 도달한 것이 아니라 새로운 물리학의 출발점에 서 있다. 앞으로 무엇이 발견되건 간에, 과학의 지평선은 항상 저 너머에서 우리를 기다리고 있을 것이다.

미래를 사는 영원한 청년, 미치오 카쿠

몇 해 전에 미치오 카쿠의 《평행우주Parallel Worlds》를 번역하면서 그의 무한한 상상력에 혀를 내둘렀던 기억이 지금도 생생하다. 우리는 당장 몇 년 후의 일도 떠올리기 벅찬데, 그는 수백 년에서 수백만 년 후에 펼쳐질 미래세계를 마치 눈앞에서 보는 것처럼 생생하게 그려내고 있었다. 나이는 이미 환갑을 바라보고 있었지만(그는 1947년 생이다), 그의 창조력과 상상력은 나이도 뛰어넘은 것 같았다.

과학의 엄밀한 논리에 입각하여 미래를 예견하다 보면 흔히 부정적인 결론이 내려지기 쉽다. 거의 고갈되어가는 에너지에는 뾰족한 대책이 없고, 이산화탄소와 산업폐기물을 비롯한 각종 공해와 쓰레기는 지구의 환경을 심각하게 위협하고 있으며, 세계 각국은 모자라는 자원을 확보하기 위해 평화를 위장한 무한경쟁체제에 돌입하고 있다. 이런 상황에서 알고 있는 사실fact만으로 미래를 예견한다면 암울한 미래만이 떠오를 뿐이다. 물론 '현실을 인지하는 능력'도 과학적이고 논리적인 사고가 뒷받침되어야 한다. 그래서 각 분야의 위기상황은 해당 분야의 전문가들에게 제일 먼저 감지된다. 그럴 때 해결책이 함께 제시된다면 다행이지만, 마땅한 해결책이 없으면 그 전문가는 '비관론자'로 찍히기 십상이다. 그러나 미치오 카쿠는 《평행우주》에서 앞으로 다가올 과학적 위기를 예견하면서 특유의 발랄한 어투로 다소 황당무계하면서도 과학적으로 실현 가능한 해결책을 제시하고 있었다. 그의 과학적 지식에 '긍정적인 사고'와 '무한한 상상력'이 탑재되지 않았다면 결코 그런 글을 쓸 수 없었을 것이다.

그런데, 이 책 《불가능은 없다 Physics of the Impossible》에서 보여준 미치오 카쿠의 상상력은 이전보다 한술 더 뜨는 것 같다. 평범한 과학자라면 당연히 "No!"라고 단언할 수밖에 없는 질문에도 그는 일단 "Yes!"를 외친 후 최후의 가능성까지 철저하게 파헤친다. 논리를 펼치는 그의 스타일은 마치 공상과학 매니아를 연상케 하지만, 그 저변에는 탄탄한 과학적 지식과 긍정적인 사고가 자리잡고 있다. 그래서 나는 이 책을 번역하면서 나름대로 다음과 같은 결론을 내렸다. "열정에 기초한 상상력은 매니아를 낳고, 지식에 기초한 상상력은 해결사를 낳는다."

이 책의 주제를 한 문장으로 요약하면 "공상과학에 자주 등장하는 미래형 기술의 실현가능성"이라 할 수 있다. 외계인의 무자비한 공격을 막아주는 역장力場과 어떤 짓도 할 수 있는 투명인간, 거대한 행성을 한 방에 날려버리는 가공할 무기 데스스타, 시간에 구애받지 않고 먼 곳에 갈 수 있는 공간이동, 그리고 타임머신과 염력 등 현재의 과학으로는 도저히 실현될 수 없을 것 같은 과학적 테마들을 도마 위에 올려놓고 예리한 논리와 긍정적 사고를 과도 삼아 채를 썰기 시작한다. 물론 저자는 무조건 가능하다고 외치는 낙관론자가 아니다. 그가 선택한 테마들 중에는 가까운 미래에 실현될 수 있는 기술도 있지만, 애초부터 물리학의 법칙에 위배되는 항목은 법칙 자체가 변하지 않는 한 절대로 실현될 수 없다. 그래서 미치오 카쿠는 각 항목을 세 가지 불가능으로 세분해놓았다. 그중 '제1부류 불가능'은 지금 당장은 불가능하지만 물리학의 법칙에 위배되지는 않는 것들로서, 공간이동, 텔레파시, 염력, 투명체(투명인간) 등이 여기 속한다. 저자는 이런 것들이 100~200년 안에 실현될 것으로 내다보고 있다. 또한 '제2부류 불가능'은 물리법칙의 위배 여부가 아직 분명치 않은 것들로서 시간여행이나 웜홀 타임머신 등이 여기 속하는데, 저자는 수천~수백만 년 이내에 이런 기술이 실현될 것으로 예상했다. 마지막으로 '제3부류 불가능'으로는 현재의 물리학법칙에 위배되는 영구기관과 예지력을 꼽았다. 물론 이런 것들은 세월이 아무리 흘러도 실현될 수 없다. 그러나 저자는 물리학의 법칙조차 달라질 수 있음을 지적하면서 최후의 가능성을 열어놓고 있다.

사실 이 책을 번역한 나 자신은 인류의 미래를 다소 부정적으로 바라보는 편이다. 과학기술이 아무리 발달해도, 문명의 이기로는 대치할 수 없는 중요한 것들을 잃고 있다고 생각하기 때문이다. 그러나 미치오 카쿠의 책을 읽다보면 그런 부정적인 생각 자체가 이상적인 미래구현을 방해할 수도 있다는 느낌을 갖게 된다. "긍정적인 사고가 긍정적인 미래를 부른다"는 모호하고 고리타분한 격언에는 신물이 나지만, 세세한 항목들을 일일이 나열하면서 철저한 논리로 가능성의 세계를 열어 가는 저자의 순진무구한 열정에는 아무런 반론 없이 그냥 굴복하고 싶다.

　이 책의 번역이 끝나가던 무렵에 TV에서 미치오 카쿠가 출연한 다큐멘터리를 우연히 접하게 되었다. 거기서 저자는 공상과학 매니아들을 한자리에 모아놓고 〈스타워즈〉에 등장했던 각종 무기와 우주선의 실현가능성을 열심히 설명하고 있었는데, 내용은 차치하고 열정이 뚝뚝 묻어나는 카쿠의 표정과, 그의 설명을 들으면서 마치 자신의 꿈이 실현된 양 어린아이처럼 기뻐하던 매니아들의 모습은 너무나도 인상적이었다. 과학이 인류에게 기여하려면 당장 필요한 물건을 만들어내는 것도 중요하겠지만, "앞으로 우리에게 무엇이 필요한가?"를 미리 예견함으로써 인류의 미래상을 유도하는 것도 그에 못지않게 중요한 기능일 것이다. 앞으로 미치오 카쿠 같은 물리학전도사가 되도록 많이 배출되어 과학과 일상생활(또는 공상과학) 사이의 거리감을 좁히고 과학의 생활화에 기여해주기를 바라는 마음 간절하다.

2010년 봄
박병철

후주

서문
1 이런 일이 발생한 것은 주로 양자역학 때문이었다. 양자적으로 일어날 수 있는 모든 가능성을 이론체계에 추가하면(이것은 매우 지루한 작업으로서, 재규격화renormalization라고도 한다) 고전적으로는 '절대 금지된 사건'이 계산과정에 기여하게 된다. 양자이론에서 무언가를 계산할 때에는 물리학의 기본법칙(에너지보존법칙 등)에 의해 완전히 금지되지 않은 것들을 빠짐없이 고려해야 한다.

2 투명체
2-1 플라톤은 다음과 같이 적어놓았다. "타인의 눈에 보이지 않게 된 사람은 남의 집에 침입하여 물건을 훔치고, 개인적인 원한으로 사람을 죽이고, 감옥에 있는 사람을 마음대로 풀어주는 등 방종한 행동을 할 수밖에 없다. 투명인간이 되었는데도 이런 짓을 하지 않는 사람이 있다면, 사람들은 그를 불쌍한 얼간이라며 놀릴 것이다."
2-2 Nathan Myhrvold, 〈New Scientist Magazine〉, November 18, 2006, p.69.
2-3 Josie Glausiusz, 〈Discover Magazine〉, November, 2006.
2-4 "Metamaterials found to work for visible light", Eurekalert, www.eurekalert.org/pub_releases/2007-01, 2007. 또는 〈New Scientist Magazine〉, December 18, 2006.

3 페이저와 데스스타
3-1 2차 세계대전 때 나치는 힌두교의 고대전설을 연구하기 위해 연구팀을 인도에 파견하기도 했다(영화 〈레이더스Raiders〉의 '잃어버린 성궤' 편에도 나치가 등장한다). 당시 나치는 날아다니는 비행기 등 신기하고 강력한 무기가 수시로 등장하는 고대 힌두교 문헌 '마하바라타Mahabharata'에 많은 관심을 갖고 있었다.
3-2 이런 류의 영화들을 보면 레이저에 대하여 사실과 다르게 표현된 부분이 많다. 빔을 산란시키는 입자(먼지)가 없으면 레이저빔은 우리 눈에 보이지 않는다. 그러므로 영화 〈미션 임파서블〉에 나오는 방어용 레이저빔은 붉은색이 아니라 눈에 보이지 않아야 한다. 그리고 많은 영화에서 레이저빔이 진행해 나가는 모습이 화면에 나타나곤 하는데, 레이저는 빛의 속도로 움직이기 때문에(초속 30만km) 실제상황에서는 이런 광경을 절대로 볼 수 없다.

3-3 《Asimov and Schulman》, p.124.

4 공간이동

4-1 역사에 기록된 공간이동의 실제 사례 중 가장 오래된 사건은 1593년 10월 24일에 일어났다. 당시 필리핀 군대 소속으로 마닐라궁전 호위병이었던 길 페레즈Gil Perez는 근무 중에 갑자기 사라졌다가 멕시코시티의 메이어 광장에 홀연히 나타났다. 그는 어리둥절한 상태에서 멕시코 군인에게 체포되었는데, 군 당국자는 페레즈가 악마와 교류한다고 생각했다. 당국은 그를 재판에 회부했고, 법정에 선 페레즈는 "닭이 우는 것보다 짧은 시간에 마닐라에서 멕시코로 옮겨졌다"는 말밖에 할 수가 없었다(이런 일이 정말 있었는지는 확인할 길이 없지만, 역사학자 마이크 대시Mike Dash는 페레즈의 실종을 기록한 여러 문헌들 사이에도 100년 이상의 시간차가 있기 때문에 액면 그대로 믿기는 어렵다고 했다).

4-2 코난 도일의 초기 작품은 논리적이면서 조직적인 사고의 미학을 잘 보여주고 있으며, 이런 작품 성향은 《셜록 홈즈》 시리즈로 충실하게 이어졌다. 그런데 왜 도일은 차갑고 이성적인 홈즈를 버리고 아무런 계획 없이 즉흥적으로 행동하면서 신비하고 비과학적인 세계를 파고드는 챌린저 교수를 주인공으로 내세웠을까? 도일은 1차대전에서 아들 킹슬리Kingsley와 친동생, 그리고 두 명의 의붓형제와 두 명의 조카 등 많은 친지를 잃었다. 이렇게 짧은 기간 동안 큰 슬픔을 겪으면서 마음속에 씻을 수 없는 상처가 남았고, 그 영향으로 작품의 분위기도 달라졌다는 게 전문가들의 분석이다.

가까운 친지들의 비극적인 죽음을 겪은 도일은 망자들과 정신적으로 교류할 수 있는 영적 세계에 관심을 갖게 되었다. 그 후에 발표된 소설은 대부분 이런 분위기를 띠고 있으며, 본인이 직접 영적 현상에 관한 강연을 하면서 세계 각지를 돌아다니기도 했다.

4-3 하이젠베르크의 불확정성원리는 "입자의 위치에 대한 불확정성(측정오차)과 운동량에 대한 불확정성의 곱이 플랑크상수를 2π로 나눈 값보다 항상 크거나 같다"는 것을 골자로 하고 있다. 또는 입자의 에너지에 대한 불확정성과 에너지를 측정하는 데 걸린 시간의 불확정성을 곱한 값도 플랑크상수를 2π로 나눈 값보다 항상 크거나 같다. 플랑크상수의 값을 0으로 가져가면, 모든 결과는 불확정성을 0으로 간주한 뉴턴의 고전역학과 같아진다.

트리그비 에밀슨Triggvi Emilson은 불확정성원리를 놓고 다음과 같은 농담을 떠올렸다. "역사학자들은 하이젠베르크가 자신의 삶을 반추하다가 불확정성원리를 발견했다고 하는데, 내가 보기에 이것은 일리 있는 주장이다. 어쩌다가 놀 시간이 나면 에너지가 부족하고, 시기가 적절하면(when the moment was right) 자신이 어디 있는지 알 수가 없다." - Barrow, 《Between Inner and Outer Space》, p.187.
4-4 Kaku, 《Einstein's Cosmos》, p.127.
4-5 《Asimov and Schulman》, p.211.
4-6 사람을 포함한 거시적 물체들을 마음대로 공간이동시킬 수 있게 되었다고 가정해보자. 그렇다면 당장 인간의 '영혼'에 관한 철학적, 종교적 질문이 제기된다. 당신의 몸을 공간이동시키면 영혼도 같이 이동할 것인가?
제임스 패트릭 켈리James Patrick Kelley의 소설 《공룡처럼 생각하라Think Like a Dinosaur》도 이와 비슷한 문제를 다루고 있다. 한 여인이 다른 행성으로 공간이동되었는데 전송과정에 문제가 발생하여 원래의 몸이 사라지지 않고 모든 감정과 기억을 간직한 채 살아남는다. 한 사람이 갑자기 둘로 '증식' 된 것이다. 원래의 몸은 복사본에게 공간이동장치로 다시 들어가서 분해될 것을 명령하지만 복사본은 단호히 거절한다. 공간이동기술을 지구인에게 전수했던 냉정한 외계인들은 복사본을 '시스템 오류에 의한 잉여물' 정도로 생각하는 반면, 감정에 치우친 인간들은 실수로 태어난 복사본에 인격을 부여하고 연민의 정을 갖게 된다.
대부분의 공상과학소설에서 공간이동은 '신의 선물'로 그려져 있다. 그러나 스티븐 킹Stephen King의 소설 《소풍The Jaunt》에서 저자는 공간이동의 위험요소를 부각시켰다. 미래에 공간이동이 상용화되어 사람들은 그것을 '소풍'이라고 부른다. 한 부자父子가 공간이동을 기다리면서 아버지가 아들에게 '소풍'의 역사를 들려준다. 공간이동기술을 최초로 발명했던 과학자는 처음에 쥐를 대상으로 실험을 했는데, 마취시킨 쥐만 공간이동 후 살아남고, 멀쩡한 정신으로 공간이동된 쥐들은 처참한 모습으로 죽어갔다. 그래서 그 후로 모든 생명체의 공간이동은 마취상태에서 진행되었다. 그런데 단 한 사람만이 멀쩡한 정신으로 공간이동되었다가 강제로 송환되어 다시 공간이동장치로 들어간다. 그런데 재차 공간이동된 후 심장마비를 일으킨 그는 "나는 영원의 세계에 들어왔다…"는 묘한 유언을 남기며 죽어간다.
아버지의 이야기를 흥미진진하게 듣던 아들은 자신도 맨 정신으로 공간이동되겠다고 다짐하고, 약간의 잔꾀를 부려 실천에 옮긴다. 그러나 그 결과는 실로 끔찍했다. 어렸던 소년이 흰머리에 노란 눈동자를 가진 노인이 된 것이다. 그 원인은 얼마 후 밝혀진다. 생명이 없는 물질은 즉각적으로 공간이동되지만 생명체는 영원의 시간 속에 갇혀 정신이 이상해졌던 것이다.
4-7 Curt Suplee, "Top 100 Science Stries of 2006," 〈Discover Magazine〉, December 2006, p.35.
4-8 Zeeya Merali, 18, 2006, 〈New Scientist Magazine〉, June 13, 2007.
4-9 David Deutsch, 〈New Scientist Magazine〉, November 18, p.69.

5 텔레파시

5-1 독자들도 저녁 파티에서 텔레파시를 이용한 놀라운 묘기를 선보일 수 있다. 파티에 참석한 모든 사람들에게 작은 쪽지를 나눠주고 각자의 이름을 적은 후 쪽지를 두 번 접으라고 한다. 접은 쪽지를 모두 수거하여 모자 속에 넣으면 마술 준비는 끝난다. 이제 당신은 쪽지를 한 장씩 꺼내서 펼쳐보지 않고 그 속에 적힌 이름을 큰 소리로 읽어나간다. 사람들은 코앞에서 텔레파시의 현장을 목격하고 탄성을 지른다! 일부 마술사들은 이 트릭을 이용하여 상당한 부와 명성을 누렸다.

[이 마술에 숨어 있는 트릭은 다음과 같다. 첫 번째 쪽지를 꺼내들었을 때 혼자서 웅얼거리며 인상을 찌푸린다. 그리고 궁금해하는 사람들을 향해 "방 안의 영적인 기운이 나의 텔레파시를 방해하고 있으니, 나를 의심하는 마음을 지워 달라"고 정중하게 요청한다. 그러고는 쪽지를 열어서 조용히 이름을 확인한 후 고개를 끄덕이며 휴지통에 버린다(첫 번째 쪽지에 적힌 이름은 절대로 소리내서 읽지 말 것!). 이제 두 번째 쪽지를 집어들고 약간의 모션을 취한 후 큰 소리로 이름을 외친다. 물론 이 이름은 아까 버린 첫 번째 쪽지에 적혀 있던 이름이다. 사람들이 탄성을 지르면 당신은 쪽지를 펴고 사실을 확인하는 척하면서 거기 적힌 이름을 외운 후 휴지통에 버린다. 세 번째 쪽지를 꺼내들었을 때는 두 번째 쪽지에 적혀 있던 이름을 외치면 된다. 이런 식으로 끝까지 반복하면 처음 한 사람을 제외한 모든 참석자의 이름을 맞출 수 있다. 매번 당신이 호명하는 이름은 손에 들고 있는 쪽지 속의 이름이 아니라, 방금 전에 버린 쪽지에 적힌 이름이다.(물론 천연덕스러운 연기력은 필수이다!)]

5-2 사진을 바라보는 사람의 눈동자 궤적을 추적하면 그 사람의 마음상태를 대략적으로 알 수 있다. 눈동자에 가느다란 빛줄기를 비춰서 반사된 빛을 스크린에 도달하게 하면 눈동자가 사진을 훑어보는 순서를 정확하게 추적할 수 있다(예를 들어 인물사진을 보는 사람의 눈은 사진 속 인물의 두 눈동자 사이를 빠른 속도로 오락가락한 후 입 주변으로 옮겨갔다가 다시 눈쪽으로 되돌아온다. 대부분의 사람들은 이 과정을 끝낸 후에 사진의 전체적인 윤곽을 감상한다).

사진을 들여다보는 사람의 동공의 크기를 측정하면 그가 사진의 특정부위를 보면서 즐거움을 느끼는지, 아니면 불쾌감을 느끼는지를 알 수 있다(예를 들어 살인자에게 살인사건 현장을 찍은 사진을 보여주면 강렬한 감정을 느끼면서 자연스럽게 시체가 놓여 있는 곳으로 시선이 집중된다. 만일 그 근처에 시체가 은닉되어 있다면 이 방법으로 은닉된 장소를 알아낼 수 있다).

5-3 심령연구학회의 회원명단에는 노벨상 수상자인 레일리 경Lord Rayleigh과 윌리엄 크룩스 경Sir William Crookes(전자공학분야에서 자주 사용되는 크룩스튜브의 발명자), 찰스 리쳇Charles Richet(노벨상 수상자), 미국의 심리학자 윌리엄 제임스William James, 미국 총리 아서 발포어Arthur Balfour 등이 포함되어 있었으며, 마크 트웨인, 아서 코난 도일, 알프레드 로드 테니슨Alfred Lord Tennyson, 루이스 캐롤, 칼 융은 이 단체를 후원했다.

후주

5-4 원래 라인은 성직자가 되려고 했으나 시카고대학을 다니면서 식물학 쪽으로 관심을 돌렸다가 1922년에 아서 코난 도일의 강연을 듣고 초자연적 현상에 완전히 매료되었다. 그 후 심령현상에 관한 올리버 로지경Sir Oliver Rodge의 책 《인간의 생존 The Survival of Man》을 읽고 자신의 여생을 이 분야에 투신하기로 결심한다. 그러나 라인은 현대식 심령주의를 별로 반기지 않았으며, 일부 사기꾼들 때문에 명성에 큰 손상을 입었다. 그리고 마거리 크랜든Margery Crandon 같은 심령주의자를 사기꾼으로 몰았다가 코난 도일을 포함한 여러 심령주의자들로부터 비난을 받기도 했다.

5-5 Randi, p.51.

5-6 Randi, p.143.

5-7 San Fransisco Chronicle, November 26, 2001.

5-8 미래에 제한적 형태의 텔레파시가 생활화되었을 때에도 법적 및 도덕적 문제가 야기될 수 있다. 현재 미국의 많은 주에서는 타인의 전화 통화 내용을 허락 없이 녹음하는 행위가 불법으로 명시되어 있다. 따라서 미래에는 타인의 생각을 당사자의 허락 없이 기록하는 것도 불법행위로 취급될 가능성이 높다. 또한 자유주의자들은 어떤 상황에서도 다른 사람의 생각을 읽는 것을 적극 반대할 것이다. 사실 사람의 생각은 다분히 불안정하고 위선적이기 때문에, 남의 생각을 읽는 행위가 법으로 허용될 가능성은 거의 없다. 톰 크루즈가 출연했던 영화 〈마이너리티 리포트Minority Report〉에서는 "그냥 놔두면 틀림없이 범죄를 저지를 사람이 있는데, 그가 아직 범죄를 저지르기 전에 체포하는 것이 과연 타당한가?"라는 질문이 제기된다. 미래에는 "범죄를 저지르려는 생각을 품었다는 이유로 사람을 체포할 수 있는가?"라는 질문이 핫이슈로 부각될 것이다. 타인을 말로 위협한 것과 생각으로 위협한 것을 똑같은 범죄로 취급할 수 있을까?

또한 정부나 보안부서의 요원들이 법에 구애받지 않고 강제로 사람들의 생각을 읽는 것도 문제가 될 수 있다. 체포된 테러리스트의 생각을 읽어서 범죄계획을 알아내는 것이 과연 합법적일까? 특정한 목적으로 사람에게 거짓 기억을 주입하는 것은 합법적일까? 영화 〈토탈리콜Total Recall〉의 주인공 아놀드 슈워제네거는 자신의 기억이 진짜인지, 인공적으로 심어진 것인지를 놓고 시종일관 고민에 빠진다. 당분간은 이런 질문들이 단순한 흥미거리에 불과하겠지만, 사람의 생각을 읽는 기술이 구현되면 가장 심각한 문제로 대두될 것이다. 다행히도 아직은 생각할 생각이 충분히 남아 있다.

5-9 Douglas Fox, 〈New Scientist Magazine〉, MAy 4, 2006.

5-10 Science Daily, www.sciencedaily.com, April 9, 2005.

5-11 Cavelos, p.184.

6 염력

6-1 어메이징 랜디는 숙련된 마술사들이 자신의 본분을 망각하고 속임수에 불과한 마술을 마치 염력인 양 사람들을 현혹시켜서 부와 명성을 누리는 것에 대해 매우 불쾌하게 생각하는 사람이었다. 그래서 그는 초능력자들이 발휘했다는 신기한 능력들을 마술로 똑같이 재현하여 사기꾼을 적발해내곤 했다. 랜디는 미국의 전설적인 마술사 후디니Great Houdini가 그랬던 것처럼 현역에서 은퇴한 후 '마술로 대중을 현혹시켜 돈을 착복하는 사기꾼'을 적발하는 일에 전념했다. 그는 마술과 초능력의 차이를 강조하면서 "나를 과학실험실에 들어가게 해준다면 어떤 연구원도 속아 넘어갈 마술을 선보일 수 있다"고 호언장담했다. Cavelos, p.220.
6-2 Cavelos, p.240.
6-3 Cavelos, p.240.
6-4 Philip Ross, 〈Scientific American〉, September, 2003.
6-5 Miguel Nicolelis and John Chapin, 〈Scientific American〉, October, 2002.
6-6 Kyla Dunn, 〈Discover Magazine〉, December, 2006, p.39.
6-7 Aristides A. G. Requicha, "Nanorobots", http://www.lmr.usc.edu/~lmr/publications/nanorobotics.

7 로봇

7-1 펜로즈는 인간의 두뇌에 양자적 효과가 작용하기 때문에 생각하는 것이 가능하다고 주장한다. 반면에 대부분의 컴퓨터과학자들은 여러 개의 트랜지스터를 (다소 복잡하게) 연결하면 두뇌의 모든 뉴런을 재현할 수 있으며, 따라서 인간의 두뇌는 고전적인 장치라고 믿고 있다. 두뇌의 구조가 매우 복잡하긴 하지만, 근본적으로는 트랜지스터로 재현할 수 있는 뉴런의 집합에 불과하는 것이다. 그러나 펜로즈는 이 의견에 반대 입장을 표명하고 있다. 그는 뇌세포 안에 있는 '미세소관microtubules'이 양자적 효과를 발휘하여 사고가 진행되고 있기 때문에, 단순한 전자부품으로는 인간의 두뇌를 흉내낼 수 없다고 주장했다.
7-2 Kaku, 《Visions》, p.95.
7-3 Cavelos, p.90.
7-4 Rodney Brooks, 〈New Scientist Magazine〉, November 18, 2006, p.60.
7-5 Kaku, 《Visions》, p.65.
7-6 Bill Gates, 〈Skeptic Magazine〉, vol.12, no.12, 2006, p.35.
7-7 Bill Gates, 〈Scientific American〉, January 2007, p.58.
7-8 〈Scientific American〉, January 2007, p.63.
7-9 Susan Kruglinski, "Top 100 Science Stries of 2006", 〈Discover Magazine〉,

p.16.
7-10 Kaku, 《Visions》, p.76.
7-11 Kaku, 《Visions》, p.92.
7-12 Cavelos, p.98.
7-13 Cavelos, p.101.
7-14 Barrow, Theories of Everything, p.149.
7-15 Sydney Brenner, 〈New Scientist Magazine〉, November 18, 2006, p.35.
7-16 Kaku, 《Visions》, p.135.
7-17 Kaku, 《Visions》, p.188.
7-18 그러므로 역학적 발명품은 인류의 궁극적인 생존을 좌우하는 열쇠가 될 것이다. MIT의 마빈 민스키는 이렇게 말했다. "인간은 진화의 최종단계가 아니다. 따라서 인간만큼 똑똑한 기계를 만들 수 있다면 그보다 훨씬 똑똑한 기계도 만들 수 있을 것이다. 단순히 다른 사람을 만드는 것은 별로 의미가 없다. 우리가 원하는 것은 우리가 못하는 일을 해낼 수 있는 기계이다." Kruglinski, "Top 100 Science Stries of 2006," 〈Discover Magazine〉, p.18.
7-19 인간은 모든 동물들 중에서 유일하게 자신의 삶이 유한하다는 사실을 깨달았고, 그 후로 줄곧 영생을 꿈꿔왔다. 우디 앨런은 영생에 대해 이런 말을 한 적이 있다. "나는 내가 남긴 업적이 영원히 남는 것을 원하지 않는다. 나는 그냥 내 몸이 죽지 않고 영원히 살기를 원한다. 내가 우리 국민들의 가슴속에 살아 있는 것보다, 그냥 내 아파트에서 숨쉬며 살아 있는 편이 훨씬 좋다." 한스 모라벡은 미래의 인간이 그들의 창조물과 합병되어 고도의 지성을 갖게 될 것이라고 예견했다. 이것을 실현하려면 두뇌에 있는 1천억 개의 뉴런을 복제한 후 개개의 뉴런을 수천 개의 다른 뉴런과 연결해야 한다. 미래의 인간이 뇌를 다치면 손상된 뉴런을 실리콘 뉴런으로 대치하게 될 것이다. 심지어는 의식이 멀쩡하게 깨어 있는 상태에서 수술이 이루어질 수도 있다. 그리고 훗날 기력이 쇠하여 사망진단이 내려져도 다음날이면 완전한 기억과 인간성, 그리고 멀쩡한 의식을 가진 채 살아 있는 자신을 발견하게 될 것이다.

8 외계인과 UFO
8-1 Jason Stahl, "Top 100 Science Stries of 2006", 〈Discover Magazine〉, December, 2006, p.80.
8-2 Cavelos, p.13.
8-3 Cavelos, p.12.
8-4 Ward and Brownlee, p.xiv.

8-5 Cavelos, p.26.
8-6 미래에도 각국의 언어와 전통문화는 지구 곳곳에 남아 있겠지만, 일반적으로 대륙 전체는 하나의 언어와 문화권으로 통일될 것이다. 즉, 광역적인 문화와 국소적인 문화가 공존하는 셈인데, 이런 현상은 모든 사회의 엘리트들 사이에서 이미 나타나고 있다.

9 우주선
9-1 Kaku, 《Hyperspace》, p.302.
9-2 Gilster, p.242.

10 반물질과 반우주
10-1 NASA, http://science.nasa.gov, April 12, 1999.
10-2 Cole, p.225.

11 빛보다 빠르게!
11-1 Cavelos, p.137.
11-2 Kaku, 《Parallel Worlds》, p.307.
11-3 Cavelos, p.151.
11-4 Cavelos, p.154.
11-5 Cavelos, p.154.
11-6 Kaku, 《Parallel Worlds》, p.121.
11-7 Cavelos, p.145.
11-8 Hawking, p.146.

12 시간여행
12-1 Nahin, p.322.
12-2 Pickover, p.10.
12-3 Nahin, p.ix.
12-4 Pickover, p.130.
12-5 Kaku, 《Parallel Worlds, p.142.
12-6 Nahin, p.248.

13 평행우주
13-1 Kaku, 《Hyperspace》, p.22.
13-2 Pais, p.330.
13-3 Kaku, 《Hyperspace》, p.118.
13-4 Max Tegmark, 〈New Scientist Magazine〉, November 18, 2006, p.37.
13-5 Cole, p.222.
13-6 Greene, p.111.
13-7 다중세계 해석의 또 다른 장점은 표준 파동방정식과 달리 추가가정을 세울 필요가 없다는 것이다. 다중세계 이론에서는 굳이 관측을 시도하여 파동함수를 붕괴시킬 필요가 없다. 외부에서 무언가가 개입되지 않아도 파동함수는 자동으로 분리된다. 이런 점에서 보면 다중세계 이론은 외부의 관측자나 관측기구, 파동함수의 붕괴 등을 도입한 다른 어떤 이론보다 개념적으로 단순하다. 그 대신 '무한히 많은 우주'라는 부담을 안게 되었지만, 파동함수는 외부에 대한 아무런 가정 없이 갈라진 우주를 잘 따라간다.
13-8 Kaku, 《Parallel Worlds》, p.169.

14 영구기관
14-1 Asimov, p.12.
14-2 그러나 일부 사람들은 태양계 안에서 가장 복잡한 창조물인 인간의 두뇌만은 열역학 제2법칙을 만족하지 않는다고 주장한다. 1천억 개의 뉴런으로 이루어진 인간의 두뇌는 지구를 중심으로 약 40조km 이내(가장 가까운 별까지의 거리)의 우주 안에서 비교대상을 찾아볼 수 없을 정도로 복잡하기 그지없지만, 크기는 인간의 두개골 속에 들어갈 정도로 작다. 이토록 고도의 질서를 갖춘 시스템이 열역학 제2법칙을 따른다는 것은 참으로 신기한 일이 아닐 수 없다. 두뇌뿐만 아니라 생명체의 진화과정도 열역학 제2법칙에서 벗어난 것처럼 보인다. 이 상황을 설명하는 방법은 다음과 같다. 생명체가 고도로 진화하면서 엔트로피가 작아진 것은 사실이지만, 이것 때문에 더욱 많은 엔트로피가 다른 어떤 장소에서 증가했다고 생각하는 것이다. 진화 과정에서 감소한 엔트로피보다 태양 등 외부환경에서 증가한 엔트로피가 훨씬 많기 때문에, 결국 지구의 엔트로피는 증가하게 된다. 인간의 두뇌도 진화를 거치면서 엔트로피가 감소했으나, 오염과 낭비된 열, 지구온난화 등 두뇌(인간)가 만들어낸 엔트로피가 워낙 많아서 감소량을 보충하고도 남는다.
14-3 테슬라는 자신이 소유한 특허와 발명품의 상당수를 사기꾼들에게 빼앗긴 것으로 전해지는데, 이중에는 라디오와 TV, 그리고 무선통신 등 현대문명의 기초를 닦

은 중요한 발명품도 있었다고 한다(그러나 물리학자들은 천재 테슬라를 잊지 않고 자기장의 단위에 그의 이름을 붙여서 사용하고 있다. 자기장 1테슬라는 1만 가우스로서, 지구자기장의 약 2천 배에 해당한다).

요즘은 테슬라의 중요한 업적이 대부분 잊혀진 채, 그의 기이한 성격과 생전에 주창했던 음모론만이 사람들의 기억에 남아 있다. 테슬라는 자신이 화성의 생명체와 통신을 주고받을 수 있고, 아인슈타인도 풀지 못한 통일장이론의 문제점을 해결했으며, 400km 거리에서 수만 대의 비행기를 한 번에 파괴시키는 죽음의 광선을 만들 수 있다고 공언했다(특히 죽음의 광선에 관심을 가진 FBI는 테슬라가 죽은 후 그의 연구노트와 실험도구를 회수해 갔고, 그중 일부는 아직도 비밀창고에 보관되어 있다).

테슬라는 수백만 볼트에 달하는 인공번개를 만들어서 종종 사람들을 놀라게 했고, 1931년에는 〈타임〉지 표지에 실리면서 전성기를 구가했다. 그러나 재정과 법률문제에 지나칠 정도로 무지하여 대부분의 특허가 다른 사람의 손에 넘어갔고, 심한 강박증세 때문에 정상적인 생활을 하지 못했다. 그는 말년에 뉴욕의 한 호텔에 기거하면서 공원의 비둘기를 유일한 친구로 삼고 살다가 1943년 86세의 나이에 무일푼으로 세상을 떠났다.

에필로그

1 Barrow, 《Impossibility》, p.47.
2 Barrow, 《Impossibility》, p.209.
3 Pickover, p.192.
4 Barrow, 《Impossibility》, p.250.
5 Rocky Kolb, 〈New Scientist Magazine〉, November 18, 2006, p.44.
6 Hawking, p.136.
7 Barrow, Impossibility, p.145.
8 Max Tegmark, 〈New Scientist Magazine〉, November 18, 2006, p.37.
9 아인슈타인의 이론에 양자적 보정을 가하면 '무한대' 라는 황당한 결과가 얻어진다. 물리학자들은 이 무한대를 제거하기 위해 여러 해 동안 온갖 노력을 기울여왔으나, 모든 시도가 실패로 돌아갔다. 그런데 끈이론에서는 '초대칭' 과 '유한한 끈의 길이' 에 의해 무한대가 발생하지 않는다.
10 Alexander Vilenkin, 〈New Scientist Magazine〉, November 18, 2006, p.51.
11 Barrow, I《Impossibility》, p.219.

참고문헌

Adams, Fred, and Greg Laughlin. *The Five Ages of the Universe: Inside the Physics of Eternity*. New York: Free Press, 1999.
Asimov, Isaac. *The Gods Themselves*. New York: Bantam Books, 1990.
Asimov, Isaac, and Jason A. Shulman, eds. *Isaac Asimov's Book of Science and Nature Quotations*. New York: Weidenfeld and Nicholson, 1988.
Barrow, John. *Between Inner Space and Outer Space*. Oxford, England: Oxford University Press, 1999.
—. *Impossibility: The Limits of Science and Science of Limits*. Oxford, England: Oxford University Press, 1998.
—. *Theories of Everything*. Oxford, England: Oxford University Press, 1991
Calaprice, Alice, ed. *The Expanded Quotable Einstein*. Princeton, NJ: Princeton University Press, 2000.
Cavelos, Jeanne. *The Science of Star Wars: An Astrophysicist's Independent Examination of Space Travel, Aliens, Planets, and Robots as Portrayed in the Star Wars Films and Books*. New york: St. Martin's Press, 2000.
Clark, Ronald. *Einstein: The Life and Times*. New york. World Publishing, 1971.
Cole, K. C. *Sympathetic Vibrations: Reflections on Physics as a Way of Life*. New York: Bantam Books, 1985.
Crease, R., and C. C. Mann. *Second Creation*. New York: Macmillan, 1986.
Croswell, Ken. *The Universe at Midnight*. New York: Free Press, 2001.
Davies, Paul. *How to Build a Time Machine*. New York: Penguin Books, 2001.
Dyson, Freeman. *Disturbing the Universe*. New York: Haper and Row, 1979.
Ferris, Timothy. *The Whole Shebang: A State-of-the-Universe(s) Report*. New York: Simon and Schuster, 1997.
Folsing, Albrecht. *Albert Einstein*. New York: Penguin Books, 1997.
Gilster, Paul. *Centauri Dreams: Imagining and Planning Interstellar Exploration*. New York: Springer Science, 2004.
Gott, J. Richard. *Time Travel in Einstein's Universe*. Boston: Houghton Miffin Co., 2001.

Greene, Brian. *The Elegant Universe: Superstrings, Hidden Dimensions, and the Quest for the Ultimate Theory*. New York: W. W. Norton, 1999.
Hawking, Stephen W., Kip S. Thorne, Igor Novikov, Timothy Ferris, and Alan Lightman. *The Future of Spacetime*. New York: W. W. Norton, 2002.
Horgan, John. *The End of Science*. Reading, Mass: Addison-Wesley, 1996.
Kaku, MIchio. *Einstein's Cosmos*. New York: Atlas Books, 2004.
—. *Hyperspace*. New York: Anchor Books, 1994.
—. *Parallel Worlds: A Journey Through Creation, Higher Dimensions, and the Future of the Cosmos*. New York: Doubleday, 2005.
—. *Visions: How Science Will Revolutionize the 21st Century*. New York: Anchor Books, 1997.
Lemonick, Michael. *The Echo of the Big Bang*. Princeton, NJ:Princeton University Press, 2005.
Mallove, Eugene, and Gregory Matloff. *The Starflight Handbook: A Pioneer's Guide to Interestellar Travel*. New York: Wiley and Sons, 1989.
Nashin, Paul J. *Time Machines*. New York: Springer Verlag, 1999.
Pais, A. *Subtle Is the Lord*. New York: Oxford University Press, 1991.
Pickover, Clifford A. *Time: A Traveler's Guide*. New York: Oxford University Press, 1998.
Randi, James. *An Encyclopedia of Claims, Frauds, and Hoaxes of the Occult and Supernatural*. New York: St. Martin's Press, 1995.
Rees, Martin. *Before the Beginning: Our Universe and Others*. Reading, Mass.: Perseus Books, 1997.
Sagan, Carl. *The Cosmic Connection: An Extraterrestrial Perspective*. New York: Anchor Press, 1973.
Thorne, Kip S. *Black Holes and Time Warps: Einstein's Outrageous Legacy*. New York: W. W. Norton, 1994.
Ward, Peter D., and Donald Brownlee. *Rare Earth: Why Complex Life Is Uncommon in the Universe*. New York: Springer Science, 2000.
Weinberg, Steve. *Dreams of Final Theory: The Search for Fundamental Laws of Nature*. New York: Pantheon Books, 1992.
Wells, H. G. *The Time Machine: An Invention*. London: McFarland and Co., 1996.

찾아보기

10차원 시공간 366
11차원 369
1종 영구기관 406
2001 스페이스 오딧세이(2001 Space Odyssey)[영화] 181
20세기의 파리(Paris in the Twentieth Century)[소설] 15
2종 영구기관 406
2차 세계대전 77, 177, 328, 378, 416
3차원 73, 83, 358, 366, 370
4차원 73, 359, 361
C. N. 양(Yang, C. N.) 302
C. S. 루이스(C. S. Lewis) 355
C-반전우주 301
CIA 124, 134~135, 139, 142
COG 192
CP-반전우주 303~304
CP-비보존 304~305
CPT-반전우주 304~305
CYC 187~188
DNA(디옥시리보핵산) 63, 117, 122, 167, 203~204, 220~221, 231, 243, 435

EPR 실험 113, 115~117, 144, 317
FAB[서적] 169
G. 스프륄(Spruill, G.) 336
LIGO(Laser Interferometer Gravitational Wave Observatory) 439, 442
LISA(Laser Interferometer Space Antenna) 440~442
M-이론 455, 457
NASA 192, 214, 226, 251~253, 259~260, 267~268, 270, 280~282, 289, 292, 322, 440
NIF(National Ignition Faculty) 91, 93
NSTAR 이온추진기 252
P-반전우주 301, 303
PET(양전자방사 단층촬영기, positron-emission tomography) 137
R. U. R.[연극대본] 175
SETI(Search for Extraterrestrial Intelligence) 213~217, 227
SPM(scanning probe microscope) 170
The World Set Free(해방된 세계)[소설] 19
TPF(Terrestrial Planet Finder) 225, 226

UFO(미확인 비행물체) 238, 247
V-2 로켓 19
WMAP위성 371, 385, 387, 413, 444
X-선 레이저 94~97

ㄱ

가변비추력 자기플라즈마 로켓(VASI-
　　MR, variable specific impulse magneto-
　　plasma rocket) 253
가사상태 276~278
가스레이저 82
가짜 진공(false vacuum) 430~431
갈릴레오(Galileo) 379
감마선 13, 54, 76, 97~98, 291,
　　296~297, 424
감마선 폭발 98~99, 100~101
강한 핵력(강력, 또는 강한 상호작용)
　　37~38
개인용 조립기(personal fabricator) 169
거리(On Distance)[저서] 358
거울우주 300
거짓말탐지기 138, 142
게르트 푸르트셸러(Pfurtscheller, Gert)
　　147
게르트루드 슈마이들러(Schmeidler, Ger-
　　trude) 157
게리 리그웨이(Ridgway, Gary) 139

게리 카스파로프(Kasparov, Garry)
　　185~186
게오르그 베른하르트 리만(Riemann,
　　Georg Bernhard) 359
결맞는 빛 82
결어긋남(decoherence) 78, 125, 378
계단을 내려오는 누드(Nude descending
　　Staircase)[그림] 360
고전적 공간이동 120
고체레이저 84~85, 89
곤충로봇(insectoid) 191~192
골드 핑거(Gold Finger)[영화] 78p
골디락 존(Goldilocks zone) 217~219,
　　222, 224
공간이동(teleportation) 15, 21~22,
　　102~107, 113, 117, 119~120, 122,
　　125~126
공간이동과 공상과학 104
공간이동과 양자이론 107
공간이동의 가능성 106, 122
공룡 14~15, 219~220, 250, 341, 378,
　　384
공룡처럼 생각하라(Think Like a Dino-
　　saur)[소설] 468
공상과학 10, 12, 17, 22~23, 36, 41, 49,
　　104, 290, 389
공중부양 48
관성밀폐(inertial confinement) 89~90

광결정학(photonic crystals) 63~64
광석판술(photolithography) 61, 66
광선검 76, 86~87, 101
광선총 10, 76, 78, 85~87
광양자이론 79
광자 21, 79, 80~82, 108, 115, 117~118, 120~122, 299
광전효과 79, 108, 111
광학위장술 71
괴델의 불완전성정리 180, 456~457
국가론(The Republic)[저서] 51
국방고등연구계획국(DARPA) 56, 189
국제선형충돌기(ILC, International Linear Collider) 332~333
국제우주정거장(International Space Station) 92, 251, 265
국제핵융합실험로(International Thermonuclear Experimental Reactor, ITER) 92, 94, 257
균일한 시간개념 340
금성 240, 293, 314, 418
금지된 행성(Forbidden Planet)[소설] 154
기능성 MRI(fMRI, functional MRI) 141, 145
기억의 지속(Persistence of Memory)[그림] 360
기이한 방문(The Wonderful Visit)[소설] 360

기체 371, 404
길 페레즈(Perez, Gil) 467
끈이론 15, 36, 363, 368~369, 370, 441, 448~449, 451~453

나노기술 42, 60~61, 63, 68~69, 70, 86~87, 166, 245, 279
나노우주선 246, 278~280
나오키 가와카미(Kawakami, Naoki) 71
나치 77, 178, 221, 378
냉전시대 98, 133, 228
네 번째 차원 52, 73, 357~361, 455
네이선 머볼드(Myhrvold, Nathan) 56
노바레이저 91
노스트라다무스 416
노이만 탐사기(Neumann probe) 281
뇌파측정기(EEG, Electroencephalograph) 136, 161
뉴턴의 고전역학 107, 111, 176, 314, 413
뉴턴의 법칙 78, 404~405, 445
뉴턴의 시간 340
뉴턴의 우주 340, 421
뉴턴의 운동방정식 301, 305
뉴턴의 중력법칙 455
뉴트리노 285, 364, 371, 437~438,

454~455, 460
니콜라 테슬라(Tesla, Nikola) 411
니콜라이 카르다셰프(Kardashev, Nikolai) 236
닐 게센펠드(Gershenfeld, Niel) 169~170
닐스 보어(Bohr, Niels) 79, 102, 109, 119, 380, 450
닐스 비르바우머(Birbaumer, Niels) 162

ㄷ

다니엘 랭글벤(Langleben, Daniel) 140~141
다비드 도이치(Deutsch, David) 125
다비드 힐베르트(Hilbert, David) 41, 436
다섯 개의 끈이론 368~369
다섯 번째 차원 361~363, 366
다원호[행성탐사선] 227
다이달로스 프로젝트(Daedalus Project) 262~263
다이레이저 85
다중세계 352, 377, 379~381, 474
다중우주 15, 350~351, 357, 368~369, 372~373, 380, 382, 390
닫힌 시간꼴 곡선(closed time-like curves) 345~346
달(위성) 255~256
대륙이동 38

대칭 303~304, 408, 410
대형 강입자충돌기(LHC) 315, 455
댄 브라운(Brown, Dan) 284
더글라스 레너트(Lenat, Douglas) 187~188
더글라스 호프스타터(Hofstadter, Douglas) 185
더글러스 애덤스(Adams, Douglas) 112
데스스타(Death Star) 75~76, 83, 88, 91, 94, 97~98,
데스스타의 물리학 97
데스스타의 에너지 88, 94
데이비드존스(Jones, David) 142
도널드 브라운리(Brownlee, Donald) 222
두뇌 136~151, 160~164, 171, 184, 191, 198, 229, 278
두뇌 신경망 158
두뇌스캔 136, 142
두뇌지도 149~150
두뇌피질 164
드레이크 방정식 212, 217~219, 222
디락과 뉴턴 298
디지털 컴퓨터 122, 124, 146
딥 블루(Deep Blue) 185~186
똑똑한 먼지(smart dust) 280

ㄹ

라디오파 137, 145, 148, 151, 161, 168, 213, 253, 438
래리 드와이어(Dwyer, Larry) 349
램제트 융합엔진 256~258
럴드 우레이(Urey, Harold) 210
레오 실라르드(Szilard, Leo) 19
레오나르도 다빈치(Leonardo da Vinci) 174, 399
레이디 원더(Lady Wonder) 132~133
레이저 466
레이저 커튼 41, 48
레이저 항해 273
레이저기지 256
레이저를 이용한 핵융합 90~91
레이저와 광선총 85
레이저의 종류 83
레일건(rail gun) 272~273, 280
로드니 브룩스(Brooks, Rodney) 7, 184, 191
로버 프로젝트(Rover Project) 258~259
로버트 고다드(Godard, Robert) 18
로버트 버사드(Bussard, Robert W.) 256
로버트 오펜하이머(Oppenheimer, J. Robert) 95, 328, 363
로버트 하인라인(Heinlein, Robert) 265, 267, 337, 360
로봇 154, 162, 168, 171~175, 180~247
로봇시장의 규모 190
로봇의 가장 큰 단점 198
로봇의 취약점 193
로슨의 기준(Lawson's criterion) 90
로이 케르(Kerr, Roy) 328
로저 펜로즈(Penrose, Roger) 173, 180
로켓 11, 18, 243, 249, 251~252, 254, 257
로켓의 효율(비추력, 比推力, specific impulse) 263~264
록키 콜브(Kolb, Rocky) 438
루드비히 볼츠만(Boltzman, Ludwig) 403
리(T. D. Lee) 302
리처드 고트(Gott, Richard) 346~347
리처드 파인만(Richard Feynman) 423, 452
린다 달림플 헨더슨(Henderson, Linda Dalrymple) 359

ㅁ

마르셀 뒤샹(Duchamps, Marcel) 360
마르셀 저스트(Just, Marcel A.) 143
마빈 민스키(Minsky, Marvin) 193, 199, 204
마이너리티 리포트(Minority Report)[영화] 45, 470
마이크로파 54, 56~57, 60, 81, 269

마이클 로말리스(Romalis, Michael) 144
~145
마이클 에드워즈(Edwards, Michael) 157
마이클 패러데이(Faraday, Michael) 33,
35, 272
마크 트웨인(Twain, Mark) 49, 284, 339,
469
마틴 리스 경(Rees, Sir Martin) 309, 319,
472
막스 테그마크(Tegmark, Max) 370, 448
막스 플랑크(Planck, Max) 79, 143, 152
만능번역기(universal translator) 142, 144
만물의 이론(theory of everything) 12,
23, 353~354, 368, 390, 436, 447~
449, 451, 453, 456, 459~460
매튜 네이글(Nagle, Mathew) 163
매트 비세르(Visser, Matt) 319, 330
맥베스(Macbeth)[희곡] 417
맥스웰방정식 / 마이스너효과(Meissner
effect) 47, 422, 460
맨 인 블랙(Man in Black)[영화] 234
메이저(maser) 81
메트로폴리스(Metropolis)[영화] 175
명왕성 261, 265, 293, 314
목성 181, 218~219, 223~225, 270, 330,
4148
몸 없는 인간(A Man Without a Body)[소
설] 104

무어의 법칙(Moore's law) 200~202, 204
무인우주선 246, 262, 279
무중력 274
미국 공군 239
미래 예견하기 21
미래의 로봇 198, 200, 204
미래의 우주선 275
미래의 MRI 146
미싱 원스 코치(Missing One's Coach)[소
설] 338
밀본 크리스토퍼(Christopher, Milbourne)
132

ㅂ

버나드항성(Barnard star) 262
바스카라(Bhaskara) 398
반 포그트(van Vogt, A. E.) 127
반도체 170, 201, 297
반도체레이저 84
반물질 95, 283~323, 410, 424
반물질로켓 264
반물질의 가격 289
반물질의 샘 291
반자성체 47~48
반중력 299~300, 486, 497
반지의 제왕[소설, 영화] 49, 51
발달된 문명의 물리학 235

백 투 더 퓨처(Back to the Future)[영화] 339
버트런드 러셀(Russell, Bertrand) 249
베르너 하이젠베르크(Heisenberg, Werner) 107, 111, 450
벤틀리의 역설 444
벨라(Vela) 군사위성 99
보즈-아인슈타인 응축물(Bose-Einstein condensate, BEC) 120
복사에너지 100, 331, 343, 352~353, 438
볼나 로켓(Volna rocket) 254
볼프강 파울리(Pauli, Wolfgang) 450
분자로봇 171
불가능의 목록 435
불확정성원리 106, 111, 180, 201, 380, 467,
브라이언 길크리스트(Gilchrist, Brian) 282
블랙홀 325~331, 342~347, 359, 385, 387, 438, 443
블랙홀의 중심 328
블루 북(Blue Book) 239
비커튼(Bickerton, A. W.) 348
빅 스플랫(Big Splat) 372, 444
빅 크런치(Big Crunch, 대붕괴) 372, 381
빅 프리즈(Big Freeze, 대동결) 372
빅뱅 23, 76, 99, 120, 245, 291~292,
304, 310, 332, 347, 365, 380~381, 387, 425
빅뱅 옵저버(BBO, Big Bang Observer) 442
빅뱅 이전의 우주 437, 442
빅뱅 전 우주이론(pre-big bang theory) 455
빅뱅의 역사 387
빅뱅의 잔해 347, 456
빌 게이츠(Gates, Bill) 190
빔 파워 챌린지(Beam Power Challenge) 268~269
빛 52~74
빛보다 빠르게 115~116, 271, 306, 309~310, 312~316, 340, 427~428, 438
빛의 간섭 227, 440
빛의 경로 59, 61, 66, 322
빛의 굴절 64
빛의 매개체 400
빛의 속도 53, 58, 116, 310, 313~314, 320, 340, 436, 439
빛의 스펙트럼 409, 435

사건지평선(event horizon) 326~331, 353

사이먼 바론-코헨(Baron-Cohen, Simon) 299
살바도르 달리(Dali, Salvador) 360
상대론적 파동방정식 295
상자성체(paramagnet) 47
생체 피드백(biofeedback) 161~163
성 오거스틴(Saint Augustine) 337~338
세계가 충돌할 때(When Worlds Collide)[영화] 271
세라믹 46~47, 57
셰이키(SHAKEY) 로봇 183
소콜리스(Soukoulis, Costas) 62~63
소풍(The Jaunt)[소설] 468
소행성 97, 219, 220
솜니엄(Somnium)[저서] 207
수소폭탄 261, 263, 284, 291
수소폭탄의 작동원리 97
시바레이저(Shiva laser) 90
슈뢰딩거 파동방정식 107, 381
슈뢰딩거의 고양이 374
슈퍼맨[영화] 339
스캐닝 터널링 마이크로스코프(scanning tunneling microscope) 68~70
스케일법칙 231, 233~234
스타게이트(Star Gate) 133~135
스타워즈 방어막(Star Wars defensive shield) 97
스타워즈(Star Wars)[영화] 72, 75~76, 88, 97, 155, 160, 236, 309~310, 320
스타트렉(Star Trek)[영화] 49, 271, 340
스탠리 밀러(Miller, Stanley) 210
스탠퍼드 선형입자가속기센터 332, 334
스텔스(stealth)기술 55~56
스티브 쇼(Shaw, Steve) 157
스티브 와인버그(Weinberg, Steve) 379, 453, 461
스티븐 킹(King, Stephen) 154, 468
스티븐 하우(Howe, Steven) 290
스티븐 호킹(Hawking, Stephen) 20, 163, 295, 336, 342, 364, 382, 448, 456
슬랜(Slan)[소설] 127
슬링샷 효과(slingshot effect) 270~271, 340
시간과 공간의 차이 338
시간되짚기 304
시간여행 10, 15, 20, 22, 336~354, 420, 423, 443
시간여행객 336, 344, 352
시간역설 349
시공간 52, 54, 317, 320, 324~325, 331, 333, 353, 366, 381, 383, 385, 387~389, 411, 430, 437, 439
시공간의 거품 381~383, 385, 430
시드니 브리너(Brenner, Sydney) 199
신경망 144, 151, 192, 203

신경망 로봇 191~192
신들 자신(The Gods Themselves)[소설] 393
실증철학 강의(Cours de Philosophie) 434
십자가에 매달린 예수(Christus Hypercubius)[그림] 360

ㅇ

아기우주(baby universe) 333, 334, 381, 386, 389, 390, 440
아르키메데스 77
아리스티데스 레키차(Requicha, Aristides) 170
아서 에딩턴(Eddington, Arthur) 407, 449
아서 오드-흄(Ord-Hume, Arthur) 399
아서 왕궁의 코네티컷 양키(Connecticut Yankee in King Arthur's Court)[소설] 339
아서 코난 도일(Doyle, Arthur Conan) 104, 469, 470
아서 클라크(Clark, Arthur C.) 31, 202, 206, 267, 272
아스톤 브래들리(Bradley, Aston) 119
아이 로봇(I Robot)[영화] 172, 173
아이가 줄었어요(Honey, I Shrunk the Kids)[영화] 233
아이작 뉴턴(Newton, Isaac) 16, 297, 310, 444
아이작 아시모프(Asimov, Isaac) 128, 172, 284, 393
아인슈타인 렌즈 효과 321, 322
아인슈타인-로젠의 다리 327, 329
안드레이 린데(Linde, Andrei) 386, 387
안드레이 사하로프(Sakharov, Andrei) 291
안토니오 다마지오(Damasio, Antonio) 197
알렉산더 빌렌킨(Vilenkin, Alexander) 456
알버트 마이클슨(Michelson, Albert) 434
알베르트 아인슈타인(Einstein, Albert) 5, 13, 312, 405
알큐비어 드라이브(Alcubierre drive) 319, 320, 330
암흑물질 322, 370, 371, 455
암흑에너지 413, 414, 443, 444
애디 허쉬코비치(Herschcovitch, Ady) 40
앨드리히 에임스(Ames, Aldrich) 139
앨런 구스(Guth, Alan) 378, 381, 387, 388
앨런 망원경 배열(Allen Telescope Array) 215
앨런 튜링(Turing, Alan) 176, 177
야누스의 방정식(Janus Equation)[소설] 336

약한 핵력(약력, 또는 약한 상호작용) 37,
 38
양자가설 79
양자도약 107, 374
양자색역학(quantum chromodynamics,
 QCD) 452
양자역학의 불확정성원리 69, 323
양자우주론(quantum cosmology) 380,
 381
양자이론(quantum theory) 15, 107, 111,
 112, 114, 115, 116, 120, 136, 180,
 295, 322, 343, 365, 368, 370, 373,
 374, 377, 380, 427, 431, 435, 447
양자적 결맞음 상태 122
양자적 공간이동 117, 119, 120, 122
양자적 얽힘(quantum entanglement)
 114, 120, 121
양자적 얽힘이 없는 공간이동 119
양자적 요동(quantum fluctuation) 381
양자적 우주 373, 379, 384
양자적 평행우주 357, 384
양자적 행동 323
양자적 효과 70, 113, 353, 447, 471
양자전기역학(quantum electrodynamics,
 QED) 373, 423, 427
양자점프 113
양자중력이론 367, 447
양자컴퓨터(quantum computer) 122~
 125, 319
양자혁명 78, 110, 295
어메이징 랜디(Amazing Randi) 155~
 156, 471
에너지 13, 19, 35, 76, 80~81, 85, 94,
 315, 394, 402
에너지 보존법칙 160, 323
에너지를 통해 바라본 인류의 역사
 396
에너지빔 76~77
에너지준위 109~110
에니그마 머신(Enigma machine) 178
에드워드 텔러(Teller, Edward) 95~96
에드워드 파리(Fahri, Edward) 388
에드워드 페이지 미첼(Mitchell, Edward
 Page) 104
에드윈 허블(Hubble, Edwin) 446
에르빈 슈뢰딩거(Schröinger, Erwin) 80,
 107, 450
엑시머레이저(excimer laser) 84
엔트로피 402~403, 406~407, 474
역장(force field) 31
열역학 408, 414
열역학 제1법칙 402, 405~406, 408, 413
열역학 제2법칙 406~407, 474
열역학 제3법칙 402~403
염력(psychokinesis) 10, 22, 132, 151,
 153~171

염력과 과학 156
염력과 두뇌 160
염력 실험 158
염력전쟁(psychic warfare) 134
영구기관 17, 394, 397~401, 406~407, 413~414, 433, 464
영구기관의 역사 397
영생 204, 472
영점에너지(zero-point energy) 411, 413
예쁜꼬마선충(C. elegans) 192
예지력 415, 417, 420~421, 431~433, 464
오귀스트 꽁트(Auguste Comte) 434~436
오리온 우주선 251
오즈마 프로젝트(Ozma Project) 214
와일더 펜필드(Penfield, Wilder) 148
외계생명체 207, 210~211, 217, 222, 227, 231, 233, 246
외계생명체의 과학적 탐사 209
외계생명체의 존재여부 207
외계생명체의 크기 233
외계행성 224~229, 270, 301
요하네스 케플러(Kepler, Johannes) 207, 254
우디 앨런(Allen, Woody) 309
우주 엘리베이터 264~270
우주상수 444, 446~447

우주선(cosmic ray) 221, 274
우주여행 40, 265, 267~268, 274~275, 277
우주왕복선 251, 260, 262, 267, 272, 341
우주의 종말 385, 443
우주의 진화 389, 414
우주적 끈(cosmic string) 347
우주적 의식 377
우주전쟁(War of the Worlds)[소설] 77, 208
운석 14~15, 211, 241, 249~250, 269~270, 274, 293~294, 435
원심력 264~265
원자레이저 121~122
원자력위원회(Atomic Energy Commission, AEC) 258
원자론 54, 404~405, 435
월터 레비(Levy, Walter) 133
웜홀 22, 318~319, 322, 325, 327
웜홀 타임머신 22, 348, 253
웜홀의 안정성 353
웜홀의 입구 329~330, 354
웨이크필드 탁상용 가속기(Wakefield tabletop accelerator) 334~335
윌리엄 밀러(Miller, William) 419
윌리엄 셰익스피어(Shakespeare, William) 130, 153

윌리엄 제닝스 브라이언(Brian, William Jennings) 130, 152~154, 416
유럽 입자가속기센터(CERN) 284, 286
유럽우주항공국(European Space Agency, ESP) 227, 253, 440
유리 겔러(Geller, Yuri) 155~156
유리 아르추타노프(Artsutanov, Yuri) 266
유인우주선 251~252, 283
유진 위그너(Wigner, Eugene) 377
은하수를 여행하는 히치하이커를 위한 안내서(The Hitchhiker's Guide to the Galaxy)[소설] 112
음물질 321~322, 330, 428
음에너지 296, 319~323, 330, 335, 348, 352, 383
이고르 사부코프(Savukov, Igor) 144, 145
이온엔진 252~253, 263~64, 282
인공중력 275
인공지능(AI) 171, 173~174, 176, 179~181, 183~184, 187~191, 193~195, 199, 202~203, 205
인공지능(AI) [영화] 174
인공지능의 역사 174
인과율 421, 426~427, 429~432
인디펜던스데이(Independence Day)[영화] 207, 237
인류발생학적 원리 390

인플레이션 이론(inflation theory) 386~387, 430, 441~442
일반상대성이론 317~321, 343, 353, 359, 361, 365~366, 383, 439, 444, 446
입자가속기 13, 38, 286, 289~290, 310, 315, 331~332, 334, 363, 428, 453, 461

ㅈ

자기 호리병 288, 293
자기공명영상(MRI, Magnetic resonance Imaging) 137, 145, 146~147, 171
자기구속(magnetic confinement) 91~94
자기장 123, 137, 144~145, 221, 244, 23, 272, 276, 280, 286, 288~289
자기홀극 244~245, 389
전기 33~35, 37, 52, 63, 65, 79, 81, 90, 155, 203
전기에너지 82~83, 86, 92
전자기력 37, 159, 272
전자의 파동성 108~109
전자의 파동함수 115
제1부류 불가능 22
제2부류 불가능 22
제3부류 불가능 22
제럴드 노들리(Nordley, Gerald) 279

제럴드 스미스(Smith, Gerald)   289
제럴드 잭슨(Jackson, Gerald)   293
제임스 클럭 맥스웰(Maxwell, James Clerk)
   52, 404
제임스 패트릭 켈리(Kelley, James Patrick)
   468
조세프 뱅크스 라인(Rhine, Joseph Banks)
   131
조지 웰즈(Wells, George)   208, 339~340
존 갬지(Gamgee, John)   401
존 도너휴(Donoghue, John)   162~164
존 미셸(Michell, John)   453
존 바로우(Barrow, John)   457
존 설(Searle, John)   173, 179~180
존 에른스트 워렐 켈리(Kelly, John Ernst
   Worrell)   400
존 콕스(Cox, John)   402
존 하인스(Haynes, John)   143
존 휠러(Wheeler, John)   380, 423, 436
종말론   418, 420
준물질(metamaterial)   56, 466
준물질의 미래   65
준물질의 투명성   58
쥘 베른(Verne, Jules)   11, 15~16, 21, 272
중국식 방 테스트(Chinese room test)   180
중력, 중력장   326
중력자(graviton)   300
중력파(gravity wave)   437~443

중성자별   101, 270~271, 385, 39
주세페 코코니(Cocconi, Guiseppe)   213
지구 자기장   48
지오다노 브루노(Bruno, Giordano)   207
   ~208
진공에너지   413~414, 443~444, 446
진동하는 역장   54
질량-에너지 방정식   296
짐승의 수(The Number of the Beast)[소설]
   360

찰스 디킨즈(Dickens, Ckarles)   338
천체에 관하여(On the Heavens)[저서]   357
천사와 악마(Angels and Demons)   284
초공간(hyperspace)   309~310, 357~358,
   361, 369~370
초광속우주선   324
초능력(ESP, extrasensory perception)
   132, 134, 157, 227
초대칭   368, 455
초전도체   92, 165, 171
최저에너지   120~121, 430
최초의 영구기관   397

ㅋ

카렐 카펙(Capek, Karel) 175
카브라 테스트(Cabra test) 96
칼 가우스(Gauss, Karl) 358
칼 세이건(Sagan, Carl) 11, 212, 222, 249, 256
칼 슈바르츠실트(Schwartzschild, Karl) 325~326, 329
캐리(Carrie)[소설] 154
커밍스(Cummings, E. E.) 355
케플러위성 225~226
켈빈 경(Kelvin, Lord) 16, 75
코롯(Corot)위성 225~226
코페르니쿠스(Copernicus, Nicolaus) 207
코펜하겐학파 375~376
콘스탄틴 치올코프스키(Tsiolkovsky, Konstantin) 248, 266
쿠르트 괴델(Gödel, Kurt) 177, 346, 383
크리스마스 캐롤(Christman Carol)[소설] 338
클라우드 카탈라(Catala, Claude) 225
클레버 한스(Clever Hans) 129~130, 132~133
클리포드 피코버(Pickover, Clifford) 230
킵 손(Thorne, Kip) 345, 367, 441~442

ㅌ

타임머신(The Time Machine)[소설] 339
타키온(tachyon) 427~432
탄소 204, 210~211, 267, 409
탄소나노튜브 41~42, 48, 267~268
탄소사슬(carbon chain) 210
태양항해(solar sail) 254, 293
터미네이터[영화] 174, 350
테드 테일러(Taylor, Ted) 8, 261~262
테오도르 칼루자(Kaluza, Theodor) 361~363, 366
테터 챌린지(Tether Challenge)[공모전] 268~269
텔레파시(정신감응) 127
텔레파시와 스타게이트 133
템페스트(Tempest, 태풍)[희곡] 153~154
토머스 에디슨(Edison, Thomas) 412
투명성 55~56, 58
투명인간(The Invisible Man)[소설] 49
튜링머신 146~147, 176~177, 281
특수상대성이론 297, 312, 314~315, 317~318, 340~341
팀버윈드 핵추진 로켓(Timberwind nuclear rocket) 260

ㅍ

파리(The Fly)[영화] 105
파멜라호(PAMELA, Paylod for Antimatter-Matter Exploration and Light-Nuclei Astrophysics) 10, 292
파쇄 기계(Disintegration Machine)[소설] 105
패러데이의 역장 109
팽창하는 우주 382
평행우주 10, 236, 329, 350~351, 355~390, 394, 411
포토크로마틱스(photochromatics) 42, 48
폴 디락(Dirac, Paul) 294
표준모형 364~365, 367, 431, 447, 456, 460~461
프랭크 윌첵(Wilczek, Frank) 6, 378
프랭크 드레이크(Drake, Frank) 213
프로메테우스(Prometheus) 260
프리먼 다이슨(Dyson, Freeman) 8, 270, 372, 433, 449, 457
프톨레미(Ptolemy) 358
플라즈마 38~39, 41, 48, 64, 87, 253, 334~335
플라즈모닉스(plasmonics) 64~65
플라톤 50~51
플랑크에너지 332~335, 385~386
플래시 고든(Flash Gorden)[만화] 10~11, 51, 294
피닉스 프로젝트(Project Phoenix) 215
피타고라스학파 449
피터 워드(Ward, Peter) 222
필립 모리슨(Morrison, Philip) 213

ㅎ

하이케 오네스(Onnes, Heike) 44
한스 모라벡(Morevec, Hans) 194, 196, 204, 472
할데인(Haldane, J. B. S.) 393
해리 포터(Harry Potter)[영화] 49, 51, 55, 60, 66~67
핵분열 93, 98, 253, 263
핵실험 금지조약(LTBT, Limited Test Ban Treaty) 259, 262
핵융합 88~89, 90~93, 263, 328
핵분열 추진로켓 258
핵추진 로켓 258, 260, 263
핵추진 펄스로켓 260~262, 264
햇 트릭(hat trick) 129
행성 75~76, 78, 88, 94, 97~98, 101, 106, 112, 208, 211~212, 218~219, 222~247
허블망원경 17, 322, 454
험프리 데이비(Davy, Humphrey) 33
헨드릭 카시미르(Casimir, Hendrik)

322~323

형태인식　182, 186, 193

홀로그램(hologram)　71~73

화성　77, 191, 209, 220, 253, 274~275,
　　　289, 293, 314, 418

화성탐사용 로봇　181

화학레이저　84

화학로켓　252, 263, 272

횡단 가능한 웜홀　347~348

휘어진 시공간　324

휴 에버레트(Everett, Hugh)　377, 379

힉스보존(Higgs boson, 또는 힉스입자)
　　　431

힌두교　356, 377, 466

PHYSICS OF THE IMPOSSIBLE